"十二五"国家重点图书出版规划项目

材料科学研究与工程技术系列

高等学校经典畅销教材

工程材料学

（第4版）

主编　王晓敏

参编　刘　勇　耿　林　贾德昌

ENGINEERING MATERIALS

哈尔滨工业大学出版社

HITP　HARBIN INSTITUTE OF TECHNOLOGY PRESS

内 容 提 要

全书共 12 章,主要内容有:绪论、钢的合金化基础、构件用钢、机器零件用钢、工具钢、不锈钢、耐热钢及高温合金、铸铁、有色金属及其合金、先进陶瓷材料、金属基复合材料和新型材料。

本书可作为热处理、铸造、锻压、焊接各专业的本科生教材,也可作为冶金类、机械类研究生的教材,又可作为有关工程技术人员的参考书。

图书在版编目(CIP)数据

工程材料学/王晓敏主编. —4 版. —哈尔滨:哈尔滨
工业大学出版社,2017.7(2023.11 重印)
ISBN 978−7−5603−5724−9

Ⅰ.①工…　Ⅱ.①王…　Ⅲ.①工程材料　Ⅳ.①TB3

中国版本图书馆 CIP 数据核字(2015)第 280253 号

策划编辑　王桂芝　黄菊英
责任编辑　张　瑞
封面设计　卞秉利
出版发行　哈尔滨工业大学出版社
社　　址　哈尔滨市南岗区复华四道街 10 号　邮编 150006
传　　真　0451−86414749
网　　址　http://hitpress.hit.edu.cn
印　　刷　哈尔滨市工大节能印刷厂
开　　本　787 mm×1 092 mm　1/16　印张 20.25　字数 500 千字
版　　次　1997 年 2 月第 1 版　2017 年 7 月第 4 版
　　　　　2023 年 11 月第 4 次印刷
书　　号　ISBN 978−7−5603−5724−9
定　　价　58.00 元

(如因印装质量问题影响阅读,我社负责调换)

序

　　哈尔滨工业大学材料科学与工程学院拥有热处理、铸造、锻压、焊接4个博士点和一个博士后流动站,拥有3个国家重点学科及两个国家重点实验室,有140多名博士生指导教师和一批崭露头角的中青年专家。根据国家教育改革的要求和我校面向21世纪教育改革的思路,该院锐意改革,实行了材料加工意义下的宽口径教育,提出了材料加工类人才培养的新模式,把拓宽专业和跟踪科学技术发展趋势结合起来,制定了适应材料加工专业人才培养的教学计划和各门课程的教学大纲,并推出了这套教材和教辅丛书。

　　本书既可作为热处理专业的本科生教材,也可作为热加工类、机械类各专业的研究生教材和工程技术人员的参考书。

　　《工程材科学》作为《材料科学与工程》丛书中的一种,需说明以下几点:

　　(1)学生在学习工程材料学课程前,应先修"金属力学性能""金属学与热处理"等课程。因为,学生只有掌握了有关材料的基础和理论知识之后,才能综合论述材料发展的内在规律,进一步加深对材料科学的理解。

　　(2)学生学完基础理论课后,头脑中堆满了有关材料科学的概念和现象,但遇到实际问题时又不知从何处下手。"工程材料学"课程则从材料科学和使用出发,根据学生已有的材料科学的基础理论、概念和现象,建立材料科学的整体统一概念和体系,阐明它们之间的内在联系,以帮助学生学会分析问题和解决问题的方法,正确地选择材料和使用材料。

　　本书特点:

　　1. 首先从金属材料的合金化基础讲起,为以后各类材料的组织性能的论证奠定理论基础,并为开发新材料提供必备的基础知识;然后论述各类材料的基本特征及选择材料的原则和方法;最后对各类材料的最新发展动向及存在的问题进行了探索性的介绍,对启发读者思索和解决问题大有裨益。

2. 抓住材料的成分-组织-性能这一主线,阐明它们之间的内在联系及其衍变过程,并进一步揭示发挥材料性能潜力的途径,以达到提高产品质量的目的。

3. 注意典型零件的失效分析,以培养学生分析问题和解决问题的能力。

王晓敏

2017.5.20

第4版前言

本书自1997年出版至今,经过3次修订、10次印刷,共出版发行了3万册,现进行第4次修订。

2013～2014年期间,主编本人亲赴宝钢、武钢、东风汽车制造厂和长春的中国第一汽车制造厂等企业进行实地考察调研,发现实际工程应用对工程材料的需求发生了巨大变化,深感教材的内容应该与时俱进。鉴于此,编者对原教材进行了修订。

在本书编写过程中,主编与参编者(刘勇、贾德昌、耿林)进行了充分的酝酿和讨论,发挥各自特长并承担相应的任务。参编者自本科、硕士和博士研究生阶段,直到毕业留校工作至今,分别长期从事超高强度钢及钛合金的相变行为和热处理技术、金属基复合材料的界面及微观结构与性能之间的关系、先进陶瓷与陶瓷基复合材料的强韧化及其在航天防热上的应用等方向的科研与教学工作,具有丰富的科研和教学经验。

编写该书是在原教材的基础上补充新的内容。

(1)教材的内容体系仍延续第1版,以保持和发挥其已有的特色,但对教材内容进行了优化与整合。

(2)注意对教材内容的合理筛选,力求做到与时俱进。引入了较多的新材料、新技术知识,有利于培养学生的创新意识。

(3)注意以典型零件失效分析为范例,论述材料成分、加工工艺与组织、性能的关系,及分析失效的原因和解决问题的方法、措施,以培养学生分析问题和解决问题的能力。

(4)对于新材料,注意基础性、系统性和前瞻性的紧密结合;力求理论与实际的结合,研发、生产与市场的紧密结合;对每类新材料最后都提出存在的问题、对策和建议,旨在活跃学术思想,交流经验,起到抛砖引玉的作用。

本版教材调整和增加的内容有:重新编写了先进陶瓷材料、金属基复合材料及有色金属(Al及其合金、Mg及其合金、Ti及其合金)材料;增加了中国工程院"十三五"新材料产业发展战略研究报告中提及的六大类材料,如纳米材料、储氢材料、超导材料、航天材料、核能材料及稀土金属材料等内容。

I

（5）编写了与该教材相匹配的 PPT 课件。

全书共 12 章，其中绪论、第 1~4 章、第 6 章 6.5 节及 11 章 11.2~11.6 节由哈尔滨工业大学王晓敏编写；第 5、7、8 章、第 6 章 6.1~6.4 节和第 11 章 11.1 节由哈尔滨工业大学刘勇副教授编写；第 9 章由哈尔滨工业大学贾德昌教授编写；第 10 章由哈尔滨工业大学耿林教授编写。全书由王晓敏教授担任主编并统稿。

最后需说明一点。全书的内容分为两大类：其一为必修的内容（绪论、第 1~10 章），作为期末考核的内容；其二，新增加的先进材料（第 11 章）作为选修的内容。本书可作为材料、机械、冶金等有关专业本科生和研究生的教材，也可供工程技术人员参考。

作者在编写中参考和引用了有关教材、科研成果和论文，在此特向有关作者致以忠心的谢意。刘侠在收集和整理资料、文字录入等方面给予极大的支持，在此深表感谢。

感谢哈尔滨工业大学图书馆、北京国家图书馆和北京首都图书馆领导和馆员的大力支持和帮助。

宝钢集团有限公司中央研究院特为本书编写的调研工作召开了座谈会，王秀芳等六位教授级高工就金属材料和先进材料的发展趋势、市场需求、生产和应用情况等做了详尽的介绍，在此一并表示感谢。

由于水平所限，书中有不当之处，敬请广大师生和读者批评指正。

编者于哈尔滨工业大学

2015.5.20

目　　录

绪　论 ……………………………………………………………………………… (1)
0.1 材料的发展与社会进步 ………………………………………………… (1)
0.2 生产发展对材料性能提出的要求 …………………………………… (4)
0.3 材料性能与化学成分和组织结构的关系 …………………………… (5)
0.4 选材的一般原则 ………………………………………………………… (6)
0.5 本书的主要内容 ………………………………………………………… (6)
第1章　钢的合金化基础 ……………………………………………………… (7)
1.1 钢中合金元素及其分类依据 ………………………………………… (7)
1.2 合金元素与铁和碳的相互作用及其对奥氏体层错能的影响 …… (9)
1.3 钢的强化机制 …………………………………………………………… (13)
1.4 改善钢的塑性和韧性的基本途径 …………………………………… (17)
1.5 合金元素对钢相变的影响 …………………………………………… (21)
1.6 钢的冶金质量 …………………………………………………………… (26)
第2章　构件用钢 ……………………………………………………………… (30)
2.1 构件用钢的力学性能特点 …………………………………………… (30)
2.2 构件用钢的工艺性能 ………………………………………………… (33)
2.3 构件用钢耐大气腐蚀性能 …………………………………………… (35)
2.4 碳素构件用钢 …………………………………………………………… (37)
2.5 普通低合金构件用钢 ………………………………………………… (40)
2.6 进一步提高普低钢力学性能的途径 ………………………………… (43)
第3章　机器零件用钢 ………………………………………………………… (52)
3.1 概述 ……………………………………………………………………… (52)
3.2 调质钢 …………………………………………………………………… (53)
3.3 弹簧钢 …………………………………………………………………… (58)
3.4 渗碳钢 …………………………………………………………………… (61)
3.5 滚动轴承钢 ……………………………………………………………… (64)
3.6 特殊用途钢 ……………………………………………………………… (71)
第4章　工具钢 ………………………………………………………………… (76)
4.1 概述 ……………………………………………………………………… (76)
4.2 刃具用钢 ………………………………………………………………… (77)
4.3 模具用钢 ………………………………………………………………… (91)
4.4 量具用钢 ………………………………………………………………… (103)
第5章　不锈钢 ………………………………………………………………… (105)
5.1 概述 ……………………………………………………………………… (105)
5.2 金属腐蚀 ………………………………………………………………… (105)
5.3 不锈钢的合金化原理 ………………………………………………… (107)

5.4　不锈钢的种类和特点 ·· (108)

第6章　耐热钢及高温合金 ·· (119)

6.1　钢的热稳定性和热稳定钢 ·· (119)

6.2　金属的热强性 ·· (121)

6.3　α-Fe 基热强钢 ··· (123)

6.4　γ-Fe 基热强钢 ··· (128)

6.5　高温合金 ·· (130)

第7章　铸铁 ·· (137)

7.1　铸铁的特点和分类 ··· (137)

7.2　铸铁的结晶 ··· (140)

7.3　铸铁的石墨化 ·· (143)

7.4　灰铸铁 ·· (145)

7.5　提高铸铁性能的途径 ·· (148)

7.6　可锻铸铁 ·· (151)

7.7　特殊性能铸铁 ·· (153)

7.8　铸铁的热处理 ·· (157)

第8章　有色金属及合金 ··· (160)

8.1　铝及其合金 ··· (160)

8.2　钛及其合金 ··· (173)

8.3　铜及其合金 ··· (187)

8.4　镁及其合金 ··· (192)

第9章　先进陶瓷材料 ··· (203)

9.1　先进陶瓷材料概念、分类与特性 ··· (203)

9.2　先进陶瓷材料制备工艺与加工技术 ·· (207)

9.3　先进陶瓷材料性能 ··· (213)

9.4　典型先进结构陶瓷材料 ·· (229)

9.5　先进功能陶瓷概述 ··· (241)

第10章　金属基复合材料 ··· (246)

10.1　概述 ·· (246)

10.2　金属基复合材料的分类 ··· (247)

10.3　金属基复合材料的制备方法 ·· (251)

10.4　金属基复合材料的界面 ··· (257)

10.5　金属基复合材料的性能 ··· (267)

10.6　金属基复合材料的应用 ··· (275)

第11章　新型材料 ··· (279)

11.1　稀土金属材料 ··· (279)

11.2　纳米材料 ·· (291)

11.3　储氢材料 ·· (300)

11.4　航空航天材料 ··· (303)

11.5　超导材料 ·· (308)

11.6　核能材料 ·· (312)

参考文献 ·· (315)

绪　　论

0.1　材料的发展与社会进步

材料既是人类社会进步的里程碑,又是社会现代化的物质基础与先导,特别是先进材料的研究、开发与应用反映着一个国家的科学技术与工业水平。

材料是人类用以制成生活和生产的物品、器件、构件、机器和其他产品的那些物质。材料是物质,但并非所有的物质都是材料。只有能够用来制作有用的东西的物质才是材料。

从原料到材料,从材料到零件需经过一系列的工艺过程。工艺性能是指材料经过各种加工工艺,获得规定的使用性能或形状的能力。工艺性能可以分为:铸造性能、锻造性能、焊接性能、热处理工艺性能和切削性能。

"工程材料"指材料科学与工程融为一体,工程离不开材料,材料离不开工程。

材料科学与工程(简称材料工程或称工程材料)是关于材料成分、制备与加工、组织结构、性能及材料服役行为之间相互关系及其应用的科学。材料的所有性能都是其化学成分和内部组织结构在一定外界因素(载荷性质、应力状态、工作温度和环境介质)作用下的综合反映,它们之间有很强的依赖关系,相辅相成而又密不可分,它们是材料科学的核心。

同人类历史一样,工程材料也有一个发展的过程。20 世纪 40～50 年代,材料的发展主要围绕着机械制造业,因此主要发展了以一般力学性能为主的金属材料。

20 世纪 60 年代以后,由于宇航、空间机械和动力机械的发展对材料提出了苛刻的要求,如高温、高压、高的比强度和比模量等,因此发展了陶瓷材料、高分子材料和复合材料。尤其是随着材料的发展,对刀具和模具材料提出了更高的要求,陶瓷材料和复合材料的出现,更好地满足了生产的需要。

能源、信息和材料是当代文明的三大支柱,而材料又是前两者的基础。因此,自 20 世纪 80 年代以来,能源材料和信息材料得到迅速的发展。随着科学技术的发展,新材料的领域不断扩大,如光电子材料、低维材料、薄膜材料和生物材料不断受到重视。

进入 21 世纪以后,先进材料进一步受到人们的重视。众所周知,当今是高技术飞速发展的社会,高技术既能促进社会发展,又是国防安全和建设的保证,而先进材料又是高技术的先导和基础,所以必须高度重视研究和发展先进材料。下面简要介绍国内外先进材料的研究和发展状况。

0.1.1　信息功能材料得到高度重视

所谓信息功能材料,是指信息的产生、获取、存储、传输、转换、处理、显示所需的材料。主要用于计算机、通信和控制,称为3C(Computer、Communication、Control)所需材料。例如,软磁盘、卷弹簧、硅片切割机用极薄不锈钢系列;电磁阀、磁敏元件用软磁不锈钢系列;形状记忆钢铁材料;隔音防震钢铁材料;半导体制造、真空装置及印刷电路用超高清洁度不锈钢等。

0.1.2　先进结构材料有广阔的应用领域

1. 国防和现代化用的结构材料

钛合金大量应用在新概念武器和装备上,主要包括:高温钛合金、阻燃钛合金、钛基复合材料、Ti-Al金属间化合物等高性能钛合金应用于高推重比航空发动机;损伤容限钛合金、超高强钛合金等高性能钛合金应用于新型飞机;高强耐蚀钛合金等应用于新一代舰船;低成本化技术制备的钛合金材料广泛应用于民用领域。

例如,钛合金在飞机结构上从战斗机扩展到大型轰炸机和运输机;波音787大型客机的强度级别可达1 240 MPa。美国第四代战斗机F/A-22应用Ti量已经占到飞机结构质量的38%;水星号宇宙飞船用钛量占座舱总质量的80%。俄罗斯在钛合金核潜艇研究和制造技术上处于国际领先地位,也是最先用钛合金建造耐压壳体的国家。钛在船舶上使用的典型例子是俄罗斯台风级核潜艇,它拥有钛合金制造的外壳,从而具有无磁性、下潜深、航速快、噪声小、维修次数少等优点;航行速度为50 km/h,最大下潜深度500 m,持续潜航时间达到120 d;该艇于1977年开始建造,1981年服役,在俄罗斯海军中具有举足轻重的地位。我国首台自主设计、自主制造的载人潜水器"蛟龙"号潜水深度已达7 000 m,居世界第一,工作范围覆盖全球海洋区域的99.8%。

总之,钛合金被人们称为太空金属和海洋金属,在国防和国民经济建设中获得广泛的应用,其用量占整个钛合金总质量的50%。

钢铁材料主要研究内容为:工艺性能良好的沉淀硬化船体钢;航母用高强高韧、良好抗层状撕裂性能的宽厚钢板;舰艇用高效、减振、隔音钢板;电磁力船用超低温、无磁、高强不锈钢。

2. 兵器用先进材料

兵器材料的总体发展方向是高强高韧化、轻型化和经济化。主要研究内容为:长寿命大型厚壁火炮射管用高强高韧耐烧蚀钢;长寿命、小口径、连射武器射管用钢;高防护能力的复合装甲板;冲击硬化、纳米强化、织构强化装甲板。

0.1.3　能源材料有广阔的应用前景

能源的利用是人类进步的标志之一。人类开发的能量只占太阳能辐射于地表总能量的1/10 000,开发光电转化效率高而又廉价、寿命长的材料是当务之急。

海水中氢的同位素氘可谓取之不尽、用之不竭,是人类的最终能源。科学家已采用多种方法(如等离子、激光)点火,实现可控热核聚变,用聚变能发电,预测 21 世纪内可实现商业化,其中抗辐射、耐高温、耐氢脆材料开发是关键之一。

节能也十分重要,如超导材料的利用:超导输电,可以减少线路损失;超导储电,可以显著提高效率;超导电机,功率大、体积小、损耗低。目前正在探索室温超导,一旦有所突破,前途更是无量。另外超导体的完全抗磁性可制成无摩擦磁悬浮轴承和磁悬浮列车等,在日本和我国已经使用磁悬浮列车。

0.1.4　高分子材料有更大的发展空间

高分子聚合物不仅是重要的结构材料,而且正在发展成为重要的功能材料。从半导体到超导体都有发展前景,作为电导体,其电导率可与铜相比;高分子材料也具有铁磁性,这些都是 21 世纪要开展研究与开发的重要领域。但是高分子材料的某些缺点也是必须下大力气才能得到解决的,如稳定性、抗老化性能及阻燃性。

0.1.5　生物材料将受到更大的重视

生物医用材料已成为人们非常关注的领域,人体的器官更换、药物缓释剂组织工程的发展将逐步深入。生物材料的更长远发展目标是使生物技术用于工业化生产,改变高温、高压及耗能高的生产方式,催化剂已迈出第一步。例如,光合作用使水和 CO_2 合成碳水化合物,人类正在寻求利用生物技术,通过像催化剂效应那样以工厂方式合成粮食,如此可以解决世界粮食问题,同时 CO_2 过剩问题也可以得到解决。当然,这是个很长的历史过程。

0.1.6　纳米材料及制备技术的研究与开发迫在眉睫

当物质到纳米尺度时,由于尺寸效应、晶界效应和量子效应等,材料显示出奇特的物理、化学性能,或其生物性能有明显改变,利用这些效应可大幅度提高结构材料的强度,改善其脆性。有人认为纳米技术像信息技术或生物技术一样,将导致下一代工业革命。

进入 21 世纪,各国都把纳米技术作为未来政治、经济中最富有挑战性的关键技术之一,广泛应用于国防军工、信息技术、复合材料、半导体、生物医学、微型器件等领域。例如,在军工方面,纳米材料用于固体火箭推进剂和纳米隐身材料等;在能源和环境及生物医疗方面获得了一定的实用价值,一定程度上进入了产业化阶段。

本课程主要讨论工程材料。凡与工程有关的材料均称为工程材料。工程材料按其性能特点,可分为结构材料和功能材料两大类。结构材料以力学性能为主,兼有一定的物理、化学性能。功能材料以特殊的物理、化学性能为主。另外,那些要求具有电、光、声、磁、热等功能和效应的材料,一般不在工程材料中讨论。

工程材料主要用于机械制造、航空、航天、化工、建筑和交通运输等领域。

工程材料种类繁多,用途极广,有许多不同的分类方法,工程上通常按化学分类法对工程材料进行分类,如图 0.1 所示。

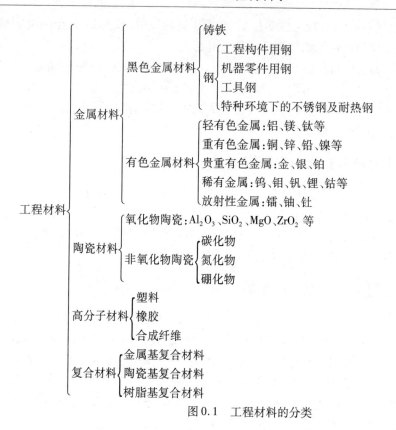

图 0.1　工程材料的分类

0.2　生产发展对材料性能提出的要求

在人类生产生活中,使用最多的是金属材料,故以金属材料为例说明。

为满足生产上的需要,人们在选材时,首先考虑的是材料的使用性能,然后才是材料的工艺性能。

0.2.1　使用性能

使用性能是指材料在使用过程中能够安全可靠工作所必须具备的性能,它包含材料的力学性能、物理性能和化学性能。

(1)力学性能。力学性能是指材料受到各种不同性质及大小的载荷作用时所反映的性能,它是衡量材料性能极其重要的指标。绝大部分机器零件或构件都是在不同性质载荷、不同应力状态与环境条件下服役的。当零件失去应有的功能时,称该零件失效。

工程上常见的失效形式有3种:变形、断裂和磨损。其中,断裂特别是脆性断裂是最危险的失效形式,往往会造成巨大的经济损失和重大人身伤亡事故,因此正确的失效分析是防止零件失效、提高零件承载能力和使用寿命的基本环节。

金属材料的力学性能从某种意义上,又可称为金属材料的失效抗力。金属材料的力学性能包括强度、刚度、硬度、塑性、韧性和耐磨性等。强度表征材料抵抗塑性变形和断裂的能力;塑性表征在外力作用下产生塑性变形而不断裂的能力,韧性则是材料强度和塑性的综合体现。

另外,高温下的蠕变性能和环境介质工作产生的滞后断裂等是材料在特殊条件下的行为。上述力学性能指标均是通过实验测得的。

(2)物理性能。物理性能是指材料的密度、熔点、热膨胀性、导热性与导电性等。材料的物理性能对制造工艺有一定的影响。如高合金钢导热性差,所以在锻造或热处理时,加热速度要缓慢些,否则会产生裂纹。又如铁和铝的熔点不同,所以它们的熔炼工艺有较大区别。

(3)化学性能。化学性能是指材料在室温或高温时抵抗各种化学介质侵蚀的能力。主要的化学性能有抗氧化和抗腐蚀性能。例如,化工设备通常用不锈钢来制造,就是利用了不锈钢的抗腐蚀性能。

0.2.2　工艺性能

工艺性能是指金属材料对各种加工工艺手段所表现出的特性,即指材料的可加工性。其中包括铸造性能、锻造性能、焊接性能、热处理性能和切削加工性能等。一种材料的优劣当然要看使用性能,但若工艺性能不好,难以成型或废品太多,这种材料的应用也会受到限制。所以,评价一种材料的优劣,既要看其使用性能,又要看其工艺性能。

0.3　材料性能与化学成分和组织结构的关系

材料的所有性能都是其化学成分和组织结构在一定外界因素下的综合反映,它们构成了相互联系的系统。

因此,可以说材料化学成分和组织结构是其力学性能的内部依据,而力学性能则是具有一定化学成分和组织结构的外部表现。所谓结构系指组成相的原子结构和晶体结构。组织状态包括显微组织、晶体缺陷和冶金缺陷等。

钢的化学成分对其强韧性的影响有直接作用和间接作用,以间接作用为主。一般钢的组成元素与其含量的改变对钢的强韧性作用是通过组织结构的改变来实现的,所以钢的化学成分是其组织结构的主要决定因素之一。

当钢的化学成分一定时,可以通过不同的热处理工艺改变材料的组织结构,从而使材料在力学性能上有较大的差异。

冷、热塑性加工变形也可以改变材料的组织结构,进而改变材料的性能。如冷变形可使钢获得纤维状组织,甚至产生一定的变形织构,从而使材料产生加工硬化,并使材料变形性能带有方向性,这是其他加工方法所不能实现的。

另一个影响性能的因素是冶金因素。

由上述可知,材料能否提供生产上所需的性能,取决于材料的化学成分、组织结构和各种外界因素的作用,它们之间的作用关系如图0.2所示。

总之,从微观本质上去认识材料,并掌握它们和外界条件之间的规律性联系,才能合理地使用材料,这就是人们研究材料的主要目的。

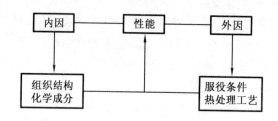

图 0.2　材料的化学成分、组织结构和各种外界因素的作用关系

0.4　选材的一般原则

正确合理的选材应考虑以下 3 项基本原则:

(1)使用性能。材料的使用性能是选材时首先应考虑的问题。对所选用材料使用性能的要求是在对零件工作条件及失效分析的基础上提出的,这样才可以达到提高产品质量的目的。

(2)工艺性能。对零件加工的主要方法有铸造、锻造、焊接、热处理及切削加工等。工艺性能的好坏直接影响生产效率和产品合格率,因此选用的材料应具有良好的工艺性能。

(3)经济性。选材时应考虑材料的价格、加工费用和国家资源情况,以降低产品的成本。

0.5　本书的主要内容

本书以材料成分-组织-性能关系为主线,按零件的使用条件和失效分析为线索探讨与研究,以材料成分、工艺、组织和性能关系为主要思路组织本书内容。主要内容包括钢的合金化基础、构件用钢、零件用钢、工具钢、特殊用钢(不锈耐热钢)、铸铁、有色金属、陶瓷材料、复合材料,另外还根据新型工程材料发展的特点,增加了稀土金属材料、纳米材料、航空航天材料、储氢材料、超导材料及核能材料等。通过本书的学习,力争建立起材料学科的统一整体概念和体系,明确材料科学与工程各因素之间的内在联系,掌握各类材料的基本特征、改善材料性能的技术途径以及使用材料的原则和方法;达到合理选择材料和使用材料与提高分析问题和解决问题能力的目的;培养学生在今后工作中自学新材料知识的能力,并起到"授之以鱼,不如授之以渔"的作用。

第1章 钢的合金化基础

随着工业和科学技术的发展,碳钢的性能已不能满足越来越高的使用要求。为了弥补碳钢的某些不足,发展了合金钢。合金钢的性能较好,但价格昂贵。因此,在碳钢能满足要求时,一般不用合金钢。

加入适当化学元素改变金属性能的方法称为合金化。为了合金化的目的而特定在钢中加入含量在一定范围的化学元素称为合金元素,这种钢称为合金钢。

钢中常用的合金元素种类很多,不同的国家所使用的合金元素与各国的资源条件有很大关系。例如,美国的合金钢中多含 Ni 元素,苏联的合金钢中多含 Cr 元素,德国的合金钢中多含 Cr、Mn 元素,日本的合金钢中则多含 Cr、Mn、Mo 等元素。我国是有色金属资源非常丰富的国家,除少数合金元素(如 Co)外,绝大多数有色金属的含量都很丰富。

当钢中的总 w(合金元素)[①]≤5% 时,称为低合金钢;总 w(合金元素)= 5% ~ 10% 时,称为中合金钢;w(合金元素)>10% 时,称为高合金钢。不过这种区别并没有严格的规定。

人们对合金元素在钢中所起作用的认识是经过长期的生产实践和科学研究逐步积累起来的,但是,迄今为止人们对这方面的认识还很不全面。因此,本章所阐述的合金元素在钢中作用的种种解释,很可能是不全面的或仅能适合某种特定的条件,甚至某些论述可能会被今后的实践所推翻,所以,我们应该用辩证唯物主义认识论的观点来看待这个问题。应当指出的是:合金元素不一定直接影响钢性能的改善,而大部分是由于它们影响到相变的过程,从而间接发生作用的。

为了从理论上掌握合金元素在钢中作用的基本规律,提供研究其在各种用途的钢中的特殊规律的基础,本章将从以下 4 个方面分析讨论合金元素在钢中所起的作用:

(1)钢中合金元素及其分类依据。

(2)钢的强化机制。

(3)改善钢塑性和韧性的途径。

(4)合金元素对钢中相变及热处理的影响。

1.1 钢中合金元素及其分类依据

1.1.1 合金元素在钢中的分布

在钢中常常加入的合金元素有:

第二周期元素:B、C、N;

---

① w(合金元素)表示合金元素的质量分数,下同。

第三周期元素:Al、Si;

第四周期元素:Ti、V、Cr、Mn、Co、Ni、Cu;

第五周期元素:Zr、Nb、Mo;

第六周期元素:W;

第七周期元素:稀土元素、Ta。

S、P 等元素通常作为有害元素看待,但有时也可用作合金元素(如在易切削钢中 S 被用来改善切削性能)。这些元素加入钢中之后究竟以什么状态存在呢? 一般说来,它们或是溶于钢中原有的相(铁素体、奥氏体、渗碳体)中,或是形成新相。概括来讲,它们有如下 4 种存在形式:

(1)溶入铁素体、奥氏体和马氏体中,以固溶体的溶质形式存在。

(2)形成强化相,如溶入渗碳体形成合金渗碳体,形成特殊碳化物或金属间化合物等。

(3)形成非金属夹杂物,如合金元素与 O、N、S 作用形成氧化物、氮化物和硫化物。

(4)有些元素如 Pb、Ag 等既不溶于铁,也不形成化合物,而是在钢中以游离状态存在,碳钢中碳有时也以自由状态(石墨)存在。

合金元素究竟以哪种形式存在,主要取决于合金元素的种类、含量、冶炼方法及热处理工艺等;此外还取决于合金元素本身的特性。合金元素的特性首先表现在与钢中的两个主要元素铁和碳的相互作用上,其次还表现在对奥氏体层错能的影响上,因此一般常将钢中的合金元素按下述方法分类。

1.1.2　合金元素的分类

1. 按照与铁相互作用的特点分类

(1)奥氏体形成元素,如 C、N、Cu、Mn、Ni、Co 等;

(2)铁素体形成元素,如 Cr、V、Si、Al、Ti、Mo、W 等。

一般情况下,奥氏体形成元素易于优先分布在奥氏体中,铁素体形成元素易于优先分布在铁素体中。而合金元素的实际分布状态还与加入量和热处理条件有关。

2. 按照与碳相互作用的特点分类

(1)非碳化物形成元素,如 Ni、Cu、Si、Co、Al、N、P(Co 和 Ni 虽然能形成独立碳化物,但其稳定性很差,所以在钢中不出现 Ni 和 Co 的碳化物);

(2)碳化物形成元素,如 Hf、Zr、Ti、Ta、Nb、V、W、Mo、Cr、Mn、Fe 等。

虽然非碳化物形成元素易溶入铁素体或奥氏体中,而碳化物形成元素易存在于碳化物中,但当加入数量较少时,碳化物形成元素也可溶入固溶体或渗碳体,当加入数量较多时,可形成特殊碳化物。

3. 按照对奥氏体层错能的影响分类

(1)提高奥氏体层错能的元素,如 Ni、Cu、C 等;

(2)降低奥氏体层错能的元素,如 Mn、Cr、Ru、Ir 等。

实际上,每种分类方法都是从不同侧面反映了合金元素的特性。以上 3 种分类方法很好地揭示了钢中合金元素 3 个方面的基本特性,对深入了解合金元素在钢中的基本作用有一定的指导意义。

1.2　合金元素与铁和碳的相互作用及其对奥氏体层错能的影响

合金元素加入钢中之后,对钢的相变、组织和性能的影响一般取决于合金元素与铁和碳的相互作用。

1.2.1　合金元素与铁的相互作用

铁具有同素异晶转变现象,铁在加热和冷却过程中产生 $\alpha\text{-Fe} \xrightarrow[A_3]{910\ ℃} \gamma\text{-Fe} \xrightarrow[A_4]{1\ 400\ ℃}$ $\delta\text{-Fe}$ 的转变。钢中合金元素对 $\alpha\text{-Fe}$、$\gamma\text{-Fe}$ 和 $\delta\text{-Fe}$ 的相对稳定性以及多型转变温度 A_3 和 A_4 均有很大的影响。

按照合金元素与铁的相互作用所形成的二元状态图的不同形式,可将合金元素分为两大类,每类又可分为两组。

(1)扩大 γ 区元素。包括 Ni、Mn、Co、C、N、Cu 等元素。这类元素的共同特点是:点 A_4 上升,点 A_3 下降(Co 除外,当 $w(\text{Co})<45\%$ 时,点 A_3 上升,$w(\text{Co})>45\%$ 时,点 A_3 下降),奥氏体稳定存在的区域扩大,故这类元素称奥氏体形成元素。其中 Ni、Mn、Co 能与 $\gamma\text{-Fe}$ 无限互溶,如图 1.1 所示。C、N、Cu 只能部分溶解于 $\gamma\text{-Fe}$ 中,在 $\gamma\text{-Fe}$ 中溶解很小。这类元素的质量分数较低时,能扩大 γ 区,但由于它们在铁中的溶解度是有限的,所以,当达到某一元素的质量分数后,γ 区又逐渐缩小,如图 1.2 所示。

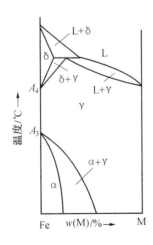
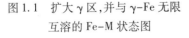
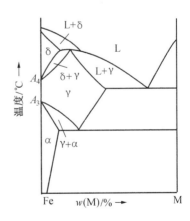

图 1.1　扩大 γ 区,并与 $\gamma\text{-Fe}$ 无限　　　　图 1.2　扩大 γ 区,并与 $\gamma\text{-Fe}$ 有限
互溶的 Fe-M 状态图　　　　　　　　　互溶的 Fe-M 状态图

(2)缩小 γ 区元素,又称铁素体形成元素。这类元素的共同特点是:点 A_4 下降,点 A_3 上升,奥氏体 $\gamma\text{-Fe}$ 区缩小。当含 Cr、V、Mo、W、Ti、Al、Si、Be 等元素时,能使 γ 区范围急剧缩小,以至达到某一元素的质量分数时,点 A_3 与点 A_4 重合,γ 区被封闭。超过此元素的

质量分数时,则钢中再没有 $\alpha \rightleftharpoons \gamma$ 相变,所以室温下能获得单相的铁素体组织,如图
1.3 所示。但应指出,当 $w(\mathrm{Cr})<7\%$ 时,点 A_3 下降;当 $w(\mathrm{Cr})>7\%$ 后,点 A_3 才上升。

含有 B、Nb、Ta、Zr 时,不使 γ 区呈封闭状态,只是使 γ 区缩小,如图 1.4 所示。

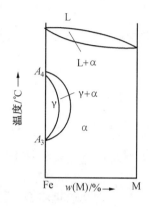

图 1.3　封闭 γ 区,并与 α-Fe 无限
　　　互溶的 Fe-M 状态图

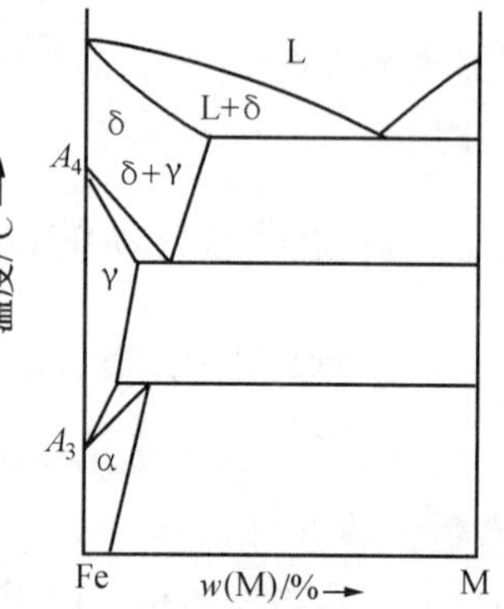

图 1.4　缩小 γ 区的 Fe-M 状态图

为什么有的合金元素与铁相互作用能扩大 γ 区,而有的合金元素则缩小 γ 区呢?目
前只能从点阵类型、原子尺寸、电子结构和电化学因素等方面考虑,但有时也有例外情况。

应该指出的是,在上述各类铁基二元合金中,合金元素除溶于 α-Fe 或 γ-Fe 外,含量
高时,还可能形成金属间化合物。如在 Fe-Cr、Fe-V、Fe-Mo 等系合金中,当条件合适时,
可能产生分子式分别相当于 FeCr、FeV、FeMo 的金属间化合物,一般称为 σ 相。此问题在
特殊钢中会遇到。

综上所述,合金元素与铁的相互作用这一理论的工程实际意义在于:为了保证钢具有
良好的耐蚀性(如不锈钢),需要在室温下获得单一相组织,就是运用上述合金元素与铁
的相互作用规律,通过控制钢中合金元素的种类和含量,使钢在室温条件下获得单相奥氏
体或铁素体等单一组织。例如,为了获得奥氏体型不锈钢,通常向钢中加入大量的 Ni、
Mn、N 等奥氏体形成元素;为获得铁素体型不锈钢,通常向钢中加入大量的 Cr、Si、Al、Mo、
Ti 等铁素体形成元素。但应指出,同时向钢中加入两类元素时,其作用往往相互抵消。
但也有例外,如 Cr 是铁素体形成元素,在钢中同时加入 $w(\mathrm{Cr})=18\%$ 的 Cr 和 Ni 时却能促
进奥氏体的形成。

1.2.2　合金元素与碳的相互作用

合金元素与钢中碳的作用主要表现在是否易于形成碳化物,或者形成碳化物倾向性
的大小。碳化物是钢中最重要的强化相,对于钢的组织和性能具有极其重要的意义。

合金元素按照它们与碳的相互作用,可分为两大类:

1. 非碳化物形成元素

非碳化物形成元素包括 Ni、Si、Co、Al、Cu、N、P、S 等。它们与碳不形成碳化物,但可
固溶于 Fe 中形成固溶体,或者形成其他化合物,如氮可形成氮化物。

2. 碳化物形成元素

碳化物形成元素包括 Fe、Mn、Cr、W、Mo、V、Nb、Zr、Ti 等,它们都是过渡族元素。碳化物是钢中主要的强化相,故重点讨论之。

(1)形成碳化物的规律性。从周期表中的位置来看,碳化物形成元素(Ti、V、Cr、Mn、Zr、Nb、Ti、W、Mo 等)均位于 Fe 的左侧,而非碳化物形成元素(Ni、Si、Co、Al、Cu 等)均处于周期表的右侧。本来 Ni 和 Co 也可形成独立的碳化物,但由于其稳定性很差(比 Fe_3C 还小),在钢中不会出现,故通常被当作非碳化物形成元素看待。Mn 是碳化物形成元素,但 Mn 极易溶入渗碳体中,故钢中没有发现 Mn 的独立碳化物。

碳化物形成元素均有一个未填满的 d 电子层,当形成碳化物时,碳首先将其外层电子填入合金元素的 d 电子层,从而使形成的碳化物具有金属键结合的性质。因此,具有金属的特性。合金元素与 Fe 原子比较,d 电子层越是不满,形成碳化物的能力就越强,即与碳的亲和力越大,所形成的碳化物也就越稳定。

应该指出,碳化物的稳定性并不是单纯地由 d 电子层的未填满程度所决定的。例如,金属元素与碳结合生成碳化物时的热效应亦会影响所生成的碳化物稳定性。一般说来,碳化物的生成热越大,其稳定性就越高。

按照碳化物形成元素所生成的碳化物稳定程度由强到弱的顺序,可将这些元素依次排列为:Ti、Zr、Nb、V、Mo、W、Cr、Mn、Fe。

按照碳化物晶格类型的不同,碳化物可分为两类:

① 当 $r_C/r_{Me}>0.59$(其中 r_C 为碳原子半径,r_{Me} 为合金元素的原子半径)时,碳与合金元素形成一种复杂点阵结构的碳化物。Cr、Mn、Fe 属于这类元素,它们可形成下列形式的碳化物:$Cr_{23}C_6$、Cr_7C_3、Fe_3C 等。

② 当 $r_C/r_{Me}<0.59$ 时,形成简单点阵的碳化物(间隙相)。Mo、W、V、Ti、Nb、Ta、Zr 均属于此类元素,它们形成的碳化物是:

MeX 型:WC、VC、TiC、NbC、TaC、ZrC。

Me_2X 型:W_2C、Mo_2C、Ta_2C。

此类碳化物具有下列特点:碳化物硬度大、熔点高(可高达 3 000 ℃),分解温度高(可高达 1 200 ℃);间隙相碳化物虽含有 50% ~60% 的非金属原子,但仍具有明显的金属特性;可以溶入各类金属原子,呈缺位溶入固溶体形式,在合金钢中常遇到这类碳化物。

实际上,钢中的碳化物除上述两种类型以外,在某些条件下,还可出现下述两种情况:一种是当合金元素含量很少时,合金元素将不能形成自己特有的碳化物,只能置换渗碳体中的 Fe 原子,常以合金渗碳体的形式出现,如 $(FeCr)_3C$、$(FeMn)_3C$ 等;另一种是合金元素含量有所升高,但仍不足以生成自己特有的碳化物,这时将生成具有复杂结构的合金碳化物,如 Fe_2W_4C、Fe_4W_2C、Fe_3Mo_3C 等。

除去含量条件以外,保证元素在钢中的扩散也是形成碳化物的必要条件。因此,碳化物的形成过程与热处理工艺有着极为密切的关系。

(2)碳化物的特性。如果将纯金属和碳化物的硬度做比较,便可看出碳化物的强化能力是很大的,见表 1.1。形成碳化物倾向性越强的元素,其碳化物硬度也越高。

另外,碳化物是一种很重要的强化相,形成碳化物能力越强的元素,其碳化物稳定性越高。稳定的碳化物具有高熔点、高分解温度,难于溶入固溶体,因而也难以聚集长大。

其碳化物稳定性由弱到强的顺序是:Fe_3C、$M_{23}C_6$、M_6C、MC。

表 1.1 纯金属与碳化物的硬度(HV)

Ti	Nb	Zr	V	Mo	W	Cr	$\alpha-Fe$
230	300	300	140	350	400	220	80
TiC	NbC	ZrC	VC	Mo_2C	WC	$Cr_{23}C_6$	Fe_3C
3 200	2 055	2 840	2 094	1 480	1 730	1 650	860

如果碳化物稳定性高,在温度和应力长期作用下不易聚集长大,则可大大提高材料的性能和使用寿命。稳定性的另一个含义是指碳化物和固溶体(基体)之间不易在高温下因原子扩散作用而发生合金元素的再分配。

碳化物的稳定性对于钢的热强性也很重要。首先,碳化物可使钢在更高的温度下工作并保持其较高的强度和硬度。其次,在达到相同硬度的条件下,碳化物稳定性高的钢可以在更高的温度下回火,使钢的塑性、韧性更好。所以合金钢的综合性能比碳钢好。

各种碳化物虽然像一般化合物一样,可以写成元素间有一定配比的分子式,但是正因为碳化物具有金属的特性,所以并不像普通的酸、碱、盐那样在成分上很固定,而常常是以其分子式所代表的化合物为基底,固溶入各种合金元素,即合金元素在碳化物中有一定的溶解度。例如,Fe_3C 能溶解大量的合金元素。据报道,Fe_3C 中可溶解的 $w(Cr) = 25\%$。而 Mn 在 Fe_3C 中的溶解度是无限的,即随 Mn 的质量分数不断增加,可由 Fe_3C 变为 $(FeMn)_3C$,直到 Mn_3C。$(FeW)_3C$ 的成分随 W 质量分数的增加可变为 Fe_4W_2C。即使是间隙型碳化物的成分也不是很固定的。

合金元素与碳的相互作用具有重大的实际意义。一方面它关系到所形成碳化物的种类、性质和在钢中的分布,而所有这些都会直接影响到钢的性能,如钢的强度、硬度、耐磨性、塑性、韧性、红硬性和某些特殊性能。同时对钢的热处理亦有较大影响,如奥氏体(A)化温度和时间,A 晶粒的长大等。另一方面由于合金元素与碳有着不同的亲和力,对相变过程中碳的扩散速度亦有较大影响;强碳化物形成元素阻碍碳的扩散,降低碳原子的扩散速度;弱碳化物形成元素 Mn 以及大多数非碳化物形成元素则无此作用,甚至某些元素如 Co 还有增大碳原子扩散的作用。因而合金元素与碳的作用对钢的相变有重要的影响。对此后续章节有专门讨论,这里不再叙述。

1.2.3　合金元素对奥氏体层错能的影响

1. 合金元素的影响趋势

奥氏体层错能是一个很重要的参量,对于钢的组织和性能都有很大影响。目前有关合金元素对奥氏体层错能的影响规律尚不完全清楚。但对以下几个元素的影响趋势看法是一致的:镍、铜和碳可以提高奥氏体层错能,而锰、铬、钌和铱可以降低奥氏体层错能。

2. 奥氏体层错能对钢的力学性能的影响

一般认为,层错能越低,越有利于位错扩展和形成层错,使横滑移困难,导致钢的加工硬化趋势增大。所以奥氏体层错能的高低将直接影响到奥氏体钢(室温下为奥氏体组织)的力学行为。典型的例子是高镍钢和高锰钢在性能上的差异。虽然锰和镍都是奥氏体形成元素,单独加入相当数量的镍和锰,都可以使钢在室温下获得单相奥氏体,但却发现镍钢的冷变形性能优异,易于变形加工。而锰钢的冷变形性能很差,却表现有很高的加工硬化趋势与耐磨性。显然,造成这种性能差异的原因,乃是镍和锰奥氏体层错能的影响不同所致。

3. 奥氏体层错能对钢相变行为的影响

由于奥氏体是钢中相变产物的母相,改变奥氏体层错能必然会影响到钢的相变行为。奥氏体层错能对 Fe-Ni-C 合金中马氏体形态的影响见表 1.2。

表 1.2　奥氏体层错能对 Fe-Ni-C 合金中马氏体形态的影响

马氏体类型	板条 M	蝴蝶状 M	透镜 M	薄片状 M
奥氏体层错能	低 ———————————————————→ 高			

由表 1.2 可以看出,奥氏体层错能的高低,对 Fe-Ni-C 合金中马氏体的形态有着直接影响。通常,奥氏体层错能越低,易于形成板条马氏体,具有位错型亚结构;而奥氏体层错能越高,易于形成片状马氏体,具有孪晶型亚结构。

一般认为,奥氏体层错能的高低,反映了马氏体层错能的高低。降低奥氏体的层错能,相当于提高马氏体的层错能,使位错不易分解,导致不均匀切变时易发生滑移变形,形成位错结构。反之,提高奥氏体的层错能,相当于降低马氏体的层错能,便使马氏体相变时易于形成孪晶亚结构。由此便不难理解 18-8 奥氏体钢发生马氏体相变时,由于大量铬使奥氏体层错能降低,易于形成板条马氏体。而对于 Fe-Ni 合金而言,由于 Ni 质量分数的增加,使奥氏体层错能提高,易于形成孪晶马氏体。

1.3　钢的强化机制

钢中加入合金元素的主要目的是使钢具有更优异的性能。对于结构材料来说,首先是提高其机械性能,即既要有高的强度,又要保证钢具有足够的韧性。然而材料的强度和韧性常常是一对矛盾,增加强度往往要牺牲钢的塑性和韧性,反之亦然。因此各种钢铁材料在其发展过程中均受这一矛盾因素的制约。

使金属强度(主要是屈服强度)增大的过程称为强化。金属的强度一般是指金属材料对塑性变形的抗力,发生塑性变形所需要的应力越高,强度也就越高。

由于钢铁材料的实际强度与大量的位错密切相关,其力学本质是塑变抗力。为了提高钢铁材料的强度,要把着眼点放在提高塑变抗力上,阻止位错运动。钢的强化机制的基本出发点是造成障碍,阻碍位错运动。从这一基本点出发,钢中合金元素的强化作用主要有以下 4 种方式:固溶强化、晶界强化、第二相强化及位错强化。通过这 4 种方式单独或综合加以运用,便可以有效地提高钢的强度。

1.3.1　固溶强化

固溶强化的出发点是以合金元素作为溶质原子阻碍位错运动。其强化机制为:由于溶质原子与基体金属原子大小不同,因而使基体的晶格发生畸变,造成一个弹性应力场。此应力场与位错本身的弹性应力场交互作用,增大了位错运动的阻力,从而导致强化。此外,溶质原子还可以通过与位错的电化学交互作用而阻碍位错运动。

固溶强化的强化量(屈服强度的增量)$\Delta\sigma_s{}'$与溶质原子有关。对间隙原子近似,有

$$\Delta\sigma_s{}' = K_i \cdot C_i^n$$

式中　C_i——间隙溶质原子个数;

　　　K_i——比例系数。

置换式溶质原子,如钢中 Cr、Mn、Ni、Si 等所造成的强化量 $\Delta\sigma_s{}''$ 与溶质浓度近似有如下关系,即

$$\Delta\sigma_s{}'' = K_s \cdot C_s$$

式中　C_s——置换式溶质原子个数;

　　　K_s——比例系数。

一般认为间隙溶质原子的强化效应远比置换式溶质原子强烈,其强化作用相差10~100倍,因此,间隙原子如 C、N 是钢中重要的强化元素。然而在室温下,它们在铁素体中的溶解度十分有限,因此,其固溶强化作用受到限制。

在工程用钢中置换式溶质原子的固溶强化效果不可忽视。能与 Fe 形成置换式固溶体的合金元素很多,如 Mn、Si、Cr、Ni、Mo、W 等。这些合金元素往往在钢中同时存在,强化作用可以叠加,使总的强化效果增大,尤其是 Si、Mn 的强化作用更大。

应当指出,固溶强化效果越大,则塑性韧性下降越多。因此选用固溶强化元素时一定不能只着眼强化效果的大小,而应对塑性、韧性给予充分保证。所以,对溶质的浓度应加以控制。

1.3.2　晶界强化

晶界强化是一种极为重要的强化机制,不但可以提高强度,而且还能改善钢的韧性。这一特点是其他强化机制所不具备的。

晶界强化的机制是:由于晶界的存在,引起在晶界处产生弹性变形不协调和塑性变形不协调。这两种不协调现象均会在晶界处诱发应力集中,以维持两晶粒在晶界处的连续性。其结果在晶界附近引起二次滑移,使位错迅速增值,形成加工硬化微区,阻碍位错运动。这种由于晶界两侧晶粒变形的不协调性,在晶界附近诱发的位错称为几何上需要的位错。

另外,由于晶界存在,使滑移位错难以直接穿越晶界,从而破坏了滑移系统的连续性,阻碍了位错的运动。

归根结底,都是因为晶界的存在而使位错运动受阻,从而达到强化目的。晶粒越细化,晶界数量就越多,其强化效果也就越好。众所周知,Hall-petch 公式是描述晶界强化的一个极为重要的表达式,其形式为

$$\sigma_s = \sigma_0 + K_s \cdot d^{-\frac{1}{2}}$$

式中　σ_s——屈服强度;

　　　σ_0——派纳力或称摩擦阻力;

　　　K_s——晶格障碍强度系数;

　　　d——晶粒直径。

从上式可以看出,利用晶界强化的途径有:

(1)利用合金元素改变晶界的特性,提高 K_s 值。可向钢中加入表面活性元素如 C、N、Ni 和 Si 等,以使在 α-Fe 晶界上偏聚,提高晶界阻碍位错运动的能力。

(2)利用合金元素细化晶粒,通过减少晶粒尺寸增加晶界数量。常用的方法是向钢中加入 Al、Nb、V、Ti 等元素,形成难溶的第二相质点,阻碍奥氏体晶界移动,间接细化铁素体或马氏体的晶粒。

但有人证明,当第二相粒子长大到一定尺寸后($r>r_c$ 时),会失去对晶界的钉扎作用。相应的第二相粒子尺寸为

$$r_c = \frac{6R\varphi}{\pi} - \left(\frac{3}{2} - \frac{2}{Z} \right)^{-1}$$

式中　r_c——第二相粒子临界半径;

　　　R——晶粒半径;

　　　φ——第二相粒子体积分数;

　　　Z——晶粒尺寸不均匀系数。

因此,从细化晶粒角度出发,希望所形成的第二相稳定性高,不易聚集长大。为此,可向钢中加入能形成强碳化物或强氮化物的元素,如 Al、V、Ti、Nb、Zr 等,这常常是钢合金化的一个重要着眼点。

此外,细化晶粒还可以用热处理方法,如正火、反复快速奥氏体化及控制轧制等。

1.3.3　第二相强化

第二相粒子可以有效地阻碍位错运动。运动着的位错遇到滑移面上的第二相粒子时,或切过(第二相粒子的特点是可变形,并与母相具有共格关系,这种强化方式与淬火时效密切相关,故有沉淀强化之称)或绕过(第二相粒子不参与变形,与基体有非共格关系。当位错遇到第二相粒子时,只能绕过并留下位错圈,第二相粒子是人为加入的,不溶于基体,故有弥散强化之称),这样滑移变形才能继续进行。这一过程要消耗额外的能量,故需要提高外加应力,所以造成强化。

弥散强化是钢中常见的强化机制。例如,淬火回火钢及球化退火钢都是利用碳化物作弥散强化相。这时合金元素的主要作用在于,在高温回火条件下,使碳化物呈细小均匀弥散分布,并防止碳化物聚集长大,故需向钢中加入强碳化物形成元素 V、Ti、W、Mo、Nb 等。

利用沉淀强化的基本途径是合金化加淬火时效。合金化的目的是为造成理想的沉淀相提供成分条件。例如,在马氏体时效钢中加入 Ti 和 Mo,形成 Ni_3Ti、Ni_3Mo 理想的强化相,以获得良好的沉淀强化效果。

对于珠光体来说,为了达到强化目的,需向钢中加入一些增加过冷奥氏体稳定性的元素 Cr、Mn、Mo 等,使 C 曲线右移,在同样冷却条件下,可以得到片间距细小的珠光体,同时还可起到细化铁素体晶粒的作用,从而达到强化的目的。

总之,第二相强化机制比较复杂,往往要考虑第二相的大小、数量、形态、分布及性能等方面的影响。这除了涉及热处理参数的直接影响外,还涉及合金元素的影响。合金元素的作用主要是为形成所需要的第二相粒子提供成分条件。

1.3.4　位错强化

位错强化也是钢中常用的一种强化机制,主要着眼于位错数量与组态对钢塑变抗力的影响。

金属中位错密度高,则位错运动时易于发生相互交割,形成割阶,引起位错缠结,因此造成位错运动的障碍,给继续塑性变形造成困难,从而提高了钢的强度。这种用增加位错密度提高金属强度的方法称为位错强化。其强化量 $\Delta\sigma$ 与金属中的位错密度有关,可表示为

$$\Delta\sigma = \alpha \cdot G \cdot b \cdot \rho^{\frac{1}{2}}$$

式中　G——切弹性模量;

　　　b——布氏矢量;

　　　α——强化系数(约为0.5);

　　　ρ——位错密度。

位错密度提高所带来的强化效果有时是很大的。金属中的位错密度与变形量有关,变形量越大,位错密度越大,钢的强度则显著提高,但塑性明显下降。例如,高度冷变形可使位错密度达到 $10^{12}/cm^2$ 以上,产生高达每平方毫米数十千克的强化量。

一般面心立方金属中的位错强化效应比体心立方金属中的大,因此在面心立方金属(如 Cu、Al)中利用位错强化是很有效的。

从位错强化机制出发,钢中加入合金元素,应着眼于使塑性变形时位错易于增值,或易于分解,以便提高钢的加工硬化能力。具体途径如下:

(1)细化晶粒。通过增加晶界数量,使晶界附近因变形不协调诱发几何上需要的位错,同时还可使晶粒内位错塞积群的数量增多。为此,宜向钢中加入细化晶粒的合金元素。

(2)形成第二相粒子。当位错遇到第二相粒子时,希望位错绕过第二相粒子而留下位错圈,使位错数量迅速增多。为此,宜向钢中加入强碳化物形成元素。

(3)促进淬火效应。淬火后希望获得板条马氏体,造成位错型亚结构。为此,宜向钢中加入提高淬透性的合金元素。

(4)降低层错能。通过降低层错能,使位错易于扩展和形成层错,增加位错交互作用,防止交叉滑移。为此,宜加入降低层错能的合金元素。

在工程上,金属材料的实际屈服强度是上述4种强化机制共同作用的结果。实际上几乎没有一种材料的强度只利用了某一种机制。虽然总的强化效果一般不是各种强化机制的代数和,但为了方便起见,常用下式表达:

$$\sigma_s = \sigma_0 + \sum_i \Delta\sigma_i$$

式中　σ_0——派纳力;

　　　$\Delta\sigma_i$——某种强化机制引起的屈服强度增加量。

1.4　改善钢的塑性和韧性的基本途径

同强度一样,塑性和韧性也是钢的重要力学性能指标。

在物理意义上,塑性和韧性是对变形和断裂的综合描述,它们与应力集中、应力缓和、能量的吸收和消散、加工硬化以及裂纹的形成和扩展等过程有关。这里所说的塑性和韧性是指在一定试验条件下测定的塑性和韧性指标。一般以静拉伸时的伸长率和断面收缩率代表塑性;以静拉伸时的变形和断裂吸收功($\int \sigma \cdot ds$)、冲击试验时的冲击韧度 α_k 值、平面应变断裂韧度 K_{IC} 及塑脆性转变温度 T_k 等代表韧性。

塑性、韧性的好坏,不仅涉及钢的冷变形加工工艺性能,而且还会直接影响使用的安全性。塑性和韧性与强度比较是对组织更为敏感的性能。例如,成分、组织的不均匀性、非金属夹杂物的形态、分布等对材料的强度虽有影响,但对塑性和韧性的影响更为严重。因此,在选择材料时,不但要着眼于强度,同时还要顾及塑性和韧性。为此,有必要深入理解合金元素对钢的塑性和韧性影响的机制,以便提高合理选用合金元素的能力。

1.4.1　改善钢塑性的基本途径

钢的塑性有两个基本指标:一是均匀真应变(ε_u),相应可转换成工程均匀延伸率(σ_u)。这一指标的物理意义是表征均匀塑性变形能力的大小,主要取决于塑性失稳是否易于出现。另一指标是总真应变或断裂真应变(ε_T),相应可转换成工程延伸率(δ_T)。其物理意义是表征钢的极限塑性变形的能力。这一塑性指标除与均匀真应变有关外,还取决于颈缩后继续变形的程度,即 $\varepsilon_T = \varepsilon_u + \varepsilon_P$。式中 ε_P 为颈缩后的变形,主要取决于微孔坑或微裂纹形成的难易程度。因此,改变钢塑性的途径是:在提高均匀塑性的同时,尽量避免或推迟微孔坑的形成。

1.4.2　影响钢塑性的主要因素

1. 溶质原子的影响

在 α-Fe 中加入合金元素时,一般都会使塑性下降,强化效果越大的合金元素使塑性下降得越多。间隙式溶质原子(C、N)使塑性下降的程度较置换式溶质原子大得多。在置换式溶质原子中,以 Si 和 Mn 使塑性损失较大,而且其加入数量越多,均匀应变就越低。

合金元素对奥氏体塑性的影响比较复杂,往往使塑性在一定的溶质含量处出现最大值。如图 1.5(a)所示,钢中 $w(Cr) = 17\%$ 时,改变 Ni 的质量分数,则在约 $w(Ni) = 10\%$ 处,使 ε_u 和 ε_T 出现最大值。反之 $w(Ni) = 18\%$ 时,改变 Cr 的质量分数,则在约 $w(Cr) = 19\%$ 处,使 ε_u 和 ε_T 达到最大,如图 1.5(b)所示。

2. 晶粒大小对塑性的影响

一般认为细化晶粒的合金元素对改善钢的均匀塑性贡献不大,但对极限塑性却会有一定好处。这是因为随着晶粒尺寸的减少,使应力集中减弱,推迟孔坑或微裂纹的形成。例如,在工具钢中加入细化晶粒的合金元素,对塑性改善或提高断裂抗力会有一定好处,这是工具钢合金化的一个主要的出发点。

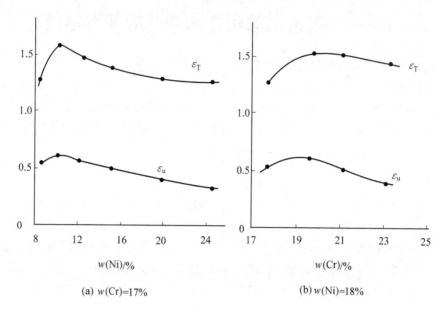

(a) w(Cr)=17%　　　　　　　　　(b) w(Ni)=18%

图1.5　w(Ni)、w(Cr)对奥氏体钢塑性的影响

3. 第二相对塑性的影响

前文已述及,第二相强化(特别是弥散强化)是钢中重要的强化途径。一般说来,第二相强化对极限塑性有害。极限塑性除与均匀真应变有关外,还取决于颈缩后应变。后者又与微孔坑是否易于形成有关。

第二相粒子常常通过本身断裂,或者与基体的界面开裂,成为诱发微孔坑的部位。所以第二相数量越多,微孔坑萌生的可能性就越大。而且第二相粒子的尺寸、形状和分布特点也会影响钢的变形和断裂行为,即:

(1)第二相粒子尺寸越大,极限塑性越低。

(2)第二相粒子呈针状或片状对极限塑性危害较大,而呈球状时危害较小。

(3)第二相粒子均匀分布时对极限塑性危害较小,而沿晶界分布危害较大。

因此,为了改善钢的塑性,钢中第二相应为球状、细小、均匀、弥散的分布,这是充分发挥弥散强化作用的重要条件。

另外,第二相粒子对塑性也有影响。钢中常见的第二相粒子有硫化物、氧化物和碳化物。其中硫化物和氧化物易于使微孔坑在早期形成,碳化物能在形成微孔坑之前经受较大的变形。所以同硫化物和氧化物相比,碳化物对极限塑性的危害较小。因此,在采用第二相强化时,可采用以下方法改善钢的塑性:

(1)控制碳化物的数量、尺寸、形状和分布。可通过合金化与回火、球化处理相结合等方法,使碳化物呈球状、细小、均匀、弥散的分布状态。

(2)减少钢中夹杂物的数量,控制夹杂物形态。要尽量减少钢中硫和氧的含量,并使硫化物与氧化物呈球状。为此向钢中加入 Ca、Zr 或稀土元素,能与钢中的硫形成难熔的硫化物,铸锭时可从钢液中以小质点颗粒析出,在以后的冷却、热变形时不再延伸成条状,则可使其危害性显著降低。

4. 位错强化与钢的塑性

一般说来,增加位错密度可使钢的塑性下降。例如,采用冷变形作为钢的强化方式时,虽然钢的强度提高,但却使钢的塑性下降,此为这种强化方式的一大弊病,使用时要充分注意。特别是当有间隙原子 C 和 N 钉扎位错时,位错的可动性大大降低,对塑性的影响更为不利。在这种情况下,加入少量的 Ti、V、Nb 等微量元素以固定间隙原子,使之不向位错处偏聚,可使钢的塑性得到一定程度的改善。

综上所述,强化机制对钢的塑性有着直接的影响,因此使钢的强度与塑性密切相关。在实际应用中,要视具体要求对钢的强度和塑性关系加以调节,才能使钢的性能潜力得到充分发挥。在调节钢的强度与塑性这一对矛盾时,合金化是一种重要手段。因此深入了解钢的强化机制及其对塑性的影响是正确选择和设计钢种成分的重要基础和依据。

1.4.3　改善钢韧性的途径

韧性是表征材料断裂抗力的一种力学参量。通常用冲击韧性 α_k、断裂韧度 K_{IC} 和脆性转折温度(T_k)等表示。由于外界条件的变化,通常可以表现出 3 种基本断裂类型:延性断裂、解理断裂和沿晶断裂。由于其断裂机制不同,所以改善和提高韧性的途径也不同,下面分别加以介绍。

1. 改善延性断裂的途径

延性断裂的微观机制是微孔坑的形成、聚集和长大的过程。在宏观上有两种表现形式:一种是宏观塑性断裂,在断裂前有较大的塑性变形,在中、低强度钢中较为多见;另一种是宏观脆性断裂(或称低应力断裂),从宏观上看,在断裂之前不产生塑性变形,但从微观上看,在局部区域仍存在一定的塑性变形,这种断裂在高强度钢中比较突出。两种表现形式断裂的断口均为孔坑型,根据这种断裂的微观机制,可知提高断裂抗力的主要途径有:

(1)减少钢中第二相的数量。为了防止微孔坑的形成,尽量减少钢中第二相的数量,如氧化物、硫化物、硅酸盐、碳化物、氮化物等。按照 Krafft 的裂纹试样微孔坑和断裂模型,断裂韧度 K_{IC} 与第二相质点间距和第二相质点数目有如下关系

$$K_{IC} = E \cdot n \sqrt{2\pi d_T} \tag{2.1}$$

$$K_{IC} = \left[2 \cdot E \cdot \sigma_s \cdot \left(\frac{\pi}{6} \right)^{\frac{1}{2}} \cdot D \right]^{-\frac{1}{2}} \cdot \varphi^{-\frac{1}{6}}$$

式中　　E——弹性模量;

　　　　n——加工硬化指数;

　　　　d_T——第二相颗粒间距;

　　　　σ_s——屈服强度;

　　　　D——第二相颗粒平均直径;

　　　　φ——第二相体积分数。

上式表明,材料越纯,即 φ 越小,则 K_{IC} 值越大。因此尽可能减少第二相数量,特别是夹杂物的数量,是广泛用来提高断裂韧性的有效方法。细化第二相颗粒尺寸(即减小 D 值),也有利于改善钢的断裂韧性。对于强化相而言,数量过少时,会使强度损失过大。因而为改善钢的韧性又不降低强度,可选用细小且与基体结合好的析出相作为强化相,或

者细化强化相的颗粒。另外,第二相的形状对钢的韧性也有影响。第二相呈球状时对钢的韧性有利,而呈尖角状时对钢的韧性不利。沿纵向分布的长条状夹杂物使钢的横向韧性显著下降,因此,为改善钢的韧性,宜加入稀土、Zr 等元素,以使硫化物呈球状。

（2）提高基体组织的塑性。一般说来,钢的强度越高,断裂韧性就越低,这是因为裂纹主要在基体中扩展。基体组织中裂纹尖端的塑性区宽度 γ_p 与钢的屈服强度 σ_s 有如下关系

$$\gamma_p \propto (\frac{K_I}{\sigma_s})^{\frac{1}{2}}$$

式中　　K_I——应力场强度因子。

由此可见,随着钢的强度升高,使裂纹尖端塑性区宽度显著降低。这表明裂纹扩展传播时所消耗的形变功明显下降,而裂纹扩展阻力的减小使 K_{IC} 值变小。所以提高钢的韧性的第二个着眼点是改善基体的塑性,以使裂纹扩展时塑性区宽度增大,消耗较多的能量。为此,宜减少基体组织中固溶强化效果大的元素,如降低 Si、Mn、P、C、N 的含量。

（3）提高组织的均匀性。提高组织均匀性的目的主要在于防止塑性变形的不均匀性,以减少应力集中。例如,希望强化相如碳化物呈细小弥散分布,而不要沿晶界分布。所以对淬火回火钢,改善韧性的主要措施是提高回火温度,故而发展了调质钢。

2. 改善解理断裂抗力的途径

钢的解理断裂有一个很重要的特性——冷脆现象,即当试验温度低于某一温度 T_k 时,材料由塑性转变为脆性,这种现象称为冷脆。此现象对于低碳钢尤为重要。

根据解理断裂机制,不难理解晶粒大小与解理断裂抗力有关。晶粒越细,则位错塞积的数目下降,便不易产生应力集中,使解理断裂不易产生,因而韧性增高,其结果使钢的塑脆转变温度 T_k 下降。晶粒的大小与 T_k 有如下关系

$$T_k = A - B\ln d^{-\frac{1}{2}}$$

式中　　A、B——常数;

　　　　d——晶粒直径;

　　　　T_k——塑脆转变温度。

因此,防止解理断裂的第一种方法是细化晶粒。具体是正火、控制轧制、加入细化晶粒的合金元素。可见细化晶粒是一种非常重要的强韧化手段。另外,向钢中加入 Ni 元素可以显著降低钢的 T_k。如果应用上述方法仍满足不了钢材低温性能的要求,那就只有更换基体组织而采用没有冷脆现象的面心立方 γ-Fe 为基的奥氏体钢了。

3. 改善沿晶断裂抗力的途径

沿晶断裂的类型很多,例如回火脆、过热、过烧等都是晶界弱化而引起的沿晶断裂。一般说来,引起晶界弱化的因素有以下两个:

（1）溶质原子(如 P、As、Sb、Sn 等)在晶界上偏聚,造成晶界能量 γ_g 下降,因而裂纹易于沿晶界形成和扩展。

（2）第二相质点(如 MnS、Fe_3C)沿晶界分布,致使微裂纹易于在晶界处形成,并使主裂纹易于沿晶界传播,为此使裂纹传播消耗的塑性变形功 γ_p 下降。其关系式为

$$\sigma_f = \frac{E(2\gamma_g + \gamma_p)}{\pi C}$$

式中　σ_f——断裂应力;

　　　E——弹性模量;

　　　C——已有裂纹半长。

为此,要提高沿晶界的断裂抗力,就要防止溶质原子沿晶界分布和第二相沿晶界析出。如加入合金元素 Mo、Ti 或 Zr,这几个元素与杂质元素有更强的交互作用,可以抑制杂质元素向晶界偏聚,从而减轻回火脆倾向;减少钢中 S 含量或加入稀土元素形成难熔的稀土硫化物(熔点高),在高温加热时不会溶解,可防止 MnS 在晶界析出。

总之,要改善钢的韧性,应视断裂机制的不同,采取相应的措施。

1.5　合金元素对钢相变的影响

由于 Fe-C 相图是研究钢中相变和对碳钢进行热处理时选择加热温度的依据,因此在研究合金元素对相变的影响之前,首先要了解合金元素对 Fe-C 相图的影响。

另外,在大多数合金钢中,预期性能主要是通过合金元素对相变过程的作用来实现的,因此,合金元素对相变过程的影响具有特别重要的意义。

钢中有 3 个基本的相变过程,即加热时奥氏体的形成、冷却时过冷奥氏体的分解以及淬火马氏体回火时的转变。下面分别讨论之。

1.5.1　合金元素对 Fe-C 相图的影响

1. 对奥氏体相区的影响

凡是扩大 γ 相区的元素(如 Ni、Co、Mn 等)均使点 S 左移、A_3 线下降(图 1.6);凡是缩小 γ 相区的元素(如 Cr、W、Mo、V、Ti、Si 等)均使 A_3 线上升,也使点 S 左移,如图 1.7 所示。从这两个图可以看出,大多数元素均使 ES 线左移,点 E 左移,这就意味着钢中 C 的质量分数不足 2% 时,就会出现共晶莱氏体,例如 W18Cr4V 高速钢中,尽管其 $w(C) = 0.7\% \sim 0.8\%$,但在铸态组织中已出现了莱氏体。此外,扩大 γ 相区的元素,如 Ni、Mn 的质量分数足够高时,可使 γ 相区扩展到室温以下,得到奥氏体钢;Cr 和 Si 等元素则限制 γ 相区,甚至使其完全消失,得到铁素体钢。

2. 对共析温度的影响

共析反应涉及 $\alpha \rightleftharpoons \gamma$ 的同素异晶转变和碳化物的析出和溶解。合金元素的存在,将改变钢的共析温度。如扩大 γ 相区的元素,降低 A_3 和 A_1,使点 S 左移;缩小 γ 相区的元素,使 A_3 和 A_1 升高,也使点 S 左移,如图 1.8 所示。

3. 对共析点位置的影响

所有合金元素均使点 S 左移,这就意味着钢中 C 的质量分数不足 0.77% 时,钢即可变为过共析钢,而析出二次渗碳体,也就是说合金元素使点 S 左移,降低了共析体中 C 的质量分数(图 1.9)。例如 $w(C) = 0.4\%$ 的 4Cr13 钢已不是亚共析钢,而是过共析钢了。

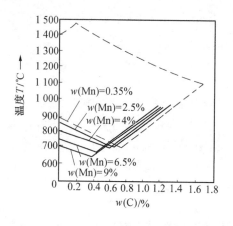

图 1.6 锰对 γ 相区的影响   图 1.7 铬对 γ 相区的影响

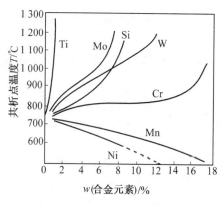

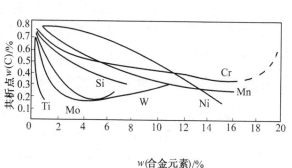

图 1.8 合金元素对共析温度的影响   图 1.9 合金元素对共析体 $w(C)$ 的影响

1.5.2 合金元素对钢加热时奥氏体形成过程的影响

合金元素的影响在于:一方面合金元素的加入改变了临界点的温度、点 S 的位置和碳在奥氏体中的溶解度,使奥氏体形成的温度条件和碳浓度条件发生了变化;另一方面,由于奥氏体的形成是一个扩散过程,合金元素原子不仅本身扩散困难,而且还将影响铁和碳原子的扩散,从而影响奥氏体化过程。

奥氏体的形成速度取决于奥氏体晶核的形成和长大,两者都与碳的扩散有关。钴和镍提高碳在奥氏体中的扩散速度,增大奥氏体的形成速度。硅、铝、锰等对碳在奥氏体中的扩散速度影响较小,故对奥氏体的形成速度影响不大。由于碳化物形成元素与碳的亲和力较大,显著妨碍碳在奥氏体中的扩散,大大减慢了奥氏体的形成速度。

奥氏体形成后,还残留有一些稳定性各不相同的碳化物。稳定性高的碳化物,要使其分解并溶入奥氏体中,必须提高加热温度,甚至超过其平衡临界点几十或几百摄氏度。

　　最初形成的奥氏体,其成分并不均匀,而且由于碳化物的不断溶入,不均匀程度更加严重。要使奥氏体均匀,碳和合金元素均需扩散,由于合金元素的扩散很缓慢,因此对合金钢应采用较高的加热温度和较长的保温时间,以得到比较均匀的奥氏体,从而充分发挥合金元素的作用。但对需要具有较多未溶碳化物的合金工具钢,则不应采用过高的加热温度和过长的保温时间。

　　合金元素对减小奥氏体晶粒长大倾向的作用也各不相同。Ti、V、Zr、Nb 等强碳化物形成元素强烈阻止奥氏体晶粒长大,起细化晶粒的作用;W、Mo、Cr 等阻止奥氏体晶粒长大的作用中等;非碳化物形成元素如 Ni、Si、Cu、Co 等阻止奥氏体晶粒长大的作用轻微;而Mn、P 则有助长奥氏体晶粒长大的倾向。

1.5.3　合金元素对过冷奥氏体分解过程的影响

　　合金元素可以使钢的 C-曲线发生显著变化。几乎所有的合金元素(除 Co 外)都使C-曲线向右移动,即减慢珠光体类型转变产物的形成速度。除 Co、Al 以外,所有的合金元素都使马氏体转变温度下降,如图 1.10 所示。

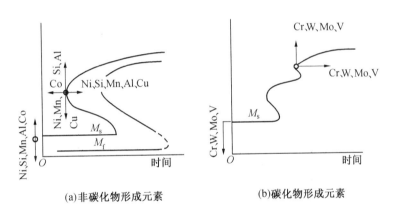

(a)非碳化物形成元素　　　　　　　(b)碳化物形成元素

图 1.10　合金元素对碳钢 C-曲线的影响

　　C-曲线右移的结果,降低了钢的临界冷却速度,提高了钢的淬透性,这对于许多合金钢来讲是非常重要的。合金元素对淬透性影响的大小,取决于该元素的作用程度(单位含量对淬透性的提高量)及其可能的溶解量。这样,钢中最常用的提高淬透性的元素主要有以下 6 种:Cr、Mn、Mo、Si、Ni、B。前 5 种元素,除了有较强的提高淬透性的能力以外,还可以大量地溶入钢中,故为提高淬透性最有效的元素。B 的加入量很小($w(B)=$0.008% ~ 0.002 5%),但作用效果很大,又比较便宜,也是一种主要的提高淬透性的元素,但目前含 B 钢的淬透性不稳定,淬透性带波动幅度较宽。Mo 的价格较贵,一般不单纯作为提高淬透性的元素使用。因此以提高淬透性为目的的常用元素只有 5 种。

　　还应强调指出,合金元素只有当淬火加热溶入奥氏体中时,才能起到提高淬透性的作用。含 Cr、Mo、W、V 等强碳化物形成元素的钢,若淬火加热温度不高、保温时间较短、碳化物未溶解时,非但不能提高淬透性,反而会由于未溶碳化物粒子能成为珠光体转变的核心,使淬透性下降。

　　钢中加入合金元素将使点 M_s、M_f 下降,而使残余奥氏体增多(图 1.11 和图 1.12),因此在相同的含碳量下,合金钢中的残余奥氏体质量分数比碳钢中的多。在许多工业用高碳、高合金钢中,淬火钢中的残余奥氏体质量分数甚至可高达40%以上。这对钢的性能将产生很大影响。残余奥氏体量过高时,钢的硬度降低,疲劳抗力下降。为了将残余奥氏体量控制在合适范围,往往要进行附加的处理,例如冷处理(即将钢冷至点 M_f 以下,让奥氏体转变成马氏体)或多次回火。多次回火过程中残余奥氏体发生合金碳化物的析出,使残余奥氏体的点 M_s、M_f 升高,而在回火后的冷却过程中,转变为马氏体或贝氏体(称为二次淬火),从而使残余奥氏体量减少。下列元素可明显地降低钢的点 M_s、M_f,并增加残余奥氏体量,按照作用的强弱可排列为

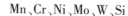

Mn、Cr、Ni、Mo、W、Si

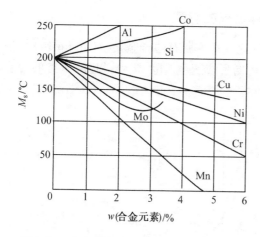
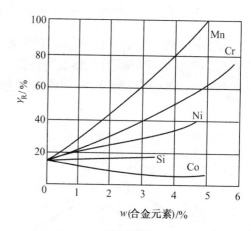

图 1.11　合金元素对 $w(C) = 1.0\%$ 碳钢的点　　图 1.12　合金元素对 $w(C) = 1.0\%$ 碳钢 1 150 ℃
　　　　　淬火后 M_s 的影响　　　　　　　　　　　　残存奥氏体量的影响

1.5.4　合金元素对回火过程的影响

回火过程是使钢获得预期性能的关键工序,合金元素的主要作用是提高钢的回火稳定性(钢对回火时发生软化过程的抵抗能力),使回火过程各个阶段的转变速度大大减慢,将其推向更高的温度,现分述如下:

1. 对马氏体分解的影响

合金元素对马氏体分解的第一阶段没有影响,马氏体在发生第二阶段分解时,碳化物形成元素 V、Nb、Cr、Mo、W 等对碳有较强的亲和力,溶于马氏体中的碳化物形成元素阻碍碳从马氏体中析出,因而使马氏体分解的第二阶段减慢。在碳钢中,实际上所有的碳从马氏体中的析出温度都在 250 ~ 350 ℃,而在含碳化物形成元素的钢中,可将这一过程推移到更高的温度(400 ~ 500 ℃),其中 V、Nb 的作用比 Cr、W、Mo 更强烈。非碳化物形成元素对这一过程影响不大,但 Si 的作用比较独特。Si 可以显著减慢马氏体的分解速度。如 $w(Si) = 2\%$ 的钢,可把马氏体的分解温度提高到 350 ℃ 以上。

2. 对残余奥氏体转变的影响

合金元素大都使残余奥氏体的分解温度向高温方向推移,其中尤以 Cr、Mn、Si 的作用

最为显著。在含有较多的 W、Mo、V 等元素的高合
金钢中(如高速钢),由于残余奥氏体在回火过程中
析出碳化物,造成残余奥氏体中的碳及合金元素贫
化,使其点 M_s 高于室温,因而在冷却过程中转变为
马氏体。通过这种回火之后,淬火钢的硬度不但没
有降低,反而有所升高,这种现象称为二次淬火,如
图 1.13 所示。

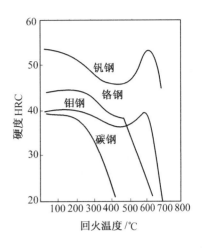

图 1.13　合金钢回火时的二
次硬化效应

钒钢($w(C) = 0.32\%$、$w(V) = 1.36\%$)
钼钢($w(C) = 0.11\%$、$w(Mo) = 2.14\%$)
铬钢($w(C) = 0.19\%$、$w(Cr) = 2.91\%$)
碳钢($w(C) = 0.10\%$)

3. 对碳化物的形成、聚集和长大的影响

合金元素对 ε-碳化物的形成没有影响。随着
回火温度的升高,碳钢中的ε-碳化物于 260 ℃ 转变
为渗碳体,合金元素中唯有 Si 和 Al 强烈推迟这一转
变,使转变温度升高到 350 ℃。此外,Cr 也有使转变
温度升高的作用,不过比 Si 和 Al 的作用要小得多。

随着回火温度的升高,合金元素能够产生明显
的扩散,碳化物形成元素向渗碳体中富集,置换 Fe
原子,形成合金渗碳体。非碳化物形成元素将离开
渗碳体。与此同时,将发生合金渗碳体的聚集长大,
Ni 对其聚集长大没有影响,而 Si 和 V、W、Mo、Cr 则
对其聚集长大过程起阻碍作用。

在含 W、Mo、V 较多的钢中,回火后的硬度随回火温度的升高不是单调降低,而是在
某一回火温度后,硬度反而增加,并在某一温度(一般为 550 ℃ 左右)达到峰值。这种在
一定回火温度下硬度出现峰值的现象称为二次硬化。

二次硬化是由高温回火时从马氏体中析出的高度分散的合金碳化物粒子所造成的。
这类碳化物粒子在高温下非常稳定,很不容易聚集长大,从而使钢具有很好的高温强度。
这对在高温下工作的钢,特别是高速切削工具及热变形模具用钢,是极为重要的。

4. 对铁素体回复再结晶的影响

大部分合金元素均延缓铁素体的回复与再结晶过程,其中 Co、Mo、W、Cr、V 显著提高
α 相的再结晶温度,Si、Mn 的影响次之,Ni 的影响较小。在碳钢中,α 相高于 400 ℃ 开始
回复过程,500 ℃ 开始再结晶。当往钢中加入 Co($w(Co) = 2\%$)时,可将 α 相的再结晶温
度升高到 630 ℃,几种元素的综合作用可以更显著地提高再结晶温度。

5. 对回火脆性的影响

淬火合金钢在一定温度范围内回火时,表现出明显的脆化现象,这种现象就是回火脆
性。应当提出,不可能用热处理和合金化的方法消除第一类回火脆性,但 Mo、W、V、Al 等
元素可稍微减弱第一类回火脆性;而 Mn、Cr 则促进这类回火脆性的发展。加入 Si、Cr 等,
可使回火脆性的温度向高温方向推移。

实践证明,各种类型的合金钢都有第二类回火脆性的倾向,只是程度不同而已。根据

合金元素对第二类回火脆性的作用,可将合金元素大致分为 3 类:

(1)增加回火脆性敏感性的元素有:Mn、Cr、Ni(与其他元素一起加入时)、P、V 等。

(2)无明显影响的元素有:Ti、Zr、Si、Ni(单一元素作用时)。

(3)降低回火脆性敏感性的元素有:Mo、W。

为防止第二类回火脆性,在长期的生产实践中总结出了下列方法:

(1)回火后快冷,一般小件用油冷,较大件用水冷。但工件尺寸过大时,即使水冷也难以防止脆性产生。

(2)加入合金元素 W、Mo,以抑制第二类回火脆性。

(3)提高冶金质量,尽可能降低钢中有害元素的含量。

1.6　钢的冶金质量

钢材在生产过程中要经过冶炼、铸造、轧制(或锻造)等工序,最后成材。由这些工艺过程所控制的质量,一般称为冶金质量。冶金工厂生产的各种钢材,出厂时要按照相应的标准及技术文件的规定进行各项检验。

为了鉴定钢材的冶金质量,通常采用化学分析、低倍分析、高倍分析和断口分析等方法进行检验。本节主要介绍钢材的低倍、高倍、断口缺陷的特征及其对钢材性能的影响。

1.6.1　钢的低倍缺陷

钢的低倍组织缺陷种类很多,常见的有下列几种:

1. 疏松

钢的组织不致密称为疏松。在经热酸腐蚀的横向试片上,疏松呈现分散的小孔隙和暗色的小圆点,其中小孔隙为多边形或圆形。疏松可分为一般疏松和中心疏松两种。

疏松对钢材性能的影响程度取决于疏松点的大小、数量和密集程度。一般疏松不太严重时,对机械性能及使用寿命无太大的影响。但严重时,可降低钢的横向机械性能(塑性与韧性),对零件的加工光洁度也有影响。

防止或减少疏松的措施主要是控制冶炼和铸锭的质量,减少钢中的杂质和气体,轧制时加大钢材的压缩量等。

2. 缩孔残余

金属在凝固过程中,由于体积收缩,在冒口一端一般都存在缩孔。在正常情况下,钢锭在切除冒口时,都可以将缩孔切去,但在生产中由于种种原因,缩孔难以除净。残余缩孔破坏了金属的连续性,是一种不允许的缺陷。为了防止缩孔残余,应采取正确的浇铸工艺、合理的锭型设计,并适当地切除冒口。

3. 偏析

钢中化学成分的不均匀性称为偏析。根据偏析形成的原因和表现形式,一般分为树枝状偏析、方形偏析和点状偏析等。

采用高温扩散退火方法,可使偏析减轻。若钢材或锻件树枝状偏析严重时,则钢的塑性、韧性降低,这种情况尤以中碳铬钼钢、铬镍钼钢大锻件最为普遍。在压力加工时,树枝状偏析严重时还可使锻件破裂。

大多数钢易产生方形偏析,一般说来,在合金钢中比碳钢中出现概率高,且比较严重。不严重的方形偏析是允许存在的缺陷,但严重的方形偏析会降低钢的塑性和韧性。

轻微的点状偏析对机械性能没有明显的影响,但严重的点状偏析使钢的塑性和韧性降低,特别是横向断面收缩率的降低最为显著。

在合金钢中,由于合金元素的加入,使钢的流动性降低,气体析出更加困难,所以更易于出现点状偏析。

4. 气泡

根据气泡在钢中分布位置的不同,将气泡分为皮下气泡和内部气泡两种。皮下气泡分布在表皮附近。热加工用钢不允许有皮下气泡,冷加工用钢如果皮下气泡存在于表面不深的区域,在机械加工时是可以清除掉的,如果存在较深,则加工后仍留在工件内,使用时会造成事故。内部气泡是镇静钢中不允许存在的缺陷。

5. 发纹

发纹即是裂纹,是沿钢材的加工方向呈现的类似头发丝粗细的裂纹。钢材皮下容易出现发纹,不同的钢种对发纹的敏感性也不同,最容易出现发纹的是 Cr13 型不锈钢,其次是 30CrMnSiA 钢等。

发纹严重地降低钢的疲劳强度,因此,对制造重要零件所用的钢材,必须做发纹检验,并对发纹的数量、长度和分布情况严格限制。防止发纹最好的办法是提高冶炼质量,降低钢中的气体和夹杂。

6. 白点

白点是钢中的内裂。检查白点最好在淬火状态下折断,以免试样在折断时由于塑性变形而使白点失真。

白点主要发生在珠光体钢、马氏体钢、贝氏体钢的锻轧件中,当锻轧后冷却较快时,有出现白点的危险。白点的存在会大大降低钢的机械性能。用存在白点的钢材制成零件后,在最后热处理淬火过程中,将使裂纹逐渐扩大,甚至完全开裂,所以白点是一种不允许存在的缺陷。为了防止白点产生,在热压力加工后进行锻后热处理,又称第一热处理。

1.6.2　钢的高倍缺陷

在钢材冶金质量的检验中,有些缺陷低倍检验是不能反映出来的,或者不能充分反映出来,所以还必须进行高倍检验。钢中常见的高倍缺陷有带状组织、碳化物液析、非金属夹杂物、魏氏组织及网状碳化物。这里着重介绍前 3 种。

1. 带状组织

钢锭在热压力加工时,沿压延方向可能出现两种组织交替呈层状分布的情况,在显微镜下看到的这种组织称带状组织。在亚共析钢中可出现铁素体的带状组织;在高碳合金钢中则可出现碳化物的带状组织。

　　带状组织是造成钢材各向异性的主要原因,它使钢的横向塑性、韧性明显降低。带状组织严重,则可影响切削加工性能,即加工时表面光洁程度变差;渗碳时易引起渗层不均匀;热处理时易变形且硬度不均匀。带状组织一般通过正火进行改善,合金元素偏析所引起的带状组织要通过高温扩散退火进行改善。为了防止带状碳化物,应当掌握适当的出钢温度,加快钢锭的结晶速度,以降低碳偏析。但高温扩散退火不能完全消除带状碳化物。

　　2. 碳化物液析

　　某些高碳高合金钢在结晶过程中从钢液中结晶出共晶碳化物或从钢液中直接析出一次碳化物的现象称为液析。其形状在钢锭中呈块状或共晶骨骼状,经加工后破碎成链状或条状,沿加工流线分布。

　　液析对钢材性能的影响与下述的非金属夹杂物的影响相似,同时还降低淬火组织中碳和合金元素的固溶浓度。液析经高温扩散退火能以带状碳化物形式出现。

　　3. 非金属夹杂物

　　非金属夹杂物一般为氧化物、硫化物和硅酸盐。夹杂物的存在使钢材性能降低,特别是使断面收缩率和冲击韧性显著降低,对钢的疲劳强度也有很大影响。夹杂物在热加工后易于产生带状组织。

　　钢中的夹杂物是难以避免的,在生产中可根据夹杂物的数量、形态及分布情况来评定级别,具体方法可参考有关标准。

　　改善夹杂物的根本措施是控制钢材的冶炼和浇铸质量。如采用真空冶炼及电渣重熔等方法,可以减少钢中的夹杂物。

1.6.3　断口分析

　　断口分析常作为评定材料冶金质量和热处理质量的常规检验手段之一。根据钢材种类和检验要求的不同,断口检验试样在折断以前要经过热处理,其目的在于使真实的缺陷容易显露。常见的断口组织如下:

　　1. 纤维状断口

　　纤维状断口无金属光泽,无结晶颗粒,呈暗灰色,并有明显的塑性变形。纤维状断口属于正常断口,如调质钢经调质处理后就有这种断口。

　　2. 结晶状断口

　　结晶状断口一般具有强烈的金属光泽和明显的结晶颗粒,断口齐平,呈亮灰色,属于脆性断口。

　　一般具有珠光体组织的热轧或退火钢的断口往往呈现这种形态,属于正常断口。但若调质钢出现这种断口,则属缺陷断口。结晶状断口是解理或准解理断裂。

　　3. 瓷状断口

　　经过正确淬火或低温回火处理的高碳钢和某些合金结构钢的断口,呈亮灰色、致密、有绸缎光泽,类似细瓷片的断口,属正常断口。

　　4. 层状断口

　　在纵向断口上,沿热加工方向呈现凸凹不平、无金属光泽的条带。目前国内根据层状断口的不同形式和不同的特征,将其分为撕痕状断口、木纹状断口、台状断口、分层断口等。层状断口会使钢材在纵向或横向的塑性和韧性明显下降,甚至会造成钢材报废。

5. 萘状断口

萘状断口是一种脆性穿晶的粗晶断口。断口有类似萘晶的颗粒,这些颗粒多显微弱的金属光泽,并有反光的亮点,有时呈光亮小片。

萘状断口是合金结构钢过热或者高速钢重复淬火而产生的一种粗晶缺陷。具有萘状断口的钢机械性能很差,特别是冲击韧性很低,在产品中是不允许存在这种缺陷的。萘状断口可以通过多次重结晶的方法予以消除。

6. 石状断口

粗晶粒沿晶界断裂产生石状断口,其特征是颜色灰暗,无金属光泽,像有棱角的小石块堆砌而成的一样。石状断口表明材料过烧或严重过热。具有严重石状断口的钢材,其室温冲击韧性显著下降,且不能用热处理方法来消除,所以也是一种不允许有的缺陷。

第2章 构件用钢

构件用钢是指用于制造各种大型金属结构(如桥梁、船舶、屋架、锅炉及压力容器等)的钢材,又称为工程用钢。

一般说来,构件的工作特点是不做相对运动,长期承受静载荷作用,有一定的使用温度要求。如锅炉使用温度可到 250 ℃以上,而有的构件在北方寒冷条件下工作长期经受低温作用,桥梁或船舶则长期与大气或海水接触,承受大气和海水的侵蚀。

因此,作为构件用钢应有如下性能要求:

(1)力学性能要求。要求构件用钢弹性模量大,以保证构件有较好的刚度;有足够的抗塑性变形及抗破断的能力,即 σ_s、σ_b 较高,而 δ_k、ψ_k 较好;缺口敏感性及冷脆倾向性较小等。

(2)耐腐蚀性能要求。为使构件在大气或海水中能长期稳定工作,要求构件用钢具有一定的耐大气腐蚀及耐海水腐蚀性能。

(3)冷变形和焊接成型要求。要求构件用钢有良好的冷变形性能和焊接性能。

根据上述性能要求,构件用钢应以工艺性能为主,力学性能为辅。但目前,大工程构件如桥梁、压力容器等,对力学物能也有较高的要求。从成分上看,构件用钢应是低碳的($w(C) \leqslant 0.2\%$),钢轨除外,大部分构件通常是在热轧空冷(正火)状态下使用,有时也在回火状态下使用。构件用钢的基体组织是大量的铁素体和少量的珠光体。这种组织状态便决定了构件用钢具有一系列性能特点,如具有屈服、冷脆及时效等现象。

2.1 构件用钢的力学性能特点

构件用钢的力学性能有 3 大特点:屈服现象、冷脆现象和时效现象。

2.1.1 构件用钢的屈服现象

众所周知,屈服现象是低碳钢所具有的力学行为特点之一,其主要表现在以下两方面:

(1)拉伸曲线上出现屈服齿与屈服平台,如图 2.1 所示。

(2)在屈服过程中,试件的塑性变形分布是宏观不均匀的。

由于屈服变形集中在局部地区少数滑移带上,所以必然引起滑移台阶高度增大,使试样表面有明显滑移线,表面出现皱褶。屈服现象有时会影响构件(如汽车蒙皮)的表面质量。实践中发现,有一些冷轧钢板在冲压前表面质量很好,但冲压后却在某些部分形成皱褶,这是一种水波纹状的表面缺陷,称为滑移线。这种滑移线的出现破坏了构件的外观,甚至在涂漆以后仍然可以看出,故必须消除。消除的办法是对于一些冲压用的钢板退火后,进行变形量为 0.8% ~1.5% 的冷轧,即平整加工。其目的是使钢板的屈服现象在冷轧过程中完成,使钢板处于正常的加工硬化状态,从而在以后的冲压过程中变形均匀,以免出现皱褶。注意冷轧后不能停留时间过长,否则易产生应变时效现象。

一般认为,屈服现象与钢中 C、N 原子与位错相互作用产生的"柯氏气团"有关。因此减少钢中 C、N 原子数量或加入强碳化物形成元素(如 Ti、Nb 等),使 C、N 原子与之结合成稳定的碳化物,抑制柯氏气团的形成,可避免冲压时产生表面皱褶。

值得注意的是,平整加工后不允许放置时间过长,否则因应变时效现象会造成在冲压时仍出现皱褶。这时再用平整加工方法将无法消除,所以冲压时各工序应连续进行。

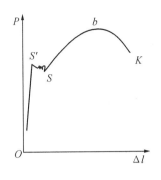

图 2.1 屈服齿与屈服平台

2.1.2 构件用钢的冷脆现象

实践表明,低温对构件用钢的力学性能有很大影响。随着试验温度的降低,构件用钢的屈服点显著升高,且出现断裂特征,由宏观塑性破坏过渡到宏观脆性破坏,这种现象称为冷脆。对光滑无缺陷试件而言,这种过渡一般在很低的温度下才会发生,因此没有实际危险性。但在构件的生产及使用过程中,往往存在着尖锐的缺口,甚至裂缝。带有尖锐缺口或裂缝的构件,上述断裂形式的过渡可能在一般的气温条件下即能产生,而且其断裂应力往往低于室温下的屈服极限。

评定材料冷脆倾向大小的指标是冷脆转变温度,又称脆性转折温度(T_k)。T_k 是组织敏感的参数。如金属的晶体结构、强度、合金元素及晶粒大小等均对 T_k 有影响。除此之外,变形速度、试件尺寸、应力状态及缺口形式等对 T_k 也有一定的影响。

构件用钢的冷脆现象在生产上有很大的实际意义。通常构件用钢在常温拉伸时能表现出很好的极限塑性($\delta_k > 20\%$,$\psi_k > 50\%$),因此曾经认为按照钢材的屈服点设计的各种构件是安全的,即使在受到超载作用时,也只能产生过量的塑性变形而失效,不会因构件断裂造成严重后果。但在生产实际中,一系列低碳构件(船舶、桥梁、容器等)在较低使用温度下发生的引起严重后果的冷脆事故,使人们认识到只根据常规拉伸性能数据还不能全面评价构件用钢的性能。为了防止发生冷脆,对构件用钢还必须要求有低的脆性转折温度,并且要保证构件的工作温度高于 T_k。另外加入合金元素也可使 T_k 下降。如合金元素 Mn、Al 等使 T_k 下降,而 C、Si 使 T_k 上升。

2.1.3 构件用钢的应变时效、淬火时效及蓝脆

构件用钢加热到 A_{c1} 以上进行淬火(快冷)或经塑性变形后,在放置过程中,钢的力学性能和物理性能将随时间而变化。通常情况下,强度、硬度增高,塑性、韧性下降,并提高钢的脆性转折温度,这种现象称为时效。塑性变形后的时效称为应变时效;淬火后的时效称为淬火时效;在一般气候条件下的时效称为自然时效;在较高温度下进行的时效称为人工时效,时效温度升高,时效进程加快。

严格来说,不仅低碳钢有时效现象,其他种类的钢材也有时效现象,但碳的质量分数较高时影响相对较小,故工业上通常不予考虑。而对低碳构件用钢,时效的影响较显著,

因此必须注意。

对构件用钢而言,应变时效一般应视为一种不利的现象。如在弯角、卷边、冲孔、剪裁等过程中产生局部塑性变形的工艺操作,由于应变时效会使局部地区的断裂抗力降低,增加构件脆断的危险性。应变时效还给冷变形工艺造成困难,裁剪下的毛坯如过一段时间再进行下道冷变形工序,往往因为裁剪边出现裂缝而报废。

在一些焊接构件上,由于热影响区的温度可以达到 A_{c1} 以上而产生淬火时效。此时,钢的显微组织没有明显变化,但其力学性能也发生类似于应变时效的变化,σ_s、σ_b 和硬度等指标增高,δ_k、ψ_k、α_k 等指标降低(图 2.2 和图 2.3)。

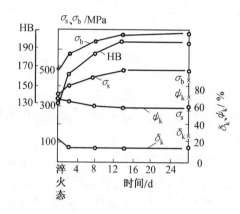

图 2.2　低碳钢经 860 ℃淬火后天然时效时力学性能的变化

图 2.3　低碳钢($w(C) = 0.006\%$、$w(Mn) = 0.4\%$、$w(N) = 0.004\%$)应变时效(实线,预变形 10%)及淬火时效(虚线,920 ℃淬火)时硬度的变化

我国冶标 YB 30—64 规定了低碳钢应变时效敏感性的试验方法。通常把钢在应变时效前后的冲击韧性差值与其在原状态下冲击韧性值之百分比 C 作为钢的时效敏感性的衡量标准,即

$$C = \frac{(\alpha_k)_{原} - (\alpha_k)_{时效}}{(\alpha_k)_{原}} \times 100\%$$

测定 $(\alpha_k)_{时效}$ 用的试样,按规定是从预先拉伸塑性变形 $(10 \pm 0.5)\%$ 的扁样坯上切取,然后均匀地加热到 (250 ± 10) ℃,并保温 1 h,空冷后进行试验。钢的时效敏感性也可用硬度值的相对变化来衡量。

钢材应变时效敏感性主要与固溶于 α-Fe 中的少量 C、N 原子(特别是 N 原子的影响较大)有关。因此,应控制在 α-Fe 中的 C、N 原子数量。为此,应向钢中加入强碳、氮化物形成元素。如 Al、V、Ti、Nb 等,使低碳钢中的 C、N 元素以化合物形式固定下来而较少溶入 α-Fe 中。另外,钢中气体的含量与冶炼方法和浇铸方法有关,因而不同的冶炼方法所得钢材的时效敏感性不同。一般说来,侧吹转炉钢的时效敏感性要大于平炉钢,沸腾钢的时效敏感性要大于镇静钢。

对应变时效敏感的钢种往往还存在一种蓝脆现象(图 2.4)。一般说来,金属材料的塑变抗力随温度的升高而减小,所以在室温下不能加工成型时,就可以在较高的温度下进行加工。但低碳钢在 300 ~ 400 ℃ 的温度范围内却出现反常的 σ_b 升高、δ_k 降低的现象,如图 2.4 所示,即所谓"蓝脆"现象。应变时效增加时,蓝脆的温度向高温推移,α_k 值通常在 500 ℃ 左右出现谷值。目前认为,蓝脆现象是由于塑变时位错运动速度与该温度下固溶的 C、N 原子的移动速度几乎相等造成的,所以应变时效与塑性变形同时发生。

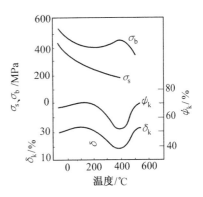

图 2.4　低碳钢($w(C) = 0.14\%$、$w(Si) = 0.2\%$、$w(Mn) = 0.19\%$)的力学性能随试验温度变化的情况

一般说来,蓝脆也是一种不利现象,但在截断钢材时,可利用蓝脆现象。

2.2　构件用钢的工艺性能

制造各种工程构件时,通常在室温下进行冷变形,然后用焊接或铆接等方法装配连接起来,因此要求构件用钢具有良好的冷变形性能和焊接性能。

2.2.1　构件用钢的冷变形性能

构件用钢通常以棒材、板材、型材、管材和带材等供应用户。为了制造各种构件,需要进行必要的冷变形。钢材的变形通常在一般气候条件下进行,因此要求有良好的冷变形性能。

钢材的冷变形性能包括 3 层意思:一是钢材的变形抗力,它决定钢材制成必要形状的部件的难易程度;二是钢材在承受一定量的塑性变形时产生开裂或其他缺陷的可能性;三是钢材在冷变形后性能的变化,即危害性或可利用性。

钢材中碳的质量分数对其冷变形性能影响最大。碳的质量分数增高,钢中的珠光体量增多,塑变抗力增高,而塑性降低,变形时开裂的倾向性增大。硫的质量分数增高,钢中的 MnS 夹杂物增多,也使钢材变形开裂的倾向增大,并使轧制钢板纵向及横向的塑性不同。钢材易于沿着呈条状分布的硫化物夹杂发生开裂或分层。磷有强烈的偏析倾向,磷的质量分数较高的钢板带状组织比较严重,其性能也有明显的方向性。

钢材表面质量也影响冷变形性能,表面上的裂缝、结疤、折叠、划痕等缺陷,往往是冷变形开裂的根源。

钢材冷变形后,强度增高,而塑性降低,应变时效进一步提高强度和降低塑性。但多数构件进行变形是由于加工上的需要,因此强度的增高往往不能利用,而塑性的降低却可能成为构件断裂的起因,必须予以注意。

变形时开裂是构件用钢加工过程中经常发生的现象。通常用下列指标和方法来衡量构件开裂的可能性。

一般情况用极限塑性指标 δ_k、ψ_k 来衡量,希望 δ_k、ψ_k 指标高,则变形开裂倾向性小;

弯曲、延伸等冷变形时用塑性失稳时变形量的大小 ε_u 衡量,工程上 $\varepsilon_u = n$(n 为加工硬化指数),而 n 测定困难,故工程上常用屈强比 σ_s / σ_b 来衡量材料塑性失稳的可能性,这个比值接近于 1,说明构件易于塑性失稳。对于工艺过程中需要进行较大变形的材料,规定 σ_s / σ_b 不应大于 0.7;冲压成型时构件宽度和厚度的变形能力不同,可用 $R = \varepsilon_W / \varepsilon_T$ 表示。其中,ε_W 为宽度方向真应变;ε_T 为厚度方向真应变。R 值大小表示塑性应变的各向异性,称 R 为深冲性能参量。R 值大,说明厚度方向上变形能力低,所以易形成颈缩,工程上一般希望 $R>1$。

工程上用试验方法衡量棒材、板材、带材等在弯曲变形时的可能性,详见《金属材料 弯曲试验方法》(GB 232—2010)规定的冷(热)弯曲试验方法。

2.2.2　构件用钢的焊接性能

焊接性能也是很重要的工艺性能,特别是近年来,随着断裂力学的发展,人们对焊接性能的重要性更为重视。

一般来说,焊接材料总是不均质的。例如:① 金属在焊接过程中,其焊缝区、半熔化区及热影响区发生小范围的复杂冶金过程、熔化过程及热处理过程,使各处形成不同的组织;② 由于热循环及组织变化,产生一定的焊接残余应力;③ 焊接过程可能产生未焊透、气泡、夹渣、裂纹等缺陷。这些复杂的变化必然会影响整个构件的承载能力和使用寿命。

焊接质量是否良好,一方面与构件的结构和焊接工艺有很大关系,另一方面与材料的焊接性能也有很大关系。焊接性能与钢材的化学成分及其在焊接时形成的组织有关。由于钢材化学成分和组织的变化而导致焊接构件脆断趋势增加的现象称为焊接脆性。焊接脆性包含马氏体转变脆性、过热及过烧脆性、凝固脆性和热影响区的时效脆性等。

马氏体转变脆性是焊接时造成冷裂纹的主要原因之一,因而焊接时是否易于形成马氏体是人们关注的问题之一。

是否易于形成马氏体取决于钢材的淬透性。碳是显著增加钢材淬透性的元素,且还增大马氏体的延迟断裂倾向,因此在一般碳素构件用钢中应将 C 的质量分数控制在 0.25% 以下,在普通低合金构件用钢中 C 的质量分数一般不超过 0.2%。很多合金元素都会增加钢的淬透性,对焊接性能不利,故对其含量也应加以控制。

另外,碳及合金元素还会降低钢的点 M_s,这也是不利的。点 M_s 最好不低于 300 ℃。这是因为在热影响区虽有马氏体转变,但点 M_s 高于 300 ℃时可产生"自回火"现象,从而减少了开裂的倾向。

有人尝试用单一参数碳当量(记为〔C〕)来综合表示碳及合金元素对于焊接性能的影响,钢的〔C〕越高,表示焊接性能越差。目前已报道了不少计算〔C〕的公式,常采用的有

$$〔C〕 = C + \frac{Mn}{4} + \frac{Si}{4} \qquad (适用于其他元素可忽略的情况)$$

$$〔C〕 = C + \frac{Mn}{6} + \frac{Cr+Mo+V}{5} \qquad (英、美常用)$$

$$〔C〕 = C + \frac{Mn}{20} + \frac{Si}{30} + \frac{Ni}{60} + \frac{Mo}{4} + \frac{V}{10} + \frac{Cu}{20} + \frac{B}{0.2}$$

(已由日本焊接工程师学会推荐为国际标准)

公式中各元素符号表示质量分数。通常认为：$[C]<0.35\%$，焊接性能良好；$[C]>0.4\%$，焊接有困难，需采用焊接预热或焊后及时回火等措施补救。

过烧脆性产生在紧靠熔合线的热影响区。防止过烧脆性的方法是限制钢中碳的质量分数，或者向钢中加少量稀土元素（如铈）以固定硫。稀土硫化物可以降低钢对过烧脆性的敏感性。离熔合线较远的热影响区易产生过热脆性，可降低钢的塑性，增加冷脆倾向性。向钢中加入少量 Mo、V、Ti、Nb 等强碳化物形成元素时，可阻止晶粒长大，并减小过热敏感性。

凝固脆性一般以热裂纹的形式表现出来。引起凝固脆性的主要元素是 S、P、Si 等，C、Ni、Cu 也有促进作用，故对这些元素在构件用钢中的含量也应加以限制。而加入 Ti、Zr 或 Ce 能形成球状的硫化物并提高其熔点，对减小凝固脆性有一定的好处。

热影响区的时效脆性也可能成为构件用钢在使用过程中的开裂源，必须充分注意。为此，向钢中加入 Al、V、Ti、Nb 等元素，以抑制时效敏感性。

综上所述，焊接会带来很多缺陷或脆性而使构件的承载能力降低，因此必须改善焊接性能。钢中的碳及合金元素都易使焊接性能下降，这便是要求构件一般应为低碳、低合金的主要原因之一。

2.3　构件用钢耐大气腐蚀性能

耐大气腐蚀性能也是构件用钢的重要使用性能。前已指出，构件用钢多在野外使用，又不可能保护得很好，加之其用量极大，因而，对于如何防止锈蚀必须给予足够的重视。

2.3.1　大气腐蚀过程

一般认为，大气腐蚀过程是一种电化学腐蚀过程，电化学腐蚀过程实质上是一种原电池腐蚀现象。但是，构件用钢在大气中的腐蚀又与一般的原电池腐蚀有所不同。在一般原电池中需要有两块金属极板，而实际构件在大气中的腐蚀是在同一块钢板上进行的，故通常将构件用钢在大气中的腐蚀过程称为微电池现象。

所谓微电池现象，是指在一块钢板里构成许多个微小的原电池，从而引起钢板腐蚀的现象。钢板的组织是不均匀的，例如构件用钢的组织除了基体 $\alpha\text{-Fe}$ 外，还有第二相质点（如碳化物），这就构成了原电池中的两极。一般来说，固溶体基体的电极电位比较低，在微电池中做阳极；而第二相质点的电极电位比较高，在微电池中做阴极。这样基体金属与第二相便可以看成是原电池中天然使用导线连接起来的两个极板，如图 2.5 所示。加之钢板在大气中放置时

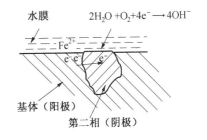

图 2.5　微电池现象示意图

表面上会吸附水汽并形成水膜，于是便构成一个完整的微电池，可以使电化学腐蚀过程自动进行，使金属基体不断遭受腐蚀。

2.3.2 提高构件用钢耐大气腐蚀的途径

由以上分析可以看出,提高构件用钢耐大气腐蚀的途径有以下几种:

1. 减少微电池数量

一般说来,微电池数量越多,则腐蚀速度越快,故为了减慢腐蚀速度,应减少微电池数目。C 与 S 质量分数增大时,会使第二相质点(碳化物与硫化物)数量增多,从而导致腐蚀速度加快。所以从提高耐大气腐蚀的角度出发,应对构件用钢的碳质量分数和硫质量分数加以限制。这也是要求构件用钢为低碳钢的重要原因之一。

2. 提高基体的电极电位

基体与第二相的电极电位差越大,则腐蚀速度越快。为了减慢腐蚀速度,应力求提高基体的电极电位,以抑制阳极反应。从这一角度出发,可向钢中加入能与 α-Fe 形成固溶体,并能提高其电极电位的合金元素(例如 Cr、Ni、Ti 等元素)。但这种办法的缺点是提高了钢的成本。

3. 利用钝化效应

所谓钝化效应是指通过改变钢表面状态而造成基体金属表面部分电极电位升高的现象。最常采用的钝化措施是在金属表面形成一层致密的氧化膜。这种氧化膜使钢的表面与电介质隔开,从而使阳极反应受到阻碍。一般认为 Cr 是最有效的钝化元素,但成本较高,发展量大面广的构件用钢不宜采用这种途径。

实践表明,当 Cu 质量分数达到一定数量时,Cu 能在构件用钢的表面上弥散析出,也可以促进钝化效应。其原因是:室温下,Cu 在 α-Fe 中的溶解度较小,$w(Cu) \approx 0.2\%$ 时,便有 Cu 原子以游离状态在钢的表面析出,形成均匀、弥散分布的富 Cu 相。Cu 的电极电位比较高,这样就增加了微电池的阴极接点,弥散均匀分布的 Cu 阴极接点有利于迅速在构件用钢表面上形成一层比较致密的氧化膜而产生钝化作用。如果没有 Cu 阴极接点,则构件用钢的阴极接点仅仅是分布不均匀的碳化物,在腐蚀过程中无法在表面上形成一层均匀的钝化膜而起到防腐蚀作用。

另外,Cu 的良好作用还在于,少量的铜($w(Cu) < 0.2\%$)溶入 α-Fe 中,可提高 α-Fe 的电极电势,也有利于提高抗蚀性。在构件用钢中加入 Cu($w(Cu) = 0.1\% \sim 0.15\%$),便可使腐蚀速度显著下降。若 Cu 的质量分数达到 0.25% 左右,则抗蚀性可提高 1 倍以上。但 Cu 的质量分数过高(如 $w(Cu) > 0.5\%$),易使钢产生热脆现象。

通常在耐大气腐蚀用钢中,$w(Cu) = 0.2\% \sim 0.5\%$,特别是 Cu 与 P 复合存在时效果更好,以 P($w = 0.1\%$)+Cu($w = 0.3\%$)效果最佳。值得注意的是,P 的质量分数过高,会增加钢的脆性,应加以控制。

2.4　碳素构件用钢

　　碳素构件用钢又称普碳钢,其产量占钢总产量的 70% ~ 80%,其中大部分用作钢的结构件,少量用作机器零件。由于普碳钢易于冶炼,价格低廉,性能也基本满足了一般构件的要求,所以工程上用量很大。普碳钢常以热轧状态供货,一般不经热处理强化。为了满足工艺性能和使用性能的要求,其 $w(C) = 0.2\%$。

　　根据国家标准《碳素结构钢》(GB 700—2006),将普碳钢分为 Q195、Q215、Q235、Q255 及 Q275 等 5 类。其化学成分和力学性能见表2.1 和表2.2。其中,Q195 和 Q275 不分等级,但化学成分和力学性能均须保证。此类钢可制成各种型材,用在建筑、车辆等行业,还可做其他构件用钢。

　　按钢的脱氧程度和浇铸方法,又可将普碳钢分为沸腾钢、镇静钢和半镇静钢 3 类。

　　沸腾钢的优点是:钢锭缩孔小、切除量小、成材率高。缺点是:沸腾钢的偏析较严重,钢锭中心区域富集 S、P、C 等元素,冲击韧性、冷脆倾向性、时效敏感性及焊接性能较差。故沸腾钢不适于在高冲击载荷及低温条件下工作,尤其当钢材厚度较大时,其心部的不良影响尤甚。但总的来看沸腾钢的成材率高、价格低廉,在能满足使用要求时应尽量选用。

　　镇静钢的优点是:偏析程度小,含气体量少,质量较高。缺点是:成材率低,成本高。所以在使用条件要求较高时,往往多用镇静钢。

　　半镇静钢的质量介于沸腾钢和镇静钢之间。

表 2.1　普碳钢的化学成分

牌　号	等级	化　学　成　分　($w/\%$)					脱氧方法
		C	Mn	Si	S	P	
				不　　大　　于			
Q195	—	0.06 ~ 0.12	0.25 ~ 0.50	0.30	0.050	0.045	F、b、Z
Q215	A	0.09 ~ 0.15	0.25 ~ 0.55	0.30	0.050	0.045	F、b、Z
	B				0.045		
Q235	A	0.14 ~ 0.22	0.30 ~ 0.65	0.30	0.050	0.045	F、b、Z
	B	0.12 ~ 0.20	0.30 ~ 0.70		0.045		
	C	≤0.18	0.35 ~ 0.80		0.040	0.040	Z
	D	≤0.17			0.035	0.035	TZ
Q255	A	0.18 ~ 0.28	0.40 ~ 0.70	0.30	0.050	0.045	Z
	B				0.045		
Q275	—	0.28 ~ 0.38	0.50 ~ 0.80	0.35	0.050	0.045	Z

　　注:① Q235A、B 级沸腾钢中 Mn 的质量分数上限为 0.60%。

　　　　② 沸腾钢中 Si 的质量分数不大于 0.07%;半镇静钢中 Si 的质量分数不大于 0.17%;镇静钢中 Si 的质量分数下限值为 0.12%。

　　　　③ D 级钢应有足够的形成细晶粒结构的元素,例如,钢中酸溶铝质量分数不小于 0.015% 或全铝质量分数不小于 0.020%。

　　　　④ 钢中残余元素 $w(Cr)$、$w(Ni)$、$w(Cu) < 0.30\%$,氧气转炉钢的 $w(N)$ 不大于 0.008%。如供方能保证,均可不做分析,经需方同意,A 级钢的 $w(Cu)$ 可不大于 0.35%。此时供方应做铜质量分数分析,并在质量证明书中注明其质量分数。

表 2.2　普碳钢的力学性能

牌号	等级	屈服点 σ_s /(N·mm⁻²) 钢材厚度(直径)/mm						抗拉强度 σ_b/ (N·mm⁻²)	延伸率 δ_5/% 钢材厚度(直径)/mm						温度/℃	V型冲击功(纵向)/J
		≤16	>16~40	>40~60	>60~100	>100~150	>150		≤16	>16~40	>40~60	>60~100	>100~150	>150		
		不　小　于							不　小　于						不大于	
Q195		(195)	(185)	—	—	—	—	315~390	33	32	—	—	—	—	—	—
A215	A	215	205	195	185	175	165	335~410	31	30	29	28	27	26	—	—
	B														20	27
Q235	A	235	225	215	205	195	185	375~460	26	25	24	23	22	21	—	—
	B														20	27
	C														0	
	D														−20	
Q255	A	255	245	235	225	215	205	410~510	24	23	22	21	20	19	—	—
	B														20	27
Q275		275	265	255	245	235	225	490~610	20	19	18	17	16	15	—	—

注:① 进行拉伸和弯曲试验时,钢板和钢带应取横向试样,伸长率允许比本表降低1%(绝对值)。型钢取纵向试样。
② 各牌号 A 级钢的冷弯试验,在需方有要求时才进行。当冷弯试验合格时,抗拉强度上限可以不作为交货条件。
③ 夏氏(V 型缺口)冲击试验应符合本表的规定。
④ 夏氏(V 型缺口)冲击功值按一组 3 个试样单值的算术平均值计算,允许其中一个试样单值低于但不得低于规定值的 70%。
⑤ 当采用 5 mm×10 mm×55 mm 小尺寸试样做冲击试验时,其试验结果应不小于规定值的 50%。
⑥ 用沸腾钢轧制各牌号的 B 级钢材,其厚度(直径)一般不大于 25 mm。

试验表明,低碳沸腾钢加热到 A_{c3} 以上并在水中急冷,可在提高强度(特别是 σ_s)的同时,大大降低其冷脆、应变时效及淬火时效的倾向(表 2.3)。经这种处理所得组织为细晶粒铁素体与细片状的珠光体(伪共析体),所以确切地说应叫快冷正火。沸腾钢经快冷正火后,甚至可以具有比相同碳质量分数的镇静钢更好的性能。

表 2.3　快冷正火对沸腾钢性能的影响

状　态	σ_s/ MPa	σ_b/ MPa	δ/%	ψ/ %	α_k/(kg·m·cm⁻²)			
					10 ℃	−20 ℃	−40 ℃	−60 ℃
热轧后	245	420	33.7	60	14/60	3.2/0	—	0.8/0
快冷正火	359	530	29.0	69.5	16/100	14/70	12.5/25	11/20

注:α_k 为试样直径 22 mm;加热至 900~920℃水冷。

普碳钢经快冷正火后,有时为了消除应力,还要在 400 ℃左右回火。通常将普碳钢在 950 ℃加热后水冷和在 400 ℃回火处理,称水韧处理。经此处理后可使时效倾向性大为降低。

采用快冷正火的好处是大大发挥了普碳钢的性能潜力,不利之处是增加一道热处理工序,提高了成本。但可将此工艺与生产实际结合起来进行,如在热轧后直接喷水冷却,生产上叫热轧淬火,不过叫热轧快冷正火更确切些。

生产上为了适应特殊用途的需要,还常在普碳钢的基础上进一步提出某些特殊的要求,从而形成一系列专用的构件用钢。如冷冲压用钢、桥梁用钢,常用的钢种为钢 3 桥

（A3q）和 16 桥（16q）；锅炉用钢，如 20g、22g 等；船舶用钢，如 C10、C20 等。每种专用的构件用钢在冶标中都有相应的技术条件规定，在此不再赘述。下面着重介绍有关冷冲压薄板钢的一些特点。

冷冲压薄板用钢主要用于制造厚度在 4 mm 以下的各种冷冲压构件，如车身、驾驶室、各种仪器及机器的外壳等。这些构件一般对强度要求不高，但却要求钢板有良好的冷冲压性能。而且这些构件通常在冲压成型后，尚须经过电镀、喷漆或上珐琅等工艺美化表面，因此还要求钢板有较小的应变时效敏感性，以防止表面出现橘皮状皱褶。这样对冷冲压薄板钢的冶炼、成分和热处理提出了相应的要求。

冷冲压薄板钢通常采用优质低碳钢，用量最大的是 08 钢（表 2.4）。采用低碳钢主要是为了提高塑性，以保证钢的冷冲压性能。由于 Si 和 P 固溶于铁素体，使强度显著提高，塑性明显下降，所以要求 Si 和 P 质量分数越低越好。Mn 与 S 可形成 MnS 夹杂，呈细长条状分布时，将严重降低钢板的横向塑性，使其在冷冲压时易于开裂，因此对钢中 Mn 和 S 的质量分数也应加以限制。

冷冲压薄板钢也有沸腾钢与镇静钢之分，对冲压性能要求高且外观要求较严的构件，不宜用沸腾钢冷轧板冲制，而应选用 Al 脱氧的镇静钢轧板（如 08Al）。

冷冲压薄板钢要求具有细小而均匀的铁素体晶粒（6 ~ 7 级）。如果晶粒过粗（1 ~ 4 级），在冲压过程中易在变形量较大的部位发生开裂，并且冲压后表面变得粗糙（橘皮状）。但晶粒过细（8 级以上）又使钢板的塑变抗力增高，冲压性能恶化，容易磨损冲模。另外，晶粒均匀性也十分重要，当晶粒大小参差不齐时，塑性变形会变得不均匀，在相同的宏观变形量下，大晶粒的实际变形量大，易造成提前开裂。

除铁素体的影响外，渗碳体的形态对钢板的冲压性能也有影响。当渗碳体在晶界上析出或呈链状分布时，破坏了基体金属的连续性，而使钢板的冲压性能变坏。通常在冷冲薄板钢的技术条件中，要求对渗碳体的数量和分布进行评定，并限制在一定级别以下。

一般冷冲压薄板钢是在浇铸成钢锭后，再经若干次热轧及冷轧成板材后使用的。为了使钢板具有优良的冲压性能，通常在热轧与冷轧之间要进行一次重结晶退火（加热到 A_{c3} 以上），以利于随后的冷轧。在冷轧中，如果减缩率小于 20% ，则在轧后要采用 950 ℃ 正火来细化晶粒，提高塑性；如果减缩率大于 20% ，在轧后采用再结晶退火（650 ~ 750 ℃）即可。减缩率不足 20% 时，如采用低温退火，会引起严重的晶粒长大现象。

表 2.4 冷冲压薄板钢的化学成分（$w/\%$）

钢 号	C	Mn	Si	P	S
08Al	≤0.08	0.30 ~ 0.45	痕 迹	≤0.020	≤0.030
08F	0.05 ~ 0.11	0.25 ~ 0.50	≤0.03	≤0.035	≤0.040
08	0.05 ~ 0.12	0.35 ~ 0.65	0.17 ~ 0.37	≤0.035	≤0.040
10	0.07 ~ 0.14	0.35 ~ 0.65	0.17 ~ 0.37	≤0.035	≤0.040
15	0.12 ~ 0.19	0.35 ~ 0.65	0.17 ~ 0.37	≤0.040	≤0.040
20	0.17 ~ 0.24	0.35 ~ 0.65	0.17 ~ 0.37	≤0.040	≤0.040

2.5　普通低合金构件用钢

　　普通低合金构件用钢,简称"普低钢",国外称低合金高强度钢,英文缩写为"HSLA钢"。尽管国内外叫法不同,但从成分上都是低碳、低合金元素的钢种。

　　普低钢是为了适应大型工程结构(如大型桥梁、大型压力容器及船舶等)、减轻结构质量、提高使用的可靠性及节约钢材的需要而发展起来的。我国自1957年开始试制生产普低钢以来,已初步形成了我国自己的普低钢体系。

　　我国列入冶金部标准的普低钢,按屈服强度的高低分为300 MPa级、350 MPa级、400 MPa级、450 MPa级、500 MPa级和650 MPa级6个级别。我国低合金结构钢的化学成分见表2.5,低合金高强度钢的力学性能和用途见表2.6,国外几种典型的低合金高强度钢的化学成分与机械性能见表2.7。

表2.5　我国低合金结构钢的化学成分(摘自 GB/T 1591—1994)　　(w/%)

钢号	质量等级	C≤	Mn	Si≤	P≤	S≤	V	Nb	Ti	Al≥	Cr≤	Ni≤
Q295	A	0.16	0.80~1.50	0.55	0.045	0.045	0.02~0.15	0.015~0.060	0.02~0.20	—	—	—
	B	0.16	0.80~1.50	0.55	0.040	0.040	0.02~0.15	0.015~0.060	0.02~0.20	—	—	—
Q345	A	0.20	1.00~1.60	0.55	0.045	0.045	0.02~0.15	0.015~0.060	0.02~0.20	—	—	—
	B	0.20	1.00~1.60	0.55	0.040	0.040	0.02~0.15	0.015~0.060	0.02~0.20	—	—	—
	C	0.20	1.00~1.60	0.55	0.035	0.035	0.02~0.15	0.015~0.060	0.02~0.20	0.015	—	—
	D	0.18	1.00~1.60	0.55	0.030	0.030	0.02~0.15	0.015~0.060	0.02~0.20	0.015	—	—
	E	0.18	1.00~1.60	0.55	0.025	0.025	0.02~0.15	0.015~0.060	0.02~0.20	0.015	—	—
Q390	A	0.20	1.00~1.60	0.55	0.045	0.045	0.02~0.20	0.015~0.060	0.02~0.20	—	0.30	0.70
	B	0.20	1.00~1.60	0.55	0.040	0.040	0.02~0.20	0.015~0.060	0.02~0.20	—	0.30	0.70
	C	0.20	1.00~1.60	0.55	0.035	0.035	0.02~0.20	0.015~0.060	0.02~0.20	0.015	0.30	0.70
	D	0.20	1.00~1.60	0.55	0.030	0.030	0.02~0.20	0.015~0.060	0.02~0.20	0.015	0.30	0.70
	E	0.20	1.00~1.60	0.55	0.025	0.025	0.02~0.20	0.015~0.060	0.02~0.20	0.015	0.30	0.70
Q420	A	0.20	1.00~1.70	0.55	0.045	0.045	0.02~0.20	0.015~0.060	0.02~0.20	—	0.40	0.70
	B	0.20	1.00~1.70	0.55	0.040	0.040	0.02~0.20	0.015~0.060	0.02~0.20	—	0.40	0.70
	C	0.20	1.00~1.70	0.55	0.035	0.035	0.02~0.20	0.015~0.060	0.02~0.20	0.015	0.40	0.70
	D	0.20	1.00~1.70	0.55	0.030	0.030	0.02~0.20	0.015~0.060	0.02~0.20	0.015	0.40	0.70
	E	0.20	1.00~1.70	0.55	0.025	0.025	0.02~0.20	0.015~0.060	0.02~0.20	0.015	0.40	0.70
Q460	C	0.20	1.00~1.70	0.55	0.035	0.035	0.02~0.20	0.015~0.060	0.02~0.20	0.015	0.70	0.70
	D	0.20	1.00~1.70	0.55	0.030	0.030	0.02~0.20	0.015~0.060	0.02~0.20	0.015	0.70	0.70
	E	0.20	1.00~1.70	0.55	0.025	0.025	0.02~0.20	0.015~0.060	0.02~0.20	0.015	0.70	0.70

　　注:表中的 Al 为全铝的质量分数,如果仅分析酸溶铝时,w(Al)≥0.010%。

表 2.6　低合金高强度钢的力学性能和用途

牌号	质量等级	屈服强度/MPa				抗拉强度/MPa	伸长率/%	冲击功 A_{kV}(纵向)/J				用途
		厚度(直径,边长)/mm						+20 ℃	0 ℃	−20 ℃	−40 ℃	
		≤16	>16~35	>35~50	>50~100			不小于				船舶、低压锅炉、容器、油罐、桥梁、车辆
		不小于										
Q295	A	295	275	255	235	390~570	23					
	B	295	275	255	235	390~570	23	34				
Q345	A	345	325	295	275	470~630	21					船舶、桥梁、大型容器、起重机械、化工容器
	B	345	325	295	275	470~630	21	34				
	C	345	325	295	275	470~630	22		34			
	D	345	325	295	275	470~630	22			34		
	E	345	325	295	275	470~630	22				27	
Q390	A	390	370	350	330	490~650	19					港口、工程构件、造船、石油井架
	B	390	370	350	330	490~650	19	34				
	C	390	370	350	330	490~650	20		34			
	D	390	370	350	330	490~650	20			34		
	E	390	370	350	330	490~650	20				27	
Q420	A	420	400	380	360	520~680	18					电站设备、桥梁、车辆
	B	420	400	380	360	520~680	18	34				
	C	420	400	380	360	520~680	19		34			
	D	420	400	380	360	520~680	19			34		
	E	420	400	380	360	520~680	19				27	
Q460	C	460	440	420	400	550~720	17		34			工程机械、矿山机械、造船工程等
	D	460	440	420	400	550~720	17			34		
	E	460	440	420	400	550~720	17				27	

表 2.7　国外几种典型的低合金高强度钢的化学成分与机械性能

牌号	化 学 成 分 (w/%)											机 械 性 能			备注
	C	Si	Mn	P	S	Cu	Ni	Cr	Mo	V	其他	σ_s/MPa	σ_b/MPa	δ/%	
Cor Ten	≤0.12	0.25~0.75	0.20~0.50	0.07~0.15	≤0.05	0.25~0.55	≤0.65	0.30~1.25	—	—	—	>350	>490	>22	正火
Vanity	≤0.18	0.15~0.35	≤1.30	≤0.040	≤0.05					>0.02	Ti >0.005	>350	>650	>20	正火
HY80	≤0.22	0.10~0.40	0.15~0.35	≤0.035	≤0.04		2.0~2.75	0.90~1.40	0.23~0.35			>560	>700	>20	调质
T−1	≤0.12	0.15~0.35	0.60~1.0	≤0.04	≤0.05	0.15~0.50	0.70~1.00	0.40~0.65	0.40~0.60	0.03~0.08	B 0.002~0.006	>700	>800	>18	调质
N−A−Xtra100	≤0.20	0.50~0.70	0.50~0.80	≤0.04				0.50~0.70	0.10~0.20	0.03~0.08	Zr 0.05~0.15	>710	>840	—	调质

注:1 000 MPa 级的高强度钢是将 800 MPa 级的合金成分适当提高,并将淬火后的回火温度适当降低来保证的。
　　另外,通过适当的加工与热处理使晶粒细化,强度与韧性也同时提高。

普低钢化学成分的特点是:

(1)低碳低合金元素,基本上不加 Cr 和 Ni,是经济性能较好的钢种。

（2）主加合金元素是 Mn，Mn 属于复杂立方点阵结构，其点阵类型和原子尺寸与 α-Fe 相差较大，因而 Mn 的固溶强化效果较大。合金元素在 α-Fe 中的固溶强化次序是：Si、Mn 较大，Ni 次之，W、Mo、V、Cr 较小。Mn 是促使奥氏体长大的元素，但在构件用钢中，由于基体组织为铁素体加少量的珠光体，Mn 能降低钢的 A_{r1} 温度，降低奥氏体向珠光体转变的温度范围，并减缓其转变速度，因而表现出细化珠光体和铁素体的作用。晶粒细化既可使钢的屈服强度升高，又可使脆性转折温度下降，有利于钢的韧性提高。但应注意 Mn 的质量分数控制在 2% 以内。此外，Mn 的加入可使 Fe-C 状态图中的点"S"左移，使基体中珠光体数量增多，因而可使钢在 C 的质量分数相同的情况下，随铁素体量减少，珠光体量增多，致使强度不断提高。

此外，新旧低合金结构钢标准钢号对比见表 2.8。最典型的 HSLA 钢见表 2.9。

表 2.8　我国新旧低合金结构钢标准钢号对照

GB/T 1591—1994	GB/T 1591–1988
Q295	09Mn2V，09MnNb，09Mn2，12Mn
Q345	12MnV，14MnNb，16Mn，16MnRE，18Nb
Q390	15MnV，15MnTi，16MnNb
Q420	15MnVN，14MnVTiRE
Q460	

表 2.9　我国发展的几种低碳贝氏体型普低钢

钢　　号	化　学　成　分（w/%）					
	C	Mn	Si	V	Mo	Cr
14MnMoV	0.10～0.18	1.20～1.50	0.20～0.40	0.08～0.16	0.45～0.65	—
14MnMoVBRe	0.10～0.16	1.10～1.60	0.17～0.37	0.04～0.10	0.30～0.60	—
14CrMnMoVB	0.10～0.15	1.10～1.60	0.17～0.40	0.03～0.06	0.32～0.42	0.90～1.30

钢　　号	化　学　成　分（w/%）		板　厚	力　学　性　能		
	B	RE（加入量）	mm	σ_b/MPa	σ_s/MPa	δ/%
14MnMoV	—	—	30～115（正火回火）	≥620	≥500	≥15
14MnMoVBRe	0.001 5～0.006	0.15～0.20	6～10（热轧态）	≥650	≥500	≥16
14CrMnMoVB	0.002～0.006	—	6～20（正火回火）	≥750	≥650	≥15

（3）辅加合金元素 Al、V、Ti、Nb 等。在普低钢中加入 Al 形成 AlN 的细小质点，以细化晶粒，这样既可提高强度，又可降低脆性转折温度 T_k。例如，在 C[w(C)= 0.15%]+Mn[w(Mn)= 1.8%]的钢中，用 Al 脱氧正火后可使 σ_s 达到 425～475 MPa，而 T_k 下降到 -70 ℃。另外，加入微量的 V、Ti、Nb 等元素，既可产生沉淀强化作用，还可细化晶粒，从而使强韧性得以改善。注意的是，此类元素所形成的碳化物在高温轧制时可以溶解，此时细化晶粒效果消失，T_k 反而上升。所以在轧制时，必须控制轧制温度，发挥 V、Ti、Nb 的沉淀

强化作用和细化晶粒作用。

（4）为改善钢的耐大气腐蚀性能，应加入 Cu 和 P。

（5）加入微量稀土元素，可以脱硫去气，净化钢材，并改善夹杂物的形态与分布，从而改善钢的机械性能和工艺性能。

综上所述，普低钢合金化总的概念是：低碳，合金化时以 Mn 为基础，适当加入 Al、V、Ti、Nb、Cu、P 及稀土等元素，其发展方向是多组元微量合金化。

2.6　进一步提高普低钢力学性能的途径

具有铁素体-珠光体组织的普低钢，通过上述强化方法，在保持良好的综合机械性能的条件下，其屈服极限最高约为 470 MPa，若希望获得强度更高的普低钢，就需要考虑选择其他类型组织的普低钢，因而发展了低碳贝氏体型普低钢、低碳索氏体型普低钢及针状铁素体型普低钢。另外，还可通过控制轧制方法来获得高强度的普低钢。

2.6.1　发展低碳贝氏体型普低钢

低碳贝氏体型普低钢的主要特点是使大截面的构件在热轧空冷（正火）条件下，能获得单一的贝氏体组织。发展贝氏体型普低钢的主要冶金措施是向钢中加入能显著推迟珠光体转变而对贝氏体转变影响很小的合金元素，从而保证热轧空冷（正火）条件下获得贝氏体组织。

目前，贝氏体型普低钢多采用 Mo（$w=0.5\%$）+B（$w=0.003\%$）为基本成分，以保证得到贝氏体组织，加入 Mn、Cr、V 等元素是为了进一步提高钢的强度及综合性能。这些元素的作用是：① 产生固溶强化作用；② 降低贝氏体转变温度，使贝氏体及其析出的碳化物更加细小；③ 强烈推迟 C-曲线中的珠光体转变，进一步提高贝氏体的淬透性；④ 提高回火稳定性（Mo 和 V 最有效）。

低碳贝氏体型普低钢的焊接性能很好。这是因为贝氏体的转变温度较高（>300 ℃），可使组织应力得到充分消除，而且体积效应较小，不易出现焊接脆性。

我国发展的几种低碳贝氏体型普低钢见表 2.9，这些钢种主要用于锅炉和石油工业中的中温压力容器。

2.6.2　采用低碳索氏体型普低钢

提高普低钢强度的另一途径是采用低碳低合金钢淬火获得低碳马氏体，然后进行高温回火，获得低碳回火索氏体组织，以保证钢具有良好的综合力学性能和焊接性能。生产这种钢是有一定困难的，因为钢材在淬火时容易变形，所以钢板和型钢必须在淬火机上进行淬火，而截面厚的钢板不易完全淬透。

与热轧状态或正火状态使用的铁素体-珠光体型普低钢不同，低碳索氏体型普低钢的强度主要取决于碳质量分数及钢的回火稳定性，所选的合金元素及其质量分数，应保证钢具有足够的淬透性、较高的回火稳定性和良好的焊接性能。

在美国对这类钢中研究较多的是 T-1 型钢，规定成分为：$w(C)=0.1\%\sim0.2\%$、$w(Mn)=0.6\%\sim1.0\%$、$w(Si)=0.15\%\sim0.35\%$、$w(Ni)=0.7\%\sim1.0\%$、$w(Cr)=$

$0.4\% \sim 0.8\%$、$w(Mo) = 0.4\% \sim 0.6\%$、$w(V) = 0.04\% \sim 0.1\%$、$w(Cu) = 0.15\% \sim 0.5\%$、$w(B) = 0.002\% \sim 0.006\%$。上述成分主要是为了保证得到适宜的淬透性,而实际采用的成分随截面不同而变化。T-1 型钢板在不同状态下的力学性能见表 2.10。

表 2.10　T-1 型钢板在不同状态下的力学性能

钢　板　状　态	$\sigma_{0.2}/$ MPa	$\sigma_b/$ MPa	$\delta/\%$	$\psi/\%$	脆性转折温度/℃
热　轧	570	829	21.8	58.6	-17
927 ℃淬火	978	1 368	14.0	52.5	-96
927 ℃淬火+650 ℃回火水冷	743	827	22.0	68.5	-153

这种钢易于焊接,焊前不预热,具有良好的焊接性能。

低碳索氏体型普低钢已在重型载重车辆、桥梁、水轮机及舰艇等方面得到应用。我国在发展这类钢方面也做了不少工作,并成功地应用于导弹、火箭等国防工业中。

2.6.3　控制轧制的应用

如前所述,在普低钢中加入微量的 Nb、V 等元素,可以产生显著的沉淀强化效应,但同时也使钢的冷脆倾向性增大。所以,为了充分发挥 Nb、V 等元素的沉淀强化效应,必须采取相应韧化措施,即采用控制轧制工艺。

控制轧制是将普低钢加热到高温(1 250 ~ 1 350 ℃)进行轧制,但必须将终轧温度控制在 A_{r3} 附近。

控制轧制是高温形变热处理的一种派生形式,其主要目的是细化晶粒,提高热轧钢的强韧性。常规热轧和控制轧制之间的基本差别在于,前者铁素体晶粒在奥氏体晶界上成核,而后者由于控制轧制,奥氏体晶粒被形变带划分为几个部分,铁素体晶粒可在晶内和晶界上同时成核,从而形成晶粒非常细小的组织。控制轧制后空冷可使铁素体晶粒细化到 5 μm 左右,如再加快冷却速度还可使晶粒进一步细化,国外已成功地对含 Nb 的普低钢进行了控制轧制,使 σ_s 达到 500 MPa 以上,而 T_k 下降到 -100 ℃以下,从而获得了良好的强韧化效果。

控制轧制的主要工艺参数是:① 选择合适的加热温度,以获得细小而均匀的奥氏体晶粒;② 选择适当的轧制道次和每道的压轧量,通过回复再结晶获得细小的晶粒;③ 选择合适的在再结晶区和无再结晶区停留的时间和温度,以使再结晶晶粒内产生形变回复的多边形化亚结构;④ 在两相区($\alpha+\gamma$)选择适宜的总压下量和轧制温度;⑤ 控制冷却速度。

目前控制轧制在冶金厂广泛用以生产钢板、钢带和钢棒。经常采用的是粗轧→待温→终轧工艺,即在高温快速再结晶区内轧几道,待温度降低一些再进行终轧。待温主要是保证终轧在无再结晶区和两相区进行。

2.6.4　发展针状铁素体型普低钢

为了满足在北方严寒条件下工作的大直径的石油和天然气输出管道用钢的需要,目前世界各国正在发展针状铁素体型钢,并通过轧制以获得良好的强韧化效果。典型成分为：$w(C) = 0.06\%$、$w(Mn) = 1.6\% \sim 2.2\%$、$w(Si) = 0.01\% \sim 0.4\%$，$w(Mo) = 0.25\% \sim 0.40\%$、$w(Nb) = 0.04\% \sim 0.10\%$、$w(Al) \approx 0.05\%$、$w(N) \leqslant 0.01\%$、$w(S) \leqslant 0.02\%$、$w(P) \leqslant 0.02\%$。这种钢控制轧制后可使 σ_s 达到490 MPa以上，而 T_k 在-100 ℃以下。而且其焊接性能相当良好，可以用普通电弧焊焊接。

创制针状铁素体型普低钢的着眼点在于：① 通过轧制后冷却时形成非平衡的针状铁素体(实际上是无碳贝氏体)，提供大量的位错亚结构，为以后碳化物的弥散析出创造条件，并可保证钢管在原板成型时有较大的加工硬化效应，以防止因包申格效应引起的强度降低。② 利用 Nb(C、N)为强化相，使之在轧制后冷却过程中，以及在 575 ~ 650 ℃时效时从铁素体中弥散析出造成弥散强化，可使 σ_s 提高 70 ~ 140 MPa，但又相应使 T_k 提高 8 ~ 19 ℃，为此需要采取相应的补救措施。③ 采用控制轧制细化晶粒，将终轧温度降至 740 ~ 780 ℃(A_{r3} 附近)，并使在 900 ℃以下的形变量达到 65%以上，在每道轧制后用喷雾快冷，以防止碳化物从奥氏体中析出而减弱时效强化效果。

从上述考虑出发，针状铁素体型普低钢合金化的主要特点如下：① C 的质量分数较低($w(C) = 0.04\% \sim 0.08\%$)；② 主要用 Mn、Mo、Nb 进行合金化；③ 对 V、Si、N、S 的质量分数加以适当限制。

2.6.5　几种典型低合金高强度钢(微合金钢)的选用实例

微合金钢属于钢铁材料中使用量最大的工程构件用钢，广泛应用于基础设施建设和基础加工制造业中。目前全世界每年生产量约占总钢产量的 10% ($> 80 \times 10^7$ t)，而我国生产使用量占总钢产量的 5% ~ 7% (近 10^7 t)。

微合金钢是在普通低碳钢或普通高强度低合金化学成分的基础上添加了微量合金元素，如 Al、V、Ti、Nb、B、Zr、Hf、Ta 等。

按用途分类，可将微合金钢分为管线钢、石油平台钢、桥梁钢、铁道钢、船板钢、汽车壳体钢、框梁用钢、锅炉和压力容器钢、建筑钢等。由于用途不同，对钢材的性能要求的侧重点亦不同，因而相应的微合金钢的特性也有所差别。

由于篇幅所限，这里只介绍汽车用钢，石油、天然气管线用钢和铁路用钢(高铁用钢)。

1. 汽车用钢

汽车制造中大量使用钢铁材料，发达国家中汽车用钢占整个钢产量的 25%，近年来我国汽车用钢量占整个钢产量的 20%以上。汽车用钢中 75%以上是低碳工程构件用钢，随着对汽车用钢的性能要求特别是强度、安全性、表面质量的不断提高，需要大量地采用微合金钢，以提高钢材的强度和韧性，因而汽车用微合金钢的发展和生产应用是微合金钢发展的重要方向。

汽车用微合金钢用量最大的有两类：汽车框梁用钢和汽车壳体用钢。此外，还有一些结构件，例如轮毂、高强度螺栓等也采用微合金钢。

我国目前汽车框梁用钢基本上完全实现了国产化，主要生产的钢种的性能级别相当于德国 QStE340-420，但由于各生产厂家的原料及生产工艺方面的差别，故微合金元素的种类及加入量有所不同。表 2.11 和表 2.12 是德国 QStE 系列汽车框梁用钢板的相关标准，而表 2.13 和表 2.14 是我国宝钢、鞍钢、武钢、攀钢生产的 510L(QStE420)汽车框梁用钢板化学成分和力学性能。

表 2.11　QStE 系列汽车框梁用钢板的化学成分标准(SEW092)($w/\%$)

牌号	C	Si	Mn	P	S	Ti	Nb	Al_t
QStE340	≤0.12	≤0.50	≤1.30	≤0.030	≤0.025	≤0.022	≤0.09	≤0.015
QStE380	≤0.12	≤0.50	≤1.40	≤0.030	≤0.025	≤0.022	≤0.09	≤0.015
QStE420	≤0.12	≤0.50	≤1.50	≤0.030	≤0.025	≤0.022	≤0.09	≤0.015

表 2.12　QStE 系列汽车框梁用钢板的力学性能标准(SEW092)

牌号	规格	σ_s/MPa	σ_b/MPa	$\delta/\%$	宽冷弯 35 mm(180°)
QStE340	≤16 mm	≥340	420~540	≥25	$d=0.50a$
QStE380	≤16 mm	≥380	450~590	≥23	$d=0.50a$
QStE420	≤16 mm	≥420	480~620	≥21	$d=0.50a$

表 2.13　我国生产的汽车框梁用钢板的化学成分($w/\%$)

牌　号	C	Si	Mn	P	S	Nb	V
B510L	0.08~0.12	0.14~0.25	1.22~1.49	0.008~0.028	0.003~0.013	0.01~0.02	—
A420L	0.08~0.10	0.22~0.30	1.31~1.40	0.012~0.020	0.004~0.007	0.02~0.03	Ti0.012~0.020
W510L	0.08~0.11	0.10~0.30	1.32~1.50	0.009~0.024	0.001~0.005	0.01~0.03	0.046~0.054
P510L	0.08~0.12	0.42~0.68	0.96~1.16	0.014~0.022	0.006~0.018	—	0.06~0.09

表 2.14　我国生产的汽车框梁用钢板的力学性能

牌号	σ_s/MPa	σ_b/MPa	$\delta/\%$	n	宽冷弯 35 mm(180°)
B510L	420~530	485~605	21~39	—	$d=0.50a$
A420L	440~545	520~610	26~34	0.190	$d=0.50a$
W510L	425~510	510~610	24~38	0.253	$d=0.50a$
P510L	379~465	510~590	26~34	—	$d=0.50a$

注:① A420L 为鞍钢直接套用德国标准,相当于其他钢厂的 510L 牌号。

② P510L 技术标准 $\sigma_s \geq 355$ MPa。

我国汽车特别是轿车壳体用钢方面目前仍需大量进口,国内主要钢厂也已按照国际标准生产相关的钢种,从 St12 到 St16 各级别的深冲级钢都可大规模生产。例如,宝钢生产的 St16F 钢的化学成分(质量分数)(%)为:$w(C) \leq 0.008$、$w(Si) \leq 0.03$、$w(Mn) \leq 0.2$、$w(P) \leq 0.015$、$w(S) \leq 0.015$、$w(Al) \leq 0.07$、$w(N) \leq 0.003$、$w(Ti) \geq (4C+3.4N+1.5S)$、$w(Nb) \leq 0.02$;其主要力学性能为 $\sigma_s \leq 190$ MPa(实际为 120~180 MPa),σ_b 为 260~330 MPa,$\delta \geq 48\%$(实际 48%~58%)。$w(N) \geq 0.22$(实际为 0.23~0.27),$r \geq 1.8$(实际为 1.8~2.6)。

宝钢、武钢、攀钢等钢厂目前正在试制开发 $\sigma_s \leq 145$ MPa 的超深冲级 IF 钢,例如攀钢开发生产的超深冲级 IF 钢的主要力学性能 σ_s 为 110~130 MPa,σ_b 为 280~300 MPa,$\delta \geq 48\%$,$n \geq 0.23~0.30$(n 为应变硬化指数),r 为 2.1~2.3(r 为塑性应变比)。

2. 石油、天然气管线用钢

采用管线输送石油和天然气至今已经有 100 多年的历史了,目前每年的生产销量已达数千万吨,而输送管线逐渐向大口径、高压、厚壁和高韧性方向发展,对管线钢的强度级别要求也相应地大幅度提高。

目前普遍认为,输油管线适宜的最大管径为 1 220 mm,输气管线适宜的最大管径为 1 420 mm。而管道输送压力增加,可大幅度提高管道的输送能力,当输送压力从 7.5 MPa 增加到 10 ~ 12 MPa 时,油气管线的输送能力可提高 35% ~ 60%,因此随着管线钢性能的提高和管道制造技术的发展,输送管道的压力一直在不断增大。20 世纪 50 年代,油气管线的输送压力普遍为 4.5 MPa,60 年代增大到 5.5 MPa,70 年代增大到 6.5 MPa,80 年代以后国外新建的油气管线的输送压力通常都高于 7.5 MPa。1985 年苏联建造的油气管线的输送压力已达到 10 ~ 12 MPa,美国横贯阿拉斯加的油气管线压力为 11.8 MPa,而欧洲油气管线的输送压力也增加到 12 MPa。

若输送压力和管线直径同时增加,则经济效益更加显著。例如,采用输送压力为 7.5 MPa、直径为 1 400 mm 的输气管道,代替压力为 5.5 MPa、直径为 1 000 mm 的管道,可节省投资 35%,节省钢材 19%。

我国目前大量生产使用的管线钢主要为 X53-X65 级,属于铁素体/珠光体钢,且主要采用 Nb-V 复合微合金化;我国建设的西气东输管线则主要采用 X65-X80 级的管线钢,其中大部分已国产化;我国正在研制的管线钢有 X80-X100 级。我国宝钢生产的 X60 级管线钢的化学成分和力学性能见表 2.15 和表 2.16,而欧洲生产的几个 X80 级管线钢的典型化学成分和力学性能见表 2.17 和表 2.18。

表 2.15 宝钢生产的 X60 级管线钢的化学成分($w/\%$)

元 素	C	Mn	P	S	Nb	V
BJI 370—90 标准	≤0.20	≤1.60	≤0.035	≤0.030	≤0.005	≥0.005
实际生产成分	0.08 ~ 0.11	1.30 ~ 1.40	0.009 ~ 0.023	0.008 ~ 0.016	0.038 ~ 0.044	0.046 ~ 0.054

表 2.16 宝钢生产的 X60 级管线钢的力学性能

指标	σ_s/MPa	σ_b/MPa	δ/%	$A_{KV}(-10 \, ℃)$/J
BJ I370—90 标准	≥415	≥515	≥23	—
实际生产成分	430 ~ 600	520 ~ 670	30 ~ 41	54 ~ 91

表 2.17 欧洲生产的几个 X80 级管线钢的典型化学成分($w\%$)

钢管尺寸	C	Si	Mn	P	S	Al	Mo	Nb	Ti	N	C_{eq}	P_{CM}
1 168.4×13.6	0.081	0.42	1.89	0.011	0.001 6	0.038	0.01	0.044	0.018	0.005 2	0.430	0.206
1 422.4×13.6	0.085	0.38	1.85	0.014	0.001 7	0.030	0.01	0.044	0.019	0.006 0	0.409	0.197
1 219.2×13.6	0.090	0.40	1.94	0.018	0.001 1	0.038	0.01	0.043	0.017	0.004 0	0.435	0.213
914.4×32	0.07	0.27	1.86	0.015	0.001 0	0.036	0.15	0.040	0.023	0.005 7	0.419	0.186

注:① 钢管尺寸中前一数字为直径(mm),后一尺寸为管壁厚度(mm)。

② 第一个钢种化学成分(质量分数)中 $w(Cu) = 0.18\%$、$w(Ni) = 0.18\%$,其他钢中 $w(Cu) = 0.03\%$、$w(Ni) = 0.03\%$。

表 2.18　欧洲生产的 X80 管线钢的力学性能

钢管尺寸	σ_s/MPa		σ_b/MPa		δ/%		$A_{KV}(-20\ ℃)$/J	
	平均值	标准差	平均值	标准差	平均值	标准差	平均值	标准差
1 168.4×13.6	603	21	737	22	22	2	182	30
1 422.4×13.6	607	18	716	10	23	2	183	29
1 219.2×13.6	592	14	729	16	21	1	176	32
914.4×32	569	—	679	—	46	—	224	—

3. 铁路用钢(高铁用钢)

钢轨钢是铁路的基本材料,目前各国铁路所用的钢轨钢大部分为碳素钢和中锰钢。随着铁路运输向重载和高速发展,许多国家已部分或全部改用高强度钢轨,钢轨生产开始采用复合强化,即合金化、变形强化和热处理强化三位一体的生产工艺。

影响行车安全和钢轨使用寿命的主要损伤形式有:磨损(上股侧磨和下股压溃);由于屈服强度不足引起的波浪磨耗;塑性低导致的脆断、剥落、掉块、轨头劈裂和焊缝裂纹等。进入 21 世纪后,铁路技术的进一步发展需要开发新型钢轨钢,有人建议应研究马氏体或贝氏体钢轨钢,以获得比珠光体钢更好的断裂韧性、耐磨性和抗疲劳性能。近年来开发了贝氏体钢和马氏体钢轨钢。几种钢轨的性能比较见表 2.19。此外,日本近年来也在开发贝氏体钢轨钢(其性能见表 2.20)。贝氏体钢和马氏体钢轨钢在断裂韧性、耐磨性和抗疲劳性能及冲击性能都比珠光体钢明显提高,尤其是低温冲击性能更优异。

表 2.19　珠光体钢、贝氏体钢及马氏体钢的性能比较

钢种	σ_b/MPa	$\sigma_{0.2}$/MPa	δ/%	HB	K_{IC}/(MPa·m$^{1/2}$)	磨耗/g		接触疲劳强度/MPa
						轨	轮	
在线热处理后的珠光体钢	1 250	850	10	370	30/35	25	80	275
马氏体	1 350	950	13	395	70/90	35	65	300
贝氏体	1 350	800	15	395	50/60	6	3	450

表 2.20　日本开发的贝氏体钢轨的典型的力学性能

钢种	抗拉强度/MPa	拉伸/%	断裂韧度 K_{IC}/(MPa·m$^{1/2}$)	吸收能 U 切口,夏比实验(20 ℃)/J	疲劳强度/MPa	磨损(2 h)/g
研制出的贝氏体钢轨	1 420	15.5	98	39	870	0.77
优质珠光体钢轨	1 300	13.5	43	20	750	0.76

按照钢种的不同,钢轨钢可分为碳素钢轨钢、合金钢轨钢和热处理钢轨钢。合金钢轨钢则是在碳素钢轨钢的基础上添加 Cr、Mo、V、Ti 等合金元素来提高强度,改善韧性,其组织为细化的珠光体组织,综合力学性能比碳素钢轨钢好,但是焊接性能不如碳素钢轨钢,且生产成本高。北美和苏联的合金轨多为 Cr-Mo 轨或 Cr-V 轨。在我国 GB 2585—81 的

标准中,共有 6 个低合金钢,另外两个未纳入标准。热处理钢轨钢主要是通过加热和控制冷却获得细微珠光体组织,从而获得高强度和高韧性,到目前为止世界各国普遍认为这是综合性能最好的钢轨钢,但其热处理设备投资较大,生产成本较高。

合金元素可以改善钢的使用性能和工艺性能,钢轨合金化的优点是:整体强化、屈强比高、生产工艺简单。为提高钢轨的耐磨性,人们首先采用的方法是增加钢中的碳质量分数,现在在重轨钢中的碳质量分数已增加到接近共析钢的水平。为进一步提高钢轨的性能,现在普遍采用的是添加少量 Cr、Mo 和 V 的方法。从 20 世纪 70 年代起到 80 年代起各国开发研制的典型低合金钢轨钢有 Cr 轨钢、Cr-V 轨钢、Cr-Mo 轨钢、Cr-Mo-V 轨钢、高 Si 轨钢和微 Nb 合金轨钢,见表 2.21。

我国纳入标准正式生产的低合金钢轨有 U71Mn 中锰钢、U70MnSi 高硅钢、U71Cu 和 U71MnSiCu。未纳入标准的有 U74SiMnV 和 PD3 微 V 合金钢轨,分别见表 2.22 和表 2.23。U71Mn 中锰钢是我国钢轨生产的主要牌号,经多年线路运行考察证明,U71Mn 比普通碳钢耐磨、耐压、耐疲劳。在大半径弯道和直线上使用,比普碳钢轨使用寿命提高 1 倍以上。

U70MnSi 高硅轨的强度高,综合性能好,在小半径弯道上的使用寿命可比普碳轨提高 2 ~ 3 倍,其平均布氏硬度为 300 HB 左右。

表 2.21　各国合金钢轨钢的化学成分和性能

钢号	w(化学成分)/%									抗拉强度/MPa	伸长率/%
	C	Si	Mn	Cr	Mo	V	Nb	Ni	Cu		
Cr-Mo	0.78	0.21	0.84	0.74	0.18					128	9
Mn-Si	0.75	0.65	0.80							980	11
Cr	0.75	0.25	0.65	1.15						1 100	9
Cr	0.75	0.35	1.25	1.15						1 130	11
Cr-Si	0.70	0.75	1.05	1.00						1 140	12
Cr-V	0.75	1.00	1.05	1.00		0.20				1 200	8
Cr-Mo-V	0.65	0.30	0.80	1.00	0.10	0.10				1 145	12
Mn-Cr-V	0.70	0.20	1.65	0.30		0.10				1 035	12
Cr-Si-Nb	0.70	0.55	1.10	0.80			0.06			1 040	10
Si-Nb	0.74	0.80	1.30				0.03			1 070	10
Si-Cr	0.69	0.77	0.96	0.85						1 100	10
Cr-Mo	0.73	0.16	0.83	0.75	0.21					1 117	
Cr-Mo-V	0.75		0.60	0.60	0.29	0.10				1 250	
Cr-Ni-Cu-V	0.40	0.50	1.40	0.8				0.20	0.80	1 056	13
Cr-Mn-V	0.75	0.42	1.24	1.00		0.16				1 132	12

表 2.22　我国纳入标准的低合金钢轨钢的化学成分和性能

钢号	w(化学成分)/%						抗拉强度/MPa	伸长率/%
	C	Si	Mn	P	S	Cu		
U71Cu	0.65~0.77	0.15~0.30	0.70~1.00	≤0.040	≤0.050	0.10~0.40	≥785	≥9
U71Mn	0.65~0.77	0.15~0.35	1.10~1.50	≤0.040	≤0.040		≥883	≥8
U90MnSi	0.65~0.75	0.85~1.15	0.85~1.15	≤0.040	≤0.040		≥883	≥8
U71MnSiCu	0.65~1.10	0.75~1.10	0.80~1.2	≤0.040	≤0.040	0.10~0.40	≥883	≥8

表 2.23　我国未纳入标准的低合金钢轨钢的化学成分和性能

钢号	w(化学成分)/%						抗拉强度/MPa	伸长率/%
	C	Si	Mn	P	S	V		
U71Cu	0.68~0.82	0.90~1.50	1.10~1.50	≤0.040	≤0.040	0.06~0.12	≥1080	≥8
U71MnSiCu	0.72~0.82	0.65~0.90	0.75~1.05	≤0.040	≤0.040	0.05~0.12	≥980	≥8

世界各国热处理钢轨的生产工艺和性能见表 2.24,不同热处理工艺重轨力学性能的比较见表 2.25。

表 2.24　世界各国热处理钢轨的生产工艺与性能

国别	钢种	热处理工艺特征	σ_b/MPa	$\sigma_{0.2}$/MPa	δ_s/%	ψ/%
俄罗斯	M74	电感应加热,水雾冷却	1170	≥780	≥10	≥25
	M74	煤气加热,油冷却	1 170	≥825	≥9	≥36
	M74	煤气加热,盐浴冷却	1 300	≥825		37
美国	共析钢	电感应加热,压缩空气冷却	≥1 200	≥800	10	40
	共析钢	煤气加热,油冷却	≥1 200	≥800		45
澳大利亚	共析钢	电感应加热,压缩空气冷却	≥1 200	≥800	10	
日本	共析钢	煤气加热,压缩空气冷却	≥1 200	≥825	12	33
	共析钢	电感应加热,压缩空气冷却	≥1 200	≥825	12	33
	共析钢	轧后余热,压缩空气淬火	≥1 200	≥825	11	
英国	共析钢	轧后余热(水雾)淬火	≥1 200	≥800	≥10	
法国	共析钢	轧后余热(水雾)淬火	≥1 200	≥800	≥10	
卢森堡	共析钢	轧后余热(间断水)淬火	≥1 200	≥800	≥10	

表 2.25　不同热处理工艺重轨力学性能的比较

钢种	拉 伸 试 验				硬度 HV		冲击试验
	$\sigma_{0.2}$/MPa	σ_b/MPa	δ/%	ψ/%	踏面	踏面下 5 mm	VE20/J
SQ 轨	838	1281	16.8	37.8	366	362	33
QT 轨	818	1175	19.0	45.7	348	336	35
普通轨	503	893	14.5	18.7	242	238	20

表中 SQ 轨和 QT 轨热处理工艺如下:

欠速淬火工艺(SQ-Slack Quenching 工艺)是把钢轨加热到奥氏体化温度后,用淬火介质缓慢冷却进行淬火,直接在钢轨表层得到细片层状珠光体,其力学性能、抗疲劳性能、耐磨耗性能均比 QT 工艺得到的回火马氏体要好。

　　淬火加回火工艺(QT-Quenching Tempering 工艺)是把钢轨加热到奥氏体化温度,然后喷吹冷却介质,让钢轨表面层急速冷却到马氏体相变温度以下,然后进行回火。经热处理后,在钢轨轨头表层得到回火马氏体,内层为贝氏体和珠光体。这种热处理钢轨弯曲度大,需要对其进行补充矫直,在淬火的轨头断面上有时出现因贝氏体而引起的硬度塌落。

第 3 章　机器零件用钢

3.1　概　　述

机器零件用钢是国民经济各部门中,特别是机械制造业中广泛使用并用量较大的钢种。

机器零件用钢是指用于制造各种机器零件所用的钢种,如各种轴类零件、齿轮、弹簧和轴承等。机器零件在工作时承受拉伸、压缩、剪切、扭转、冲击、震动、摩擦等力的作用,或几种力同时作用。因此,在零件的截面上产生拉、压、弯、扭、切等应力。

机器零件要求结构紧凑、运转快速以及零件间要有公差配合等。由此便决定零件用钢在性能上要求与构件用钢有所不同。零件用钢以力学性能为主,工艺性能为辅,具体要求如下:

3.1.1　力学性能要求

(1)机器零件在常温或温度波动不大的条件下,承受反复同向或反复交变载荷作用,因而要求机器零件用钢应有较高的疲劳强度或耐久强度。

(2)机器零件有时承受短时超负荷作用,因而要求机器零件用钢具有高的屈服强度、抗拉强度以及较高的断裂抗力。以防止零件在使用过程中产生大量塑性变形或断裂而造成事故。

(3)机器零件工作时往往由于相互间有相对滑动或滚动而产生磨损,引起零件尺寸变化和接触疲劳破坏,因而要求机器零件用钢具有良好的耐磨性和接触疲劳强度。

(4)由于机器零件的形状往往比较复杂,不可避免地存在有不同形式的缺口(如台阶、键槽、油孔等),这些缺口都会造成应力集中,使零件易于产生低应力脆断。因而零件用钢应具有较高的韧性(如 K_{IC}、α_k 等),以降低缺口敏感性。

由此可见,机器零件用钢对力学性能要求是多方面的,不但在强度和韧性方面有要求,以保证机器零件体积小、结构紧凑及安全性好,而且在疲劳性能和耐磨性能方面也有所要求。因此对零件用钢必须进行热处理强化,以充分发挥钢材的性能潜力。机器零件用钢的使用状态为淬火加回火态,即强化态。

3.1.2　工艺性能要求

通常机器零件的生产工艺是:型材→改锻→毛坯热处理→切削加工→最终热处理→磨削等。其中以切削加工性能和热处理工艺性能为机器零件用钢的主要工艺性能,但对钢材的其他工艺性能(如冶炼性能、浇铸性能、可锻性能等)也有要求,但一般问题不大。

机器零件用钢种类繁多,分类方法较多。按用途,可分为调质钢、弹簧钢、渗碳钢和轴承钢;按 C 的质量分数,可分为低碳钢($w(C)=0.2\%$)、中碳钢($w(C)=0.4\%\sim0.6\%$)和高碳钢($w(C) \approx 1\%$);按回火温度,可分为淬火低温回火钢、淬火中温回火钢和淬火高温回火钢。其中轴类零件、弹簧、齿轮和轴承等是构成各种机器的基础件,它们具有一定的代表性和典型性,故重点讨论之。

影响机器零件用钢力学性能的主要因素有碳质量分数、回火温度及合金元素的种类和数量。

本章首先讨论典型机器零件的服役条件、失效形式和机器零件用钢的合金化、热处理和力学性能特性,即成分-组织-性能的关系;然后讨论发挥材料性能潜力的途径。

3.2　调　质　钢

通常将经过淬火和高温回火(即调质处理)处理而使用的结构钢称为调质钢。调质处理后的组织为回火索氏体组织。调质钢是应用最广的机器零件用钢,约占机械行业中机器零件用钢的30%。为了获得良好的综合机械性能,通常进行调质处理。近来有很多调质钢采用等温淬火处理,可获得优良的机械性能。此外,根据不同的技术要求,还可施以正火、表面淬火+低温回火和化学热处理等处理工艺。

3.2.1　调质钢的工作条件及性能要求

许多机器设备上的重要零件如机床主轴、汽车拖拉机的后桥半轴、柴油发电机曲轴、连杆、高强度螺栓等,都是在多种应力负荷作用下工作的,受力情况比较复杂。例如,汽车上的主轴,工作时,既传递扭矩,又承受弯矩,所受力是交变的动负荷应力,其最常见的失效形式是疲劳断裂。还有些轴,由于轴颈与滑动轴承相配合而产生相对滑动、摩擦磨损。在极少数情况下,当机器启动或急刹车换挡时,会受到一定冲击载荷的作用。

因此,对调质钢的性能提出如下要求:高的屈服强度和疲劳极限、良好的冲击韧性和塑性、轴的表面和局部要有一定的耐磨性。不难看出,调质钢既有高的强度,还有良好的塑性和韧性,即又强又韧,具有良好的综合力学性能。

在满足材料综合力学性能要求的同时,还必须考虑材料的断裂韧性和疲劳裂纹扩展速率等性能。

一般调质钢的力学性能指标范围大体为:$\sigma_b \approx 800 \sim 1100$ MPa, $\sigma_{0.2} \approx 700 \sim 1000$ MPa, $\delta \approx 9\% \sim 15\%$, $\psi \leq 45\% \sim 55\%$, $\alpha_k \approx 60 \sim 120$ J/cm^2, $T_k \leq -40$ ℃。

3.2.2　调质钢的组织特点

调质钢具有良好的综合力学性能的原因与其在使用状态下组织为中碳回火索氏体有关。这种组织状态具有以下特点:

(1)强化相为弥散均匀分布的粒状碳化物,可以保证有较高的塑变抗力和疲劳强度。

(2)组织均匀性好,减少了裂纹在局部薄弱地区形成的可能性,可以保证有良好的塑性和韧性。

(3)作为基体组织的铁素体是从淬火马氏体转变而成的,其晶粒细小,使钢的冷脆倾向性大大减小。

3.2.3　调质钢的化学成分

调质钢在化学成分上的主要特点是中碳($w(C) = 0.3\% \sim 0.5\%$),并辅以合金化。主加合金元素有 Mn、Cr、Si、Ni 及 B 等。这些元素单独加入或复合加入，可以提高钢的淬透性，并保证机械零件整体具有良好的综合力学性能，这是调质钢成分设计的主要着眼点。辅加元素有 Mo、W、V、Ti 等碳化物形成元素，它们一般不单独加入，而是加在含有主加元素的钢中，且含量较少。主要作用是细化晶粒、提高回火稳定性和钢的强韧性。调质钢的回火温度正好处于第二类回火脆的温度范围，加入 W、Mo 元素可以抑制回火脆性。这里需要特别指出的是，调质钢一般用以制作大的结构件，所以淬透性至关重要。

3.2.4　调质钢的热处理

由于调质钢中碳质量分数较高，又含有不同数量的合金元素，因而在热加工后其组织将有很大差别。为了改善切削加工性以及改善因轧、锻不适当而造成的晶粒粗大和带状组织，调质钢在切削加工前需进行预备热处理。对于合金元素含量较低的调质钢，可进行正火或退火处理。对于合金元素含量较高的调质钢，因正火后可得到马氏体组织，尚需正火后再在 A_{c1} 以下温度进行高温回火，使其组织转变为粒状珠光体，降低硬度，便于切削加工。

调质钢的最终热处理是淬火加高温回火。调质钢的最终性能取决于回火温度的选择。当要求高塑性、高韧性及一定的强度时，采用 500～600 ℃回火，即调质处理，获得回火索氏体组织。如零件还要求表面有良好的耐磨性时，则再进行表面淬火或化学热处理（如氮化处理）。

当零件要求较高的强度和适当的塑性和韧性时，采用 200～250 ℃回火，以获得回火马氏体组织，或采用 450 ℃左右回火，以获得屈氏体组织。

总之，对调质钢的回火温度选择应根据机器零件工作条件和失效分析来确定。对在小能量多次冲击条件下工作的零件，即高周疲劳时，应适当降低回火温度，以发挥材料的强度潜力；只有对于大能量冲击条件下的零件即低周疲劳时，才适宜采用较高的回火温度，以保证有足够的塑性和韧性。例如，某煤机厂 M211 型一吨模锻锤锤杆（$\phi 120$ mm × 2 000 mm），原采用 40Cr 钢油淬和 650 ℃回火，硬度为 227～238 HB，α_k 为 130 J/cm²，使用中常常折断，寿命仅 20 d 左右。后来将回火温度降低到 450～500 ℃，硬度提高到 38～45 HRC，α_k 只有 40 J/cm² 左右，却可使寿命提高到一年左右。因此，对调质钢回火温度，应根据零件的失效分析有针对性地区别对待。

3.2.5　常用调质钢

常用调质钢的化学成分、热处理规范、力学性能和用途见表 3.1。

根据淬透性的高低，调质钢可大致分为 3 类：① 低淬透性调质钢，如 40、45 淬火临界直径为 8～17 mm，而 45MnV、40Cr、38CrSi、40CrV、40MnVB 钢等油淬临界淬火直径为 30～40 mm；② 中淬透性调质钢，油淬临界淬火直径为 40～60 mm，如 40CrMn、40CrNi、35CrMo、30CrMnSi 等钢；③ 高淬透性调质钢，油淬临界淬火直径大于 100 mm，如 40CrNiMo、40CrMnMo、25Cr2Ni4WA 钢等。其中 45 钢和 40Cr 钢应用最广泛。为了节约 Cr 元素，常用 40MnB、42SiMn、40MnVB 钢代替 40Cr 钢。此外在 500 ℃以下的较高温度下工作的零件（如汽轮机转子、叶轮等）可用 35CrMo、40CrMn 钢等。对某些重型设备采用截面大的大锻件用钢时，还应注意有关的工艺性能，如铸造性能、锻造性能、白点敏感性、回火温度范围的宽窄、回火脆倾向性、可焊性和切削加工性能等。

表 3.1　常用调质钢的化学成分、热处理规范、力学性能和用途

钢号	主要化学成分 (w/%)								热处理规范			力学性能					退火状态 HB	用途
	C	Mn	Si	Cr	Ni	Mo	V	其他	淬火/℃	回火/℃	毛坯尺寸/mm	σ_b/MPa	σ_s/MPa	δ_5/%	ψ/%	α_k/(J·cm⁻²)		
45	0.42~0.50	0.50~0.80	0.17~0.37						830~840 水	580~640 空	<100	≥650	≥350	≥17	≥38	≥45		主轴、曲轴、齿轮、柱塞等
45Mn2	0.42~0.49	1.40~1.80	0.20~0.40						840 油	550 水、油	25	900	750	10	45	60	217	代替 φ<50 mm 的 40Cr 作重要螺栓和轴类件等
40MnB	0.37~0.44	1.10~1.40	0.20~0.40					B 0.001~0.0035	850 油	500 水、油	25	1000	800	10	45	60		代替 φ<50 mm 的 40Cr 作重要螺栓和轴类件等
40MnVB	0.37~0.40	1.10~1.40	0.20~0.40				0.05~0.10	B 0.001~0.004	850 水	500 水、油	25	1000	800	10	45	60		可代替 40Cr 和部分代替 40CrNi 作重要零件,也可代替 38CrSi 作重要销钉
35SiMn	0.32~0.40	1.10~1.40	1.10~1.40						900 水	590 水、油	25	900	750	15	45	60	228	除低温(<-20 ℃)韧性稍差外,可全面代替 40Cr 和部分代替 40CrNi
40Cr	0.37~0.45	0.50~0.80	0.20~0.40	0.80~1.10					850 油	500 水、油	25	1000	800	9	45	60		作重要调质件,如轴类、连杆螺栓、进气阀等重要齿轮等
38CrSi	0.35~0.43	0.30~0.60	1.00~1.30	1.30~1.60					900 油	600 水、油	25	1000	850	12	50	70	255	作承受大载荷的轴类和车辆上的重要调质件等
40CrMn	0.37~0.45	0.90~1.20	0.20~0.40						840 油	520 水、油	25	1000	850	9	45	60		代替 40CrNi
30CrMnSi	0.27~0.34	0.80~1.10	0.90~1.20	0.80~1.10					880 油	520 水、油	25	1100	900	10	45	50	228	高强度钢,作高速载荷砂轮轴、车轴上内外摩擦片等

续表 3.1

钢号	主要化学成分 (w/%)								热处理规范			力学性能					退火状态	用途
	C	Mn	Si	Cr	Ni	Mo	V	其他	淬火/℃	回火/℃	毛坯尺寸/mm	σ_b/MPa	σ_s/MPa	δ_5/%	ψ/%	α_k/(J·cm^{-2})	HB	
35CrMo	0.32~0.40	0.40~0.70	0.20~0.40	0.80~1.10		0.15~0.25			850 油	550 水、油	25	1 000	850	12	45	80	228	重要调质件,如曲轴、连杆及代40CrNi,作大截面轴类件
38CrMoAlA	0.35~0.42	0.30~0.60	0.20~0.40	1.35~1.65		0.15~0.25		Al 0.70~1.10	940 水、油	640 水、油	30	1 000	850	14	50	90	228	作氮化零件,如高压阀门、缸套等
40CrNi	0.37~0.44	0.50~0.80	0.20~0.40	0.47~0.75	1.00~1.40				820 油	500 水、油	25	1 000	800	10	45	70	241	作较大截面和重要的曲轴、主轴、连杆等
37CrNi3	0.34~0.41	0.30~0.60	0.20~0.40	1.20~1.60	3.00~3.50				820 油	500 水、油	25	1 150	1 000	10	5	80		作大截面并需要高强度、高韧性的零件
*35SiMn2MoVA	0.32~0.42	1.55~1.85	0.60~0.90			0.40~0.50	0.05~0.10		870 水、油	650 空	25	1 100	950	12	50	80	217	作大截面、重载荷的轴、连杆、齿轮等,可代替40CrNiMo
40CrMnMo	0.37~0.45	0.90~1.20	0.20~0.40	0.90~1.20		0.20~0.30			850 油	600 水、油	25	1 000	800	10	45	80		相当于40CrNiMo的高级调质钢
25Cr2Ni4WA	0.21~0.28	0.30~0.60	0.17~0.37	1.35~1.65	4.00~4.50			W 0.80~1.20	850 油	550 水	25	1 100	950	11	45	90		制造机械性能要求很高的大断面零件
40CrNiMoA	0.37~0.44	0.50~0.80	0.20~0.40	0.60~0.90	1.25~1.75	0.15~0.25			850 油	600 水、油	25	1 000	850	12	55	100	269	作高强度零件,如航空发动机轴,在<500℃工作的喷气发动机承力零件
45CrNiMoVA	0.42~0.49	0.50~0.80	0.20~0.40	0.80~1.10	1.30~1.80	0.20~0.30	0.10~0.20		850 油	460 油	试样	1 500	1 350	7	35	40	269	作高强度、高弹性零件,如车辆上扭力轴等

注:钢号前标有"*"者为新钢种,供参考。

3.2.6　调质零件用钢的发展动向

1. 低碳马氏体钢

钢淬火形成马氏体是强化钢的基本方法,但调质零件经高温回火后马氏体已不复存在,因此可以说,调质处理使淬火钢已失去马氏体强化的意义,它只是利用淬火条件使 α 相获得极大的过饱和度,以便在回火时析出碳化物,产生弥散强化的作用。但就回火索氏体而言,碳化物的弥散强化作用也未充分发挥,所以调质处理所得的回火索氏体强度是较低的。为了提高钢的强度,就需要相应地改变组织状态,如上所述,将调质钢淬火后进行低温回火得到中碳回火马氏体,可获得很高的强度,但随之而来的却是塑性和韧性的牺牲。如何才能在获得高强度的同时,也保持更高的塑性和韧性呢? 低碳马氏体钢的研究开发为此提供了成功的思路和实践。

低碳马氏体是具有高密度位错的板条马氏体,在板条内部有自回火和回火析出的均匀分布的碳化物,板条间存在少量残余奥氏体薄膜。低碳(合金)钢淬火低碳马氏体充分利用了钢的强化和韧化手段,使钢不仅强度高,而且塑性和韧性好。

2. 中碳微合金非调质钢

中碳微合金非调质钢是作为调质零件(如汽车拖拉机曲轴、连杆)用钢的新型结构钢。这类钢的优点是,在锻造或热轧冷却后就可以达到曲轴、连杆等零件所要求的强度和韧性,即可将锻(轧)材直接加工成零件,而省去调质处理及随后的热处理变形矫正等工序。

中碳微合金非调质钢的使用组织一般是铁素体-珠光体,其发展始于 20 世纪 70 年代。这类钢通常是在中碳锰钢中单一或复合加入微合金化元素钒、铌、钛等。钒、铌、钛等均是强碳化物形成元素,在钢的加热过程中也有部分固溶入奥氏体,在以后的冷却过程中即在奥氏体-铁素体相界面或铁素体晶内析出弥散分布的碳化物质点,产生显著的沉淀强化效应。加热时未溶的碳化物对奥氏体晶界钉扎,阻止其粗化,细晶强化作用十分明显。为了使沉淀强化效应更强烈,在一些钢中加入少量的氮,以形成弥散度更大的碳氮化合物。由于微合金化元素的沉淀强化和细晶强化作用,辅之以锰的固溶强化作用,中碳微合金非调质钢的强度已接近或超过一般调质钢。

中碳微合金非调质钢的主要缺点是冲击韧度偏低,目前改善措施是降碳升锰,降碳可明显提高钢的韧性,因降碳引起的强度损失由增加锰量得以补偿。由于锰降低奥氏体转变温度 A_1 和 A_3,具有细化铁素体和珠光体团的作用,又能减薄珠光体中碳化物片的厚度,在升锰补强的同时不会对韧性带来损害。

这类钢是由锻(轧)直接进行机加工的,为了使其在较高的温度下仍有良好的切削加工性能,常在钢中加入微量易切削元素硫、铅等。

为了满足汽车工业迅速发展对高强韧性非调质钢的需要,近年来又发展了贝氏体型和马氏体型微合金非调质钢,这两类钢在锻轧后的冷却中即可获得贝氏体和马氏体或以马氏体为主的组织,其成分特点是降碳并适量添加锰、铬、钼、钒、硼,使钢在获得高于900 MPa抗拉强度的同时,保持足够的塑性和韧性。

中碳微合金非调质钢代替调质钢,具有简化生产工序、节约能源、降低成本的特点,已引起国内外广泛的关注。一些发达国家已在多种型号的汽车曲轴、连杆上成功应用微合金非调质钢,国内也有一些应用报道,中碳微合金非调质钢的开发应用有着广阔的发展前景。

3.3 弹 簧 钢

在机械产品中,弹簧是重要的基础零部件之一,在各种机械产品中都少不了各种各样的弹簧,按其使用场合和结构外形的不同,可分为板弹簧和螺旋弹簧两大类。用以制造弹簧或制造类似弹簧性能的零件的钢种称为弹簧钢。

3.3.1 弹簧的工作条件与性能要求

在各种机器设备中,弹簧的主要作用是吸收冲击能量,缓和机械振动和冲击作用。例如,用于汽车拖拉机和机车上的叠板弹簧,它们除了承受车厢和载物的巨大质量外,还要承受因地面不平所引起的冲击载荷和振动,使汽车、火车等车辆运转平稳,并避免某些机件因受冲击而过早地破坏。此外,弹簧还可储存能量,使机件完成事先规定的动作(如汽阀弹簧、喷嘴弹簧等),保证机器和仪表的正常工作。

由此可见,在外力作用下弹簧发生弹性变形以吸收能量;外力去除后,弹性变形又恢复并放出能量,从而保证弹簧本身不受损害。可见,弹簧也是在交变载荷下工作,其破坏形式是疲劳断裂和由于塑性变形而失去弹簧作用。

根据以上工作要求,弹簧应具有如下性能:

(1)高的弹性极限、屈服极限和高的屈强比($\sigma_{0.2}/\sigma_b$),以保证弹簧有足够高的弹性变形能力,并能承受大的载荷。

(2)高的疲劳极限,以保证弹簧在长期的振动和交变应力作用下不产生疲劳破坏。

(3)为了满足成型的需要和可能承受的冲击载荷,弹簧应具有一定的塑性和韧性。$\delta_k \geqslant 20\%$ 即可,而对 α_k 不做明确要求。

此外,一些在高温和易腐蚀条件下工作的弹簧,还应具有良好的耐热性和抗蚀性。

3.3.2 弹簧钢的特点和常用钢种

弹簧钢分为碳素弹簧钢和合金弹簧钢两类。常用弹簧钢的牌号、化学成分、热处理规范、力学性能和用途见表 3.2。

由上所述,弹簧的性能以强度要求为主,由此便决定了弹簧钢在化学成分和热处理工艺上有如下特点:

(1)弹簧钢的化学成分。

① 弹簧钢中碳的质量分数较高,以保证高的弹性极限和疲劳极限。一般碳素弹簧钢的 $w(C) = 0.8\% \sim 0.9\%$,合金弹簧钢的 $w(C) = 0.5\% \sim 0.7\%$。

② 加入 Si、Mn。Si 和 Mn 是弹簧钢中经常应用的合金元素,目的是提高淬透性、强化铁素体(Si、Mn 固溶强化效果最好)、提高钢的回火稳定性,使其在相同回火温度下具有较高的硬度和强度。其中 Si 的作用最大,但 Si 的质量分数高时有石墨化倾向,且在加热时使钢易于脱碳。Mn 能增加钢的过热敏感性,也应加以注意。

③ 加入 Cr、W、V。为了克服硅锰钢的不足,加入碳化物形成元素,它们可以防止钢的过热和脱碳,提高淬透性(主要是 Cr),W、V 可细化晶粒,并保证钢在高温下仍具有较高的弹性极限和屈服极限。

表 3.2　常用弹簧钢的牌号、化学成分、热处理规范、力学性能和用途

钢号	主要化学成分 (w/%)						热处理规范		机械性能					用途
	C	Mn	Si	Cr	V	其他	淬火/℃	回火/℃	σ_b/MPa	σ_s/MPa	δ_5/%	ψ/%	α_k/(J·cm⁻²)	
65	0.62~0.70	0.50~0.80	0.17~0.37				840 油	480	1 000	800	9	35		截面<12 mm 的小弹簧
65Mn	0.62~0.70	0.90~1.20	0.17~0.37				830 油	480	1 000	800	8	30		截面<25 mm 的各种螺旋弹簧、板弹簧
60Si2Mn	0.57~0.65	0.60~0.90	1.50~2.00				870 油或水	460	1 300	1 200	5	25		截面<25 mm 的各种螺旋弹簧、板弹簧
70Si3MnA	0.66~0.74	0.60~0.90	2.40~2.80				860 油	420	1 800	1 600	5	20		截面<25 mm 的各种螺旋弹簧、板弹簧
50CrVA	0.46~0.54	0.50~0.80	0.17~0.37	0.80~1.10	0.10~0.20		850 油	520	1 300	1 100	10	45		制造截面>30 mm 重载荷板弹簧和螺旋弹簧,以及工作温度<400 ℃ 的各种弹簧
50CrMnA	0.46~0.54	0.80~1.00	0.17~0.37	0.95~1.20			840 油	490	1 300	1 200	6	35		车辆、拖拉机上用的直径≤50 mm 的圆弹簧和板弹簧
65Si2MnWA	0.61~0.69	0.70~1.00	1.50~2.00			W 0.80~1.20	850 油	420	1 900	1 700	5	20		制造高温(≤350 ℃),截面≤50 mm 强度要求较高的弹簧
*55SiMnMoVNb	0.52~0.60	1.00~1.30	0.40~0.70		0.08~0.15	Mo 0.30~0.40 Nb 0.01~0.03	880 油	530	≥1 400	≥1 300	≥7	≥35	≥30	代替50CrVA 作大截面的板弹簧
60Si2MnBRE	0.56~0.64	0.6~0.9	1.6~2.0			B 0.001~0.005 RE 0.15~0.20	870 油	460±25	≥1 600	≥1 400	≥5	≥20		制造较大截面板弹簧和螺旋弹簧

注:钢号前标有"*"者为新钢种,供参考。

（2）最终热处理采用淬火加中温回火，回火温度一般在 350～450 ℃，为回火屈氏体组织，其目的是为了追求高的弹性极限和疲劳极限。

（3）要求有较高的冶金质量，以防钢中夹杂物引起应力集中而成为疲劳裂纹源，故指标中规定弹簧钢为优质钢。

（4）对钢材表面质量有严格要求，防止表面有脱碳、裂纹、折叠、斑疤、气泡、夹杂和压入的氧化皮等引起应力集中，降低钢的疲劳极限。钢材表面质量对弹簧钢疲劳强度的影响见表 3.3。脱碳层深度对弹簧钢疲劳寿命的影响示于表 3.4 中。

表 3.3　钢材表面质量对弹簧钢疲劳强度的影响

钢　　　号	σ_b/MPa	试样表面状态	σ_{-1}/MPa
55SiMn	1 460	磨光	615
50Si2Mn	1 100	氧化、脱碳	180
55Si2Mn	1 300	热处理后砂纸打光	500
50CrMn	1 310	磨光	640
		抛光	670
50CrVA	1 665	未抛光	500
		带 60°缺口试样	197

表 3.4　脱碳层深度对弹簧钢疲劳寿命的影响

脱碳层深度/mm	σ_{-1}/MPa
0	510
0.125	350
0.20	330
0.25	300

3.3.3　弹簧钢的热处理

根据成型方法，弹簧钢的制造可分为冷成型和热成型（又称强化后成型和成型后强化）两类。

1. 冷成型弹簧的热处理

对于小型弹簧，如丝径小于 8 mm 以下的螺旋弹簧或弹簧钢带等，可以在热处理强化或冷变形强化后成型，即用冷拔钢丝冷卷成型。冷拔钢丝具有高的强度，这是利用冷拔变形使钢产生加工硬化而获得的。按其强化工艺不同冷拔弹簧钢丝，可分为以下 3 种情况：

（1）铅浴等温淬火冷拔钢丝。即将盘条先冷拔到一定尺寸，再加热到 A_{c3} +80～100 ℃奥氏体化后，在 450～550 ℃铅浴中等温以得到细片状珠光体组织，然后多次冷拔至所需要直径。通过调整钢中碳质量分数和冷拔形变量（形变量可高达 85%～90%），以得到高强度和一定塑性的弹簧钢丝。这种铅淬拔丝处理实质上是一种形变热处理，即珠光体相变后形变，可使钢丝强度达到 3 000 MPa 左右。

（2）冷拔钢丝。这种钢丝主要是通过冷拔变形而得到强化，但与铅淬冷拔钢丝不同，它是通过在冷拔工序中间加入一道约 680 ℃中间退火而改善塑性，使钢丝得以继续冷拔到所需最终尺寸，其强度比铅淬冷拔钢丝强度低。

(3)淬火回火钢丝。这种钢丝是在冷拔到最终尺寸后,再经淬火加中温回火强化,最后冷卷成型的。此种强化方式的缺点是工艺较复杂,而强度比铅淬冷拔钢丝低。

经上述 3 种方式强化的钢丝在冷卷成型后必加一道低温回火工艺,其回火温度为250~300 ℃,回火时间为 1 h。低温回火的目的是消除应力、稳定尺寸,并提高弹性极限。实践中发现已经过强化处理的钢丝在冷卷成型后弹性极限往往并不高,这是因为冷卷成型将使易动位错数量增多,且由于包申格效应引起起始塑变抗力降低。因此,在冷卷成型后必须进行一次低温回火,以造成多边化过程,提高弹性极限。

2. 热成型弹簧的热处理

热成型弹簧一般是将淬火加热与热成型结合起来,即加热温度略高于淬火温度,加热后进行热卷成型,然后利用余热淬火,最后进行 350~450 ℃的中温回火,从而获得回火屈氏体组织。这是一种形变热处理工艺,可有效地提高弹簧的弹性极限和疲劳寿命。一般汽车上大型板弹簧均采用此方法。对于中型螺旋弹簧也可以在冷态下成型,而后进行淬火和回火处理。

为进一步发挥弹簧钢的性能潜力,在弹簧热处理时应注意以下 3 点:

(1)弹簧钢多为硅锰钢,硅有促进脱碳的作用,锰有促进晶粒长大的作用。表面脱碳和晶粒长大均使钢的疲劳强度大大下降,因此加热温度、加热时间和加热介质均应注意选择和控制。如采用盐炉快速加热及在保护气氛条件下进行加热。淬火后应尽快回火,以防延迟断裂产生。

(2)回火温度一般为 350~450 ℃。若钢材表面状态良好(如经过磨削),应选用下限温度回火;反之,若表面状态欠佳,可用上限温度回火,以提高钢的韧性,降低对表面缺陷的敏感性。

(3)弹簧钢硅质量分数较高,钢材在退火过程中易产生石墨化,对此必须引起重视。一般钢材进厂时要求检验石墨的质量分数。

3.4　渗　碳　钢

某些机械零件,如汽车、拖拉机上的变速箱齿轮,内燃机上的凸轮、活塞销和部分量具等,根据服役条件,要求表面耐磨、抗接触疲劳破坏及有一定冲击韧性。对于这种类型的零件,通常只要求表面强化,而对心部没有过多的要求。

对零件采用表面强化的方法有:感应加热表面淬火、渗碳或碳氮共渗、渗氮以及表面冷塑性变形(如喷丸、碾压)等。其中除表面冷塑性变形强化方法外,其余强化法都属于热处理过程,都有相对适用的钢种。如感应加热表面淬火用钢、渗碳钢、碳氮共渗钢、氮化钢等,统称为表面强化零件用钢。

现以渗碳钢为例来讨论表面强化态零件用钢的特点。

3.4.1　渗碳钢的工作条件及对性能要求

现以齿轮为例分析渗碳钢的工作条件及对使用性能的要求。

(1)齿轮工作时,从啮合点到齿根的整个齿面上均承受脉动弯曲应力作用,而在齿根危险断面上造成最大的弯曲应力。在脉动弯曲应力作用下,可使齿轮产生弯曲疲劳破坏,破坏形式是断齿。

（2）齿轮工作时，通过齿面接触传递动力，在接触应力的反复作用下，会使工作齿面产生接触疲劳破坏。破坏形式主要有麻点剥落和硬化层剥落两种。

（3）齿轮工作时，两齿面相对运动（包括滚动与滑动），产生摩擦力，因而要求齿面有较高的耐磨性。

（4）齿轮工作时，有时还会承受强烈的冲击载荷作用，要求齿轮有较高的强韧性。

由此可见，齿轮的工作条件是很复杂的。为了满足这些要求，齿轮用钢不但应有高的耐磨性、接触疲劳强度、弯曲疲劳强度和屈服强度，而且还应有较高的塑性和韧性。为此，可采用低碳（合金）钢渗碳（或碳氮共渗）后进行淬火加低温回火处理，即可达到目的。经渗碳处理后表层 $w(C)>0.8\%$，淬火并低温回火，其组织为回火马氏体和粒状碳化物及一定的残余奥氏体。它具有高硬度（62 HRC）、高耐磨性和高接触疲劳强度；齿轮心部仍为低碳钢，其组织为低碳回火马氏体（全部淬透）或部分铁素体加屈氏体（未淬透），其硬度可达 38～42 HRC；大多数情况下，心部组织为回火马氏体、屈氏体和少量铁素体的混合组织，硬度在 25～40 HRC，心部冲击韧性一般高于 70 J/cm²。

此外，由于表层、心部 C 的质量分数不同导致淬火时，在表面形成极为有利的残余压应力，这将显著提高钢的弯曲疲劳强度。通过渗碳提高表层的 C 的质量分数也可以看成是一种合金化强化方式，而渗碳后的淬火，则为热处理强化。

综上所述，渗碳钢的表层、心部的成分组织和性能有很大的差异。这种使用状态实际上巧妙地制成了一种天然复合钢，即表层高碳钢、心部低碳钢。因此渗碳钢的发展思路是：低碳钢+渗碳工艺+淬火+低温回火。

3.4.2　渗碳钢的化学成分

1. 钢材的含碳量（C 质量分数）

过去通常认为，渗碳件心部的 $w(C) = 0.10\%～0.20\%$。选择如此低的 C 质量分数的目的是为了保证心部有良好的韧性，因此多年来渗碳用钢都习惯沿用低碳钢。但事实上，降低渗碳钢心部的 C 质量分数却易于使硬化层剥落，适当提高心部 C 质量分数，使其强度增加，则可避免此现象。所以近年来有提高渗碳钢 C 质量分数的趋势，但将渗碳钢中 C 的质量分数提得过高也有坏处。目前总的趋向是将渗碳钢中 C 的质量分数提高到 0.25% 左右。如对韧性要求较低时，C 的质量分数也可提高至 0.3%～0.4%，但要适当采取减薄渗层深度等工艺措施。例如，有的吉普车齿轮用 40Cr 钢制造，渗层深度减至 0.5 mm 左右，否则易于断齿。总之，渗钢心部的 $w(C) = 0.1\%～0.25\%$，而表层的 C 质量分类可达 0.8%。

2. 钢材的淬透性

当淬火条件固定时，渗碳件心部的硬度和强度取决于钢材的 C 质量分数和淬透性两方面的因素。钢材的 C 质量分数决定着心部马氏体的硬度，而心部是否易于得到马氏体组织又取决于钢材的淬透性。如淬透性足够时，能得到全部低碳马氏体，而淬透性不足时，除低碳马氏体外还会出现不同数量的非马氏体组织（如铁素体和珠光体）。这种非马氏体组织的产生会大大降低渗碳件的弯曲疲劳性能和接触疲劳性能。例如，表层上有 0.08 mm 的黑色组织出现，可使 25CrMn 钢碳氮共渗齿轮的弯曲疲劳强度降低约 50%。

所以对重要的渗碳件除规定心部硬度外,还常规定检查心部组织,用标准金相图片来控制铁素体的含量。但渗碳钢的淬透性也不易过高,如淬透性过高时,易使渗碳件淬火变形量增加。

渗碳钢的淬透性是通过加入合金元素来保证的,为了提高钢的淬透性,常在钢中加入Cr、Mo、Ni、W、Mn、Si、B 等元素。特别是 B 元素提高淬透性效果很好,因而在我国汽车、拖拉机制造业中已得到应用,例如 20Mn2TiB 钢。

3. 表层碳化物的形态

生产实践表明,碳化物的形态对表层性能也会产生影响。如果渗碳层中所形成的碳化物呈网状,则渗层的脆性加大,易于脱落;而碳化物呈粒状时,即使在表面的 C 的质量分数高达 0.8% ~ 0.9% 的情况下,韧性也不至于有很大的下降,且耐磨性与接触疲劳性能得到大大的改善。

业已发现,加入渗碳钢中的合金元素对表层碳化物的形态有很大影响。一般来说,中等碳化物形成元素如 Cr 的影响较为有利,易使碳化物呈粒状分布;而强碳化物形成元素如 W、Mo、V 以及非碳化物形成元素如 Si 等,则易使碳化物呈长条状或网状分布。这种长条状或网状的碳化物起着应力集中和缺口的作用,因而使表面的脆性增大,显示不利的影响。

4. 合金元素对渗碳钢工艺性能的影响

合金元素对渗碳钢的影响,还表现在影响渗碳速度、渗层深度和表层碳浓度上。一般来说,碳化物形成元素如 Cr、Mo、W、Ti、V、Mn 等都促使表层 C 质量分数增多;而非碳化物形成元素如 Si、Ni、Co、Al 等,都减少表层碳浓度。同时,提高表层碳浓度的元素通常又增加渗层的深度与渗入速度,而减少表层碳浓度的元素,则相应降低渗层深度,并减慢渗入速度。

就热处理工艺而言,通常要求渗碳后直接降温淬火。但众所周知,渗碳温度高达930 ℃,为了阻止奥氏体晶粒长大,渗碳钢应是用铝脱氧的本质细晶粒钢。Mn 在钢中有促进奥氏体晶粒长大的倾向,所以,在含锰的渗碳钢中常加入少量 V、Ti、Mo 等来阻止奥氏体晶粒的长大。

综上所述,渗碳钢应是低碳的,$w(C) = 0.1\% \sim 0.25\%$,表层最佳 $w(C) = 0.8\% \sim 0.9\%$,增加 C 的质量分数,可促进碳化物沿晶界析出,从而在渗层中引起裂纹并降低韧性。渗碳钢的合金元素常为多组元综合合金化,加入的合金元素有:主加元素 Cr、Mn、Ni、B;辅加元素 Mo、W、V、Ti。

3.4.3　渗碳钢的热处理特点

渗碳只是改变表层的 C 质量分数,而随后的淬火、回火工艺才赋予钢以最终的力学性能。渗碳钢的热处理一般是渗碳后直接淬火加低温回火。但根据渗碳钢化学成分的差异,常用的热处理方法有:

(1)合金元素含量较低及不易过热的钢,如 20CrMnTi 钢,渗碳后预冷直接淬火及低温回火。

(2)渗碳时易过热的碳钢及低合金钢,如固体渗碳后的零件,一般采用渗碳后缓冷至室温,重新加热淬火并低温回火。

(3)合金元素含量较高的中合金钢及对性能要求较高的钢,一般采用渗碳后缓冷至室温,重新加热二次淬火及低温回火。二次淬火能获得较好的细化组织,但因生产周期长、成本高,而且会造成氧化脱碳和变形等缺陷,所以目前应用较少,仅在性能要求较高时采用。

高淬透性渗碳钢由于含有较多的合金元素,渗层表面 C 质量分数又高,若渗后直接淬火,渗层中将保留大量的残余奥氏体,使表面硬度下降。因此采取下列方法可减少残余奥氏体量,改善渗碳钢的性能。这些方法是:① 淬火后进行冷处理($-60 \sim -100$ ℃),使残余奥氏体转变为马氏体;② 渗碳空冷之后与淬火之前进行一次高温回火($600 \sim 620$ ℃),随后加热到较低温度($A_{c1}+30 \sim 50$ ℃),淬火后再进行一次低温回火;③在渗碳后进行喷丸强化,也可有效地使渗层中的残余奥氏体转变为马氏体。

3.4.4　常用的渗碳钢

常用渗碳钢的牌号、化学成分、热处理规范、力学性能和用途见表 3.5。按强度等级,可将渗碳钢分为 3 类:

(1)低强度渗碳钢。其强度级别 σ_b 在 800 MPa 以下,又常称低淬透性渗碳钢。常用钢号有 15、20、20Mn2、20MnV、15Cr 等。适用于对心部要求不高的小型渗碳件,如套筒、链条等。

(2)中强度渗碳钢。其强度级别 σ_b 在 800 ~ 1 200 MPa 范围内,又常称为中淬透性渗碳钢。常用钢号有 20CrMnTi、20MnVB、20Mn2TiB、20SiMnVB 等。这类钢的心部强度和淬透性较高,可用于制造中等强度较为重要的渗碳件,如汽车、拖拉机齿轮等。

(3)高强度渗碳钢。其强度级别 σ_b 在 1 200 MPa 以上,又常称为高淬透性渗碳钢。常用钢号有 20Cr2Ni4A、18Cr2Ni4WA、15CrMn2SiMo 等。由于具有高淬透性和高的心部强度,可用以制造截面较大的重负荷渗碳件,如坦克齿轮、飞机齿轮等。

最后应该指出,目前碳氮共渗用钢大多沿用如上所述的渗碳钢,但对碳氮共渗钢而言还要更加注意表面残余奥氏体含量以及力求使碳和氮原子同时渗入等问题。通常碳氮共渗用钢常加入 Cr、Mo、B 等元素而不用 Ni 合金化,对 Mn 的质量分数也宜加以限制。为了提高碳氮共渗温度而不降低氮的浓度,可加入 Al($w(Al)=0.2\%$),Al 能促进氮的渗入,并使碳氮共渗温度提高到 875 ~ 880 ℃。典型钢号为 20Cr2MoAlB。

3.5　滚动轴承钢

滚动轴承是一种重要的基础零件,其作用主要在于支撑轴径。滚动轴承由内套、外套、滚动体(滚珠、滚轮、滚针)和保持架 4 部分组成。其中除保持架常用低碳钢(08 钢)薄板冲制外,内套、外套和滚动体则均用轴承钢制成。

除此之外,轴承钢还广泛用于制造各类工具和耐磨零件,如精密量具、冷变形模具、丝杠、冷轧辊和高强度的轴类等。

3.5.1　滚动轴承的工作条件及性能要求

1. 滚动轴承的工作条件

滚动轴承运转时,内外套圈与滚动体之间呈点或线接触,接触面积极小,在接触面上承受极大的压应力和交变载荷,接触应力可达 2 000 ~ 5 000 MPa,应力交变次数可达每分钟数万次甚至更高,从而容易造成轴承钢的接触疲劳破坏。其主要失效形式是在滚动体内外套的工作表面上产生麻点剥落,进而造成机械振动、噪音,降低轴承运转精度。

表3.5　常用渗碳钢的牌号、化学成分、热处理规范、力学性能和用途

钢号	主要化学成分 (w/%)							热处理/°C				机械性能					毛坯尺寸/mm	用途
	C	Mn	Si	Cr	Ni	V	其他	渗碳	预备处理	淬火	回火	σ_b/MPa	σ_s/MPa	δ_5/%	ψ/%	α_k/(J·cm^{-2})		
15	0.12~0.19	0.35~0.65	0.17~0.37					930	890±10 空	770~800 水	200	≥500	≥300	15	≥55		<30	活塞销等
20Mn2	0.17~0.24	1.40~1.80	0.20~0.40					930	850~870 空	770~800 油	200	820	600	10	47	60	25	小齿轮、小轴、活塞销等
20Cr	0.17~0.24	0.50~0.80	0.20~0.40	0.70~1.00				930	880 水、油	800	200	850	550	10	40	60	15	齿轮、小轴、活塞销等
20MnV	0.17~0.24	1.30~1.60	0.20~0.40			0.07~0.12		930		880 水、油	200	800	600	10	40	70	15	齿轮、小轴、活塞销等，也用作锅炉、高压容器管道等
20CrV	0.17~0.24	0.50~0.80	0.20~0.40	0.80~1.10		0.10~0.20		930	880	800	200	850	600	12	45	70	15	齿轮、小轴、顶杆活塞销、耐热垫圈
20CrMn	0.17~0.24	0.90~1.20	0.20~0.40	0.90~1.20				930		850 油	200	950	750	10	45	60	15	齿轮、轴、蜗杆、活塞销、摩擦轮
20CrMnTi	0.17~0.24	0.80~1.10	0.20~0.40	1.00~1.30			Ti 0.06~0.12	930	880 油	870 油	200	1100	850	10	45	70	15	汽车、拖拉机上的变速箱齿轮
20Mn2TiB	0.17~0.24	1.50~1.80	0.20~0.40				Ti 0.06~0.12 B 0.001~0.004	930		860 油	200	1150	950	10	45	70	15	代替20CrMnTi
20SiMnVB	0.17~0.24	1.30~1.60	0.50~0.80			0.07~0.12	B 0.001~0.004	930	860~880 油	780~800 油	200	≥1200	≥1000	≥10	≥45	≥70	15	代替20CrMnTi
18Cr2Ni4WA	0.13~0.19	0.30~0.60	0.20~0.40	1.35~1.65	4.00~4.50		W 0.80~1.20	930	950 空	860 空	200	1200	850	10	45	100	15	大型渗碳齿轮和轴类
20Cr2Ni4A	0.17~0.24	0.30~0.60	0.20~0.40	1.25~1.75	3.25~3.75			930	880 油	780 油	200	1200	1100	10	45	80	15	大型渗碳齿轮和轴类
15CrMn2SiMo	0.13~0.19	0.20~0.40	0.40~0.70	0.4~0.7			Mo 0.4~0.5			860 油	200	1200	900	10	45	80	15	大型渗碳齿轮，如飞机齿轮

滚动轴承在高速运转时,不仅有滑动摩擦,而且还有滚动摩擦,从而产生强烈的摩擦磨损,甚至产生大量的摩擦热。其失效形式是:由于磨损引起尺寸变化;摩擦热可以引起组织变化,由于金相组织比容的差异,不但产生附加应力,而且还会由于体积效应而产生尺寸变化。总之,由于摩擦磨损引起尺寸变化会影响轴承的精度,也可能由于摩擦热使表面温度升高而造成表面"烧伤"。

另外,有时在强大冲击载荷作用下,轴承也可能产生破碎。对在特殊条件下工作的轴承,常与大气、水蒸气及腐蚀介质相接触,进而产生腐蚀。

2. 滚动轴承钢的性能要求

轴承钢应具有如下性能:

(1)高的弹性极限、抗拉强度和接触疲劳强度;

(2)高的淬硬性和必要的淬透性,以保证高耐磨性,其硬度为 HRC 61 ~ HRC 65;

(3)一定的冲击韧性;

(4)良好的尺寸稳定性(或组织稳定性),这对精密轴承特别重要;

(5)在和大气或润滑油接触时要能抵抗化学腐蚀。

对于大批量生产的轴承,其所用钢种除必须满足使用性能外,还应具有良好的加工工艺性能。

3.5.2　滚动轴承钢的化学成分

1. 高碳

轴承钢中的碳质量分数高,属于过共析钢。高碳可以保证钢有高的硬度和耐磨性。实践证明,在同样硬度的情况下,在马氏体上有均匀细小的碳化物存在,比单纯马氏体的耐磨性要高。为了形成足够的碳化物,钢中的碳质量分数不能太低,但过高的碳质量分数会增加碳化物分布的不均匀性,且易于生成网状碳化物而使机械性能降低,故轴承钢的 $w(\text{C}) = 0.95\% \sim 1.15\%$。

2. 加入 Cr、Mn、Si 等合金元素

Cr 是轴承钢中最主要的合金元素,其作用是:Cr 可提高钢的淬透性;钢中部分 Cr 可溶于渗碳体,形成稳定的合金渗碳体$(\text{FeCr})_3\text{C}$,含 Cr 的合金渗碳体在淬火加热时溶解较慢,可减少过热倾向,经热处理后可以得到较细的组织;碳化物能以细小质点均匀分布于钢中,既可提高钢的回火稳定性,又可提高钢的硬度,进而提高钢的耐磨性和接触疲劳强度;Cr 还可以提高钢的耐腐蚀性能,但如果钢中 Cr 的质量分数过高$(w(\text{Cr})>1.65\%)$,则会使残余奥氏体增加,使钢的硬度和尺寸稳定性降低,同时还会增加碳化物的不均匀性,降低钢的韧性。

制造大型轴承时,其淬透性便成为主要问题,通过加入合金元素 Si 和 Mn,进一步提高钢的淬透性。总之,轴承钢中通常加的合金元素是 Cr、Mn、Si。

3. 高的冶金质量

由于轴承钢的接触疲劳性能对钢材的微小缺陷十分敏感,所以非金属夹杂物对轴承的使用寿命有很大影响,如图 3.1 所示。非金属夹杂物的种类、尺寸、大小和形态不同,则影响大小也不同。危害性最大的是氧化物,其次是硅酸盐,它们的多少主要取决于冶金质量和铸造工艺。因此,在冶炼和浇铸时必须严格控制非金属夹杂物的数量。通常 $w(\text{S}) < 0.02\%$,$w(\text{P}) \leqslant 0.02\%$。

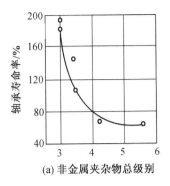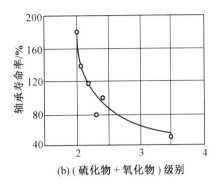

图 3.1　非金属夹杂物对轴承使用寿命的影响

另外,碳化物的带状或网状不均匀分布、疏松(一般疏松或中心疏松)、偏析等都会影响轴承的使用寿命,应严格加以控制。对于另一些冶金缺陷,如裂纹、折叠、发纹、结疤,以及缩孔、气泡、白点、过烧等缺陷,一般是不允许存在的。

为了提高钢材的冶金质量,现已广泛采用精炼、电渣重熔及真空冶炼等技术。

3.5.3　滚动轴承钢的牌号及其热处理

1. 滚动轴承钢的种类

常用滚动轴承钢的牌号、成分、热处理和用途见表 3.6。其中应用最广的是 GCr15 钢,约占轴承用钢的 90% 左右。国外所用轴承钢的成分大体与 GCr15 钢相同。

轧钢机械、矿山挖掘机械和其他一些受冲击负荷较大的机械使用的轴承,不仅要求表面硬度高、耐磨性好,具有较高的接触疲劳强度,还要求心部有一定的韧性、足够的强度和硬度,因而一般选用渗碳钢。常用的钢号有 20Mn、20NiMo、12Cr2Ni4A、20Cr2Ni4A、20Cr2Mn2MoA 等,经渗碳-淬火-低温回火处理后,表面有高的硬度、耐磨性和接触疲劳强度,而心部具有很高的冲击韧性。值得一提的是,用渗碳钢做轴承,加工工艺性能好,可以采用冷冲压技术,提高材料的利用率,再经渗碳淬火处理后,在表层形成有利的残余压应力,提高轴承的使用寿命。因此,国外已开始用渗碳钢来部分代替高铬轴承钢,国内也开始了这方面的研究工作。

对于工作温度达 250 ℃ 以上(航空发动机轴承有的达 380 ℃)的轴承,由于温度高,使材料的硬度、耐磨性等性能显著下降,此时必须采用高温轴承钢。我国已试验和使用的高温轴承钢有 Cr4Mo4V、W6Mo5Cr4V2、Cr14Mo4V、9Cr18Mo 等,其化学成分及使用温度见表 3.7,其中以 Cr4Mo4V 钢使用较多。这类钢的特点是含有大量 W、Mo、Cr、V 等碳化物形成元素,经淬火后可获得高合金化的高碳马氏体,具有良好的回火稳定性,并在高温回火后产生二次硬化现象,因此能在高温下保持高硬度、高耐磨性和良好的接触疲劳强度。

此外,石油机械、造船工业及食品工业中的轴承常在酸、碱、盐等腐蚀介质中工作,要求具有良好的化学稳定性,因此需要采用不锈钢制造轴承,如 9Cr18 及 9Cr18Mo 钢等。这种钢属于莱氏体钢,在铸态组织中有一次和二次复杂碳化物 Cr_7C_3。故而宜采用充分的锻打,以使粗大的碳化物破碎并均匀分布。其热处理程序如下:

预热(850 ~ 880 ℃)→1 050 ~ 1 100 ℃ 加热淬火→-75 ~ -80 ℃ 冷处理→150 ~ 160 ℃ 低温回火→120 ~ 150 ℃ 附加回火。

表 3.6　常用滚动轴承钢的牌号、成分、热处理和用途

钢　号	主　要　化　学　成　分　(w/%)							热处理规范			主　要　用　途
	C	Cr	Si	Mn	V	Mo	Re	淬火/℃	回火/℃	回火后 HRC	
GCr6	1.05 ~ 1.15	0.40 ~ 0.70	0.15 ~ 0.35	0.20 ~ 0.40				800 ~ 820	150 ~ 170	62 ~ 66	<10 mm 的滚珠、滚柱和滚针
GCr9	1.0 ~ 1.10	0.9 ~ 1.12	0.15 ~ 0.35	0.20 ~ 0.40				800 ~ 820	150 ~ 160	62 ~ 66	20 mm 以内的各种滚动轴承
GCr9SiMn	1.0 ~ 1.10	0.9 ~ 1.2	0.40 ~ 0.70	0.90 ~ 1.20				810 ~ 840	150 ~ 200	61 ~ 65	壁厚<14 mm、外径<250 mm 的轴承套;25 ~ 50 mm 的钢球;直径 25 mm 左右滚柱等
GCr15	0.95 ~ 1.05	1.30 ~ 1.65	0.15 ~ 0.35	0.20 ~ 0.40				820 ~ 840	150 ~ 160	62 ~ 66	与 GCr9SiMn 相同
GCr15SiMn	0.95 ~ 1.05	1.30 ~ 1.65	0.40 ~ 0.65	0.90 ~ 1.20				820 ~ 840	170 ~ 200	>62	壁厚≥14 mm、外径 250 mm 的套圈;直径 20 ~ 200 mm 的钢球;其他同 GCr15
*GMnMoVRE	0.95 ~ 1.05		0.15 ~ 0.40	1.10 ~ 1.40	0.15 ~ 0.25	0.4 ~ 0.6	0.05 ~ 0.01	770 ~ 810	170±5	≥62	代替 GCr15 用于军工和民用方面的轴承
*GSiMoMn	0.95 ~ 1.10		0.45 ~ 0.65	0.75 ~ 1.05	0.2 ~ 0.3	0.2 ~ 0.4		780 ~ 820	170 ~ 200	≥62	与 GMnMoVRE 相同

注:钢号前标有" * "者为新钢种,供参考。

表 3.7　高温轴承用钢的化学成分及其使用温度

钢　号	最高使用温度/℃	化　学　成　分　(w/%)						
		C	Si	Mn	Cr	Mo	W	V
GCr15	177	1.0	0.25	≤0.5	1.5	—	—	—
9Cr18Mo	249	1.1	≤1.0	≤1.0	1.7	≤0.75	—	—
Cr14Mo4V	430	1.1	≤1.0	1.0	14.5	4.0	—	≤0.15
Cr4Mo4V	316	0.8	0.3	0.3	4.0	4.0	—	1.0
W6Mo5Cr4V2	482	0.85	0.3	0.3	4.0	5.0	6.0	2.0

　　由于淬火组织中有质量分数为30% ~40%的残余奥氏体,为了提高硬度和增加尺寸稳定性,常在淬火后进行冷处理(可使残余奥氏体质量分数减少到5% ~10%,硬度提高到59 ~63 HRC)。附加回火的目的在于消除磨削应力,以保证足够的足寸稳定性。

2. GCr15 轴承钢的热处理

轴承钢一般要经过球化退火处理和淬火加低温回火处理,球化退火的目的是降低硬度,改善切削加工性,同时获得均匀分布的细粒状珠光体,为最终热处理做好组织上的准备。

轴承钢的淬火温度应严格控制,GCr15 钢淬火温度控制在(840±10)℃ 范围内,淬火组织为隐晶马氏体。淬火后应立即回火,以消除内应力、提高韧性、稳定组织和尺寸。其回火温度为 150~160 ℃,回火时间为 2~3 h。

为了消除零件在磨削时产生的磨削应力,以及进一步稳定组织和尺寸,在磨削加工后再进行一次附加回火,回火温度为 120~150 ℃,回火时间为 2~3 h。

对于精密轴承,为了保证尺寸的稳定性,淬火后立即进行冷处理,然后再回火,磨削加工后再进行一次尺寸稳定性处理,在 120~150 ℃ 保温 5~10 h。

GCr15 钢经淬火回火处理后,钢的组织为:马氏体($w=80\%$)+残余奥氏体($w=10\%$)+碳化物($w\approx10\%$),其硬度为 61~65 HRC。

3.5.4　发挥轴承钢性能潜力的途径

轴承是重要的基础零部件,用量很大,提高轴承的使用寿命具有重大的实际意义。为此应从下述几方面来考虑:

1. 淬火时的组织转变特性

轴承钢淬火前经过球化退火处理,组织为铁素基体上分布着颗粒状碳化物。淬火加热时,部分碳化物不溶入奥氏体,则淬火及低温回火后,钢的组织为:马氏体($w=80\%$)+残余奥氏体($w=5\%~10\%$)+残留碳化物($w\approx10\%~15\%$)。

这里,要着重指出下面这样一个值得注意的现象:在一般淬火条件下,轴承钢奥氏体中的碳质量分数、合金化程度和残留碳化物量等,均没有达到奥氏体化温度下的平衡状态。金相观察进一步表明,在奥氏体化过程中,碳化物的溶解不是在整个体积内均匀进行的。碳化物首先在奥氏体晶界处大量溶解,使该区域具有较高质量分数的碳和铬及较低的马氏体开始转变温度(点 M_s)。于是在淬火冷却过程中,在较高温度时奥氏体晶内首先发生马氏体转变,并相继发生回火现象,从而在金相显微镜下显示与晶界附近马氏体具有不同的颜色(这便是人们所熟知的铬轴承钢淬火金相组织的"黑、白区"特征)。

2. 马氏体中碳浓度对性能的影响

轴承钢经淬火回火处理后,其组织大约含有质量分数为 80% 的回火马氏体,对钢中马氏体影响最大的元素是碳。研究工作表明,当马氏体中的 $w(C)=0.2\%~0.6\%$ 时,随 C 质量分数增高,其硬度急剧升高,当马氏体中 $w(C)=0.6\%$ 时,硬度缓慢上升。而塑性指标(如断面收缩率 ψ 和延伸率 δ)则随马氏体中 C 质量分数增高而下降。试验证明,当马氏体中 $w(C)>0.5\%$ 时,抗拉强度、屈服极限、压碎负荷和接触疲劳寿命均达到最大值,其他性能指标却开始急剧下降。这个结果,对于制定轴承钢的热处理工艺具有很大的指导意义。

工程上轴承钢的淬火温度为(850±10)℃,此时马氏体中 $w(C)=0.5\%~0.6\%$。为了将马氏体中 C 的质量分数降到 0.4%~0.5% 范围内,应采用降低淬火温度的方法。目前认为轴承钢的淬火温度为 840 ℃ 较为合适,淬火后能得到隐晶马氏体和细针状马氏体及质量分数为 10% 左右的残余奥氏体,并且在其上分布着未溶解的碳化物,它能保证获得较好的力学性能。

3. 碳化物的影响

为了提高轴承的疲劳寿命,通常认为轴承钢淬火前的原始组织状态是决定淬火后获得良好组织状态的关键因素。即正常淬火温度范围内能获得良好的淬火组织,经回火后可获得最佳的力学性能,即强度高,塑性、韧性好,接触疲劳寿命可提高 1.5 ~ 2.5 倍。

为了获得碳化物呈粒状且分布均匀的球化组织,不仅要严格控制球化退火工艺,还应严格控制退火前的原始组织,否则优良的淬火组织无法获得,因为粗大的块状碳化物无法通过球化退火及淬火工艺来消除。

在轴承钢中可能出现 3 种碳化物分布不均匀的缺陷,即碳化物网状组织、碳化物带状组织和碳化物液析。轴承钢中的网状碳化物是在轧制或锻造后的冷却过程中形成的,网状碳化物急剧地降低钢的强度和韧性。锻造比轧制容易消除网状碳化物,因为锻造过程中可使网状碳化物破碎。钢中一旦出现了网状碳化物,通常采用先正火处理后再球化退火处理的方法,以消除网状碳化物。采用正火方法消除网状碳化物又会带来新的问题,如碳化物粒度不均匀,降低球化退火的质量。所以在锻造或轧制后避免网状碳化物的出现是很重要的。

碳化物带状组织是由于钢锭结晶时所发生的树枝状偏析引起的,热变形后偏析被拉长,造成铬或碳的偏析区析出较多的碳化物。带状碳化物是个不均匀的组织因素,对退火和淬火后的组织转变有相当大的影响。如退火时难以获得均匀一致的球化组织,淬火组织不均匀,其结果造成钢的硬度不均匀,淬火变形大,甚至成为淬火裂纹的根源。

在轴承钢中也可能出现个别的粗大碳化物沿热变形方向排列的情况,称之为碳化物液析,属一次碳化物。碳化物液析通过扩散退火能被消除,扩散退火在比较高的温度下(1 150 ~ 1 200 ℃)进行。

4. 残余应力的影响

轴承表层的残余应力状态和大小,对其接触疲劳寿命影响较大。当表面存在残余拉应力时,接触疲劳寿命降低,拉应力越大,寿命越低。相反,残余压应力的存在和增大,将显著提高轴承的接触疲劳寿命。

在一般淬火条件下,轴承表层产生残余拉应力。但当采用表面渗氮时,可在表面产生残余压应力且可达 300 MPa,从而使寿命提高 2 ~ 3 倍。

5. 短时快速加热淬火

通常情况下,现行 GCr15 钢的淬火温度为 850 ℃ 左右,淬火后马氏体中 $w(C) = 0.5\% ~ 0.6\%$,这种处理工艺并没有使 GCr15 钢的性能得到充分发挥。目前正在发展短时快速加热淬火工艺,即采用预热,并以较快的速度通过钢的 A_{c1} 点,并保温较短时间后淬火。处理后可保留较多的未溶碳化物,并可降低奥氏体中的 C 质量分数,阻止富碳微区的形成,使淬火马氏体由原来的片状马氏体变为有相当数量的板条马氏体,从而使破断抗力和韧性均显著提高。

近年来,人们在轴承钢的强韧化处理方面开展了一些工作,建立了一些新的热处理工艺方法。例如:碳化物超细化淬火方法(可使碳化物细化到 0.1 μm 级)和轴承套圈的锻热淬火处理等。上述两种新工艺虽然对提高轴承寿命有好处,但工艺复杂且带来新的弊病,还有待今后进一步完善。总之,轴承钢是个老钢种,还有待于进一步挖掘其性能潜力。

3.6　特殊用途钢

机械制造中特殊用途的结构钢包括:低温用钢(耐寒钢)、耐磨钢、无磁钢、易削钢和大锻件用钢等钢种,这里着重讨论低温用钢和大锻件用钢。

3.6.1　低温用钢

低温钢系在低于−10 ℃的低温下使用并具有足够缺口韧性的钢的总称。通常,在−10 ~ −196 ℃的低温下使用的钢叫低温钢,在−196 ℃以下的低温下使用的钢叫超低温用钢。

近年来,对低温用钢的需求有了很大的增长。钢铁、化学工业大量使用液氧、液氮;由于能源结构的变化,液化气的用量迅速增加;液体燃料火箭以液氧、液氮为推进剂等。为了储存、运输液氧、液氮等液化气体,需要大量的低温容器和运输船等,因此促进了低温用钢的研制工作。

1. 低温用钢的要求

(1)低温下有足够的强度。为减轻自重和节约钢材,在保证设备有足够的刚度、韧性和易于制造加工的前提下,应尽可能选用高强度,特别是高屈服强度的钢。

(2)有足够的韧性。具有体心立方点阵的金属都有冷脆性,即随温度的降低,将出现塑脆转变,即从韧性断裂转为脆性断裂。因此,对于低温用钢,其低温下的缺口韧性是最重要的性能,各国都规定了在最低温度下的一定的冲击韧性值。我国目前尚未制定低温用钢标准,一般采用梅氏试样,要求 $\alpha_k \geqslant 60 \text{ J/cm}^2$ 。

(3)良好的焊接性能。低温用钢绝大部分是板材,其焊接性能非常重要。选用钢种时一般要考虑碳及合金元素对焊接性能的影响(即较低的碳当量)和良好的焊接工艺。此外,为保证冷加工成型,还要求钢材有良好的塑性。一般要求碳钢的延伸率不低于16% ,合金钢不低于14% 。

(4)较好的耐蚀性。

2. 低温用钢分类

低温用钢按显微组织可分为奥氏体型钢、低碳马氏体型钢和铁素体型钢。

(1)奥氏体型低温用钢。奥氏体不锈钢由于有良好的低温韧性,所以最早用作低温用钢,其中 18Cr–8Ni 型钢 0Cr18Ni9 和 1Cr18Ni9 使用最为广泛,但在−200 ℃以下奥氏体不稳定。25Cr–20Ni 是最稳定的奥氏体不锈钢,用于超低温(−268.9 ℃、液氮)条件下。我国为节约镍、铬而研制的 15Mn26Al4 钢已在生产上开始应用,这类钢合金元素多,价格高,应注意合理使用。

(2)低碳马氏体型低温用钢。属于这类钢的主要是 $w(\text{Ni}) = 9\%$ (1Ni9)的钢。

研究工作表明,镍可以改善铁素体的低温韧性和降低脆性转变温度(图 3.2),因此发展了一些含镍的低温用钢,其中使用最广泛的是 $w(\text{Ni}) = 9\%$ 钢,可用在−196 ℃的条件下,广泛用作制取液氮的设备。

$w(\text{Ni}) = 9\%$ 钢常用的热处理规范有两种:①二次正火加回火,第一次正火温度为

900 ℃,第二次正火温度为 790 ℃,回火温度为 550～585 ℃,回火后急冷。经过适宜的热处理后,$w(\text{Ni})=9\%$ 钢具有高的强度和韧性(表 3.8)。② $w(\text{Ni})=9\%$ 钢经冷变形后须在 565 ℃下进行消除应力的退火,以提高室温特别是低温的冲击韧性。$w(\text{Ni})=9\%$ 钢的焊接性能良好。

（3）铁素体型低温用钢。属于这类钢的是一些低合金钢,其显微组织主要是铁素体并有少量的珠光体。为了降低钢的脆性转变温度,需尽可能降低钢中的碳以及磷、硫等夹杂的含量,以提高低温下抗开裂的能力。这类钢的化学成分及其机械性能见表 3.8 中的 16MnRE、09Mn2VRE 及 09MnTiCuRE 钢等。

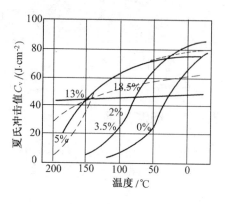

图 3.2　Ni 的质量分数对低温韧性的影响（图中的"%"数均为 Ni 的质量分数）

3.6.2　大锻件用钢

电力、造船、航天航空、国防、重型机械等工业的发展要求生产制造大型结构零件,例如电站设备中的转子、大马力柴油机曲轴、轧钢机的冷热轧辊等。重要的大截面零件,特别是一些关键性零件,性能要求高,通常采用大锻件用钢生产。

大锻件锻造终了时往往得到粗大而不均匀的再结晶晶粒,奥氏体晶粒度一般是 3～4 级,有时更大。这一方面是由于锻造时各部分的变形不均匀,另一方面大锻件不能一次锻成,需要进行多次加热、锻造。要保证大锻件具有良好的机械性能,获得细小而均匀的晶粒是重要的条件,所以,大锻件热处理必须注意晶粒的细化和均匀化问题。

另外,大锻件只能采取缓慢的回火冷却速度,以减少残余应力。

1. 大锻件用钢的选用

在选择大锻件用钢时,要根据锻件尺寸和对机械性能的要求、零件的服役条件和重要程度、工艺性能等条件来考虑。我国常用的部分大锻件用钢的化学成分见表 3.9。

制造一般大锻件可以使用优质碳素结构钢,对于性能要求较高的大锻件可以采用普通合金结构钢,如 34CrNiMo、34CrNi3Mo 等钢。我国还研制成一些无铬镍的大锻件用钢,如 18MnMoNb、42MnMoV、50SiMnMoV 等钢。42MnMoV 可用在 300～500 mm 截面范围内代替 40CrNi、42CrMo 等钢做齿轮和齿轮轴,50SiMnMoV 是一种大截面中碳贝氏体钢,用作 500～900 mm 截面轧钢机齿轮轴,以代替 34CrNi3Mo 钢。

对于要求综合机械性能良好的大锻件用钢,碳的质量分数不宜过高,因为碳可降低塑性和韧性,增加脆断倾向,而且偏析较大,一般 $w(\text{C})=0.2\%～0.4\%$。对于一般耐磨零件可以适当提高碳含量,例如热轧辊、耐磨齿轮等,也可以采用低合金钢渗碳。

根据大锻件工作条件的不同,对大锻件用钢提出不同的特殊要求,如耐蚀性、导磁性、高温性能与低温脆性等,可视具体情况而定。例如:对于大型发电机转子和汽轮机转子,一般采用 Ni-Cr-Mo-V 等淬透性高的钢;对于中、高压汽轮机转子,一般采用 Cr-Mo 或 Cr-Mo-V 钢。

表3.8　常用低温用钢的技术条件

温度等级/℃	钢号	技术条件	化学成分 (w/%)									板厚/mm	热处理	机械性能			低温冲击韧性		冷弯180°不裂
			C	Si	Mn	P	S	Ni	Al	Cu	其他			σ_s/(MN·m^{-2})	σ_b/(MN·m^{-2})	δ_5/%	温度/℃	α_k/(J·cm^{-2})	
						不大于								不小于				不小于	
-40	16MnRE	YB 536—69	≤0.20	0.20~0.60	1.20~1.60	0.040	0.045	—	—	—	—	6~16 / 17~26	热轧	350 / 330	520 / 500	21 / 20	-40	35	d=2a / d=3a
-70	09Mn2VRE	YB 536—69	≤0.12	0.20~0.50	1.40~1.80	0.040	0.040	—	—	—	V 0.04~0.10	5~20	热轧	350	500	21	-70	35	d=2a
-70	09MnTiCuRE	修订13—69草案	≤0.12	≤0.40	1.40~1.70	0.040	0.040	—	—	0.2~0.4	Ti 0.03~0.08 RE≤0.15 (加入量)	≤30 / 31~50	正火	320 / 300	450 / 430	21	-70	60	d=2a
-100	w(Ni)=3.5% (10Ni4)	ASTM A203—70D	≤0.17	0.15~0.70	≤0.70	0.035	0.040	3.25~3.75	—	—	—		正火或正火+回火	260	460~540	23	-100	22①	
-100~-150	w(Ni)=5% (13Ni5)	MⅡTY2332 (2333)—49	0.10~0.17	0.17~0.37	0.30~0.60	0.030	0.030	4.5~5.0	—	—	≤Cr 0.30	120	淬火+回火	350	600	18	-100	50	d=40 mm 150℃
-120	06AlNbCuN	修订13—69草案	≤0.08	≤0.35	0.90~1.30	0.020	0.035		0.04~0.15	0.30~0.50	Nb 0.04~0.09 N 0.010~0.018	3~14 / >14	正火 / 正火+淬火	300	400	21	-120	60	d=2a
-196	w(Ni)=9%	ASTM A533—10A	≤0.13	0.15~0.30	≤0.90	0.035	0.04	8.50~9.50	—	—	—		淬火+回火	600	700~840	20	-196	35①	
-253	18Cr-8Ni	JISG4304—1972	<0.08	≤1.00	≤2.00	0.040	0.030	8.00~10.50	—	—	Cr 18.00~20.00		固溶	210	530	40	-196	120	
-253	15Mn26Al4	厂标	0.13~0.19	≤0.60	24.5~27	0.035	0.035	—	3.80~4.70	—	—		热轧 / 固溶	250 / 200	500 / 480	30 / 30	-196 / -253	120 / 120	
-269 (低碳)	25Cr-20Ni	JISG4304—1972	<0.08	≤1.50	≤2.00	0.040	0.030	19.00~22.00	—	—	Cr 24.00~26.00		固溶	210	530	40	-269	40	

注：① 夏氏 V 形缺口试样的冲击韧性。

2. 大锻件用钢的锻后热处理

锻后热处理的主要目的是防止白点的产生,其次是提高化学成分的均匀性,细化与调整锻件在锻造过程中所形成的粗大与不均匀的组织,消除锻造应力,降低硬度,为切削加工和最终热处理做组织准备。

对白点不敏感的低碳钢($w(C)<0.3\%$,$w(Mn)<0.3\%$)和对白点敏感性较小的中碳钢,在锻后空冷或坑冷($500\sim600$ ℃装入缓冷坑)便可以防止白点发生。截面较大的碳钢和对白点敏感的合金钢锻件,锻后必须进行专门的热处理,如等温冷却、起伏等温冷却、正火回火或等温退火、起伏等温退火等。大锻件锻后热处理的几种不同方式如图3.3所示。

表 3.9　部分大锻件用钢的化学成分($w/\%$)

钢　　号	C	Mn	Si	Cr	Ni	Mo	V	S	P
20SiMn	0.16～0.22	1.00～1.30	0.60～0.80	—	—			≤0.040	≤0.040
42MnMoV	0.36～0.45	1.2～1.5	—	—	—	0.2～0.3	0.1～0.2		
50SiMnMoV	0.46～0.54	1.5～1.8	0.6～0.9	—	—	0.45～0.55	0.05～0.10		
34CrNiMo	0.30～0.40	0.5～0.8	0.17～0.37	1.3～1.7	1.3～1.7	0.20～0.30	—	≤0.035	≤0.035
34CrNi2Mo	0.30～0.40	0.5～0.8	0.17～0.37	0.8～1.2	1.75～2.25	0.25～0.40	—	≤0.035	≤0.030
34CrNi3Mo	0.30～0.40	0.5～0.8	0.17～0.37	0.7～1.1	2.75～3.25	0.25～0.40	—	≤0.035	≤0.030
34Cr2Ni3Mo	0.30～0.40	0.5～0.8	0.17～0.37	1.2～1.6	2.75～3.25	0.25～0.40	—	≤0.035	≤0.030
34CrNi3MoV	0.30～0.40	0.5～0.8	0.17～0.37	1.2～1.5	3.0～3.5	0.25～0.40	0.1～0.2	≤0.035	≤0.030
2% NiCrMoV	0.28～0.33	0.25～0.6	0.15～0.30	1.1～1.4	1.8～2.1	0.30～0.35	0.05～0.10	≤0.035	≤0.035
3.5% NiCrMoV	0.24～0.26	0.30	0.10	1.5～1.8	3.3～3.5	0.3～0.5	0.07～0.15	≤0.015	≤0.015

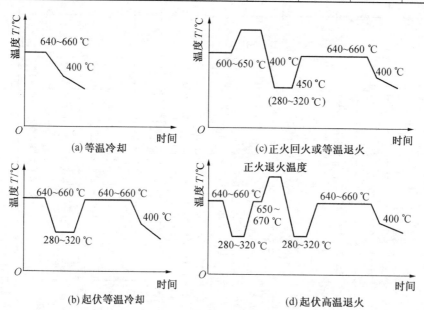

图 3.3　大锻件锻后热处理的几种不同方式

大锻件晶粒粗大而且很不均匀,这将影响最终热处理后钢的组织和性能。调整和细化晶粒的有效措施是多次正火。例如,第一次正火采用较高的加热温度(加热到 A_{c3} 以上 $100\sim150$ ℃),这时奥氏体晶粒长得大一些,但较均匀。第二次正火时选用不致引起晶粒显著长大的温度。

3. 大锻件最终热处理

大锻件最终热处理的目的是采用淬火或正火及随后高温回火的热处理工艺,以获得所要求的组织和性能。

(1)大锻件的加热。大锻件的加热速度应加以控制,这是为了避免因产生过大的热应力而使原有钢的内部缺陷(如小裂纹、夹杂及疏松等)进一步扩大。对于一些截面较小、形状简单、残余应力较小的碳钢及低合金结构钢锻件,可以直接装入炉温为淬火或正火温度的炉中加热;对截面大、合金元素含量高的重要锻件,多采用阶梯加热,即在低温装炉后按规定速度加热,并在升温中间进行一次或两次中间保温。

(2)大锻件的冷却。大锻件的冷却工艺主要是控制冷却速度和终冷温度。基本原则是:高、中合金钢大锻件心部冷却速度要能抑制珠光体和上贝氏体组织出现(要求高温性能者例外),使心部奥氏体过冷到贝氏体,转变终了点 B_f 与马氏体点 M_s 之间的温度,并在回火前实现充分转变。高合金钢心部终冷温度一般在 200 ~ 350 ℃;中合金钢一般在300 ~ 450 ℃;一般低合金钢要求终冷温度在 450 ℃左右,碳钢在 550 ℃左右。

大锻件常用的冷却方式有:空冷(自然空冷、鼓风冷却)、油淬、水淬、间歇冷却(水-油、水-空、油-空)、喷雾和喷水冷却。

(3)大锻件的回火。大锻件回火的目的是消除或降低工件淬火或正火冷却时产生的内应力,得到稳定的回火组织,以满足综合性能要求。在回火过程中还继续起去氢作用,以消除氢脆现象。

大锻件淬火后,由于内应力很大,故应及时回火,间隔时间一般不超过 2 ~ 3 h,以防开裂。水淬、水淬油冷及其他重要锻件应立即回火。

回火加热时,采用较低的加热速度,一般控制在 30 ~ 80 ℃/h,以免热应力和残余应力叠加造成工件的开裂。回火温度一般在 530 ~ 660 ℃之间,回火总的保温时间不应少于4 h。

大锻件回火后应缓慢冷却,使残余应力尽量减少,冷却速度一般控制在 5 ~ 50 ℃/h范围。

第4章 工 具 钢

4.1 概 述

工具钢是用以制造各种加工工具的钢种。根据用途不同,工具钢可分为刃具用钢、模具用钢和量具用钢。按化学成分不同,工具钢又可分为碳素工具钢、合金工具钢和高速钢。

各类工具钢由于工作条件和用途不同,所以对性能的要求也不同。但各类工具钢除了具有各自的特殊性能之外,在使用性能及工艺性能上也有许多共同的要求。如高硬度、高耐磨性是工具钢最重要的使用性能之一。工具若没有足够高的硬度是不能进行切削加工的,否则,在应力作用下,工具的形状和尺寸都要发生变化而失效。高耐磨性则是保证和提高工具寿命的必要条件。

除了上述共性之外,不同用途的工具钢也有各自的特殊性能要求。例如,刃具钢除要求高硬度、高耐磨性外,还要求红硬性及一定的强度和韧性。冷模具钢要求高硬度、高耐磨性、较高的强度和一定的韧性;热模具钢则要求高的韧性和耐热疲劳性及一定的硬度和耐磨性。对于量具钢,除要求具有高硬度、高耐磨性外,还要求高的尺寸稳定性。

在化学成分上,为了使工具钢尤其是刃具钢具有高的硬度,通常都使其含有较高的碳($w(C)=0.65\% \sim 1.55\%$),以保证淬火后获得高碳马氏体,从而得到高的硬度和切断抗力,这对减少和防止工具损坏是有利的。此外,高的$w(C)$还可以形成足够数量的碳化物,以保证高的耐磨性。所加入的合金元素主要是使钢具有高硬度和高耐磨性的一些碳化物形成元素,如 Cr、W、Mo、V 等。有时也加入 Mn 和 Si,其目的主要是增加钢的淬透性,以达到减少钢在热处理时的变形,同时增加钢的火稳定性。对于切削速度较高的刃具,常加入较多的 W、Mo、V、Co 等合金元素,以提高钢的红硬性。

工具钢对钢材的纯洁度要求很严,对 S、P 的质量分数一般均限制在 0.03% 以下,属于优质钢或高级优质钢。钢材出厂时,其化学成分、脱碳层、碳化物不均匀度等均应符合国家有关标准规定,否则会影响工具钢的使用寿命。

生产实践表明,刃具钢理想的淬火组织应是细小的高碳马氏体和均匀细小的碳化物。因此,刃具钢在热处理前都应进行球化退火,以使碳化物呈细小的颗粒状,且分布均匀。这不仅对保证钢的优良切削性、耐磨性和韧性有利,而且对热处理工艺(如防止或减轻过热敏感性、变形、淬裂倾向等)亦十分有利。

经球化退火后的组织为铁素体和其基体上分布着细小均匀的粒状碳化物。

工具钢因 C 的质量分数较高,因此,在热处理淬火加热时应在盐浴炉或保护气氛条件下进行加热,否则易产生氧化脱碳现象。值得注意的是应在淬火后及时进行回火。

对于一种工具,选用什么样的钢材合理,首先应从工具的工作条件、失效形式及性能要求出发,然后选择合适的钢种,最后再制订正确的热处理工艺。同时还应考虑工具钢的工艺性能(包括热加工性能、切削加工性能和热处理工艺性能,如钢的淬透性、淬硬性、过热敏感性、脱碳倾向性和热处理变形性能等)。

最后还应指出,一种钢可以兼有几种用途,如 T8 钢既可以用来制造简单模具,也可以制造量具、木工工具、钳工工具等。这些因素在选用工具钢时,均应予以考虑。

本章主要介绍刃具钢、模具钢的工作条件、失效形式及其性能要求,阐述各类钢种的衍变、选材原则及其发挥材料性能潜力的途径。

4.2　刃 具 用 钢

刃具钢是用来制造各种切削加工工具的钢种。刃具的种类繁多,如车刀、铣刀、刨刀、钻头、丝锥及板牙等。其中车刀最具有代表性,车刀的工作条件基本能反映各类刃具工作条件的特点。

4.2.1　刃具钢的工作条件及性能要求

刃具在切削过程中,刀刃与工件表面金属相互作用,使切屑产生变形与断裂,并从工件整体上剥离下来。故刀刃本身承受弯曲、扭转、剪切应力和冲击、振动等负荷作用,同时还要受到工件和切屑的强烈摩擦作用。由于切屑层金属的变形以及刃具与工件、切屑的摩擦产生大量的摩擦热,均使刃具温度升高。切削速度越快,则刃具的温度越高,有时刀刃温度可达 600 ℃左右。

刀刃温度的升高(ΔT)与切削速度(v)、走刀量(S)和切削进刀深度(t)之间有如下经验关系

$$\Delta T = C \cdot v^a \cdot S^b \cdot t^c$$

式中　a、b、c、C——随刃具与工件材料而异的常数。其中对刀刃温度升高的影响以切削速度(v)的影响最大。

刀刃的失效形式有多种,有的刃具刀刃处受压弯曲,有的刃具受强烈振动、冲击时崩落一块(即崩刃),有的小型刃具整体折断等。但这些情况毕竟比较少见,刃具较普遍的失效形式是磨损,当刃具磨削到一定程度后就不能正常工作了,否则会影响加工质量。

由上述可知,刃具钢应具有如下使用性能:

(1) 为了保证刀刃能犁入工件并防止卷刃,必须使刃具具有高于被切削材料的硬度(一般应在 60 HRC 以上,加工软材料时可为 45~55 HRC),故刃具钢应是以高碳马氏体为基体的组织。

(2) 为了保证刃具的使用寿命,应当要求有足够的耐磨性。高的耐磨性不仅取决于高硬度,同时也取决于钢的组织。在马氏体基体上分布着弥散的碳化物,尤其是各种合金碳化物能有效地提高刃具钢的耐磨损能力。

(3) 由于在各种形式的切削加工过程中,刃具承受着冲击、振动等作用,因此要求刃具有足够的塑性和韧性,以防止使用中崩刃或折断。

(4) 为了使刃具能承受切削热的作用,防止在使用过程中因温度升高而导致硬度下降,应要求刃具有高的红硬性。钢的红硬性是指钢在受热条件下,仍能保持足够高的硬度和切削能力,这种性能称为钢的红硬性。红硬性可以用多次高温回火后在室温条件下测

得的硬度值来表示。所以红硬性是钢抵抗多次高温回火软化的能力,实质上这是一个回火抗力的问题。

应当指出,上述四点是对刀具钢的一般使用性能要求,而视使用条件的不同可以有所侧重。如锉刀不一定需要很高的红硬性,而钻头工作时,其刃部热量散失困难,所以对红硬性要求很高。

此外,选择刀具钢时,应当考虑工艺性能的要求,例如,切削加工与磨削性能好,具有良好的淬透性,较小的淬火变形、开裂敏感性等各项要求都是刀具钢合金化及其选材的基本依据。

4.2.2　刀具钢的钢种衍变

通常按照使用情况及相应的性能要求不同,将刀具钢分为:碳素刀具钢、合金刀具钢和高速钢 3 类。衡量一个国家工具材料的水平,常以高速钢为标准,故重点讨论之。

1. 碳素刀具钢

综上所述,刀具钢最基本的性能要求是:高硬度、高耐磨性。高硬度是保证进行切削的基本条件,高耐磨性可保证刀具有一定的寿命,即耐用度。针对上述两个要求,最先发展起来的是碳素刀具钢。当 $w(C) = 0.65\% \sim 1.35\%$ 时,属高碳钢,包括亚共析钢、共析钢和过共析钢。

碳素刀具钢的热处理工艺为淬火+低温回火。一般亚共析钢采用完全淬火,淬火后的组织为细针状马氏体。过共析钢采用不完全淬火,淬火后的组织为隐晶马氏体+未溶碳化物,且由于未溶碳化物的存在,使钢的韧性较低,脆性较大,所以在使用中脆断倾向性大,应予以充分注意。

在碳素刀具钢正常淬火组织中还不可避免地会有数量不等的残余奥氏体存在。

常用的碳素刀具钢的成分、性能和用途见表 4.1。

碳素刀具钢在性能上的缺点和不足是:淬透性低,工具断面尺寸大于 15 mm 时,水淬后只有工件表面层有高硬度,故不能做形状复杂、尺寸较大的刀具;红硬性差,当工作温度超过 250 ℃,硬度和耐磨性迅速下降,而失去正常工作的能力;碳素刀具钢从成分上看,不含有合金元素,淬火回火后碳化物属于渗碳体型,硬度虽然可达 62 HRC,但耐磨性不足。

碳素刀具钢在热处理时须注意以下几点:① 碳素刀具钢淬透性低,为了淬火后获得马氏体组织,淬火时工件要在强烈的淬火介质(如水、盐水、碱水等)中冷却,因而淬火时产生的应力大,将引起较大的变形甚至开裂,故而淬火后应及时回火。② 碳素刀具钢在淬火前经球化退火处理,在退火处理过程中,由于加热时间长、冷却速度慢,会有石墨析出,使钢脆化(称为黑脆),应引起重视。③ 碳素刀具钢由于含碳量高,在加热过程中易氧化脱碳,所以加热时须注意保护,一般用盐浴炉或在保护气氛条件下加热。

综上所述,由于碳素刀具钢淬透性低、红硬性差、耐磨性不够高,所以只能用来制造切削量小、切削速度较低的小型刀具,常用来加工硬度低的软金属或非金属材料。对于重负荷、尺寸较大、形状复杂、工作温度超过 200 ℃的刀具,碳素刀具钢就满足不了工作的要求,在制造这类刀具时应采用合金刀具钢。但碳素刀具钢成本低,在生产中应尽量考虑选用。

表 4.1 碳素刃具钢的牌号、成分和用途(摘自 GB 1298—77)

| 牌 号 | 化 学 成 分 (w/%) | | | 硬 度 | | 用 途 举 例 |
	C	Si	Mn	供应状态 HB(不大于)	淬火后[1] HRC(不小于)	
T7 T7A	0.65 ~ 0.74	≤0.35	≤0.40	187	62	承受冲击,韧性较好、硬度适当的工具,如扁铲、手钳、大锤、木工工具
T8 T8A	0.75 ~ 0.84	≤0.35	≤0.40	187	62	承受冲击,要求较高硬度的工具,如冲头、压缩空气工具、木工工具
T8Mn T8MnA	0.80 ~ 0.90	≤0.35	≤0.40 ~ 0.60	187	62	承受冲击,要求较高硬度的工具,如冲头、压缩空气工具、木工工具,但淬透性较大,可制断面较大的工具
T9 T9A	0.85 ~ 0.94	≤0.35	≤0.40	192	62	韧性中等、硬度高的工具,如冲头、木工工具、凿岩工具
T10 T10A	0.95 ~ 1.04	≤0.35	≤0.40	187	62	不受剧烈冲击,高硬度、耐磨的工具,如车刀、刨刀、丝锥、钻头、手锯条
T11 T11A	1.05 ~ 1.14	≤0.35	≤0.40	207	62	不受剧烈冲击,高硬度、高耐磨的工具,如车刀、刨刀、丝锥、钻头、手锯条
T12 T12A	1.15 ~ 1.24	≤0.35	≤0.40	207	62	不受冲击,要求高硬度、高耐磨的工具,如锉刀、刮刀、精车刀、丝锥、量具
T13 T13A	1.25 ~ 1.35	≤0.35	≤0.40	217	62	不受冲击,要求高硬高、高耐磨的工具,如锉刀、刮刀、精车刀、丝锥、量具,要求更高耐磨的工具,如刮刀、剃刀

注:① 淬火后硬度不是指用途举例中各种工具的硬度,而是指碳素刃具钢材料在淬火后的最低硬度。

2. 合金刃具钢

合金刃具钢是在碳素刃具钢的基础上加入某些合金元素而发展起来的。其目的是克服碳素刃具钢的淬透性低、红硬性差、耐磨性不足的缺点。合金刃具钢的 $w(C) = 0.75\% \sim 1.5\%$,合金元素总的质量分数则在 5% 以下,所以又称低合金刃具钢。加入的合金元素为 Cr、Mn、Si、W 和 V 等。其中 Cr、Mn、Si 主要是提高钢的淬透性,同时强化马氏体基体,提高回火稳定性;Cr、Mn、W 和 V 还可以细化晶粒;Cr、Mn 等可溶入渗碳体,形成合金渗碳体,有利于钢耐磨性的提高。

另外,Si 使钢在加热时易脱碳和石墨化,使用中应注意。如 Si、Cr 同时加入钢中则能降低钢的脱碳和石墨化倾向。

合金刃具钢有如下特点:淬透性较碳素刃具钢好,淬火冷却可在油中进行,故热处理变形和开裂倾向小,耐磨性和红硬性也有所提高。但合金元素的加入,提高了钢的临界点,故一般淬火温度较高,使脱碳倾向增大。

合金刃具钢主要用于制作:① 截面尺寸较大且形状复杂的刃具;② 精密的刃具;③ 切削刃在心部的刃具,此时要求钢的组织均匀性要好;④ 切削速度较大的刃具等。

我国冶标《合金工具钢技术条件》(GB/T 1299—1985)列入了 56 种合金刃具钢。表4.2 列出了最常用的合金刃具钢的牌号、成分、和热处理规范。

表 4.2　常用合金刃具钢的牌号、成分和热处理规范

钢　号	主要成分(w/%)					热处理规范				
						淬　火			回　火	
	C	Mn	Si	Cr	W	温度/℃	介质	HRC	温度/℃	HRC
Cr06	1.30 ~ 1.45	0.2 ~ 0.4	≤0.35	0.5 ~ 0.7	—	780 ~ 810	水	63 ~ 65	160 ~ 180	62 ~ 64
CrW5	1.25 ~ 1.5	≤0.30	≤0.30	0.4 ~ 0.7	4.50 ~ 5.50	800 ~ 820	水	65 ~ 66	150 ~ 160	64 ~ 65
Cr	0.95 ~ 1.10	≤0.40	≤0.35	0.75 ~ 1.05	—	830 ~ 860	油	62 ~ 64	150 ~ 170	61 ~ 63
Cr2	0.85 ~ 0.95	≤0.35	≤0.40	1.30 ~ 1.60	—	830 ~ 850	油	62 ~ 65	150 ~ 170	60 ~ 62
9SiCr	0.85 ~ 1.05	0.3 ~ 0.6	1.2 ~ 1.6	0.95 ~ 1.25	—	830 ~ 860	油	62 ~ 64	150 ~ 200	61 ~ 63
CrWMn	0.95 ~ 1.05	0.80 ~ 1.10	0.15 ~ 0.35	0.90 ~ 1.20	1.20 ~ 1.60	800 ~ 830	油	62 ~ 65	160 ~ 200	61 ~ 62
W	1.05 ~ 1.25	0.20 ~ 0.40	≤0.35	0.10 ~ 0.30	0.80 ~ 1.20	800 ~ 820	水	62 ~ 64	150 ~ 180	59 ~ 61
W2	1.10 ~ 1.25	0.20 ~ 0.40	≤0.35	0.10 ~ 0.30	1.80 ~ 2.20	800 ~ 820	水	62 ~ 64	150 ~ 180	59 ~ 61

由表 4.2 可见,合金刃具钢分为两个体系:

针对提高钢的淬火临界直径的要求,发展了 Cr、Cr2、9SiCr 和 CrWMn 等钢。其中9SiCr 钢在油中淬火临界直径可达 40 ~ 50 mm,适宜制造薄刃或切削刃在心部的工具,如板牙、滚丝轮、丝锥等。

CrWMn 钢是最常用的合金刃具钢。经热处理后硬度可达 64 ~ 66 HRC,且有较高的耐磨性。CrWMn 钢淬火后,有较多的残余奥氏体,使其淬火变形小,故有低变形钢之称。生产中常用调整淬火温度和冷却介质配合,使形状复杂的薄壁工具达到微变形或不变形。这种钢适于做截面尺寸较大、要求耐磨性高、淬火变形小,但工作温度不高的工具,如板牙、拉刀、长丝锥、长铰刀等。也可做量具、冷变形模具和高压油泵的精密偶件(柱塞)等。

针对提高耐磨性的要求,发展了 Cr06、W、W2 及 CrW5 等钢。其中 CrW5 又称钻石钢,在水中冷却时,硬度可达 67~68 HRC。主要用于制作截面尺寸不大(5~15 mm)、形状简单又要求高硬度、高耐磨性的工具,如雕刻工具及切削硬材料的刃具。

合金刃具钢的热处理与碳素刃具钢基本相同,也包括加工前的球化退火和成型后的淬火与低温回火,回火温度一般为 160~200 ℃。合金刃具钢为过共析钢,一般采用不完全淬火。淬火加热温度要根据工件形状、尺寸及性能要求等选定并严格控制,以保证工件质量。另外,合金刃具钢导热性较差,对于形状复杂、截面尺寸大的工件,在淬火加热前往往先在 600~650 ℃ 左右进行预热,然后再淬火加热。一般采用油淬、分级淬火或等温淬火。少数淬透性较低的钢(如 Cr06、CrW5 等钢)采用水淬。

综上所述,合金刃具钢解决了淬透性低、耐磨性不足等缺点。但由于合金刃具钢所加合金元素数量不多,仍属于低合金范围,故其红硬性虽比碳素刃具钢高,但仍满足不了生产要求。如回火温度达到 250 ℃ 时硬度值已降到 60 HRC 以下。因此要想大幅度提高钢的红硬性,靠合金刃具钢难以解决,故发展了高速钢。

3. 高速钢

多少年来,人们为了提高切削速度,除了改善机床和刃具设计外,刃具材料一直是一个核心问题。前已指出,合金刃具钢基本上解决了碳素刃具钢淬透性低、耐磨性不足的缺点,但没有从根本上解决红硬性不高的问题。高速钢问世以后,不但保证了钢的淬透性和耐磨性,而且红硬性也得到了显著提高。

高速钢是一种高碳且含有大量 W、Mo、Cr、V、Co 等合金元素的合金刃具钢。

高速钢经热处理后,在 600 ℃ 以下仍然保持高的硬度,可达 60 HRC 以上,故可在较高温度条件下保持高速切削能力和高耐磨性。同时具有足够高的强度,并兼有适当的塑性和韧性,这是其他超硬工具材料所无法比拟的。高速钢还具有很高的淬透性,中小型刃具甚至在空气中冷却也能淬透,故有风钢之称。

同碳素刃具钢和合金刃具钢相比,高速钢的切削速度可提高 2~4 倍,刃具寿命提高 8~15 倍。

高速钢广泛用于制造尺寸大、切削速度快、负荷重及工作温度高的各种机加工工具。如车刀、刨刀、拉刀、钻头等。此外,还可应用在模具及一些特殊轴承方面。总之,现代工具材料高速钢仍占刃具材料总量的 65%,而产值则占 70% 左右。所以高速钢自问世以来,经百年使用而不衰。

(1)高速钢的化学成分。高速钢是含有大量 W、Mo、Cr、V 及 Co 的高碳高合金钢。高速钢成分大致范围如下:$w(C)=0.7\%~1.65\%$、$w(W)=0\%~22\%$、$w(Mo)=0\%~10\%$、$w(Cr)\approx4\%$、$w(V)=1\%~5\%$、$w(Co)=0\%~12\%$,高速钢中也往往含有其他合金元素,如 Al、Nb、Ti、Si 及稀土元素,其 $w_{总}<2\%$。

① 碳的作用。碳在淬火加热时溶入基体 α 相中,提高了基体中碳的质量分数,这样既可提高钢的淬透性,又可获得高碳马氏体,进而提高了硬度。高速钢中碳与合金元素 Cr、W、Mo、V 等形成合金碳化物,可以提高硬度、耐磨性和红硬性。

高速钢中 C 的质量分数必须与合金元素相匹配,过高过低都对其性能有不利影响,每种钢号 C 的质量分数都限定在较窄的范围内。斯蒂文于 1964 年提出了有名的"平衡碳"计算公式。平衡碳计算公式是

$$C_p = 0.033w(W) + 0.063w(Mo) + 0.060w(Cr) + 0.20w(V)$$

如果钢中的碳含量符合该公式,可获得最高的二次硬化效果。因此,平衡碳计算公式在我国高速钢的研制和生产中得到了广泛的应用。

② 合金元素的作用。高速钢的合金化主要是围绕着提高红硬性这一中心环节而展开的。由于刀具进行高速切削时,使用温度大体在 500 ~ 600 ℃ 以上,故实际上高速钢作为热强钢使用。可以认为,红硬性是属于高温短时热强性范畴的指标。提高红硬性是要提高钢的抗多次高温短时使用而受热软化的能力。高速钢合金化的主要目的是要造成在多次高温(500 ~ 600 ℃ 以上)短时使用条件下,能够提供稳定的高硬度(约 60 HRC)的组织结构状态。为此一方面应通过加入合金元素形成大量细小、弥散、坚硬而又不易聚集长大的合金碳化物,以造成二次硬化效应;另一方面,又要求有一定数量的合金元素溶入 α-Fe 基体起固溶强化作用,使基体有一定的热强性。

为了在高速钢中造成二次硬化效应,需要用大量的碳化物形成元素如 Cr、W、Mo、V 等进行合金化。通常所形成的弥散强化相有 M_2C 型碳化物(如 W_2C、Mo_2C)、MC 型碳化物(如 VC)、$M_{23}C_6$ 型碳化物(如 $Cr_{23}C_6$)等。这些碳化物的硬度很高,如 VC 的硬度可高达 2 700 ~ 2 990 HV。

向高速钢中加入 Cr、W、Mo、V 等合金元素,一方面主要是造成二次硬化效应;另一方面也可起固溶强化作用,即需要 α-Fe 中有与位错结合较强的溶质原子,从而通过第二相粒子和位错气团这两种方式来阻止变形的进行,以保证 α-Fe 基体的热强性。

此外,也应指出,Cr 的良好作用在于提高钢的淬透性与耐磨性。Cr 还能使高速钢在切削过程中的抗氧化作用增强,形成较多致密的氧化膜,并减少粘刀现象,从而使刀具的耐磨性与切削性能提高,如图 4.1 所示。

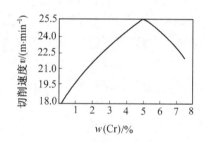

图 4.1　Cr 对 $w(C) = 0.7\%$、$w(W) = 18\%$、$w(V) = 1.0\%$ 钢切削速度的影响

有些高速钢中加 Co 元素可显著提高钢的红硬性,如 W2Mo10Cr4Co8(美国 M42)钢在 600 ~ 650 ℃ 时还具有很高的红硬性。Co 虽然不是碳化物形成元素,但在退火状态下大部分 Co 处于 α-Fe 中,在碳化物 MoC 中仍有一定的溶解度;Co 可提高高速钢的熔点,从而使淬火温度提高,使奥氏体中溶解更多的 W、Mo、V 等合金元素,可强化基体;Co 可促进回火时合金碳化物的析出,还可以起减慢碳化物长大的作用,因此 Co 可通过细化碳化物而使钢的二次硬化能力和红硬性提高;Co 本身可形成 CoW 金属间化合物,产生弥散强化效果,并能阻止其他碳化物聚集长大。有人还提出,Co 提高了 α-Fe 的再结晶温度,使回火马氏体的亚结构能保留至更高的温度。但 Co 元素可降低高速钢的韧性,并增大钢的脱碳倾向性。

图 4.2 ~ 4.4 表示了不同质量分数的 Co 元素对高速钢切削寿命、硬度及红硬性的影响。

综上所述,由于高速钢的成分特点,便决定了高速钢在一定的热处理工艺条件下,具有淬透性好、耐磨性及红硬性高的性能特点。

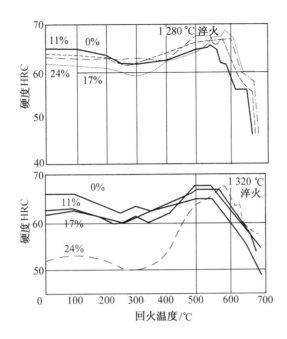

图 4.2　不同 Co 质量分数的高速钢对回火硬度的影响
（图中"%"数均为 Co 的质量分数）

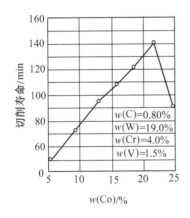

图 4.3　不同 Co 质量分数的高速钢对
切削寿命的影响

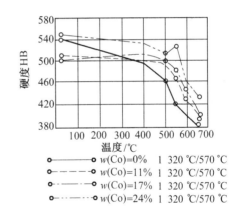

图 4.4　不同 Co 质量分数的高速钢,经过热处
理后,红硬性(高温硬度)的变化情况

（2）高速钢的铸态组织及其压力加工。高速钢在成分上差异较大,但主要合金元素大体相同,所以其组织也很相似。以 W18Cr4V 钢为例,当钢液接近平衡冷却时,其在室温下的平衡组织为莱氏体+珠光体+碳化物。但在实际生产中,高速钢铸锭冷却速度较快,得不到上述平衡组织,这样,高速钢的铸态组织由鱼骨状莱氏体、黑色组织 δ 共析体及马氏体加残余奥氏体所组成,如图 4.5 所示。

高速钢的铸态组织中出现莱氏体,故又称高速钢为莱氏体钢。

高速钢铸态组织中碳化物的质量分数多达 18% ~27%,且分布极不均匀。虽然铸锭组织经过开坯和轧制,但碳化物的不均匀性仍非常显著。这种不均匀性对钢的力学性能和工艺性能及所制工具的使用寿命均有很大影响。例如:

① 碳化物的不均匀分布,如带状、网状、大颗粒、大块堆集等均使钢材的力学性能呈各向异性,并降低钢的强度及塑性、韧性(表4.3)。

② 碳化物尺寸及分布不均匀会使加热过程中碳化物向奥氏体中溶解的程度发生变化,导致淬火马氏体中的含碳量及合金元素含量不均匀,以及残余奥氏体的多少和分布不均匀,使刃具的硬度和红硬性降低。

③ 碳化物不均匀程度加大时,导致淬火加热时晶粒度大小不同,而易于产生过热甚至过烧。

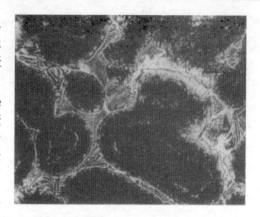

图 4.5　W18Cr4V 钢的铸态组织

④ 碳化物分布不均匀,淬火加热时奥氏体的形成不均匀,导致产生较大的应力集中,容易引起工具变形,还可能导致淬火裂纹甚至开裂。

⑤ 碳化物不均匀程度的增大,能降低高速钢的抗磨损性能,并使刃具容易崩刃。综上所述,高速钢的铸态组织具有碳化物和化学成分的不均匀性,给钢的使用性能和工艺性能带来很大弊病。因此,在钢材进厂后,应根据规定标准对其原始组织进行检验,合格后才可应用。

为了提高碳化物的均匀性,首先要改善高速钢中原始碳化物分布的状态。其主要措施是:向液体金属中加合金元素 Zr、Nb、Ti 及 Ce 等变质剂,增加结晶核心,用以细化共晶碳化物;在钢液结晶过程中,加超声振荡或电磁搅拌,采用连续铸造法,由于冷却迅速共晶碳化物析出的时间短,形成很细的组织;采用反复锻造方法,将共晶碳化物打碎,使其分布均匀。高速钢仅锻造一次是不够的,往往要经过二次、三次,甚至多次的镦粗、拔长,锻造比越大越好。实际上,反复镦拔总的锻造比达 10 左右时,效果最佳。见表 4.4。

高速钢的始锻温度为 1 100 ℃,终锻温度为 850 ~ 890 ℃,锻后灰坑缓冷。锻后硬度为 240 ~ 270 HB 左右。

近年来,国内外开始应用粉末冶金方法制造高速钢,可获得细小、分布均匀、无偏析的碳化物,从而使切削寿命大大提高。

表 4.3　碳化物不均匀度级别对高速钢机械性能的影响

碳化物不均匀度级别	σ_{bb}/MPa	τ_b/MPa	α_k(无缺口)/(J·cm^{-2})
3	3 660	2 340	23
4	3 410	2 170	22
5	3 170	2 170	17

表 4.4　镦拔次数与碳化物不均匀性的关系

处 理 状 态	原 材 料	镦 拔 一 次	镦 拔 二 次	镦 拔 三 次
碳化物不均匀等级	6 ~ 7	5	3	1 ~ 2

(3) 高速钢的热处理。高速钢的热处理包括:机械加工前的球化退火处理和成型后的淬火回火处理。现分述如下:

① 高速钢球化退火。高速钢锻造以后必须经过球化退火,其目的不仅在于降低钢的硬度,以利于切削加工,而且也为以后的淬火做好组织准备。另外,返修工件在第二次淬

火前也要进行球化退火,否则,第二次淬火加热时,晶粒将过分长大而使工件变脆。

高速钢的退火工艺有普通退火、等温退火两种。高速钢的退火温度为 $A_{c1} + 30 \sim$ 50 ℃,必须严格控制退火加热温度。退火后的显微组织为索氏体基体上分布着均匀、细小的碳化物颗粒,其碳化物类型为 M_6C 型、$M_{23}C_6$ 型及 MC 型。以 W18Cr4V 钢为例,退火后的硬度为 207 ~ 255 HB。某些要求高表面光洁度的刃具,可在退火后进行一次调质处理,然后再进行切削加工。

② 高速钢淬火。高速钢的热处理工艺曲线如图 4.6 所示,可见高速钢的淬火工艺比较特殊,即经过两次预热、高温淬火,然后再进行 3 次高温回火。

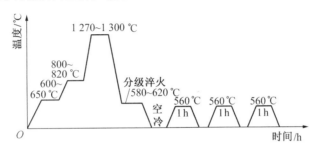

图 4.6　W18Cr4V 钢热处理工艺曲线

高速钢淬火时进行两次预热,其原因在于:a. 高速钢中含有大量合金元素,导热性较差,如果把冷的工件直接放入高温炉中,会引起工件变形或开裂,特别是对大型复杂工件则更为突出。b. 高速钢淬火加热温度大多数在 1 200 ℃以上,如果先预热,可缩短在高温处理停留的时间,这样可减少氧化脱碳及过热的危险性。

高速钢第一次预热温度在 600 ~ 650 ℃,可烘干工件上的水分。第二次预热温度在 800 ~ 820 ℃,使索氏体向奥氏体的转变可在较低温度内发生。

高速钢中含有大量难熔的合金碳化物,淬火加热温度必须足够高才可使合金碳化物溶解到奥氏体中,淬火之后马氏体中的合金元素含量才足够高,而只有合金元素含量高的马氏体才具有高的红硬性。图 4.7 已经表示出了淬火温度对奥氏体(或马氏体)内合金元素质量分数的影响。由图可知,对高速钢红硬性影响最大的合金元素是 W、Mo 及 V,只有在 1 000 ℃以上时,其溶解量才急剧增加。温度超过 1 300 ℃时,各元素溶解量虽然还有增加,但奥氏体晶粒则急剧长大,甚至在晶界处发生熔化现象,致使钢的强度、韧性下降。所以在不发生过热的前提下,高速钢淬火温度越高,其红硬性越好。

在生产中常以淬火状态奥氏体晶粒的大小来判断淬火加热温度是否合适,对高速钢来说,合适的晶粒度为 9.5 ~ 10.5 级。

淬火冷却通常在油中进行,但对形状复杂、细长杆状或薄片零件可采用分级淬火和等温淬火等方法。分级淬火后使残余奥氏体质量分数增加 20% ~ 30%,使工件变形、开裂倾向减小,使强度、韧性提高。油淬及分级淬火后的组织为:马氏体 + 碳化物 + 残余奥氏体。如图 4.8 所示。

等温淬火也称奥氏体淬火,也有人称之为无变形淬火。等温淬火和分级淬火相比,其主要淬火组织中除马氏体、碳化物、残余奥氏体外,还有下贝氏体。等温淬火可进一步减小工件变形,并提高韧性。

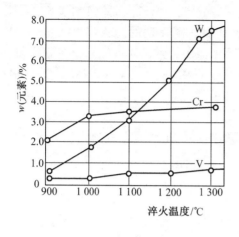

图 4.7　18-4-1 钢中固溶体成分与
淬火温度的关系

图 4.8　W184 4V 钢淬火组织

最后应提出,分级淬火的分级温度停留时间一般不宜太长,否则二次碳化物可能大量析出。等温淬火所需时间较长,随等温时间不同,所获得贝氏体量不同,在生产中通常只能获得40%的贝氏体。而等温时间过长可大大增加残余奥氏体量,这需要在等温淬火后进行冷处理或采用多次回火来消除残余奥氏体。否则将会影响回火后的硬度及热处理质量。

③ 高速钢回火。为了消除淬火应力、稳定组织、减少残余奥氏体量、达到所需要的性能,高速钢一般要进行 3 次 560 ℃ 的高温回火处理。高速钢的回火转变比较复杂,在回火过程中马氏体和残余奥氏体发生变化,过剩碳化物在回火时不发生变化。

通常在淬火状态下,W18Cr4V 钢的组织为:马氏体($w = 60\% \sim 65\%$)+残余奥氏体($w = 25\% \sim 30\%$)+未溶碳化物($w \approx 10\%$)。回火时钢的硬度和机械性能与回火温度的关系如图 4.9 所示。

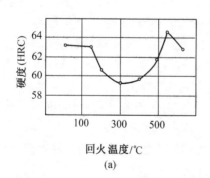

(a)

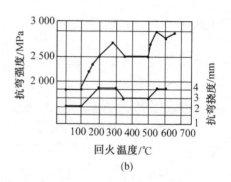

(b)

图 4.9　W18Cr4V 钢的硬度和机械性能与回火温度的关系

由图可以看出,在 150 ~ 250 ℃ 回火时,马氏体中的含碳量开始下降并析出 ε 碳化物,使硬度略有下降,而强度、塑性有所提高。在 250 ~ 400 ℃ 回火时,马氏体的含碳量进一步降低,析出渗碳体型碳化物,并沿晶界或滑移面发生不均匀聚集长大,使硬度从 63 ~ 60 HRC 降到 58 ~ 60 HRC,强度和塑性也有所下降。在 400 ~ 500 ℃ 回火时,析出较为细小分散的 $Cr_{23}C_6$ 型碳化物,使硬度稍有提高(至 61 HRC)。在 500 ~ 600℃ 回火时,钢的硬度、强度和塑性均有提高,而在 550 ~ 570 ℃ 时可达到硬度最大值。在此温度区间,自马氏体中析出弥散的 W、Mo、V 的碳化物（W_2C、MoC、VC），使钢的硬度大大提高，这种现象称为二次硬化现象。与此同时，残余奥氏体的压应力松弛，残余奥氏体中析出碳化物，降低碳和合金元素的含量，使其稳定性降低，点 M_s 升高，从而在回火后的冷却过程中转变为马氏体，使硬度进一步提高，此称之为二次淬火效应。但与二次硬化现象相比，其作用要小一些。总之，在回火过程中产生二次硬化现象和二次淬火效应，使硬度从淬火态 60～63 HRC 提高到 63～66 HRC（回火后）。在 600 ℃以上回火，发生碳化物的聚集，而使钢的硬度下降。

高速钢淬火后的残余奥氏体的质量分数达 25%～30%，第一次回火后仍有 $w=10\%$ 左右残余奥氏体未能转变，因而需进行第二次回火，以使残余奥氏体继续转变，并使第一次回火冷却时形成的马氏体回火，消除二次淬火时形成的内应力。如此连续进行 3 次高温回火后，残余奥氏体的质量分数可保持低于 5% 左右。高速钢经回火后的组织为回火马氏体（$w=70\%$～65%）＋碳化物（$w\approx20\%$～25%）＋残余奥氏体（$w<5\%$），其回火态组织如图 4.10 所示。

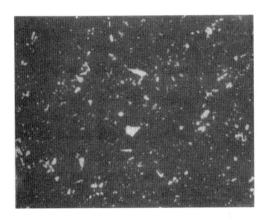

图 4.10　回火态组织

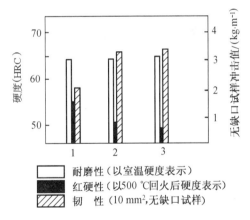

图 4.11　各类高速钢性能比较
1—W18Cr4V；2—Mo8Cr4V2；
3—W6Mo5Cr4V2

为了减少回火次数，可进行冷处理，即淬火后在室温停留不超过 30～60 min，立即进行 -70～-80℃冷处理，然后再进行一次回火处理。

高速钢在回火过程中应当注意，每次回火后必须冷到室温后再进行下一次回火，否则易产生回火不足的现象。因此，生产中常用金相法测量残余奥氏体量，以检验高速钢回火转变进行得是否充分。

综上所述，高速钢在热处理操作时，必须严格控制淬火加热及回火温度，淬火、回火保温时间，淬火、回火冷却方法。上述工艺参数控制不当，易产生过热、过烧、萘状断口、硬度不足及变形开裂等缺陷。

（4）高速钢系列的演变。目前国内外高速钢的种类约有数十种，按其所含合金元素的不同，可分为 3 个基本系列，即 W 系、Mo 系和 W-Mo 系等。W 系高速钢以 W18Cr4V 为例，W18Cr4V 钢具有很高的红硬性，可以制造在 600 ℃以下工作的工具。但在使用中发现 W 系高速钢的脆性较大，易于产生崩刃现象，其主要原因是碳化物不均匀性较大所致。

为此,相应发展了 Mo 系高速钢。从保证红硬性角度看,Mo 与 W 的作用相似。Mo 系高速钢是以 Mo 为主要合金元素,常用钢种有 M1 和 M10(W2Mo8Cr4V 和 Mo8Cr4V2)。Mo 系高速钢具有碳化物不均匀性小和韧性较高的优点,但又存在两大缺点,限制了它的应用:一是脱碳倾向性较大,故对热处理保护要求较严;二是晶粒长大倾向性较大,易于过热,故应严格控制淬火加热温度,淬火加热温度为 1 175 ~ 1 220 ℃(W 系高速钢淬火温度为 1 250 ~ 1 280 ℃)。

为了克服 Mo 系高速钢的缺点,又综合 W 系和 Mo 系高速钢的优点,在原有基础上发展了 W–Mo 系高速钢,常用钢种有 W6Mo5Cr4V2(即 6–5–4–2),国外称为 M2 钢。

W–Mo 系高速钢兼有 W 系和 Mo 系高速钢的优点,即既有较小的脱碳倾向性与过热敏感性,又有碳化物分布均匀且韧性较高的优点。因此,近年来 W–Mo 系高速钢获得了广泛应用,特别是 M2 钢在许多国家已取代了 W18Cr4V 高速钢而占统治地位。

各类高速钢的性能比较如图 4.11 所示。由图可见,W 系高速钢的红硬性较高,而韧性较低;Mo 系与 W–Mo 系高速钢虽红硬性稍低,但具有较高的韧性。就耐磨性而言,3 类高速钢大体相同。

自 20 世纪 50 年代以来,又发展了特殊用途的高速钢,包括:

① 高钒高速钢。高钒高速钢主要是为适应提高耐磨性的需要而发展起来的,最早形成了 9Cr4V2 钢。为了进一步提高钢的红硬性和耐磨性而形成了高碳高钒高速钢,如 W12Cr4V4Mo 及 W6Mo5Cr4V3。增加 V 含量会降低钢的可磨削性能,使高钒钢应用受到一定限制。

通常 $w(V) \approx 3\%$ 的钢,尚可允许制造较复杂的刀具,而 $w(V) = 4\% \sim 5\%$ 时,则只宜制造形状简单或磨削量小的刀具。

② 高钴高速钢。含 Co 高速钢是为适应提高红硬性的需要而发展起来的,Co 对高速钢红硬性和切削寿命的影响如图 4.12、4.13 所示。

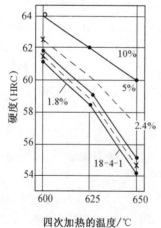

图 4.12　Co 对 W18Cr4V 钢红硬性的影响(1 300 ℃,油淬)
(图中"%"数均为 Co 的质量分数)

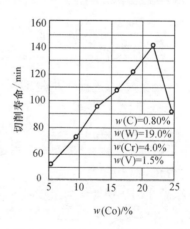

图 4.13　不同 Co 质量分数的高速钢对切削寿命的影响

在高 Co 高速钢中通常 $w(Co) = 5\% \sim 12\%$,如 W7Mo4Cr4V2Co5、W2Mo9Cr4VCo8 等。但随着 C 质量分数的增加,会使钢的脆性及脱碳倾向性增大,故在使用及热处理时应予以注意,例如含 Co10% 的钢已不适宜于制造形状复杂的薄刃工具。

③ 超硬高速钢。超硬高速钢是为了适应加工难切削材料(如耐热合金等)的需要,在综合高碳高钒高速钢与高碳高钴高速钢优点的基础上而发展起来的。这种钢经过热处理后硬度可达 68 ~ 70 HRC,具有很高的红硬性与切削性能。典型钢种为美国的 M42(W2Mo10Cr4VCo8)和 M44(W6Mo5Cr4V2Co12)等。

为了适合我国的资源情况,国内发展了加 Al 超硬高速钢,其牌号为 110W6Mo5Cr4V2Al,经热处理后硬度可达 67 ~ 70 HRC。加 Al 高速钢还具有机械性能好、碳化物偏析较小及可磨削性能好等优点。

各类高速钢的化学成分、热处理工艺、性能用途见表 4.5。

(5) 发挥高速钢性能潜力的途径。

① 提高 C 的质量分数。近年来,世界各国都普遍趋向提高高速钢的 C 的质量分数,其目的是增加钢中碳化物的质量分数,以获得最大的二次硬化效应。但 C 的质量分数过高会增加碳化物的不均匀性,使钢的塑性、韧性下降,还会导致钢的熔点降低,碳化物聚集长大倾向性增大,这对钢的组织和性能不利。自 20 世纪 70 年代以来,人们提出用平衡碳理论(前面已讲过)来计算高速钢最佳的含碳质量分数。

例如,W18Cr4V 钢的 $w(C) = 0.7\% \sim 0.8\%$,按平衡碳理论计算,其 C 的质量分数应提高至 0.9% ~ 1.0%,淬火回火后其硬度才可达 67 ~ 68 HRC,625 ℃ 回火时其红硬性提高 3 个 HRC 读数。

② 进一步细化碳化物。前已指出,细化碳化物可提高韧性、防止崩刃,是充分发挥高速钢性能潜力的重要方法。除了在生产中采用锻、轧方法外,还可采用以下措施:一是改进冶炼、浇铸工艺,以减少碳化物的偏析,如生产上采用电渣重熔可以显著细化莱氏体共晶组织,改善钢中碳化物的不均匀性。在浇铸工艺上宜采用 200 ~ 300 kg 的小方锭,使钢液凝固速度加快,以减少钢锭中的宏观液析。二是采用粉末冶金方法,从根本上消除莱氏体共晶组织,以彻底解决高速钢中碳化物的不均匀性。采用这种方法可以得到极为细小的碳化物($< 1 \ \mu m$),而且分布均匀。与普通方法生产的高速钢相比,这种方法可提高钢的韧性与红硬性。但粉末冶金生产高速钢的主要缺点是:成本高,质量不稳定。

③ 表面处理工艺的应用。为了进一步提高高速钢的切削能力,在淬火回火后还可进行表面处理。例如,蒸汽处理、低温氰化、软氮化、氧氮共渗或采用氧氮共渗–蒸汽处理的复合工艺等。蒸汽处理是使高速钢刃具在过热蒸汽气氛中加热氧化,表面产生一层均匀、坚实而又多孔的 Fe_3O_4 薄膜(厚度为 0.003 ~ 0.004 mm)。这种氧化膜组织细密,能牢固地附着在金属表面上,有防锈吸油作用,并可在刃具工作过程中降低摩擦系数、防止切屑粘着与提高耐磨性。通常可使高速钢刃具的使用寿命提高 20% 左右。蒸汽处理的温度为 540 ~ 560 ℃,保温时间一般为 1 h,故有时也可代替第三次回火。

氧氮共渗是将渗氮与蒸汽处理相复合而发展的一种有效的表面处理方法。共渗层由外部的氧化物层和内部的富氮扩散层所组成。处理后可使高速钢刃具寿命提高 1 倍左右。如哈尔滨工具厂采用蒸汽处理后可使钻头寿命提高 20% 左右。

表 4.5　各类高速钢化学成分、热处理工艺、性能及用途

类别	钢号	相应国外钢号	化学成分 (w/%)						淬火温度/℃	回火温度/℃	硬度/HRC	用途
			C	Cr	W	Mo	V	Co				
W系	W18Cr4V	美国 T1 前苏联钢 P18	0.70~0.80	3.80~4.40	17.5~19.0	≤0.30	1.00~1.40	—	1 260~1 280	550~570	63~66	用于制造高速切削的车刀、铣刀、刨刀等
	9W18Cr4V		0.90~1.0	3.80~4.40	17.5~19.0	≤0.30	1.00~1.40	—	1 260~1 280	570~580	67.5	用于制造切削不锈钢及其他硬或韧的材料的刀具
	W12Cr4VMo		1.20~1.40	3.80~4.40		≤0.30	1.00~1.40	—	1 230~1 260	550~570	>64	齿轮刀具、车刀、铣刀、拉刀
Mo系	W2Mo8Cr4V	M1	0.80~0.90	3.80~4.40	1.4~2.10	8.20~9.20	1.00~1.30	—	1 175~1 215	540~560	>63	丝锥、铣刀、拉丝模
	Mo8Cr4V2	M10	0.80~0.90	3.80~4.40	—	7.75~8.50	1.80~2.20	—	1 175~1 215	540~560	>63	钻头、铰刀、铣刀
W-Mo系	W6Mo5Cr4V2 (6-5-4-2)	M2	0.80~0.90	3.80~4.40	5.50~6.75	4.50~5.50	1.75~2.20	—	1 190~1 230	550~570	64~66	用于制造要求耐磨性和韧性好的高速切削的刀具，如丝锥、钻头等
	W6Mo5Cr4V3 (6-5-4-3)		1.10~1.25	3.80~4.40	5.75~6.75	4.75~5.75	2.80~3.30	—	1 200~1 240	550~570	64~67	用于制造耐磨性较好且韧性好、形状复杂的刀具，如拉刀、铣刀等
高C高V	W12Cr4V5Co5	美 T15	1.50~1.60	3.75~5.00	12.0~13.0	≤1.0	4.50~5.25	4.75~5.25	1 200~1 260	540~650	63~68	端铣刀
高Co	W6Mo5Cr4V2Co12	美 M44	1.10~1.20	4.00~4.75	5.00~5.75	6.00~7.00	1.85~2.20	11.0~12.25	1 190~1 227	537~627	62~70	刀片
超硬型	W2Mo9Cr4VCo8	美 M42	1.05~1.15	3.50~4.25	1.15~1.85	9.00~10.00	0.95~1.35	7.75~8.75	1 190~1 210	510~593	65~70	齿轮刀具、拉刀、螺纹刀具

应该指出,高速钢的表面处理是在最终热处理后进行的,故表面处理的温度不应超过回火温度,以免使刃具软化。同时因刃具已成型,故应防止刃具发生变形。

(6)高速钢的发展方向。在国外,通过研究已探索出新的合金化方案,当前已在生产中形成初见成效的两个方向:

① 低碳高速钢(M61~67)。这种钢是采用含 Co 超硬高速钢的合金成分,将 C 的质量分数降至 0.2% 左右,通过渗碳及随后的淬火、回火,使表层达到超高硬度(70 HRC),故又称渗碳高速钢。

② 无碳的时效型高速钢。这种钢是在高 W 高 Mo 的基础上,加入高于 $w(Co)=$ 15%,甚至可高达 $w(Co)=25\%$,经固溶处理加时效以后,硬度可达 68~70 HRC,它的红硬性比一般高速钢高 100 ℃,比含 Co 的超硬型高速钢高 50 ℃以上。经上述处理后可使工具的切削性能、高温强度及耐磨性发生重大变化。

1975 年,在法国的国际高速钢会议上,有人提出,含有低碳($w(C)\approx0.1\%$)、高 W($w(W)\approx20\%$)、高钴($w(Co)\approx25\%$)的高速钢,在 600~650℃ 回火时,析出(Fe、Co)$_7W_6$型金属间化合物。当温度上升到 650~670 ℃时,其硬度可达 68 HRC,在 720 ℃回火时,硬度仍保持 60 HRC。

此类型的高速钢切削钛合金时,其寿命比 W18Cr14V 高出 20~30 倍。

对于目前正在使用的各种高速钢,仍需进一步研究各种合金元素(包括残余元素和微量合金元素)的作用,以便进一步提高其使用性能和工艺性能。

最后应指出,目前高速钢的使用范围已经超出了切削工具范围,已开始在模具方面应用。近年来多辊轧辊以及高温弹簧、高温轴承和以高温强度、耐磨性能为主要要求的零件,实际上都是高速钢可以发挥作用的领域。

4.3 模 具 用 钢

模具是机械制造、无线电仪表、电机电器等工业部门中制造零件的主要加工工具。模具的质量直接影响着压力加工工艺的质量、产品的精度、产量和生产成本。而模具的质量与使用寿命除了靠合理的结构设计和加工精度外,主要受模具材料和热处理的影响。因此,为了正确选用钢材,制订和改进热处理工艺,提高模具的使用寿命,必须对模具的工作条件、失效形式及其对钢材的性能要求进行综合分析,寻找失效的主要因素,以确定材料的种类,进而确定最佳冷、热加工工艺和强化措施,从而做到材尽其用。

模具钢是用来制造冷冲模、热锻模、压铸模等模具的钢种,其品种繁多,在我国国标中多达数十种。但是,根据模具的使用性质可以分为两大类:使金属在冷状态下变形的冷模具钢,其冷模的工作温度一般小于 250 ℃;使金属在热状态下变形的热模具钢,其模腔的表面温度高于 600 ℃。

4.3.1 冷作模具钢

冷作模具钢包括制造冲裁用的模具(落料冲孔模、修边模、冲头、剪刀)、冷镦模和冷挤压模、压弯模及拉丝模等。

1. 冷作模具钢的工作条件及性能要求

冷作模具钢在工作时,由于被加工材料的变形抗力比较大,模具的工作部分承受很大的压力、弯曲力、冲击力及摩擦力。因此,冷作模具的正常报废原因一般是磨损,也有因断裂、崩刃和变形超差而提前失效的。

冷作模具钢与刃具钢相比,有许多共同点:要求模具有高的硬度和耐磨性、高的抗弯强度和足够的韧性,以保证冲压过程的顺利进行。其不同之处在于:模具形状及加工工艺复杂,而且摩擦面积大,磨损可能性大,所以修磨起来困难,因此要求具有更高的耐磨性;模具工作时承受冲压力大,又由于形状复杂易于产生应力集中,所以要求具有较高的韧性;模具尺寸大、形状复杂,所以要求较高的淬透性、较小的变形及开裂倾向性。总之,冷作模具钢在淬透性、耐磨性与韧性等方面的要求要较刃具钢高一些,而在红硬性方面却要求较低或基本上没要求(因为是冷态成型),所以也相应形成了一些适于做冷作模具用的钢种,例如,发展了高耐磨、微变形冷作模具用钢及高韧性冷作模具用钢等。下面结合有关钢种选用进一步说明。

2. 钢种选择

通常按冷作模具的使用条件,可以将钢种选择分为以下 4 种情况:

(1)尺寸小、形状简单、轻负荷的冷作模具。例如,小冲头,剪落钢板的剪刀等,可选用 T7A、T8A、T10A、T12A 等碳素工具钢制造。这类钢的优点是:可加工性好、价格便宜、来源容易。但其缺点是:淬透性低、耐磨性差、淬火变形大。因此,只适于制造一些尺寸小、形状简单、轻负荷的工具以及要求硬化层不深并保持高韧性的冷镦模等。

(2)尺寸大、形状复杂、轻负荷的冷作模具。常用的钢种有 9SiCr、CrWMn、GCr15 及 9Mn2V 等低合金刃具钢。这些钢在油中的淬透直径大体上可达 $\phi40$ mm 以上。其中 9Mn2V 钢(表 4.6)是我国近年来发展的一种不含 Cr 的冷作模具用钢,可代替或部分代替含 Cr 的钢。

表 4.6　9Mn2V 钢的化学成分($w/\%$)

C	Si	Mn	V	S	P
0.85 ~ 0.95	≤0.35	1.70 ~ 2.00	0.10 ~ 0.25	≤0.030	0.030

9Mn2V 钢的碳化物不均匀性和淬火开裂倾向性比 CrWMn 钢小、脱碳倾向性比9SiCr 钢小,而淬透性比碳素工具钢大,其价格只比后者高约 30%,因此是一个值得推广使用的钢种。

但 9Mn2V 钢也存在一些缺点:如冲击韧性不高,在生产使用中发现有碎裂现象。另外,回火稳定性较差,回火温度一般不超过 180 ℃,在 200 ℃回火时抗弯强度及韧性开始出现低值。

9Mn2V 钢可在硝盐、热油等冷却能力较为缓和的淬火介质中淬火,对于一些变形要求严格而硬度要求又不很高的模具,可采用奥氏体等温淬火。

(3)尺寸大、形状复杂、重负荷的冷作模具。须采用中合金或高合金钢,如 Cr12Mo、Cr12MoV、Cr6WV、Cr4W2MoV 等。另外,也有选用高速钢的。其化学成分见表 4.7。

表4.7 高铬及中铬模具钢的化学成分

钢 号	化 学 成 分 (w/%)							交货状态硬度(HB)
	C	Si	Mn	Cr	W	Mo	V	
Cr12	2.00～2.30	≤0.40	≤0.40	11.50～13.00	—	—	—	269～217
Cr12MoV	1.45～1.70	≤0.40	≤0.40	11.00～12.50	—	0.40～0.60	0.15～0.30	255～207
Cr6WV	1.00～1.15	≤0.40	≤0.40	5.50～7.00	1.10～1.50	—	0.50～0.70	≤241
Cr4W2MoV	1.15～1.25	0.40～0.70	≤0.40	3.50～4.00	2.00～2.50	0.80～1.20	0.80～1.10	≤255
A2(Cr5MoV)	0.95～1.05	≤0.40	0.60～0.90	4.50～5.50	—	0.80～1.20	0.20～0.50	202～229

近年来用高速钢做冷作模具的倾向已日趋增大。但应指出,此时已不再是利用高速钢所特有的红硬性长处,而是利用它的高淬透性和高耐磨性。为此,在热处理工艺和热处理方式上也应有所区别。选用高速钢做冷作模具时,一般不应采用高温淬火和高温回火,而应采用低温淬火和中温回火,以提高韧性,同时保持了高速钢高淬透性高硬度、高耐磨性的特点。例如,W18Cr4V 钢在制造刃具时,常用 1 280～1 290 ℃淬火,以使红硬性的元素(W、Cr、V)更多地溶入基体;而制作冷模具时,则应采用1 190 ℃的低温淬火和450 ℃的中温回火工艺。随着淬火温度的降低,钢中未溶碳化物量不断增大,基体中的固溶碳量及合金元素含量不断减少。降低淬火温度时,虽然硬度有所下降,但耐磨性变化不大,试样淬火变形减小,冲击韧性值有明显提高。

采用低温淬火后可使寿命大大提高,特别是显著减少了折损事故,见表4.8。

表4.8 6-5-4-2 钢冲头冲制螺母螺纹底孔时的使用寿命

热 处 理	HRC	平 均 寿 命	磨 损 寿 命	折损率/%
1 220 ℃淬火,620 ℃回火	56	15 000	25 000	50
1 100 ℃淬火,570 ℃回火	59	28 000	35 000	20

另外,针对重负荷冷作模具的需要也相应发展了一类专用钢,这就是常用的高铬型冷作模具钢,即 Cr12 型钢。Cr12 型钢属于莱氏体钢,其铸态组织中有网状共晶碳化物,故而导致钢的脆性增大。为此,在机加工之前,应对原材料进行合理的锻造。

许多文献介绍,Cr12 型钢锻造加热时,采用三个阶段加热:即 400～600 ℃第一次预热;800～900 ℃第二次预热;1 150～1 200 ℃高温加热。始锻温度为 1 030～1 100 ℃,终锻温度为 850～900 ℃,锻后应缓冷(砂冷或石灰冷),最好能及时进行球化退火处理。

Cr12 型钢锻造方法采用多次镦粗拉伸(两次或三次以上),最后形成的锻坯要求碳化物排列方向垂直于工件的工作面。

Cr12 型钢具有很高的淬透性,可以在空气中淬硬,但生产中一般采用油淬,冷至180～200 ℃后空冷。为了减少变形,也可采用空气预冷油淬、热油冷却分级淬火等。淬火后的组织为马氏体+碳化物+残余奥氏体。

Cr12 型钢根据钢在加热、冷却及回火过程中组织和性能的特点,生产中按照不同的要求,采用两种不同的热处理方案,即一次硬化法与二次硬化法。

一次硬化法是采用较低的淬火温度（Cr12 钢为 980 ℃、Cr12MoV 钢为 1 030 ℃），然后再进行低温回火，当模具要求高硬度、高耐磨性，并要求保持淬火状态尺寸时，采用 150 ~ 170 ℃ 回火；当模具要求较好的韧性或回火后的尺寸比淬火状态小时，采用 200 ~ 275 ℃ 回火；当模具承受冲击载荷或要求回火后的尺寸比淬火状态大时，采用 450 ℃ 回火。

300 ~ 375 ℃ 为 Cr12 型钢的回火脆区，应注意避开。

二次硬化法是采用较高的温度淬火（Cr12 钢为 1 080 ~ 1 100 ℃、Cr12MoV 钢为 1 115 ~ 1 118 ℃），经 510 ~ 520℃ 的二三次回火。二次硬化法可获得高的红硬性，但因淬火温度高，使晶粒粗大、韧性较低、热处理变形大，故仅适用于在 400 ~ 450 ℃ 工作的模具或需进行氮化处理的模具。

（4）受冲击负荷且刃口单薄的冷作模具。如上所述，前三类冷作模具用钢的使用性能要求均以高耐磨性为主，为此均采用高碳过共析钢乃至莱氏体钢。而对有的冷作模具如切边模、冲裁模等，其刃口单薄，使用时又受冲击负荷作用，则应以要求高的冲击韧性为主。为了解决这一矛盾，可采取以下措施：① 降低 C 的质量分数，采用亚共析钢，以避免由于一次及二次碳化物而引起钢的韧性下降；② 加入 Si、Cr 等合金元素，以提高钢的回火稳定性和回火温度（240 ~ 270 ℃ 回火），这样有利于充分消除淬火应力，使 α_k 提高，而又不致降低硬度；③ 加入 W 等形成难熔碳化物的元素，以细化晶粒、提高韧性。常用的高韧性冷作模具用钢有 6SiCr、4CrW2Si、5CrW2Si 等（表 4.9 和表 4.10）。

3. 充分发挥冷作模具钢性能潜力的途径

在用 Cr12 型钢或高速钢做冷作模具时，一个很突出的问题是钢的脆性大，使用中易开裂。为此，必须用充分锻打的方法细化碳化物，除此之外应发展新钢种。发展新钢种的着眼点，应是降低钢的含碳量及碳化物形成元素的数量。近年来国内研制并推广以下几种新钢种，见表 4.11。

表 4.9　高韧性冷作模具用钢的化学成分（$w/\%$）

钢　　号	C	Mn	Si	Cr	W
6SiCr	0.55 ~ 0.65	0.4 ~ 0.6	1.2 ~ 1.5	0.4 ~ 0.6	—
4CrW2Si	0.35 ~ 0.44	0.2 ~ 0.4	0.8 ~ 1.0	1.0 ~ 1.3	2.0 ~ 2.5
5CrW2Si	0.45 ~ 0.55	0.2 ~ 0.4	0.5 ~ 0.8	1.0 ~ 1.3	2.0 ~ 2.5
6CrW2Si	0.55 ~ 0.65	0.2 ~ 0.4	0.5 ~ 0.8	1.0 ~ 1.3	2.2 ~ 2.7

表 4.10　高韧性冷作模具用钢的热处理工艺及硬度

钢　　号	退火温度/℃	淬火温度/℃	淬火硬度 HRC	回火温度/℃	回火硬度 HRC
6SiCr	820 ~ 840	850 ~ 870	58 ~ 60	240 ~ 270	52 ~ 55
4CrW2Si	710 ~ 740	870 ~ 900	52 ~ 56	200 ~ 250	53 ~ 56
				430 ~ 470	40 ~ 50
5CrW2Si	710 ~ 740	870 ~ 900	54 ~ 57	200 ~ 250	53 ~ 56
				430 ~ 470	40 ~ 50
6CrW2Si	700 ~ 730	970 ~ 900	60 ~ 62	200 ~ 250	52 ~ 56
				430 ~ 470	40 ~ 45

表 4.11 几种冷作模具用钢新钢种的化学成分($w/\%$)

钢 号	C	Mn	Si	Cr	W	V	Mo
Cr4W2MoV	1.15 ~ 1.25	≤0.40	0.4 ~ 0.7	3.5 ~ 4.0	2.0 ~ 2.5	0.8 ~ 1.1	0.8 ~ 1.2
Cr2Mn2SiWMoV	0.95 ~ 1.05	1.8 ~ 2.3	0.6 ~ 0.9	2.3 ~ 2.6	0.7 ~ 1.1	0.1 ~ 0.2	0.5 ~ 0.8
7W7Cr4MoV	0.6 ~ 0.7	0.35 ~ 0.50	0.20 ~ 0.40	4.40 ~ 5.00	6.5 ~ 7.5	0.4 ~ 0.7	0.20 ~ 0.35

Cr4W2MoV 钢具有高硬度、高耐磨性和淬透性好等优点,并具有较好的回火稳定性及综合力学性能,用于制造硅钢片冲模等,可使寿命比 Cr12MoV 钢提高 1 ~ 3 倍以上。但此钢锻造温度范围较窄,锻造时易开裂,应严格控制锻造温度和操作规程。Cr2Mn2SiWMoV钢淬火温度低、淬火变形小、淬透性高,有空淬微变形模具钢之称。7W7Cr4MoV 钢可代替 W18Cr4V 和 Cr12MoV 钢,其特点是钢的碳化物不均匀性和韧性得到很大的改善。

应用钢结硬质合金:钢结硬质合金是以钢为黏结剂,以一种或几种碳化物为硬化相经配料、压制和烧结而成的。它兼有硬质合金和钢的优点,可以克服硬质合金加工困难、韧性差等缺点,在退火后可进行切削加工,也可进行锻造或焊接等。钢结硬质合金既有较高的强度和韧性,又有类似硬质合金的高硬度和高耐磨性等优点。可用于制造标准件的冷锻模及硅钢片冲模等,与 Cr12 钢相比,其寿命可提高几倍到几十倍。

我国从 20 世纪 60 年代中期开始研制钢结硬质合金,按硬化相的不同,可分为 WC 系和 TiC 系两大系列。基体成分有碳钢、钼钢、铬-钼钢、奥氏体不锈钢和高速钢等。

目前我国正在推广中的钢结硬质合金见表 4.12。

表 4.12 几种钢结硬质合金的牌号、成分和性能

牌 号	化 学 成 分 ($w/\%$)		性 能				
	硬化相	基 体	密度/ ($g \cdot cm^{-3}$)	硬度 HRC		抗弯强度/ MPa	冲击韧性/ ($J \cdot cm^{-2}$)
				退火态	淬火回火态		
TLMW50	50WC	C0.8 ~ 1.2、Cr1.25、Mo1.25	10.21 ~ 10.37	35 ~ 40	66 ~ 68	≥2 000	≥8
TMW50	50WC	2Mo-1C-Fe	≥10.20	—	63	1 770 ~ 2 150	7 ~ 10
T35	35TiC	3Cr-3Mo-0.9C-Fe	6.4 ~ 6.6	39 ~ 46	67 ~ 69	1 300 ~ 2 300	5 ~ 8
G	35TiC	高速钢	—	40 ~ 43	69 ~ 73	1 500 ~ 1 900	—

发展基体钢:所谓基体钢一般系指其成分与高速工具钢的淬火组织中基体的化学成分相同的钢种。这种钢既具有高速钢的高强度、高硬度,又因不含有大量碳化物而使韧性和疲劳强度优于高速钢。对基体钢目前还没有确切的定义。凡是在高速钢基体成分上添加少量其他元素,适当增减 C 的质量分数,以改善钢的性能的都称为基体钢。表 4.13 为美国报道的两种基体钢的化学成分和热处理工艺。表 4.14 为我国研制的基体钢的化学成分。其中 65Nb 钢适用于做形状复杂、冲击载荷较大或尺寸较大的冷作模具;CG-2 钢既可以做冷作模具,又可做热作模具。012Al 钢可做冷、热两种模具。3 种钢的热处理工艺见表 4.15。

表 4.13　国外两种基体钢的成分及热处理条件

钢　　种	化 学 成 分 （w/%）						热 处 理 规 范（温度/℃）			硬度 HRC
	C	Cr	Mo	W	V	Co	预　　热	淬　　火	回　　火	
MACVM	0.5	4.5	2.75	2.0	1.0	—	810～870	1 100～1 120	510～620	50～60
Matrix Ⅱ CVM	0.55	4.0	5.0	1.0	1.0	8.0	810～870	1 100～1 120	510～620	50～64

表 4.14　我国研制基体钢的化学成分

钢　　号	代号	化 学 成 分 （w/%）							
		C	Cr	W	Mo	V	其 他	Si	Mn
65Cr4W3Mo2VNb	65Nb	0.60～0.70	3.8～4.4	2.5～3.0	2.0～2.5	0.8～1.1	Nb 0.20～0.35	≤0.35	≤0.4
6Cr4Mo3Ni2WV	CG-2	0.55～0.64	3.8～4.4	0.9～1.2	2.8～3.3	0.9～1.2	Ni 1.9～2.2	≤0.4	≤0.4
5Cr4Mo3SiMnVAl	012Al	0.47～0.55	3.8～4.5	—	2.8～3.5	0.9～1.2	Al 0.3～0.7	0.80～1.10	0.8～1.10

表 4.15　我国研制基体钢的热处理工艺

钢　　种	热处理工艺	硬度 HRC
65Nb	1 180 ℃淬火+540 ℃回火	63
CG-2	450 ℃和850 ℃两次预热+1 120 ℃淬火+ 520～560 ℃回火（冷模）	59～62
	620～650 ℃回火（热模）	50～54
012Al	500 ℃和850 ℃两次预热+1 120 ℃淬火+ 510 ℃回火（冷模）	59～62
	600～620 ℃回火（热模）	50～54

采用表面强化处理、增加冷模表层硬度和耐磨性是提高基本钢寿命的有效方法。比较有效的方法有软氮化、渗硼、辉光离子氮化及 TiC 气相沉积等。

4.3.2　热作模具钢

1. 热作模具的工作条件

热作模具包括锤锻模、热挤压模和压铸模 3 类。如前所述，热作模具工作条件的主要特点是与热态金属相接触，这是与冷作模具工作条件的主要区别，因此会带来以下两方面的问题：

（1）模腔表层金属受热。通常锤锻模工作时，其模腔表面温度可达 400 ℃以上；热挤压模可达 800 ℃以上；压铸模模腔温度与压铸材料种类及浇铸温度有关，如压铸黑色金属时模腔温度可达 1 000 ℃以上。这样高的使用温度会使模腔表面硬度和强度显著降低，在使用中易发生打垛。为此，对热模具钢的基本使用性能要求是热塑变抗力高，包括高温硬度和高温强度、高的热塑变抗力，实际上反映了钢的高回火稳定性。由此便可以找到热模具钢合金化的第一种途径，即加入 Cr、W、Si 等合金元素，可以提高钢的回火稳定性。

（2）模腔表层金属产生热疲劳（龟裂）。热模的工作特点是具有间歇性，每次使热态金属成型后都要用水、油、空气等介质冷却模腔的表面。因此，热模的工作状态是反复受热和冷却，从而使模腔表层金属产生反复的热胀冷缩，即反复承受拉压应力作用，其结果是引起模腔表面出现龟裂,称为热疲劳现象。由此,对热模具钢提出了第二个基本使用性能要求,即具有高的热疲劳抗力。一般说来,影响钢的热疲劳抗力的因素主要有:

① 钢的导热性。钢的导热性高,可使模具表层金属受热程度降低,从而减小钢的热疲劳倾向性。一般认为钢的导热性与 C 的质量分数有关,C 的质量分数高时导热性低,所以热作模具钢不宜采用高碳钢。在生产中通常采用中碳钢($w(C) = 0.3\% \sim 0.6\%$),含碳量过低,会导致钢的硬度和强度下降,也是不利的。

② 钢的临界点影响。通常钢的临界点(A_{c1})越高,钢的热疲劳倾向性越低。因此,一般通过加入合金元素 Cr、W、Si 来提高钢的临界点,从而提高钢的热疲劳抗力。

以上所述是有关热作模具用钢的共性问题,但对不同类型的热作模具用钢而言,其侧重点又会有所不同。

2. 常用热作模具用钢

(1) 锤锻模用钢。一般说来,锤锻模用钢有两个问题比较突出:一是工作时受冲击负荷作用,故对钢的力学性能要求较高,特别是对塑变抗力及韧性要求较高;二是锤锻模的截面尺寸较大(<400 mm),故对钢的淬透性要求较高,以保证整个模具组织和性能均匀。

由上述锤锻模的性能特点看,锤锻模具用钢与调质钢很相近,只是对于强度和硬度要求更高些,因而需要将钢的含碳量作适当提高。

常用锤锻模用钢有 5CrNiMo、5CrMnMo、5CrNiW、5CrNiTi 及 5CrMnMoSiV 等。其化学成分和热处理工艺见表 4.16。其使用状态的组织为回火索氏体或回火屈氏体,可以保证钢有良好的综合力学性能,即强度高且韧性好。

表 4.16 常用的锤锻模用钢

钢 号	化 学 成 分 (w/%)							热 处 理		
	C	Si	Mn	Ni	Cr	Mo	其他	淬火温度/℃	冷却介质	硬 度 HRC
5CrNiMo	0.5 ~ 0.6	≤0.35	0.5 ~ 0.8	1.4 ~ 1.3	0.5 ~ 0.8	0.15 ~ 0.30	—	820 ~ 860	油	53 ~ 58
5CrMnMo	0.5 ~ 0.6	0.25 ~ 0.6	1.2 ~ 1.6		0.6 ~ 0.9	0.15 ~ 0.30	—	820 ~ 850	油	53 ~ 58
5CrMnSiMoV	0.35 ~ 0.45	0.8 ~ 1.0	0.8 ~ 1.1		1.3 ~ 1.5	0.4 ~ 0.2	V 0.2 ~ 0.4	870 ~ 890	油	
5CrNiW	0.5 ~ 0.6	0.5 ~ 0.8	0.5 ~ 0.8	1.4 ~ 1.8	0.5 ~ 0.8		W 0.4 ~ 0.6	840 ~ 870	油	55 ~ 59

不同类型的锤锻模应选用不同的材料。对特大型或大型的锤锻模以 5CrNiMo 为好,也可采用 5CrNiTi、5CrNiW 或 5CrMnMoSiV 等。对中小型的锤锻模通常选用 5CrMnMo 钢。

(2) 热挤压模用钢。热挤压模的工作特点是加载速度较慢,因此,模腔受热温度较高,通常可达 500 ~ 800 ℃。对这类钢的使用性能要求应以高的高温强度(即高的回火稳定性)和高的耐热疲劳性能为主,对 α_k 值及淬透性的要求可适当放低。一般的热挤压模尺寸较小,常小于 70 ~ 90 mm。

常用的热挤压模有 4CrW2Si、3Cr2W8V 及 $w(Cr)=5\%$ 型等热作模具钢,其化学成分见表 4.17。

其中 4CrW2Si 既可做冷作模具钢,又可做热作模具钢,由于用途不同,可采用不同的热处理方法。做冷模时采用较低的淬火温度(870~900 ℃)及低温或中温回火处理;做热模时则采用较高的淬火温度(一般为 950~1 000 ℃)及高温回火处理。

3Cr2W8V 钢是我国广为应用的热挤压模具用钢。这种钢的主要缺点是脆性大,使用前必须把模具预热,否则在第一次挤压时便有开裂的危险。而且这种钢的热疲劳抗力尚不够高,经受急冷急热时容易产生龟裂,所以也不宜对模具施以强烈的冷却(如喷水等)。

3Cr2W8V 钢属于过共析钢(因大量合金元素的作用,使合金的共析点左移,故属于过共析钢),锻后一般采用不完全退火,退火组织为珠光体加粒状碳化物,其硬度为 207~255 HB。

3Cr2W8V 钢具有较高的淬透性,为了减少变形,淬火时可在油中冷却,也可采用硝盐分级淬火和等温淬火。淬火温度的选取应视模具的工作条件而定,对于工作温度很高而冲击负荷不很大的模具,可将淬火温度提高到 1 140~1 150 ℃。而对于冲击负荷较大的模具,则应将淬火温度限制在 1 100 ℃以下,以保证高的冲击韧性。

3Cr2W8V 钢回火时应根据淬火温度的高低及对性能的要求而定,回火温度在 560~660 ℃范围内。一般均采用多次(>2 次)回火,回火时,在 550℃左右出现二次硬化效应,其硬度由于回火温度不同而在 40~52 HRC 范围内波动。

$w(Cr)5\%$ 型热作模具钢。在国外典型的钢种有美国的 H11(4Cr5MoSiV)和 H13(4Cr5MoSiV1)及苏联的 Эu958(4Cr5W2SiV)等。这些钢种基本上是同类型的,其化学成分见表 4.17。

表 4.17　常用的热挤压模用钢

钢　　号	化　　学　　成　　分　　($w/\%$)						
	C	Si	Mn	Cr	Mo	W	V
3Cr2W8V	0.3~0.4	≤0.4	≤0.4	2.2~2.7	—	7.5~9.0	0.2~0.5
4CrW2Si	0.35~0.44	0.6~0.9	0.2~0.4	1.0~1.3	—	2.0~3.0	
4Cr5MoSiV	0.32~0.42	0.8~1.2	≤0.4	4.5~5.5	1.0~1.5	—	0.3~0.5
4Cr5MoSiV1	0.32~0.42	0.8~1.2	≤0.4	4.5~5.5	1.0~1.5	—	0.8~1.1
4Cr5W2SiV	0.32~0.42	0.8~1.2	≤0.4	4.5~5.5	—	1.6~2.4	0.6~1.0

此类钢有很高的淬透性,淬火时空冷即可获得马氏体组织,在高温下(540 ℃左右)有较高的强度、热疲劳抗力及抗氧化性能。同 3Cr2W8V 钢相比,韧性和热疲劳抗力都比后者高,可采用强烈冷却(喷水)降温,故应用范围很广。

(3) 压铸模用钢。从总体上看,压铸模用钢的使用性能要求与热挤压模用钢相近,即以要求高的回火稳定性与高的热疲劳抗力为主。所以通常所选用的钢种大体上与热挤模用钢相同,如常采用 4CrW2Si 和 3Cr2W8V 等钢。但又有所不同,如对熔点较低 Zn 合金压铸模,可选用 40Cr、30CrMnSi 及 40CrMo 等;对 Al 和 Mg 合金压铸模,可选用 4CrW2Si、4Cr5MoSiV 等;对 Cu 合金压铸模,多采用 3Cr2W8V 钢。

近年来,随着黑色金属压铸工艺的应用,多采用高熔点的钼合金和镍合金,或者对

3Cr2W8V 钢进行 Cr-Al-Si 三元共渗,用以制造黑色金属压铸模。最近国内外还正在试验采用高强度的铜合金作黑色金属的压铸模材料。

4.3.3 塑料模具钢应具有的基本性能及分类

塑料制品在电器、仪表、汽车及日常生活用品中使用极广,其成型工艺也日益趋向高速化、大型化、精密化,塑料成型模具所需的模具钢的量也越来越大,对模具钢性能要求也越来越高了。

无论是热固性塑料成型还是热塑性塑料成型都是在加热和加压过程中完成的。一般而言,加热温度不高,在 150～250 ℃,成型压力也不大,通常为 40～150 MPa,与前述金属成型的冷、热作模具相比,对塑料模具用钢的常规力学性能要求是相对较低的。但是塑料制品形状复杂、尺寸精密、表面光洁,在压制成型过程中还可能产生一些腐蚀性气体,相应的模具必须是复杂精密、光洁耐用,并有一定耐蚀性,所以,塑料模具钢应具有以下性能:

(1)抛光性能好,以获得低粗糙度的表面,为此钢材应材质纯净、组织致密。

(2)被切削加工性或冷挤成型性优良,热处理变形微小,保证顺利加工成复杂精密的形状。

(3)表面具有较高的硬度(一般 45 HRC),耐磨耐蚀,保证尺寸精度、表面质量长期不变。

(4)有足够的强度和韧性,能承受负荷不变形和不破损。

一些国家已有塑料模具钢系列钢号和专用钢种。我国 GB 1299—85 列入了 3Cr2Mo 一种塑料模具钢,尚未形成适应不同情况的系列钢号。国内塑料模具目前常采用一般钢种代用,如用渗碳钢、热作模具钢,甚至 Cr12 型钢等。这些钢种的成分性能特点前已讨论,此处不再重复。但用这些钢种制造的塑料模具,其冷加工成型性、热处理变形性往往不能满足要求。近年来国内研制了一些塑料模具钢,并引进了一些国外通用钢种。这些塑料模具钢按其制模方法分为两大类,即切削成型塑料模具钢和冷挤压成型塑料模具钢,前者又可细分为若干小类。

4.3.4 切削成型塑料模具钢

表 4.18 列出了一些切削成型塑料模具钢的化学成分,此类钢按模具制造工艺可分为调质钢、易切削预硬钢和时效硬化钢。

1. 调质钢

调质钢的 $w(C)=0.3\%～0.5\%$,并含有适当的铬、锰、镍、钼、钒等元素,一般作预硬钢使用,即在钢厂经过充分锻打制成模块,预先热处理至要求硬度后,供使用单位制模,不再进行热处理,完全避免了因热处理引起的变形。这类钢广泛地用于制作大中型精密热塑性塑料的成型模。

P20 钢是国外使用广泛的预硬型塑料模具钢,其淬火加热温度为 830～870 ℃,油中淬火,回火温度范围为 550～600 ℃,预硬至 30～35 HRC。我国 GB 1299—85 中列入的 3Cr2Mo 钢化学成分与 P20 钢一致。

P20 钢合金元素含量不高,随着塑料模具向大型化发展,其淬透性常不能满足要求,模具型腔底部因硬度不足而易出现划痕,因而又出现了合金元素含量稍高的 718 钢和

KTV 钢等。718 钢、KTV 钢有较高的淬透性和淬硬性,调质后可在较大截面尺寸保持硬度均匀。

表 4.18　一些切削成型塑料模具钢的化学成分($w/\%$)

类型	钢种代号	C	Mn	Si	Cr	Ni	Mo	V	其　　他
调质钢	P20(美)	0.34	0.80	0.50	1.70	—	0.42	—	
	718(瑞典)	0.36	0.70	0.30	1.80	1.00	0.30	—	
	KTV(日)	0.55	0.83	≤0.35	1.20	1.65	0.35	0.2	
	H13(美)	0.35	0.50	1.10	5.00	—	1.50	1.00	
易切削预硬钢	PMF(日)	0.52	1.00	0.25	1.05	2.00	0.30	<0.20	S 0.05～1.10
	40CrMnMo7(德)	0.40	1.50	0.30	0.90	—	0.20	—	Ca 0.002
	8Cr2S(中)	0.80	1.50	≤0.40	2.45	—	0.65	0.18	W0.9,S0.08～0.15
	5NiSCa(中)	0.55	1.00	≤0.40	1.00	1.00	0.45	0.22	S 0.06～0.15,Ca 0.002～0.008
时效硬化钢	MAS1(日)	<0.03	<0.10	<0.10	<0.10	18.5	4.95	Al 0.10,	Ti 0.6,Zr 0.02,B 0.003 Co 9.0
	N3M(日)	0.26	0.65	0.30	1.40	3.50	0.25	Al 1.25	
	25CrNi3MoAl(中)	0.25	0.65	0.35	1.60	3.50	0.30	Al 1.30	
	PMS(中)	0.13	1.65	≤0.35	—	3.10	0.35	Al 0.95	Cu 1.0

H13 是一种通用的热作模具钢(即我国的 4Cr5MoSiV1 钢),国外还用于制作热固性塑料模。经预硬处理后,硬度为 45～50 HRC。

这类塑料模具钢共同的缺点是预硬状态不易切削加工。国内一些工厂为减少切削加工的困难,在使用这些钢材时常将预硬硬度降至 28 HRC 左右,但较低的硬度又对模具的耐磨性和抛光性能不利。

2. 易切削预硬钢

为了改善预硬型塑料模具钢的被切削性能,可在钢中加入易切削元素。近年来国内已发展了几种易切削预硬型塑料模具钢。

8Cr2MnWMoVS(代号 8Cr2S)是我国研制的硫系易切削精密模具钢。钢中的硫是作为易切削元素加入的。当硫和锰在钢中以 MnS 夹杂存在时,可以在切削过程中起到减小切削力和易于断屑的作用,而且还能起到出屑的润滑作用,使加工零件得到低的表面粗糙度。8Cr2S 钢预硬硬度在 40～46 HRC 时,用高速钢刃具可进行一般机械加工,相当于普通碳钢调质硬度在 30 HRC 左右的被切削性能。8Cr2S 钢的抛光性能好,淬透性高,$\phi100$ mm 的棒材空冷可淬透。用 8Cr2S 钢制作的塑料模、胶木模等有较高的使用寿命,8Cr2S 钢还可做冷作模具使用。

在钢中单独加入易切削元素硫,所形成的 MnS 夹杂物易成条状分布,从而使钢的横向力学性能明显低于纵向。为了改变硫系易切削钢的各向异性,必须从控制硫化物的形态着手,使钢中的硫化物夹杂成为球状或成为长短轴之比相对较小的纺锤状,为此应在钢中复合加入易切削元素。

5CrNiMnMoVSCa(代号 5NiSCa)是一种 S-Ca 复合系易切削塑料模具钢,钢中硫化物的形态、分布和钢的各向异性得到改善,在大截面的钢材中硫化物分布仍比较均匀。

在 S-Ca 复合易切削系中,钙一方面使硫化物变质成为纺锤状并在热加工过程中碎化,同时也使氧化物变质,一部分氧化物成为硫化物的核心,引起硫化物的不均匀变形而导致碎化。钙还生成钙铝硅酸盐类型的易切削相($2CaO \cdot Al_2O_3 \cdot SiO_2$)。因此 5NiSCa 在预硬至 32～35 HRC 时,被切削加工性能非常好,在 38～42 HRC 时,还可顺利进行各种切削加工,至 50 HRC 左右时,仍可加工。5NiSCa 钢的镜面抛光性能很好,保持表面低粗糙度的能力强,钢的图案蚀刻性能良好。

5NiSCa 钢的淬透性很好。淬火加热温度为 860～900 ℃,油冷,在 575～650 ℃ 范围内回火,硬度为 35～45 HRC。

5NiSCa 钢已在许多工厂用于制作大中型收录机外壳、磁带盒、洗衣机上盖等注塑模,以及橡胶模、胶木模等多种模具,使用效果很好。

3. 时效硬化钢

时效硬化塑料模具钢经过预处理(固溶或淬火高温回火)后,硬度为 25～32 HRC,可顺利进行机械加工,然后再经 480～540 ℃ 时效,依靠超细的金属间化合物析出强化,硬度达到塑料模具的使用要求。时效引起的变形极其微小,因此,此类钢可作精密或超精密塑料模具用钢。时效硬化塑料模具钢又可再分为两种:其一是马氏体时效钢;其二是低镍时效钢。

(1)马氏体时效钢。马氏体时效钢是一种超高强度钢,有很高的强度和韧性,又有良好的耐蚀性,时效变形极小。MAS1 即是典型的马氏体时效钢,经 815 ℃ 固溶处理后,硬度为 28～32 HRC,再经 480 ℃ 时效,析出 Ni_3Mo、Ni_3Ti 金属间化合物,使硬度升至 48～52 HRC。但此类钢价格昂贵,国内极少使用。

(2)低镍时效钢。25CrNi3MoAl 是国内研制的一种低镍时效钢,成分与日本的 N3M 相近。经 880 ℃ 淬火和 680～700 ℃ 高温回火,25CrNi3MoAl 的硬度为 20～25 HRC,可顺利进行各种机械加工。再经 520～540 ℃ 时效,硬度达到 38～42 HRC,时效过程中析出与基体共格的有序金属间化合物 Ni_3Al,使钢得到强化。25CrNi3MoAl 钢的镜面加工性能好,图案蚀刻性优良,光刻图案清晰均匀。这种钢含铝,渗氮后表面可达 1 100 HV 以上的硬度。

10Ni3MoCuAl(代号 PMS)是国内生产的含铜低镍时效钢。因钢中含有铜,增加了时效强化的效应。PMS 的固溶处理温度为 850～900 ℃,硬度为 30～32 HRC,经 490～510 ℃ 时效,硬度可达 40～42 HRC。PMS 有良好的综合力学性能,被切削性能良好,能抛光成镜面,并有良好的图案蚀刻性能,适于制作透明塑料件和其他精密热塑性塑料成型模,PMS 也可以进行渗氮处理。

4.3.5 冷挤压成型塑料模具钢

冷挤压成型的制模方法具有生产效率高、模具精度高、表面质量好的优点,一些具有复杂型腔的塑料模具可采用此法制造。冷挤压成型塑料模具钢经软化退火后应有高塑性低变形抗力,以便于冷挤压成型,经表面硬化处理后表面应具有高硬度,心部应有足够的强韧性,以适应模具工作条件。国外已有专门的钢种,国内常以工业纯铁、低碳钢或低碳合金钢制模。这些代用钢种或因淬透性太差,模具心部性能很低,表层与心部结合强度不够,使用过程中常发生塌陷和剥落;或因水淬变形过大难以控制,不能保证模具的精度;或因不易退火软化,导致冷挤压成型性不好,均不能满足需要。近年来国内已研制成功专用的冷挤压成型塑料模具钢 0Cr4NiMoV（代号 LJ）。LJ 钢与几种国外同类钢种的化学成分和退火硬度列于表 4.19。

表 4.19　冷挤压成型塑料模具钢的化学成分和退火硬度

| 钢种代号 | 化　学　成　分　（w/%) | | | | | | | 退火硬度 |
	C	Mn	Si	Cr	Ni	Mo	V	HBS
P2（美）	0.07	0.30	0.30	2.00	0.5	0.2	—	113
P4（美）	0.07	0.30	0.30	5.00	—	—	—	122
ASSAB8416（瑞典）	0.05	0.15	0.10	3.90	—	0.5	—	95～110
LJ（中）	≤0.08	<0.30	<0.20	3.50	0.50	0.40	0.12	87～105

此类钢中 C 的质量分数较低，以降低退火硬度，挤浅型腔时，退火硬度应低于 160 HBS，挤复杂型腔时退火硬度应低于 100 HBS。在钢中可加入能提高淬透性而固溶强化效果又小的合金元素，铬是比较理想的加入元素，Cr 的质量分数应尽可能低。这类钢的模具在冷挤压成型后进行渗碳淬火和低温回火，表面硬度为 58～62 HRC。LJ 钢热处理后表面得到回火马氏体及少量残余奥氏体基体上分布着粒状碳化物的组织，心部则是针状铁素体、M-A 岛和多边形铁素体的混合组织，表面的高硬度和心部的强韧性得以良好的配合。

4.3.6　表面硬化技术在模具钢中的应用

随着工业生产的发展，对产品质量的要求日益严格，因而对模具的要求越来越高，相应地对模具也提出了高精度、高硬度、高耐磨性和高耐蚀性的要求。一般的模具经淬火、回火处理后便可满足要求，但对上述要求的模具应在淬火、回火处理基础上采用表面硬化处理，其方法如下：

① 氮化处理（气体氮化、软氮化、离子氮化等）；渗金属（渗 Cr、Ae、Si、B、V 等）及气相沉积等方法，皆可提高模具的寿命。

② 水蒸气处理。在水蒸气中对金属进行加热，在金属表面上将生成 Fe_3O_4，处理温度在 550 ℃左右。通过水蒸气处理之后，金属表面的摩擦系数将大为降低。这种技术主要用于淬火、回火的高合金模具钢的表面处理中。

③ 电火花表面强化。电火花表面强化是提高模具寿命的一种有效方法。它是利用火花放电时释放的能量，将一种导电材料溶渗到工件表面，构成合金化表面强化层，从而起到改善表面的物理、化学性能的目的。

该工艺有如下特点：电火花强化层是电极与工件材料的合金层；强化层与基体结合牢固、耐冲击、不剥落；强化处理时，工件处于冷态且放电点极小、时间短、不退火、不变形等。模具经电火花强化后，将大大提高模具表面的耐热性、耐蚀性、坚硬性和耐磨性，可获得较好的经济效果。

模具一定要在淬火、回火处理后再进行强化处理；操作要细心，电极沿被强化表面的移动速度要均匀、要控制好时间；模具经电火花强化处理后，表面产生残余拉应力，因此要补加一道低于回火温度 30～50 ℃的去应力处理。

例如，某厂冲不锈钢板落料模，原来一次刃磨寿命为 15 000 次，经电火花强化后，冲

90 000 次未发现磨损,寿命提高 5 倍。因此被广泛应用于模具、刀具及量具等工具。

④ 离子电镀的应用。离子电镀是 1963 年提出的,直到 20 世纪 70 年代才在工程上实现,并应用于工具和模具的表面硬化中。离子电镀具有如下特征:离子电镀时可以在 500 ℃ 以下的温度中进行,如果选择好处理方法和条件,可以在 100 ℃ 以下的温度中进行;离子电镀与材料无关,可得到 2 000 HV 以上的硬化层;能得到各种金属和化合物的保护膜,且膜致密;无公害、无爆炸等危害。

4.4 量 具 用 钢

4.4.1 量具的工作条件及量具用钢的性能要求

量具是用来度量工件尺寸的工具,如卡尺、块规、塞规及千分尺等。由于量具在使用过程中经常受到工件的摩擦与碰撞,而量具本身又必须具备非常高的尺寸精确性和恒定性,因此要求量具用钢具有以下性能:

(1) 高硬度和高耐磨性,以此保证在长期使用中不致被很快磨损,而失去其精度。

(2) 高的尺寸稳定性,以保证量具在使用和存放过程中保持其形状和尺寸的恒定。

(3) 足够的韧性,以保证量具在使用时不致因偶然因素——碰撞而损坏。

(4) 在特殊环境下具有抗腐蚀性。

4.4.2 常用量具用钢

根据量具的种类及精度要求,量具可选用不同的钢种:

(1) 形状简单、精度要求不高的量具,可选用碳素工具钢,如 T10A、T11A、T12A。由于碳素工具钢的淬透性低,尺寸大的量具采用水淬会引起较大的变形。因此,这类钢只能制造尺寸小、形状简单、精度要求较低的卡尺、样板、量规等量具。

(2) 精度要求较高的量具(如块规、塞规等),通常选用高碳低合金工具钢。如 Cr2、CrMn、CrWMn 及轴承钢 GCr15 等。由于这类钢是在高碳钢中加入 Cr、Mn、W 等合金元素,故可以提高淬透性、减少淬火变形、提高钢的耐磨性和尺寸稳定性。

(3) 对于形状简单、精度不高、使用中易受冲击的量具,如简单平样板、卡规、直尺及大型量具,可采用渗碳钢 15、20、15Cr、20Cr 等。但量具须经渗碳、淬火及低温回火后使用。经上述处理后,表面具有高硬度、高耐磨性、心部保持足够的韧性。也可采用中碳钢 50、55、60、65 制造量具,但须经调质处理,再经高频淬火回火后使用,亦可保证量具的精度。

(4) 在腐蚀条件下工作的量具可选用不锈钢 4Cr13、9Cr18 制造,经淬火、回火处理后可使其硬度达 56~58 HRC,同时可保证量具具有良好的耐腐蚀性和足够的耐磨性。

若量具要求特别高的耐磨性和尺寸稳定性,可选渗氮钢 38CrMoAl 或冷作模具钢 Cr12MoV。

38CrMoAl 钢经调质处理后精加工成型,然后再氮化处理,最后需进行研磨。Cr12MoV 钢经调质或淬火、回火后再进行表面渗氮或碳、氮共渗。两种钢经上述热处理后,可使量具具有高耐磨性、高抗蚀性和高尺寸稳定性。

4.4.3　量具钢的热处理

量具钢热处理的主要特点是在保持高硬度与高耐磨性的前提下,尽量采取各种措施使量具在长期使用中保持尺寸的稳定。

量具在使用过程中随时间延长而发生尺寸变化的现象称为量具的时效效应。这是因为:① 用于制造量具的过共析钢淬火后含有一定数量的残余奥氏体,残余奥氏体变为马氏体引起体积膨胀。② 马氏体在使用中继续分解,正方度降低引起体积收缩。③ 残余内应力的存在和重新分布,使弹性变形部分地转变为塑性变形引起尺寸变化。因此,在量具的热处理中,应针对上述原因采用如下热处理措施:

(1) 调质处理。其目的是获得回火索氏体组织,以减少淬火变形和提高机械加工的光洁度。

(2) 淬火和低温回火。量具钢为过共析钢,通常采用不完全淬火+低温回火处理。在保证硬度的前提下,尽量降低淬火温度并进行预热,以减少加热和冷却过程中的温差及淬火应力。量具的淬火方式为油冷(20~30 ℃),不宜采用分级淬火和等温淬火,只有在特殊情况下才予以考虑。一般采用低温回火,回火温度为 150~160 ℃,回火时间不应小于4~5 h。

(3) 冷处理。高精度量具在淬火后必须进行冷处理,以减少残余奥氏体量,从而增加尺寸稳定性。冷处理温度一般为-70~-80 ℃,并在淬火冷却到室温后立即进行,以免残余奥氏体发生陈化稳定。

(4) 时效处理。为了进一步提高尺寸稳定性,淬火、回火后,再在120~150 ℃进行24~36 h的时效处理,这样可消除残余内应力,大大增加尺寸稳定性而不降低其硬度。

总之,量具钢的热处理为:除了要进行一般过共析钢的正常热处理(不完全淬火+低温回火)之外,还需要有3 个附加的热处理工序,即淬火之前进行调质处理、正常淬火处理之间的冷处理、正常热处理之后的时效处理。

第5章 不 锈 钢

5.1 概 述

不锈钢是石油、化工、化肥、合成纤维和石油提炼等工业部门中广泛使用的金属材料。许多容器、管道、阀门、泵等一般都因与各种腐蚀性介质接触遭受腐蚀而报废。据统计,全世界每年因腐蚀而报废的钢材约占钢材年产量的1/4,而不锈钢的产量占钢铁总产量的1%。因此,材料受到腐蚀而失效是当今材料研究与发展中的3大主要问题之一(另两个问题是疲劳与磨损)。

不锈钢是指具有抗腐蚀性能的一类钢种。通常所说的不锈钢是不锈钢与耐酸钢的总称。不锈钢不一定耐酸,但耐酸钢同时又是不锈钢。所谓不锈钢是指能抵抗大气及弱腐蚀介质腐蚀的钢种。腐蚀速度<0.01 mm/a 者为"完全耐蚀",腐蚀速度<0.1 mm/a 者为"耐蚀"。所谓的耐酸钢是指在各种强腐蚀介质中能耐蚀的钢,腐蚀速度<0.1 mm/a 者为"完全耐蚀",腐蚀速度<1 mm/年者为耐蚀。因此,不锈钢并不是不腐蚀,只不过是腐蚀速度较慢而已,绝对不被腐蚀的钢是不存在的。

值得注意的是:在同一介质中,不同种类的不锈钢腐蚀速度大不相同;而同一种不锈钢在不同的介质中腐蚀行为也大不一样。例如,Ni-Cr 不锈钢在氧化性介质中的耐蚀性很好,但在非氧化介质中(如盐酸)的耐蚀性就不好了。因此掌握各类不锈钢的特点,对于正确选择和使用不锈钢是很重要的。

不锈钢不仅要耐蚀,还要承受或传递载荷,因此还需要具有较好的力学性能。不锈钢一般以板、管等型材加工成构件或零件,因此,要有良好的切削加工性能和良好的焊接性能。

不锈钢按典型正火组织分为:铁素体(F)型不锈钢、马氏体(M)型不锈钢、奥氏体(A)型不锈钢及奥氏体-铁素体(A-F)双相型不锈钢及沉淀硬化型(过渡型)不锈钢。

本章将简要介绍有关抗蚀性的基础知识及不锈钢的合金化原则,重点讲述各类不锈钢的化学成分、组织、性能及应用特点等内容。

5.2 金 属 腐 蚀

5.2.1 金属的腐蚀过程

在外界介质的作用下使金属逐渐受到破坏的现象称为腐蚀。腐蚀基本上有两种形式:化学腐蚀和电化学腐蚀。在生产实际中遇到的腐蚀主要是电化学腐蚀,化学腐蚀中不产生电流,且在腐蚀过程中形成某种腐蚀产物。这种腐蚀产物一般都覆盖在金属表面上形成一层膜,使金属与介质隔离开来,如果这层化学生成物是稳定、致密、完整并同金属表层牢固结合的,则将大大减轻甚至可以防止腐蚀的进一步发展,对金属起保护作用。形成保护膜的过程称为钝化。例如,生成 SiO_2、Al_2O_3、Cr_2O_3 等氧化膜,这些氧化膜结构致密、完整、无疏松、无裂纹且不易剥落,可起到保护基体金属、避免继续氧化的作用。反之,有些氧化膜是不连续的,或者是多孔状的,对基体金属没有保护作用。例如,有些金属的氧化物,如 Mo_2O_3、WO_3 在高温下具有挥发性,完全没有覆盖基体的保护作用。

可见,氧化膜的产生及氧化膜的结构和性质是化学腐蚀的重要特征。因此,提高金属耐化学腐蚀的能力,主要是通过合金化或其他方法,在金属表面形成一层稳定的、完整的、致密的并与基体结合牢固的氧化膜(也称为钝化膜)。

电化学腐蚀是金属腐蚀的更重要、更普遍的形式,它是由于不同的金属或金属的不同相之间的电极电位不同而构成原电池所产生的。这种原电池腐蚀是在显微组织之间产生的故又称之为微电池腐蚀。电化学腐蚀的特点是有电介质存在,不同金属之间、金属微区之间或相之间有电位差异连通或接触,同时有腐蚀电流产生。

5.2.2　腐蚀类型

金属材料在工业生产中的腐蚀失效形式是多种多样的。不同材料在不同负荷及不同介质环境的作用下,其腐蚀形式主要有以下几类:

一般腐蚀:金属裸露表面发生大面积的较为均匀的腐蚀,虽降低构件受力有效面积及其使用寿命,但比局部腐蚀的危害性小。

晶间腐蚀:指沿晶界进行的腐蚀,使晶粒的连接遭到破坏。这种腐蚀的危害性最大,它可以使合金变脆或丧失强度,敲击时失去金属声响,易造成突然事故。晶间腐蚀为奥氏体不锈钢的主要腐蚀形式,这是由于晶界区域与晶内成分或应力有差别,引起晶界区域电极电位显著降低而造成的电极电位的差别所致。

应力腐蚀:金属在腐蚀介质及拉应力(外加应力或内应力)的共同作用下产生破裂现象。断裂方式主要是沿晶的,也有穿晶的,这是一种危险的低应力脆性断裂。在氯化物、碱性氯氧化物或其他水溶性介质中常发生应力腐蚀,在许多设备的事故中占相当大的比例。

点腐蚀:点腐蚀是发生在金属表面局部区域的一种腐蚀破坏形式。点腐蚀形成后能迅速地向深处发展,最后穿透金属。点腐蚀危害性很大,尤其是对各种容器是极为不利的。出现点腐蚀后应及时磨光或涂漆,以避免腐蚀加深。点腐蚀产生的原因:在介质的作用下,金属表面钝化膜受到局部损坏而造成的。或者在含有氯离子的介质中,材料表面缺陷、疏松及非金属夹杂物等都可引起点腐蚀。

腐蚀疲劳:金属在腐蚀介质及交变应力作用下发生的破坏。其特点是产生腐蚀坑和大量裂纹,显著降低钢的疲劳强度,导致过早断裂。腐蚀疲劳不同于机械疲劳,它没有一定的疲劳极限,随着循环次数的增加,疲劳强度一直是下降的。

除了上述各种腐蚀形式以外,还有由于宏观电池作用而产生的腐蚀。例如,金属构件中铆钉与铆接材料不同、异种金属的焊接、船体与螺旋桨材料不同等因电极电位差别而造成的腐蚀。

从上述腐蚀机理可见,防止腐蚀的着眼点应放在:尽可能减少原电池数目;使钢的表面形成一层稳定的、完整的、与钢的基体结合牢固的钝化膜;在形成原电池的情况下,尽可能减少两极间的电极电位差。

5.3 不锈钢的合金化原理

由于钢的腐蚀是因基体的电极电势较低,产生微电池的阳极效应所引起的,因此,为了有效地提高耐蚀性,应通过合金元素的作用提高基体的电极电势,且尽可能地采用单相固溶体组织,以减少微电池数目。在双相组织的情况下,如果两个相都有较高而且相近的电极电势,也会有极好的耐蚀性。同时使金属易于钝化。总之,合金化可以提高钢的耐蚀性,其主要途径有:① 提高金属的电极电势;② 使金属易于钝化;③ 使钢获得单相组织,并具有均匀的化学成分、组织结构和金属的纯净度,其目的是避免形成微电池。

5.3.1 不锈钢的钝化

不锈钢具有良好的耐蚀性是由于它的表面能产生钝化。所谓钝化是指某些金属在特殊环境下失去了金属活性,呈现与惰性金属相似的特性。钝化可改变金属表面状态,使电极电势升高。

钝化机制认为:金属与周围介质生成一层极薄的氧化膜——钝化膜,这层钝化膜作为金属与介质间的一个屏障,从而降低金属的溶解速率。这种钝化膜在一定条件下是致密的,不易溶解,即使损坏还可以再钝化。钝化膜的存在,使阳极反应过程受到阻滞,从而提高了金属的化学稳定性和耐蚀性。另外在钝化膜的下面及膜的表面又有氧的吸附层,吸附的氧能饱和金属表面原子的未饱和位,以产生钝性,并使化学反应速率显著减小,这就是钝化的原因。不锈钢的钝化能力使钢具有良好的耐蚀性,但在特殊条件下,钝化膜会发生局部破坏,形成大阴极区(钝化区)和小的阳极区(小的活化点),使腐蚀速率提高,这是构件不锈钢的缝隙腐蚀、点腐蚀、晶间腐蚀和应力腐蚀的断裂原因之一。

向钢中加入铬、铝、硅等元素,可在钢表面生成 Cr_2O_3、Al_2O_3 和 SiO_2 等致密的钝化膜,起到防腐蚀作用。其中铬是最有效的元素,这就是不锈钢中加入铬元素的主要作用之一。另外,合金元素钼的加入可以进一步增强不锈钢的钝化作用,因此能提高钢在氧化性及非氧化性介质中的耐蚀性。例如,在铁素体不锈钢中加 $w(Mo)=2\%\sim3\%$ 及奥氏体不锈钢中加 $w(Mo)=1.5\%\sim4\%$ 的钼,可以得到在盐酸、热硫酸、亚硫酸、磷酸及有机酸(如蚁酸、醋酸、草酸等)中满意的耐蚀性。加入少量的铜元素,也可促进钢钝化,从而改善钢的耐蚀性。

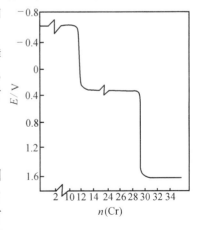

图 5.1 Cr 对 Fe-Cr 合金电极电势的影响($n(Cr)$ 为铬与铁的物质的量之比)

5.3.2 合金元素对铁的电极电势的影响

研究表明,当铬元素加入铁中形成固溶体时,铁固溶体的电极电位能得到显著提高,如图 5.1 所示。由图可见随着含铬量的提高,铁基固溶体的电极电位有着跳跃式的增高,即只有当铬的浓度增加到某一特定数值 $n/8$(n 为物质的量,$n=1,2,3\cdots$)时,铁基固溶体电极电势会突然发生跃变,而使阳极过程受到抑制,这在化学腐蚀中称为钝化。

在不锈钢中,铬的最低质量分数应为 11.7%（$1.25 \times \dfrac{\text{铬的相对原子质量}}{\text{铁的相对原子质量}} = 1.25 \times$

$\dfrac{5.2}{55.8} = 11.7\%$）。但由于碳是钢中必然存在的元素,它可以与铬形成 $Cr_{23}C_6$ 的碳化物,按物质的量比计数,碳与铬的比例为 1：17,即钢中要有 17 倍于碳的铬先被用来形成碳化铬,剩余的铬再进入固溶体。因此,实际应用的不锈钢,其平均铬的质量分数为 13% 或更高。

5.3.3　合金元素对不锈钢基体组织的影响

不锈钢的基体组织是获得所需要力学性能和良好耐蚀性的保证,使钢在室温下获得单相的组织（如单相铁素体和单相奥氏体）就可以减少微电池数目,这样钢的耐蚀性就得以提高。

合金元素对不锈钢组织的影响分两大类:一类是扩大奥氏体区元素,称奥氏体形成元素,主要有碳、氮、镍、锰等;另一类是缩小奥氏体区元素,称铁素体形成元素,主要有铬、硅、钛、铌、钼等。

铬是不锈钢中的主要元素,当 Cr 的质量分数达到 12.7% 时,它能封闭 γ 相区,形成单一铁素体组织。为了获得单一奥氏体组织,若单独加镍元素,其加入的 Cr 的质量分数必须达到 30% 以上;若镍与铬复合加入,则可减少钢中 Cr 的质量分数。因此,应对合金成分加以适当搭配,普通奥氏体不锈钢的铬、镍的搭配为:$w(Cr) = 18\%$、$w(Ni) = 8\%$,一般称这类钢为 18–8 型奥氏不锈钢,另外为了节约镍,以锰和氮代镍的铬–锰–氮不锈钢已得到一定的应用。

值得一提的是碳元素在不锈钢中的作用,碳是奥氏体形成元素,且作用很大,相当于镍的 30 倍作用。但碳与铬的亲和力很大,能形成一系列的复杂的碳铬化合物,钢中 C 的质量分数越高,钢的耐蚀性越低。因此,不锈钢中 C 的质量分数一般比较低,大多数不锈钢 $w(C) = 0.1\% \sim 0.2\%$,C 的质量分数不超过 0.4%,只有在少数情况下,为了获得高硬度、高耐磨性（如轴承、弹簧等）,才将 C 的质量分数提高;为了保证钢的耐蚀性,Cr 的质量分数相应也要提高,如 9Cr18 钢。

此外为了改善不锈钢的切削加工性能,有时还往钢中加入少量的硫、磷和稀土元素等。

稀土元素对不锈钢耐蚀性的影响目前亦有一些报道,例如,不锈钢表面通过离子注入稀土元素,通过进一步增强钢表面钝化来显著提高不锈钢的耐蚀性。

5.4　不锈钢的种类和特点

不锈钢有两种分类法:一种是按合金元素的特点,划分为铬不锈钢和铬镍不锈钢;另一种是按在正火状态下钢的组织状态,划分为 M 不锈钢、F 不锈钢、A 不锈钢和 A–F 双相不锈钢。我国不锈钢的基本类型及发展趋势见表 5.1。

5.4.1　马氏体不锈钢

典型的马氏体不锈钢钢号有 1Cr13 ~ 4Cr13 和 9Cr18 等,其成分、热处理和力学性能见表 5.2。这类钢有较好的耐蚀性,由于只有 Cr 进行单一的合金化,它们只有在氧化性介质中(如在水蒸气、大气、海水、氧化性酸中)有较好的耐蚀性,在非氧化性介质(如硫酸、盐酸、碱溶液等)中不能获得良好的钝化状态,耐蚀性很低。

表5.1 我国不锈钢的分类和发展概况

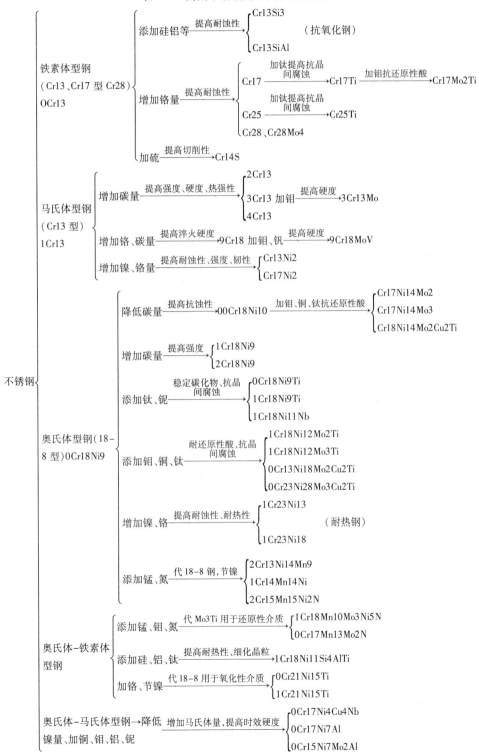

表 5.2　马氏体不锈钢的钢号、成分热处理及性能

类型	钢号	化学成分（w/%）									
		C	Si	Mn	S	P	Cr	Ni	Mo	Ti	V
马氏体型	1Cr13	0.08~0.15	≤0.6	≤0.6	≤0.030	≤0.035	12~14				
	2Cr13	0.16~0.24	≤0.6	≤0.6	≤0.030	≤0.035	12~14				
	3Cr13	0.25~0.34	≤0.6	≤0.6	≤0.030	≤0.035	12~14				
	4Cr13	0.35~0.45	≤0.6	≤0.6	≤0.030	≤0.035	12~14				
	3Cr13Mo	0.25~0.35	≤0.6	≤0.6	≤0.030	≤0.035	12~14		0.5~1.0		
	1Cr17Ni2	0.11~0.17	≤0.8	≤0.8	≤0.030	≤0.035	16~18	1.5~2.5			
	9Cr18	0.90~1.00	≤0.8	≤0.8	≤0.035	≤0.035	17~19				
	9Cr18MoV	0.85~0.95	≤1.0	≤0.8	≤0.030	≤0.035	17~19		1.0~1.3		0.07~0.12

类型	钢号	热处理				机械性能（不小于）					
		淬火/℃	冷却剂	回火/℃	冷却剂	σ_b/MPa	$\sigma_{0.2}$/MPa	δ/%	ψ/%	α_k/(J·cm^{-2})	HRC
马氏体型	1Cr13	1 000~1 050	油、水	700~790	油、水、空	600	420	20	60	90	
	2Cr13	1 000~1 050	油、水	660~770	油、水、空	600	450	16	55	80	
	3Cr13	1 000~1 050	油	200~300							48
	4Cr13	1 050~1 100	油	200~300							50
	3Cr13Mo	1 025~1 075	油	200~300							50
	1Cr17Ni2	950~1 050	油	275~350	空	1 100		10		50	HB350~402
	9Cr18	1 000~1 050	油	200~300	油、空						55
	9Cr18MoV	1 050~1 075	油	100~200	空						55

　　1Cr13 钢加工工艺性能良好，可不经预热进行深冲、弯曲、卷边及焊接。2Cr13 冷变形前不要求预热，但焊接前需预热。1Cr13、2Cr13 主要用来制作耐蚀结构件如汽轮机叶片等，而 3Cr13、4Cr13 主要用来制作医疗器械、外科手术刀及耐磨零件；9Cr18 可做耐蚀轴承及刀具。

　　马氏体不锈钢在酸性介质中使用时，常因氢脆而造成延迟断裂，而在中性溶液中工作时则可能因阳极溶解而造成应力腐蚀开裂，因此在使用时必须注意。为此，在冶炼时通常采用真空冶炼、电渣重熔等净化工艺，使钢的纯度得以改善、夹杂物数量降低，从而大大降低马氏体不锈钢的应力腐蚀及氢脆倾向。

　　马氏体不锈钢含有大量 Cr 元素，钢的淬透性好，故在高温加热（如锻造加热时）后空冷就能得到 M 组织（或少量 F 加上 M），其结果一是残余应力增大，因此，锻造后必须缓冷，以防残余应力过大引起锻件表面产生裂纹；二是由于获得 M 组织，使工件硬度增高而难于进行切削加工，因此，锻后应进行软化退火处理，即在 680~780 ℃下进行高温回火 2~4 h，使马氏体转变为回火索氏体，则空冷后硬度可降低。

　　马氏体不锈钢淬火后回火温度应根据需要而定。1Cr13、2Cr13 钢常用于制作构件，要求良好的综合力学性能，因而大都在高温（660~790 ℃）回火后使用。3Cr13、4Cr13 及 9Cr18 钢用于制作零件、工具及医疗器械等，需要较高的强度、硬度和耐磨性，所以低温（200~300 ℃）回火后使用。

　　马氏体不锈钢有回火脆倾向，回火后应快冷。另外，马氏体不锈钢在 400~600 ℃回火后易出现应力腐蚀开裂现象。

5.4.2　铁素体不锈钢

铁素体不锈钢的 $w(Cr)=13\%\sim30\%$, $w(C)<0.25\%$,有时还加入其他合金元素。金相组织主要是 δ 铁素体,加热及冷却过程中没有 $\alpha \rightleftharpoons \gamma$ 转变,不能用热处理进行强化。为了进一步提高抗氧化性,当加入合金元素 Mo 时,则可在有机酸及含 Cl^- 的介质中有较强的抗蚀性。同时,它还具有良好的热加工性及一定的冷加工性。铁体不锈钢主要用来制作要求有较高的耐蚀性而强度要求较低的构件,广泛用于制造生产硝酸、氮肥等设备和化工使用的管道等。

典型的铁素体不锈钢有 Cr17 型、Cr25 型和 Cr28 型,其化学成分、性能及热处理工艺见表 5.3。

表 5.3　铁素体不锈钢的化学成分、性能、热处理

类型	钢　号	化　学　成　分　($w/\%$)									
		C	Si	Mn	S	P	Cr	Ni	Mo	Ti	V
铁素体型	0Cr13	≤0.08	≤0.6	≤0.8	≤0.030	≤0.035	12.0~14.0				
	1Cr14S	≤0.15	≤0.6	≤0.8	0.20/0.40	≤0.035	13.0~15.0				
	1Cr17	≤0.12	≤0.3	≤0.8	≤0.030	≤0.035	16~18				
	1Cr28	≤0.15	≤1.0	≤0.8	≤0.030	≤0.035	27~30			≤0.20	
	0Cr17Ti	≤0.08	≤0.8	≤0.8	≤0.030	≤0.035	16~18			5×C%~0.80	
	1Cr17Ti	≤0.12	≤0.8	≤0.8	≤0.030	≤0.035	16~18			5×C%~0.80	
	1Cr25Ti	≤0.12	≤1.0	≤0.8	≤0.030	≤0.035	24~27			5×C%~0.80	
	1Cr17Mo2Ti	≤0.10	≤0.8	≤0.8	≤0.030	≤0.035	16~18		1.6~1.9	≥1×C%	

类型	钢　号	热　处　理				机械性能(不小于)			
		淬火/℃	冷却剂	回火/℃	冷却剂	σ_b/ MPa	$\sigma_{0.2}$/ MPa	δ/ %	ψ/ %
铁素体型	0Cr13	1 000~1 050	油、水	700~790	油、水、空	500	350	24	60
	1Cr14S	1 010~1 050	油	680~780	油、水	550	300	16	55
	1Cr17			退火 750 ~800	空	400	250	20	50
	1Cr28			700~800	空	450	300	20	45
	0Cr17Ti			700~800	空	450	300	20	—
	1Cr17Ti			700~800	空	450	300	20	—
	1Cr25Ti			700~800	空	450	300	20	45
	1Cr17Mo2Ti			750~800	空	500	300	20	35

铁素体不锈钢的主要缺点是韧性低、脆性大。引起脆性的原因有:

(1)晶粒粗大。铁素体不锈钢在加热和冷却时不发生相变,粗大的铸态组织只能通过压力加工碎化,而不能利用相变重结晶细化晶粒。

当热加工温度(锻、轧温度)超过 850~900 ℃时,晶粒即发生粗化。粗大晶粒导致钢的冷脆倾向增大,室温时冲击韧性很低。为此,在热加工中,终锻或终轧温度控制在 750 ℃以下,同时加入少量 Ti 来控制晶粒长大的倾向。

(2)475 ℃脆性。 $w(Cr)>15\%$ 的高 Cr 钢在 400~525 ℃范围内长时间加热,或在此温度范围内缓冷时,会导致室温脆化,钢的强度升高,塑性、韧性下降。由于在 475 ℃左右

脆化现象最严重,故称之为 475 ℃脆性。产生的原因是铁素体内 Cr 原子有序化,形成富 Cr(w(Cr)= 80%)的体心立方点阵 α'' 相,与母相共格引起较大的点阵畸变和内应力,使钢的强度增加,韧性下降。

已产生 475 ℃脆性的钢可通过 700~800 ℃短时加热,然后迅速冷却的办法来消除。

合金元素 Ti、Nb、Si、Mo、Al 等可促进 475 ℃脆性的发展,N 则降低 475 ℃脆性倾向。

(3)σ 相脆性。铁素体不锈钢在 550~850 ℃长期停留时,将从 δ-铁素体中析出 σ 相。σ 相为高硬度(>68 HRC)的 FeCr 金属间化合物,σ 相析出同时还伴随着很大的体积变化,且 σ 相又常常沿晶界分布,因此造成钢有很大的脆性,同时也会引起钢的晶间腐蚀,降低钢的抗蚀性能。已产生 σ 相脆性的钢重新加热到 820 ℃以上,可使 σ 相溶入 δ-铁素体,随后快速冷却,从而消除 σ 相脆性,也可避免产生 475 ℃脆性。

合金元素 Mn、Si、Mo、W、V、Nb、Ti、Al 等可促使 σ 相产生。

铁素体不锈钢的热处理比较简单,一般是在 750~850 ℃的范围内进行退火,然后应迅速冷却,一般采用空冷或水冷来避免 475 ℃脆性的产生。

5.4.3　奥氏体不锈钢

奥氏体不锈钢是克服马氏体不锈钢耐蚀性不足和铁素体不锈钢脆性过大而发展起来的。基本成分为 w(Cr)18%、w(Ni)8%,简称 18-8 钢。其特点是 w(C)<0.1%,利用 Cr、Ni 配合获得单相奥氏体组织。

为了调整耐腐蚀性、力学性能、工艺性能和降低成本,在奥氏体不锈钢中还常加入 Mn、Cu、N、Mo、Ti、Nb 等合金元素,相应在 18-8 钢基础上又发展了许多新钢种,见表 5.4。表 5.4 列出了我国常用奥氏体不锈钢的成分、性能和热处理工艺。

奥氏体不锈钢的强度低,但具有较高的耐蚀性和塑性,易于加工成各种形状的钢材,具有良好的可焊接性、低温韧性和无磁性等性能,是目前应用最广泛的耐酸钢,产量约占不锈钢总产量的 2/3 以上。奥氏体不锈钢在固态下无同素异构转变,即不能用相变热处理来强化而只能用冷塑性变形进行强化的钢种。

奥氏体不锈钢一般用于制造生产硝酸、硫酸等化工设备构件、冷冻工业低温设备构件及经形变强化后可用作不锈钢弹簧和钟表发条等。

奥氏体不锈钢具有良好的抗均匀腐蚀的性能,但在局部抗腐蚀方面,仍存在下列问题:

1. 奥氏体不锈钢的晶间腐蚀

奥氏体不锈钢在 450~850 ℃保温或缓慢冷却时,会出现晶间腐蚀。含碳量越高,晶间腐蚀倾向性越大。此外,在焊接件的热影响区也会出现晶间腐蚀。这是由于在晶界上析出富 Cr 的 $Cr_{23}C_6$,使其周围基体产生贫铬区,从而形成腐蚀原电池而造成的。这种晶间腐蚀现象在前面提到的铁素体不锈钢中也是存在的。

工程上常采用以下几种方法防止晶间腐蚀:

(1)降低钢中的碳量,使钢中含碳量低于平衡状态下在奥氏体内的饱和溶解度,即从根本上解决了铬的碳化物($Cr_{23}C_6$)在晶界上析出的问题。通常钢中 C 的质量分数降至 0.03% 以下即可满足抗晶间腐蚀性能的要求。

表 5.4 奥氏体不锈钢成分、热处理和性能（GB 1220—75）

类型	钢 号	化 学 成 分 (w/%)										
		C	Si	Mn	S	P	Cr	Ni	Mo	Ti	Nb	其他
奥氏体型	00Cr18Ni10	≤0.03	≤1.00	≤2.00	≤0.030	≤0.035	17.00~19.00	8.00~12.00				
	0Cr18Ni9	≤0.06	≤1.00	≤2.00	≤0.030	≤0.035	17.00~19.00	8.00~11.00				
	1Cr18Ni9	≤0.12	≤1.00	≤2.00	≤0.030	≤0.035	17.00~19.00	8.00~11.00				
	2Cr18Ni9	0.03~0.22	≤1.00	≤2.00	≤0.030	≤0.035	17.00~19.00	8.00~11.00				
	0Cr18Ni9Ti	≤0.08	≤1.00	≤2.00	≤0.030	≤0.035	17.00~19.00	8.00~11.00		5×C%~0.70		
	1Cr18Ni9Ti	≤0.12	≤1.00	≤2.00	≤0.030	≤0.035	17.00~19.00	8.00~11.00		5(C%~0.02)~0.80		
	1Cr18Ni11Nb	≤0.10	≤1.00	≤2.00	≤0.030	≤0.035	17.00~20.00	9.00~13.00			8×C%~1.50	
	1Cr18Mn8Ni5N	≤0.10	≤1.00	≤7.50~10.00	≤0.030	≤0.035	17.00~20.00	4.00~6.00				N 0.15~0.25
	0Cr18Ni12Mo2Ti	≤0.08	≤1.00	≤2.00	≤0.030	≤0.035	16.00~19.00	11.00~14.00	1.80~2.50	5×C%~0.70		
	1Cr18Ni12Mo2Ti	≤0.012	≤1.00	≤2.00	≤0.030	≤0.035	16.00~19.00	11.00~14.00	1.80~2.50	5(C%~0.02)~0.80		
	00Cr17Ni14Mo2	≤0.03	≤1.00	≤2.00	≤0.030	≤0.035	16.00~18.00	12.00~16.00	1.80~2.50			
	00Cr17Ni14Mo3	≤0.03	≤1.00	≤2.00	≤0.030	≤0.035	16.00~18.00	12.00~16.00	2.50~3.50			
	0Cr18Ni12Mo3Ti	≤0.03	≤1.00	≤2.00	≤0.030	≤0.035	16.00~19.00	11.00~14.00	2.50~3.50	5×C%~0.70		
	1Cr18Ni12Mo3Ti	≤0.12	≤1.00	≤2.00	≤0.030	≤0.035	16.00~19.00	11.00~14.00	2.50~3.50	5(C%~0.02)~0.08		
	00Cr18Ni14Mo2Cu2	≤0.03	≤1.00	≤2.00	≤0.030	≤0.035	17.00~19.00	12.00~16.00	1.20~2.50			Cu1.00~2.50
	0Cr18Ni18Mo2Cu2Ti	≤0.07	≤1.00	≤2.00	≤0.030	≤0.035	17.00~19.00	17.00~19.00	1.80~2.20	≥7×C%		Cu1.80~2.20
	0Cr23Ni28Mo3Cu3Ti	≤0.06	≤0.80	≤0.8	≤0.030	≤0.035	22.00~25.00	26.00~29.00	2.50~3.00	0.40~0.70		Cu2.50~3.50

续表 5.4

类型	钢　　号	热　处　理		机　械　性　能(不小于)			
		淬火/℃	冷却剂	σ_b/MPa	$\sigma_{0.2}$/MPa	δ/%	ψ/%
奥氏体型	00Cr18Ni10	1 050 ~ 1 100	水	490	180	40	60
	0Cr18Ni9	1 080 ~ 1 130	水	500	200	45	60
	1Cr18Ni9	1 100 ~ 1 150	水	550	200	45	50
	2Cr18Ni9	1 100 ~ 1 150	水	580	220	40	55
	0Cr18Ni9Ti	950 ~ 1 050	水	500	200	40	55
	1Cr18Ni9Ti	1 000 ~ 1 100	水	550	200	40	55
	1Cr18Ni11Nb	1 000 ~ 1 100	水	550	200	40	55
	1Cr18Mn8Ni5N	1 100 ~ 1 150	水	650	300	45	60
	0Cr18Ni12Mo2Ti	1 000 ~ 1 100	水	550	220	40	55
	1Cr18Ni12Mo2Ti	1 000 ~ 1 100	水	550	220	40	55
	00Cr17Ni14Mo2	1 050 ~ 1 100	水	490	180	40	60
	00Cr17Ni14Mo3	1 050 ~ 1 100	水	490	180	40	60
	0Cr18Ni12Mo3Ti	1 000 ~ 1 100	水	550	220	40	55
	1Cr18Ni12Mo3Ti	1 000 ~ 1 100	水	550	220	40	55
	00Cr18Ni14Mo2Cu2	1 050 ~ 1 100	水	490	180	40	60
	0Cr18Ni18Mo2Cu2Ti	1 050 ~ 1 100	水	650	230	40	—
	0Cr23Ni28Mo3Cu3Ti	1 100 ~ 1 150	水、空	550	200	45	60

(2)加入 Ti、Nb 等能形成稳定碳化物(TiC 或 NbC)的元素,避免在晶界上析出 $Cr_{23}C_6$,即可防止奥氏体不锈钢的晶间腐蚀。

(3)通过调整钢中奥氏体形成元素与铁素体形成元素的比例,使其具有奥氏体+铁素体双相组织,其中 w(铁素体)= 5% ~ 12%,这种双相组织不易产生晶间腐蚀。

(4)采用适当热处理工艺(以后详述),可以防止晶间腐蚀,获得最佳的耐蚀性。

2. 奥氏体不锈钢的应力腐蚀

应力(主要是拉应力)与腐蚀的综合作用所引起的开裂称为应力腐蚀开裂,简称 SCC (Stress Crack Corrosion)。奥氏体不锈钢容易在含氯离子的腐蚀介质中产生应力腐蚀。当 w(Ni)= 8% ~ 10% 时,奥氏体不锈钢应力腐蚀倾向性最大,继续增加至 w(Ni)= 45% ~ 50%,应力腐蚀倾向逐渐减小,直至消失。

防止奥氏体不锈钢应力腐蚀的最主要途径是加入 Si(w(Si)= 2% ~ 4%),并从冶炼上将 w(N)控制在 0.04% 以下,此外还应尽量减少 P、Sb、Bi、As 等杂质的质量分数。另外可选用 A–F 双相钢,它在 Cl^- 和 OH^- 介质中对应力腐蚀不敏感,当初始的微细裂纹遇到铁素体相后不再继续扩展,铁素体的质量分数应在 6% 左右。

3. 奥氏体不锈钢的点腐蚀

点腐蚀也是奥氏体不锈钢在使用中经常出现腐蚀破坏形式之一。这是因为奥氏体不锈钢在氢氟酸、盐酸、钝化条件不良的海水、沸腾的强碱等条件下均不耐蚀,有显著点蚀倾向,严重的点蚀可将几毫米厚不锈钢钢板穿孔。

关于不锈钢点腐蚀机制,一般认为点腐蚀是由于腐蚀性阴离子(例如 Cl^- 等)在氧化膜表面上吸附后离子穿过钝化膜所致。腐蚀性阴离子与金属离子结合形成强酸盐进而溶解钝化膜,使不锈钢钝化膜破坏;或者腐蚀性阴离子,例如 $[Cl^-]$ 与 $[O^{2-}]$ 交换,使膜产生空位等。这种钝化膜的局部破坏就形成许多尺寸较小的蚀孔,如果钢的钝化能力很强,破坏的钝化膜可发生再钝化,小蚀孔就不再成长,否则小蚀孔将继续扩大。当超过临界尺寸时就成为点蚀源,这时蚀孔为小阳极,钝态表面为大阴极,两者构成腐蚀电池,蚀孔不断向金属深处发展,直至将金属穿透。

影响不锈钢抗点腐蚀的因素很多,除钢的化学成分影响外,钢的组织不均匀部位往往也促进点腐蚀。例如,钢中的晶界、硫化物、氧化物夹杂、显微偏析区、零件表面加工刀痕、残留拉应力、表面油污和缝隙、空洞等都可能成为点腐蚀的起源。

提高不锈钢抗点蚀性最好的方法是合金化,钢中加入铬、钼、氮可显著提高抗点蚀能力;镍、硅、稀土元素等也有一定作用。目前提高奥氏体不锈钢抗点蚀性的主要措施是加入合金元素钼,这可能是钼与腐蚀性阴离子[Cl^-]结合成 $MoOCl_2$ 保护膜,从而防止氯离子穿透钝化膜。另外钢中 Cr 的质量分数增加,使不锈钢的氧化膜化学稳定性增加,点蚀倾向显著减少,所以高铬不锈钢(Cr25 型)的点蚀倾向较小。

4. 奥氏体不锈钢的形变强化

单相的奥氏体不锈钢具有良好的冷变形性能,可以冷拔成很细的钢丝,冷轧成很薄的钢带或钢管。经过大量变形后,钢的强度大为提高,尤其是在零下温度轧制时效果更为显著,σ_b 可达 2 000 MPa 以上。这是因为除了冷作硬化效果外,还叠加了形变诱发 M 转变。

奥氏体不锈钢经形变强化后可用来制造不锈弹簧、钟表发条、航空结构中的钢丝绳等。形变后若需焊接,则只能采用点焊工艺。形变使应力腐蚀倾向性增加,并因部分 $\gamma \rightarrow$ M 转变而产生铁磁性,在使用时(如仪表零件中)应予以考虑。再结晶温度随形变量而改变,当形变量为 60% 时,其再结晶温度降为 650 ℃,冷变形奥氏体不锈钢再结晶退火温度为 850 ~ 1 050 ℃,850 ℃时需保温 3 h,1 050 ℃时透烧即可,然后水冷。

5. 奥氏体不锈钢的热处理

奥氏体不锈钢常用的热处理工艺有:固溶处理、稳定化处理和去应力处理等。

(1)固溶处理。将钢加热到 1 050 ~ 1 150℃后水淬,主要目的是使碳化物溶于奥氏体中,并将此状态保留到室温,这样,钢的耐蚀性会有很大改善。如上所述,为了防止晶间腐蚀,通常采用固溶化处理,使 $Cr_{23}C_6$ 溶于奥氏体中,然后快速冷却。对于薄壁件可采用空冷,一般情况采用水冷。

(2)稳定化处理。一般是在固溶处理后进行,常用于含 Ti、Nb 的 18-8 钢。固溶处理后,将钢加热到 850 ~ 880 ℃保温后空冷,此时 Cr 的碳化物完全溶解,而钛的碳化物不完全溶解,且在冷却过程中充分析出,使碳不可能再形成铬的碳化物,因而有效地消除了晶间腐蚀。

(3)去应力处理。去应力处理是消除钢在冷加工或焊接后的残余应力的热处理工艺。一般加热到 300 ~ 350 ℃回火。对于不含稳定化元素 Ti、Nb 的钢,加热温度不超过 450 ℃,以免析出铬的碳化物而引起晶间腐蚀。对于超低碳和含 Ti、Nb 不锈钢的冷加工件和焊接件,一般是不低于 850 ℃加热,然后缓冷,消除应力(消除焊接应力取上限温度),可以减轻晶间腐蚀倾向,并提高钢的应力腐蚀抗力。

5.4.4 奥氏体-铁素体双相不锈钢

在奥氏体不锈钢的基础上,适当增加 Cr 的质量分数,并减少 Ni 的质量分数,并与固溶化处理相配合,可获得具有奥氏体和铁素体的双相组织($w(\delta\text{-铁素体}) = 40\% \sim 60\%$)的不锈钢,典型钢号有 0Cr21Ni5Ti、1Cr21Ni5Ti、0Cr21Ni6Mo2Ti 等。双相不锈钢与奥氏体不锈钢相比有较好的焊接性,焊后不需热处理,而且其晶间腐蚀、应力腐蚀倾向性也较小。但由于含 Cr 量高,易形成 σ 相,使用时应加以注意。

5.4.5　沉淀硬化不锈钢(超高强度钢)

沉淀硬化不锈钢包括两种:一种是以 Cr18Ni9 钢为基础发展起来的奥氏体-马氏体型沉淀硬化不锈钢;另一种是以 Cr13 型马氏体不锈钢发展起来的低碳马氏体沉淀硬化不锈钢。这两类钢都是在最后形成马氏体基础上经过时效处理产生沉淀强化而得到超高强度的,即这两类钢既能保持 Cr18Ni9 钢的优良的焊接性能,又具有马氏体钢的高强度,是发展航空和宇航应用超高强度钢的主要钢种。沉淀硬化不锈钢化学成分见表 5.5。

表 5.5　沉淀硬化不锈钢化学成分($w/\%$)

钢种	钢号	C	Cr	Ni	Co	Mo	Al	Ti	Si	Mn	其 他
奥氏体-马氏体沉淀硬化不锈钢	0Cr17Ni7Al（与 17-7PH 相当）	≤0.09	16.0~18.0	6.5~7.75			0.75~1.50		≤1.0	≤1.0	P ≤0.035 S ≤0.03
	0Cr15Ni7Mo2Al（与 PH15-7Mo 相当）	≤0.09	14.0~16.0	6.5~7.50		2.0~3.0	0.75~1.50		≤1.0	≤1.0	P ≤0.035 S ≤0.03
	PH14-8Mo	0.02~0.05	13.5~15.5	7.5~9.5		2.0~3.0	0.75~1.50		≤1.0	≤1.0	P ≤0.015 S ≤0.01
	AM355	0.10~0.17	15.0~16.0	4.0~5.0		2.5~3.25			≤0.5	0.5~1.25	N 0.07~0.13
	FV-520	0.07	14.0~18.0	4.0~7.0		1.0~3.0		≤0.5	≤1.0	≤2.0	Cu 1.0~3.0
马氏体沉淀硬化不锈钢	0Cr17Ni4Cu4Nb（与 17-4PH 相当）	≤0.07	15.50~17.50	3.00~5.00					≤1.0	≤1.0	P ≤0.035 Cu 3.0~5.0 S≤0.03 Nb 0.15~0.45
	AFC-77	0.15	14.5	0.2	13.5	5		V:0.5	0.15	0.20	
	NAS MA164	0.025	12.5	4.5	12.5	5			0.15	0.10	
	Pyrometx-15	0.03	15	0.2	20	2.9			0.1	0.1	S 0.01
	AM367	0.03	14	3.5	15.5	2.0		0.5		<0.10	P <0.01 S <0.01

1. 奥氏体-马氏体沉淀硬化不锈钢

奥氏体-马氏体沉淀碳化不锈钢的碳的质量分数低,在室温下主要是不稳定的奥氏体组织,因此有较好的塑性和压力加工性能、焊接性能。在成分设计时使点 M_s 略低于室温,以便通过各种处理使不稳定奥氏体转变成低碳马氏体,然后再通过时效沉淀析出金属间化合物,以提高强度。

钢中的时效沉淀强化元素有铝、钛、钼,它们又是铁素体形成元素。为了得到单一奥氏体组织,因此加入适量镍、锰、铜等与之平衡。

这类钢可以通过以下 3 种方法来获得马氏体和进一步沉淀强化。

第一种方法为两次时效:钢经 1 050 ℃固溶处理后,在 750 ℃保温 1.5 h 并空冷(可通过 $M_{23}C_6$ 析出调整点 M_s,17-7PH 钢的点 M_s 由 -100 ℃以下提高到 70 ℃以上)得到马氏体;再经 510 ~ 560 ℃ 时效 30 min,使马氏体通过时效沉淀析出的金属间化合物 Ni_3Al 等得到进一步强化。

第二种方法为冷处理加时效:钢经 1 050 ℃ 固溶处理后,再经 950 ℃ 保温 1.5 h 调节处理并冷至室温(高温调节处理,主要目的是降低奥氏体稳定性,将点 M_s 提高,钢中无 $M_{23}C_6$ 析出)得到部分马氏体;再冷至 -73 ℃ 进行冷处理,停留 8 h 得到马氏体的组织,最后在 510 ℃ 时效 1 h,使马氏体通过时效沉淀析出的金属间化合物进一步强化。

第三种方法为冷加工加时效:钢经 1 050 ℃ 固溶处理后,在室温进行塑性变形获得马氏体,最后在 480 ℃ 时效 1 h。

经上述 3 种方法处理后。常用的 PH15 ~ 7Mo 及 17-7PH 钢的抗拉强度 σ_b 为 1 400 ~ 1 850 MPa,硬度为 43 ~ 50 HRC。

这类钢在固溶处理后主要组织为 A+F($w=5\% ~ 30\%$),因此冷加工性能良好,适于冷加工成型或焊接。经后续时效处理后,由于金属间化合物的沉淀析出,使钢不仅具有超高强度,而且中温强度也较高,因此可做飞机机体的薄壁结构和蒙皮,还可做火箭发动机外壳、高压容器等。但应注意其使用温度在 315 ℃ 以下。

2. 马氏体沉淀硬化不锈钢

马氏体沉淀硬化不锈钢是在马氏体不锈钢中加入钼、钨、钛、铌等元素,在时效(400 ~ 650 ℃)中沉淀析出一系列金属间化合物(如 Fe_2Mo、Fe_2Ti、Fe_2Nb 及 χ 相($Fe_{36}Cr_{12}Mo_{10}$)等而强化的),在 Cr13 型基础上加入这些铁素体形成元素必然出现 δ 铁素体。为了保证得到单一奥氏体组织,因而加入镍、钴元素,镍元素使点 M_s 下降,所以一般 Ni 的质量分数控制在 4% 左右,Co 的质量分数控制在 10% ~ 20% 左右。此外 Co 的质量分数增加,除固溶强化外,还因降低钼在基体中溶解度而促进时效沉淀强化。

17-4PH 是最早使用的马氏体沉淀硬化不锈钢,经 1 000 ~ 1 050 ℃ 固溶处理后得到低碳马氏体,340 HBS 左右,机加工性能不太好。为了改善机加工性能需经 650 ℃ 时效处理,以得到最大限度软化,此时为 300 HBS。经 480 ℃ 时效 1 h 可沉淀强化,为 420 HBS。目前应用的铬-钼-钴马氏体时效钢有两种基本成分,见表 5.5。

铬-钼-钴沉淀硬化不锈钢经固溶处理冷到室温后,组织中除马氏体外还含有大量残余奥氏体,经 -73 ℃ 冷处理可大大减少残余奥氏体量。例如,AFC-77 钢经 1 093 ℃ 固溶处理后,油冷至室温残余奥氏体和马氏体的质量分数各占 50%,经 -73 ℃ 冷处理,残余奥氏体的质量分数减少,在 480 ~ 650 ℃ 时效后有较高强度。

这类钢在大气、水及一些介质中具有耐蚀性,由于价格昂贵,目前主要用于制作火箭和导弹的蒙皮材料。

5.4.6 不锈钢的新发展

在世界范围内,近 20 年来不锈钢的生产和应用范围得到了迅猛发展,越来越引起世人注重。在主要产钢国家中不锈钢已超过钢总产量的 2%,总产值的 10%,在经济上占重要地位。

当前不锈钢发展的主要趋势是超纯化、多元化和微合金化。面向 21 世纪,新一代不锈钢可分 3 种类型:超纯铁素体不锈钢;超低碳、高钼、高性能奥氏体不锈钢和超低碳、超细晶粒奥氏体-铁素体双相不锈钢。这些钢具有良好的综合抗蚀性能,可在较苛刻恶劣环境中长期服役。它们是 20 世纪 90 年代不锈钢新钢种的开发主流,并能取代部分镍基合金和钛合金。

在不锈钢理论研究方面,人们更深入地研究各种合金元素对钢的耐蚀性的作用及其影响规律。例如超纯化,既可解决奥氏体不锈钢的晶间腐蚀,又可克服铁素体不锈钢脆性问题;超细晶粒双相不锈钢,既有超塑性,又使钢的强韧性显著提高;不锈钢另一引人注目的进展是将不锈钢的钝化处理和彩色着色两者相结合进行可获得紫、蓝、黄、红、绿、橙等不同颜色。奥氏体不锈钢表面离子注入、离子混合注入以及等离子体渗入钛、氮、钇等金属和非金属离子进行表面改性,不仅提高钢抗应力腐蚀、抗稀酸盐腐蚀、抗氯离子腐蚀能力,而且还提高钢表面耐磨、耐介质冲刷性能,下面简要介绍超纯铁素体不锈钢和新型奥氏体不锈钢。

1. 超纯铁素体不锈钢

由于 AOD 法精炼技术的采用,可生产出超纯铁素体不锈钢,使这类钢实现了超低碳 $(w(C)=0.001\%)$,提高了钢的纯度,从而克服了铁素体不锈钢脆性大的缺点。其成分特点是:高铬、超低碳(氮)、含钼。因此它的韧性好,脆性转变温度低,焊接性能得以改善,在含氯化物的环境中具有较高的抗点蚀、抗缝隙腐蚀的能力。例如,美国开发超纯铁素体不锈钢 $(w(C)<0.002\%$、$w(Mn)=0.1\%$、$w(Si)=0.2\%$、$w(P)=0.015\%$、$w(S)=0.01\%$、$w(Cr)=26\%$、$w(Mo)=1\%$、$w(N)=0.01\%$、$w(Nb)=0.09\%)$ 可用于化工、食品、石油精炼工业、水处理及污染控制用热交换器、压力容器、缸体及无缝钢管等。

超纯铁素体不锈钢还可用于建筑物的内部装饰、苛性钠设备及含 Cl⁻ 的环境,以及用于制作既具有磁性又很耐蚀的零部件,因此可在许多领域取代奥氏体不锈钢和镍基合金。

2. 新型奥氏体不锈钢

主要开发的新品种有:抗应力腐蚀断裂的新型奥氏体不锈钢,如 00Cr25Ni25Si2V2Nb 钢,具有非常好的抗应力腐蚀断裂能力;抗点腐蚀的新型奥氏体不锈钢,如 00Cr20Ni25Mo5N、AL-6X 和 AVESTA-254Mo 钢的抗点腐蚀性能最佳。它们可应用于海水冷凝管 00Cr20Ni25M05N 等海洋装置,使用性能良好;抗海水腐蚀的新型奥氏体不锈钢;新型易切削不锈钢。

第6章　耐热钢及高温合金

各种动力机械,如热电站中的锅炉和蒸汽轮机、航空和舰艇用的燃气轮机以及原子反应堆工程等结构中的许多结构件是在高温状态下工作的。工作温度的升高:一方面影响钢的化学稳定性;另一方面降低钢的强度。为此,要求钢在高温下应具有:① 抗蠕变、抗热松弛和热疲劳性能及抗氧化能力;② 在一定介质中耐腐蚀的能力以及足够强的韧性;③ 具有良好的加工性能及焊接性;④ 按照不同用途有合理的组织稳定性。

耐热钢是指在高温下工作并具有一定强度和抗氧化、耐腐蚀能力的钢种。耐热钢包括热稳定钢和热强钢。热稳定钢是指在高温下抗氧化或抗高温介质腐蚀而不破坏的钢种,如炉底板、炉栅等。它们工作时的主要失效形式是高温氧化,而单位面积上承受的载荷并不大。热强钢是指在高温下有一定抗氧化能力并具有足够强度而不产生大量变形或断裂的钢种,如高温螺栓、涡轮叶片等。它们工作时要求承受较大的载荷,失效的主要原因是高温下强度不够。

6.1　钢的热稳定性和热稳定钢

6.1.1　钢的抗氧化性能及其提高途径

工件与高温空气、蒸汽或燃气相接触,表面要发生高温氧化或腐蚀破坏。因此,要求工件必须具备较好的热稳定性。

钢的热稳定性是指钢在高温下抗氧化或抗高温介质腐蚀的能力。钢的抗氧化性高低一般用单位时间、单位面积上氧化后质量增加或减少的数值表示,单位为 g/m^2。质量增加常用于冷却后氧化物仍然紧密附着在金属表面上的材料,如高合金钢的氧化;质量减少常用于碳钢、低合金钢或氧化物容易剥落的材料。

其他条件相同时,减小质量或增加质量的程度越小,钢的热稳定性越高。

氧化是一种典型的化学反应,即介质与金属直接接触发生化学反应,腐蚀产物可以附着在金属表面称为氧化膜。若能在金属表面形成一层致密的、完整的并能与金属表面牢固结合的氧化膜,那么钢将不再被氧化。但是碳钢一般不能满足这个要求。

铁与氧可以形成 FeO、Fe_2O_3 和 Fe_3O_4 共 3 种氧化物,但氧化膜的结构与温度有关。560 ℃以下形成的氧化膜由 Fe_2O_3 和 Fe_3O_4 组成,这种氧化膜很致密,点阵结构复杂,点阵常数小,铁离子难以通过它们进行扩散,可以防止铁的进一步氧化。当温度超过 560 ℃时,在 Fe_2O_3 和 Fe_3O_4 下面形成 FeO 层。FeO 层很厚(其 Fe_2O_3、Fe_3O_4、FeO 的 3 层厚度比为1∶10∶100),点阵结构简单,是铁原子的缺位固溶体,点阵中的原子有一些空隙,铁离子很容易通过 FeO 层进行扩散,氧原子也易于向内扩散与铁离子结合,因此加剧铁的氧化。

在高温下工作的钢件,氧化具有自发的趋势,但是氧化的速度和继续氧化的问题是可以改变和控制的。

为了提高钢的抗氧化性,首先要防止 FeO 形成或提高其形成温度。加入合金元素 Cr、Al、Si,形成 Cr_2O_3、Al_2O_3、SiO_2 或 $FeO \cdot Cr_2O_3$、$FeO \cdot Al_2O_3$、Fe_2SiO_4 等很致密的、与钢件表面牢固结合的氧化膜,可以阻止铁离子和氧原子的扩散,故具有良好的保护作用。这些元素还能提高 FeO 的形成温度,当 Cr、Al、Si 含量较高时,钢和合金在 800 ~ 1 200 ℃ 也不出现 FeO。零件工作温度越高,保证钢有足够抗氧化性的 Cr、Al、Si 含量也就越高。

Al 虽然是提高钢抗氧化性能的主要元素,但 Al 亦能导致钢的强度下降,脆性增大。Si 也增大钢的脆性。当钢中 Al 的质量分数超过 8%、Si 的质量分数达到 3% ~ 4% 后,则使钢的室温塑性和韧性急剧下降,使冷变形加工困难,因此生产中不采用单独加入 Cr、Al、Si 的方法,而是采用 Cr、Al、Si 共 3 种元素综合加入的方法。

碳对钢的抗氧化性不利,因为碳和铬很容易形成铬的碳化物,减少基体中铬的含量,从而造成晶间腐蚀,所以钢中 C 的质量分数一般控制在 0.1% ~ 0.2% 左右。当钢中加入少量的镧系稀土元素时,氧化膜和基体之间结合力会增加,有利于抗氧化性的提高。

除了加入合金元素方法外,目前还采用渗金属的方法(如渗 Cr、渗 Al 或渗 Si),以提高钢的抗氧化性能。

6.1.2　热稳定钢

热稳定钢(又称抗氧化钢)广泛用于工业锅炉中的构件,如炉底板、马弗罐、辐射管等。这种用途的热稳定钢有铁素体(F)型热稳定钢和奥氏体(A)型热稳定钢两类。

F 型热稳定钢是在 F 不锈钢的基础上进行抗氧化合金化而形成的钢种。具有单相 F 基体,表面容易获得连续的保护性氧化膜。根据使用温度,可分为 Cr13 型钢、Cr18 型钢和 Cr25 型钢等。表 6.1 列出了抗氧化钢的化学成分和使用温度。F 型热稳定钢和 F 不锈钢一样,因为没有相变,所以晶粒较粗大,韧性较低,但抗氧化性很强。

A 型热稳定钢是在 A 型不锈钢的基础上进一步经 Si、Al 抗氧化合金化而形成的钢种。A 型热稳定钢比 F 型热稳定钢具有更好的工艺性能和热强性。但这类钢因消耗大量的 Cr、Ni 资源,故从 20 世纪 50 年代起研究了 Fe-Al-Mn 系和 Cr-Mn-N 系热稳定钢,并已取得了一定进展。其成分和用途见表 6.1。

Fe-Al-Mn 系热稳定钢在熔炼浇铸中要尽可能地减少夹杂物,严格控制浇铸温度,防止 Al 氧化。铸件冷凝过程中,因线收缩较大,还易于产生裂纹,故对铸件结构截面突变应加以适当的控制。

Cr-Mn-N 系热稳定钢在高温下有较高的持久强度,故除了做铸件外,还可以用来制作锻件。

表6.1 抗氧化钢的典型钢种

钢种	化学成分（w/%）										用途举例
	C	Si	Mn	Cr	Ni	Ti	Al	N	S(<)	P(<)	
铁素体类 Cr3Si	≤0.10	1.0~1.5	≤0.70	3.0~3.5					0.030	0.035	<750℃下工作的炉用构件
Cr6Si2Ti	≤0.15	2.0~2.5	≤0.70	5.8~6.8		0.08~0.15			0.030	0.035	<800℃下工作的炉用构件
Cr11SiTi（日SUH409）	≤0.08	1.0	1.0	10.5~11.75		6×C%~0.75			0.030	0.04	
Cr13Si3	≤0.12	2.3~2.8	≤0.7	12.5~14.5					0.030	0.035	<800~1000℃下工作的炉用构件
Cr13SiAl	0.10~0.20	1.0~1.5	≤0.7	12.0~14			1.0~1.8		0.030	0.035	<800~1000℃下工作的炉用构件
Cr18Si2	≤0.12	1.9~2.4	≤1.0	17.0~19.0					0.030	0.035	<1000℃下工作的炉用构件及渗碳箱等
Cr17Al4Si	≤0.10	1.0~1.5	≤0.7	16.5~18.5			3.5~4.5		0.030	0.035	<1000℃下工作的炉用构件及渗碳箱等
Cr19Al3Si（日SUH21）	≤0.10	1.5	1.0	17~21			2~4		0.03	0.04	
Cr24Al2Si	≤0.12	0.8~1.2	≤1.0	23.0~25.0			1.4~2.4		0.03	0.035	约1050℃及温度波动下工作的炉用构件
Cr25Si2	≤0.10	1.6~2.1	≤1.0	24~26					0.03	0.035	约1050℃及温度波动下工作的炉用构件
Cr25SiN（日SUH446）	≤0.20	1.0	1.5	23~27					0.03	0.04	
奥氏体类 Cr18Ni25Si2（苏ЭЯ3С）	0.3~0.4	2.0~3.0	≤1.5	17~20	23~26				0.025	0.035	≤1100℃下工作的炉用构件、渗碳箱及炉内传送带等
6Mn18Al5Si2Ti	0.6~0.7	1.7~2.2	18~20			0.15~0.25	4.5~5.5		0.03	0.06	≤950℃下工作的炉用构件
Cr9Mn12Si2N	0.24~0.34	1.7~2.4	11~13	18~20				0.24~0.32	0.035	0.05	850~1000℃下工作的炉用构件
Cr20Mn9Ni2Si2N	0.18~0.28	1.8~2.7	8.5~11	17~21	2~3			0.2~0.28	0.03	0.03	850~1050℃下工作的炉用构件可代Cr18Ni25Si2

6.2 金属的热强性

6.2.1 高温下金属材料力学性能特点

在室温下，钢的力学性能与加载时间无关，但在高温下钢的强度及变形量不但与时间有关,而且与温度有关,这就是耐热钢所谓的热强性。热强性系指耐热钢在高温和载荷共同作用下抵抗塑性变形和破坏的能力。由此可见在评定高温条件下材料的力学性能时,必须用热强性来评定。热强性包括材料高温条件下的瞬时性能和长时性能。

瞬时性能是指在高温条件下进行常规力学性能试验所测得的性能指标。如高温拉伸、高温冲击和高温硬度等。其特点是高温、短时加载,一般说来瞬时性能只是钢热强性的一个侧面,所测得的性能指标一般不作设计指标,而是作为选择高温材料的一个参考指标。

长时性能是指材料在高温及载荷共同长时间作用下所测得的性能。常见的性能指标有:蠕变极限、持久强度、应力松弛、高温疲劳强度和冷热疲劳等(详见金属力学性能),这是评定高温材料必须建立的性能指标。

6.2.2　耐热钢热强性的影响因素及其提高途径

1. 影响耐热钢热强性的因素

随着温度的升高,耐热钢抵抗塑性变形和断裂的能力不断降低,这主要是由以下两个因素造成的:

(1)影响耐热钢的软化因素。随着温度的升高,钢的原子间结合力降低,原子扩散系数增大,从而导致钢的组织由亚稳态向稳定态过渡。如第二相的聚集长大、多相合金中成分的变化、亚结构粗化及发生再结晶等这些因素将导致钢的软化。

(2)形变断裂方式的变化。金属材料在低温下形变时一般都以滑移方式进行,但随着温度的升高,载荷作用时间加长,这时不仅有滑移,而且还有扩散形变及晶界的滑动与迁移等方式。扩散形变是在金属发生变形但看不到滑移线的情况下提出的。这种变形机制是高温时金属内原子热运动加剧,致使原子发生移动,但在无外力作用下原子的移动无方向性,故宏观上不发生变形;当有外力作用时,原子移动极易发生且有方向性,因而促进变形。当温度升高时,在外力作用下晶界也会发生滑动和迁移,温度越高,载荷作用的时间越长,晶界的滑动和迁移就越明显。

常温下金属的断裂在正常情况下均属穿晶断裂,这是由于晶界区域晶格畸变程度大、晶内强度低于晶界强度所致。但随温度升高,由于晶界区域晶格畸变程度小,使原子扩散速度增加,晶界强度减弱。温度越高,载荷作用时间越长,则金属断裂方式更多地呈晶间断裂。

2. 提高钢的热强性的途径

基于上述分析,提高钢的热强性的主要途径有 3 个方面:基体强化、第二相强化、晶界强化。

(1)基体强化。主要出发点是提高基体金属的原子间结合力、降低固溶体的扩散过程。研究表明,从钢的化学成分来说,凡是熔点高、自扩散系数小、能提高钢的再结晶温度的合金元素固溶于基体后都能提高钢的热强性。如 Fe 基及 Ni 基高温合金中主要的固溶强化元素有 Mo、W、Co 和 Cr 等。从固溶体的晶格类型来说,奥氏体比铁素体基体的热强性高。这是由于奥氏体的点阵排列较铁素体致密,扩散过程不易进行。如在铁基合金中,Fe、C、Mo 等元素在奥氏体中的扩散系数显著低于在铁素体中的扩散系数,这就使回复和再结晶过程减慢,第二相聚集速度减慢,从而使钢在高温状态下不易软化。

(2)第二相强化。主要出发点是要求第二相稳定,不易聚集长大,能在高温下长期保持细小均匀的弥散状态,因此对第二相粒子的成分和结构有一定的要求。耐热钢大多用难熔合金碳化物作强化相,如 MC、$M_{23}C_6$、M_6C 等。为获得更高的热强性,可用热稳定性更高的金属间化合物,如 $Ni_3(TiAl)$、Ni_3Ti、NI_3Al 等作为基体的强化相。

(3)晶界强化。为减少高温状态下晶界的滑动,主要有下列途径:

① 减少晶界。需适当控制钢的晶粒度。晶粒过细,晶界多,虽然阻碍晶内滑移,但晶界滑动的变形量增大,塑变抗力降低。晶粒过大,钢的脆性增加,所以要适当控制耐热钢的晶粒度,一般在 2~4 级晶粒度时能得到较好的高温综合性能。

② 净化晶界。钢中的 S 和 P 等低熔点杂质易在晶界偏聚,并和铁易于形成低熔点共晶体,从而削弱晶界强度,使钢的热强性下降。若钢中加入 B、稀土等元素,可形成高熔点的稳定化合物,在结晶过程中可作为晶核,使易熔杂质从晶界转入晶内,从而使晶界得到净化,强化了晶界。

③ 填补晶界上空位。晶界处空位较多,使扩散易于进行,是裂纹易于扩展的地方。加入 B、Ti、Zr 等表面活化元素,可以填充晶界空位,阻碍晶界原子扩散,提高蠕变抗力。

④ 晶界的沉淀强化。如果在晶界上沉淀出不连续的强化相,将使塑性变形时沿晶界的滑移及裂纹沿晶界的扩展受阻,使钢的热强性提高。例如用二次固溶处理的方法可在晶界上析出链状的 $Cr_{23}C_6$ 化合物,从而提高钢的热强性。

除此之外,还可用形变热处理方法将晶界形状改变为锯齿状晶界和在晶内造成多边化的亚晶界,进一步提高钢的热强性。

现代耐热钢和高温合金大都综合采用上述几种强化方法。

6.3　α-Fe 基热强钢

α-Fe 基热强钢包含珠光体型热强钢和马氏体型热强钢。这两类钢在加热和冷却时会发生 $α \rightleftharpoons γ$ 转变,故使进一步提高使用温度受到限制。这类钢在中温下有较好的热强性、热稳定性及工艺性能,线膨胀系数小,含碳量也较低,价格低廉,是适宜在 600~650 ℃温度下使用的热强钢,广泛应用于制造锅炉、汽轮机及石油提炼设备等。

6.3.1　珠光体型热强钢

珠光体热强钢按含碳量和应用特点可分为低碳珠光体热强钢和中碳珠光体热强钢两类。前者主要用于制作锅炉钢管,后者主要用于制作汽轮机等耐热紧固件、汽轮机转子(包含轴、叶轮)等。

表 6.2 列出了这两类钢的化学成分、热处理、机械性能和用途。

珠光体热强钢的工作温度虽然不高,但由于工作时间长,加之受周围介质的腐蚀作用,在工作过程中可能产生下述的组织转变和性能变化。

1. 珠光体的球化和碳化物的聚集

珠光体热强钢在长期高温作用下,其中的片状碳化物转变成球状,分散细小的碳化物聚集成大颗粒的碳化物。这种组织的变化将引起钢的强度软化,导致蠕变极限、持久强度、屈服极限的降低。这种转变是一种由不平衡状态向平衡状态过渡的自发进行的过程,是通过碳原子的扩散进行的。

影响碳化物球化及聚集的主要因素是温度、时间和化学成分。碳钢最容易球化,含碳量增加会加速球化过程。在钢的成分中,凡能溶入固溶体并降低碳的扩散速度和增加碳化物中原子结合力的元素,如 Cr、Mo、V、Ti 等均能阻碍或延缓球化及聚集过程。

表 6.2 珠光体型热强钢的典型牌号、

类别		钢号	化学成分 (w/%)								
			C	Si	Mn	Cr	Mo	W	V	Ti	B
低碳珠光体热强钢	锅炉管用钢	16Mo	0.13~0.19	0.17~0.37	0.40~0.70		0.40~0.55				
		12CrMo	≤0.15	0.17~0.37	0.40~0.70	0.40~0.60	0.40~0.55				
		15CrMo	0.12~0.18	0.17~0.37	0.40~0.70	0.80~1.10	0.40~0.55				
		12CrMoV	0.08~0.15	0.17~0.37	0.40~0.70	0.40~0.60	0.25~0.35		0.15~0.30		
		12Cr1MoV	0.08~0.15	0.17~0.37	0.40~0.70	0.90~1.20	0.25~0.35		0.15~0.30		
		10CrMo910(德)	≤0.15	≤0.5	0.40~0.60	2.0~2.5	0.90~1.1				
		15CrMoV	0.08~0.15	0.17~0.37	0.40~0.70	0.90~1.2	1.0~1.2	0.15~0.25			
		12MoWVBRE	0.08~0.15	0.60~0.90	0.40~0.70	RE 0.15	0.45~0.65	0.15~0.30	0.35~0.55	0.06	0.007
		12Cr2MoWSiVTiB（钢研102）	0.08~0.15	0.46~0.75	0.45~0.65	1.6~2.1	0.5~0.6	0.3~0.5	0.28~0.42	0.06~0.12	0.008
		12Cr3MoVSiTiB(Ⅱ11)	0.09~0.15	0.6~0.9	0.5~0.8	2.5~3.0	1.0~1.2		0.25~0.35		0.005~0.011
中碳珠光体热强钢	叶轮、转子、紧固件用钢	24CrMoV	0.20~0.28	0.17~0.37	0.30~0.60	1.2~1.5	0.5~0.6		0.15~0.25		
		25Cr2MoVA	0.22~0.29	0.17~0.37	0.40~0.70	1.5~1.8	0.25~0.35		0.15~0.30		
		25Cr2Mo1VA	0.22~0.30	0.17~0.37	0.55~0.80	2.1~2.50	0.90~1.10		0.30~0.50		
		25Cr1Mo1VA(P2)	0.22~0.29	0.3~0.5	≤0.6	1.5~1.8	0.6~0.8		0.2~0.3		
		35CrMo	0.32~0.40	0.17~0.37	0.40~0.70	0.8~1.1	0.15~0.25				
		35CrMoV	0.30~0.38	0.17~0.37	0.40~0.70	1.0~1.3	0.2~0.3		0.1~0.2		
		35Cr2MoV	0.26~0.34	0.17~0.37	0.40~0.70	2.3~2.7	0.15~0.25		0.1~0.2		
		34CrNi3MoV	0.3~0.4	0.17~0.37	0.5~0.8	1.2~1.5	0.25~0.4	Ni 3~3.5	0.1~0.2		
		20Cr1Mo1VNbTiB	0.17~0.23	0.35~0.50	0.3~0.6	0.9~1.3	0.75~1.0	Nb0.11~0.25	0.5~0.7	0.05~0.14	0.004~0.011
		20Cr1Mo1VTiB	0.17~0.23	0.35~0.50	0.3~0.6	0.9~1.3	0.75~1.0		0.45~0.65	0.12~0.28	0.004~0.011

成分、热处理工艺、力学性能、用途

热　　处　　理	力学性能(不小于)					用　途　举　例
	$\sigma_b/$ MPa	$\sigma_s/$ MPa	$\delta_5/$ %	$\psi/$ %	$\alpha_k/$ $(J \cdot cm^{-2})$	
880 ℃空冷,630 ℃空冷	400	250	25	60	120	管壁温度<450 ℃
900 ℃空冷,650 ℃空冷	420	270	24	60	140	管壁温度<510 ℃
900 ℃空冷,650 ℃空冷	450	300	22	60	120	管壁温度<560 ℃
970 ℃空冷,750 ℃空冷	450	230	22	50	100	
970 ℃空冷,750 ℃空冷	500	250	22	50	90	管壁温度<570 ~ 580 ℃
						管壁温度<565 ℃
						蒸汽参数到 580 ℃的主汽管
1 000 ℃空冷,760 ℃空冷	650	510	21	71	100	管壁温度<580 ℃
1 025 ℃空冷,770 ℃空冷	600	450	18	60	100	管壁温度<600 ~ 620 ℃
1 050 ~ 1 090 ℃空冷 720 ~ 790 ℃空冷	640	450	18			管壁温度<600 ~ 620 ℃
900 ℃油淬,600 ℃水或油	800	600	14	50	60	450 ~ 500 ℃工作的叶轮, <525 ℃紧固件
900 ℃油淬,620 ℃空冷	950	800	14	55	80	<540 ℃紧固件
1 040 ℃空冷,670 ℃空冷	750	600	16	50	60	<565 ℃紧固件
970 ~ 990 ℃及 930 ~ 950 ℃ 二次正火 630 ~ 700 ℃空冷	650	450	16	40	50	<535 ℃整锻转子
850 ℃油淬,560 ℃油或水	1 000	850	12	45	80	<480 ℃螺栓,<510 ℃螺母
900 ℃油淬,630 ℃水或油	1 100	950	10	50	90	500 ~ 520 ℃工作的叶轮及整锻 转子
860 ℃油淬,600 ℃空冷	1 250	1 050	9	35	90	<535 ℃工作的叶轮及整锻转子
820 ~ 830 ℃油淬 650 ~ 680 ℃空冷	870	750	13	40	60	≤450 ℃工作时的叶轮及整锻 转子
1 050 ℃油淬,700 ℃回火 4 ~ 6 h 上贝氏体						570 ℃紧固件
1 050 ℃油淬,700 ℃回火 4 ~ 60 000 h 上贝氏体						570 ℃紧固件

2. 钢的石墨化

钢件在工作温度和应力长期作用下,会使碳化物分解成游离的石墨,这个过程也是自发进行的,称为珠光体热强钢的石墨化过程。它不但消除了碳化物的作用,而且石墨相当于钢中的小裂纹,使钢的强度和塑性显著降低而引起钢件脆断。这是一种十分危险的转变过程。

向钢中加入 Cr、Ti、Nb 等合金元素,均能阻止石墨化过程;另外,在冶炼时不能用促进石墨化的 Al 脱氧;采用退火或回火处理也能减少石墨化倾向。

3. 合金元素的再分布

耐热钢长期工作时,会发生合金元素的重新分配现象,即碳化物形成元素 Cr、Mo 向碳化物内扩散、富集,而造成固溶体合金元素贫化,导致热强性下降。生产中经常采用加入强碳化物形成元素 V、Ti、Nb 等,从而阻止合金元素扩散、聚集的再分配,提高钢的热强性。

4. 热脆性

珠光体型不锈钢在某一温度下长期工作时,可能发生冲击韧性大幅度下降,突然发生脆性断裂的现象,这种脆性称为热脆性。它与在该温度下某种新相的析出有关。防止热脆性可采取如下措施:使钢的长期工作温度避开脆性区温度;冶炼时尽量降低 N、P 的质量分数;加入适量的 W、Mo 等合金元素,已发生热脆性的钢,可采用 600~650 ℃ 高温回火后快冷的方法加以消除。

珠光体热强钢的热处理,一般经正火(A_{c3}+50 ℃)处理所得到的组织是不稳定的,为了保证在使用温度下组织性能稳定,一般采用高于使用温度 100 ℃ 的回火处理。

6.3.2　马氏体型热强钢

马氏体型热强钢主要用于制造汽轮机叶片和汽轮机或柴油机的排气阀。高合金马氏体型热强钢的性能和用途见表 6.3。

应用最早的是 Cr13 型钢,它是一种马氏体不锈钢。经热处理后,可获得较高的机械性能和良好的耐热性。

Cr13 型马氏体热强钢的热处理工艺通常采用 1 000~1 150 ℃ 油淬,650~750 ℃ 高温回火得到回火屈氏体和回火索氏体组织,以保证在使用温度下组织和性能的稳定。它们用于制造使用温度低于 580 ℃ 的汽轮机和燃气轮机的叶片。

铬硅钢是另一类马氏体型热强钢,这类钢又称为排气阀钢。经调质处理后,广泛应用于 700 ℃ 以下的各种发动机排气阀。其调质处理是在 1 000 ℃ 以上的温度下淬火的,根据零件大小,分别采用空冷或油冷,个别情况采用水冷。回火温度应根据工作温度及性能要求选用,一般应高于使用温度 100 ℃。由于这类钢具有回火脆性,所以高温回火时应避开 400~600 ℃ 的回火脆性区,以防止回火脆性。回火后采用空冷或油冷。铬硅钢也可用于 900 ℃ 以下的热稳定钢,如制造 900 ℃ 以下的加热炉构件。

表 6.3　高合金马氏体型热强钢——叶片钢与阀门钢典型钢种

钢号	化学成分 (w/%)									热处理	力学性能(不小于)					用途举例
	C	Si	Mn	Cr	Mo	W	Nb	B	V		σ_b/MPa	σ_s/MPa	δ/%	ψ/%	α_k/(J·cm^{-2})	
1Cr13、2Cr13	见	第五章					第四节									
15Cr11MoV	0.11~0.18	≤0.5	≤0.6	10~11.5	0.5~0.7				0.25~0.40	1050~1100℃空冷 720~740℃空冷	700	500	16	55	60	460~480℃工作的汽轮机叶片
15Cr12WMoVA	0.12~0.18	≤0.4	0.5~0.6	11~13	0.5~0.7	0.7~1.1	Ni 0.4~0.8		0.15~0.30							535~540℃工作的汽轮机叶片
15Cr12WMoVNbB (类似 ЭИ993)	0.14~0.19	0.2~0.4	0.4~0.6	11~12	0.45~0.6	0.45~0.6	0.25~0.35	0.010~0.24	0.2~0.3	1150℃油淬，700℃空冷	1060	800	16	56	56	550~560℃工作的汽轮机叶片
4Cr9Si2	0.35~0.50	2~3	≤0.70	8~10						1050℃油淬，700℃油冷	900	600	20	55		<620℃工作的燃气轮机叶片
4Cr10Si2Mo (ЭИ107)	0.35~0.45	1.9~2.6	≤0.70	9~10.5	0.7~0.9	≤0.5				1010~1040℃油淬，740℃空冷	900	700	10	35		<700℃工作的排气阀
4Cr14Ni14W2Mo (ЭИ69)*	0.40~0.50	≤0.80	≤0.70	13~15	0.26~0.4	1.75~2.25	Ni 13~15			1170~1200℃固溶水冷至750℃,517℃空冷	720	320	20	35		<750℃工作的排气阀
6Mn18A15MoV*	0.65~0.70	≤0.8	18~20	≤0.8	0.5~0.8		Al 5~5.5		0.4~0.5	1050℃水淬，750℃水冷						<800℃工作的排气阀
5Cr21Mn9Ni4N (LV21-4N)	0.47~0.57	<0.25	8~10	20~22			N3.5~4.5	N0.38~0.5		1850℃固溶，30 min 水冷，沉淀强化760℃10 h 空冷	900	700	5	5	HB285	<750℃工作的排气阀 初步试验可代替 ЭИ107 及 ЭИ69
2Cr21Ni12MnSiN (21-12N)	0.2~0.3	0.6~1.2	1.0~1.5	20~22			Ni 11~13	N0.2~0.35		1100~1200℃水冷，600~750℃空冷	700		35	40	HB163	<850℃工作的排气阀

左侧分组：叶片钢、阀门钢

注："*"表赤氏体型。

6.4 γ-Fe 基热强钢

珠光体、马氏体类热强钢一般使用温度在 650 ℃以下,不能适用于更高的使用温度。其原因在于,无论是珠光体基还是马氏体基热强钢,其基体相都是铁素体,即"先天不足"。因此必须更换基体组织,即用奥氏体。奥氏体基钢之所以比 α-Fe 基钢具有更高的热强性,其原因在于:γ-Fe 晶格的原子间结合力比 α-Fe 晶格的原子间结合力大;γ-Fe 扩散系数小;γ-Fe 的再结晶温度高(α-Fe 再结晶温度为 450~600 ℃,而 γ-Fe 再结晶温度大于 800 ℃)。

γ-Fe 基热强钢还具有良好的可焊性、抗氧化性、高的塑性和冲击韧性。这类钢也有一些缺点,如室温屈服强度低、压力加工及切削性能较差、导热性差,而在温度变化时热应力大,故抗热疲劳性能差。但是由于热强性高,所以得到了充分的发展和广泛的应用。

根据热强钢合金化原理,奥氏体热强钢分为固溶强化型、碳化物沉淀强化型和金属间化合物强化型 3 类。表 6.4 是这 3 类钢的典型钢种。下面介绍这 3 类热强钢的特点。

6.4.1 固溶强化奥氏体热强钢

从表 6.4 中可以看出,固溶强化型的奥氏体热强钢是在 18-8 奥氏体不锈钢的基础上发展起来的。这类钢的室温组织是加有少量碳化物的奥氏体基体。其特点是在具有良好耐热性的奥氏体基体中加入 Mo、W、Nb 等元素,以进一步提高钢的热强性。Nb 还可以形成 NbC 强化晶界。为了获得稳定的奥氏体组织和提高钢的抗氧化性能,在钢中适当提高 Ni 的质量分数或在提高 Ni 的质量分数的同时,适当降低 Cr 的质量分数。这类钢具有良好的焊接性能、优良的热加工性能和冷冲压性能,可制成管材或轧成薄板材,通过薄板冲压和焊接制成构件。这类钢一般经固溶淬火处理后使用。

固溶强化奥氏体热强钢可用来做喷气发动机排气管或燃烧室中的构件。

6.4.2 碳化物强化奥氏体热强钢

碳化物强化奥氏体热强钢既具有质量分数较高的 Cr、Ni,以形成奥氏体,又具有 W、Mo、Nb、V 等强碳化物形成元素和高质量分数的 C,以形成碳化物强化相,同时还配以固溶淬火和时效沉淀的热处理。

表 6.4 中的 GH36 钢是目前使用较多的一种奥氏体热强钢。由于用 Mn 代替部分 Ni,在降低价格的同时也能满足性能的要求。GH36 钢常用作某些喷气发动机工作温度<650 ℃的涡轮盘材料,也可做高温紧固件。

GH36 钢固溶化处理温度为 1 140 ℃,保温 1.5~2 h 后水冷。水冷的目的是防止在冷却过程中析出 VC 而造成在时效过程中性能不均匀。固溶处理后进行两次时效,第一次时效温度为 670 ℃,时效时间为 12~14 h,第二次时效温度为 770~800 ℃,时效时间为 10~12 h。

第一次时效由于温度较低,得到非常细小密集和分布均匀的 VC 相,此时强度最高,但钢的塑性和韧性较差,有缺口敏感性。第二次时效温度高于工作温度,VC 颗粒适当长大,但仍分布均匀,这种组织低于 750 ℃时有很好的热稳定性,同时塑性、韧性及缺口敏感性均得到改善。

表6.4　典型奥氏体热强钢

	钢 号	化 学 成 分 (w/%)					热处理工艺	持久强度/MPa	使用温度/℃
		C	Cr	Ni	Mo、W	Ti、Al、Nb、Ta、B			
固溶强化	1Cr18Ni9Mo	<0.14	17~19	9~11	Mo 2.5		1 050~1 100 ℃ 空冷		
	1Cr18Ni11Nb (347H)	≤0.10	17~20	9~13		Nb <0.15	1 100~1 150 ℃ 固溶	$\sigma_{10^5}^{700}=30\sim50$	
	1Cr14Ni19W2Nb (ЭИ695)	0.07~0.12	13~15	18~20	W 2.0~2.7	Nb 0.9~1.3	1 140~1 160 ℃ 水淬		
	Cr20Ni32 (Incolg-800)	<0.10	20.5	32		Ti 0.3 Al 0.3 Cu 0.3	1 100~1 150 ℃ 固溶	$\sigma_{10^5}^{871}=$ 10~11	
碳化物沉淀强化	4Cr25Ni20 (A351、HK-40)	0.35~0.45	24~26	19~26			铸 态	$\sigma_{10^5}^{600}=$ 100~135 $\sigma_{10^5}^{200}=21\sim40$	
	4Cr13Ni8Mn8MoVNb (GH36、ЭИ481)	0.34~0.40	11.5~13.5	7~9	Mn 7.5~9.5 Mo 1.1~1.4	Nb 0.25~0.50 V 1.25~1.55 Si 0.3~0.8	1 140 ℃1.5h 水冷 ①650~670 ℃ 12~14 h时效 ②770~800 ℃ 10~12 h时效	$\sigma_{100^5}^{650}>350$	650~700
	4Cr14Ni14W2Mo (ЭИ69)	0.40~0.50	13~15	13~15	Mn≤0.7 Mo 0.25~0.4 W 2.0~2.75	Si ≤0.8	1 150~ 1 200 ℃淬火 650~750 ℃时效	$\sigma_{100}^{650}>170$ $\sigma_{1000}^{650}>220$	<600
金属间化合物强化	0Cr15Ni26Mo Ti2AlVB (GH132、A286)	≤0.08	13.5~16.0	24~27	Mn 1.0~2.0 Mo 1.0~1.5	Ti 1.75~2.30 Al ≤0.4 Si 0.4~1.0 B 0.001~0.01	980~1 000 ℃2 h 油冷 700~720 ℃时效 16 h	$\sigma_{10^0}^{650}>400$	650~700
	0Cr15Ni35W2 Mo2Ti2Al3B (GH135、808)	≤0.08	14~16	33~36	Mn 0.5 Mo 1.7~2.2 W 1.7~2.2	Ti 2.1~2.5 Al 2.4~2.8 B ≤0.015 Ce ≤0.03 Si ≤0.04	1 140 ℃、4 h 空冷 830 ℃时效 3 h 650 ℃时效 16 h	$\sigma_{100}^{750}>300$	700~750
	0Cr14Ni37W6 Ti3Al2B (GH130)	≤0.08	12~16	35~40	Mn ≤0.5 W 5~6.5	Ti 2.4~3.2 Al ≤1.4~2.2 B <0.02 Ce <0.02 Si <0.6	1 180 ℃、1.5 h 空 冷,1 050 ℃、4 h 空冷,800 ℃时效 16 h	$\sigma_{100}^{800}>250$	700~800

6.4.3　金属间化合物强化热强钢(铁基高温合金)

金属间化合物强化热强钢的特点是 $w(C)$ 很低(一般为 0.08%),所以又称为铁基高温合金。合金中的强化相是金属间化合物 $\gamma'-Ni_3(TiAl)$、Ni_3Ti,故 Ni 的质量分数较高(25% ~ 40%),同时含有 Al、Ti、Mo、V、B 等合金元素。

为了使 γ' 相具有较好的强化效果,需要进行适当的热处理。例如表 6.4 中的 GH132 钢通常采用 980 ~ 1 000 ℃、2 h 的固溶化处理,然后在 700 ~ 760 ℃范围内经过 16 h 的时效处理,此时 γ' 相便以极细小的颗粒分布于奥氏体基体上,从而达到最好的强化效果。

如果对 GH132 钢配以冷变形时效,则强化效果将进一步增强。为了避免临界变形导致的晶粒异常长大,冷变量必须超过 6%,热变形量必须超过 10%。因为冷变形加速了 γ' 相的沉淀,故随着冷变形量的增加,时效后达到最大硬度的温度移向低温,但冷变形后钢的结构稳定性变差,所以冷变形后通常采用两次时效。第一次 760 ℃/16 h,第二次 700 ℃/16 h,以增加组织结构的稳定性和硬度的均匀性。

若在 GH132 钢的基础上,再向钢中加入 W、Mo、Ti、Nb 等元素,同时增加 Ni 含量,以稳定奥氏体,可使钢的使用温度提高到 750 ~ 800 ℃。

上述 $\gamma-Fe$ 基热强钢的最高使用温度只能达到 750 ~ 800 ℃,对于更高温度下使用的耐热钢,则采用无同素异构转变的 Ni 基和难熔金属为基的高温合金。

6.5　高温合金

6.5.1　概述

高温合金(superalloys)是以铁、镍、钴为基,能在 600 ℃以上高温抗氧化或耐腐蚀,并在一定应力作用下长期工作的一类金属材料。

高温合金不仅具有一定的高温强度,良好的抗氧化和耐腐蚀性能,而且还有良好的综合性能,如抗疲劳性能、塑性、组织稳定性等,以及高的纯洁度、可靠性。

高温合金既是航空发动机的热端部件(航天火箭发动机高温部件的关键材料),又是工业燃气轮机和能源、化工等工业部门的高温耐蚀、耐磨零件材料。在先进的航空发动机中,高温合金用量占材料总用量的 40% ~ 60%。因此,从某种意义上说,没有高温合金就没有先进的航空航天工业。

6.5.2　高温合金的分类

高温合金按合金基体元素种类分为铁基(铁-镍基)、镍基和钴基高温合金 3 类。根据合金强化的类型不同,高温合金可分为固溶强化型和时效强化型合金,而铁基沉淀强化型合金又有碳化物沉淀强化合金和金属间化合物沉淀强化型合金两种。根据合金的成型方式,高温合金可分为变形合金、铸造合金和粉末冶金合金。变形合金的生产品种有饼材、板材、棒材、环形件、管材、带材和丝材等。铸造合金分为普通铸造高温合金、定向凝固高温合金和单晶高温合金。粉末冶金合金有普通粉末冶金高温合金和氧化物弥散强化型高温合金两种。此外,根据合金的使用特性,又将一些合金称为高强度合金、高屈服强度合金、抗松弛合金、低膨胀合金、耐热腐蚀合金等。

国外高温合金牌号按各开发生产厂家的注册商标命名。中国高温合金牌号的命名是根据合金的成型方式,强化类型和基体元素,采用汉语拼音字母符号作前缀的。变形高温合金以"GH"表示,"G""H"分别为"高""合"汉语拼音的第一个字母;在其后接四位阿拉伯数字,第一位数表示分类,1 和 2 表示铁基或铁镍基高温合金,3 和 4 表示镍基高温合金,5 和 6 表示钴基高温合金,其中单数 1、3、5 表示固溶强化型高温合金,双数 2、4、6 表示析出强化型合金。铸造高温合金采用"K"作前缀,其后跟三位阿拉伯数字,第一位为分类号,其含义与变形合金相同,第二、三位合金表示合金标号,如 K418 表示的是镍基析出沉淀强化型铸造高温合金。粉末冶金高温合金以"FGH"作前缀,后接阿拉伯数字,其含义与变形合金相同。

6.5.3　高温合金的金属特征和应用

1. 金属的特征

(1)材料的密度对提高航空发动机的推重比具有重要意义,涡轮叶片部件的密度直接影响涡轮盘的工作寿命,在那些使离心力尽量减小的传动设计中,其密度特别引人关注。Fe-Ni 基高温合金,其密度为 7.9 ~ 8.3 g/cm^3,镍基高温合金,其密度为 7.8 ~ 8.9 g/cm^3,钴基高温合金,其密度为 8.5 ~ 9.4 g/cm^3。

(2)镍、铁、钴熔化温度分别为 1 453 ℃、1 537 ℃、1 495 ℃。

(3)镍具有较高的化学稳定性,而铁和钴的抗氧化性能比较差,但钴的耐热腐蚀性能比镍强。为了获得更好的抗氧化和耐腐蚀性能,3 种基体的合金都必须加入铬。

(4)高温合金的弹性模量约为 207 GPa,不同合金系列的多晶合金的弹性模量从172 GPa 到 241 GPa。

高温合金有一定的塑性,钴基合金的塑性通常低于铁-镍基和镍基合金。铁-镍和镍基高温合金一般是可以挤压、锻造和轧制成型的,较高强度的合金只能铸造成型。

2. 高温合金的物理性能

高温合金的物理性能(热膨胀性、导热性、导电性)比其他金属系列低,热膨胀性是重要的设计因素,这也正是发展低膨胀高温合金的原因。由于高合金化的影响,高温合金的导热性只是纯铁、纯镍和纯钴的 10% ~ 30% ,为了减小热应力和热疲劳破坏的倾向,要求高温合金的导热性能可能高些。

3. 合金元素的强化效应

强化效应包括固溶强化、第二相强化和晶界强化。

(1)固溶强化。

固溶强化(solid solution strengthening)是将一些元素加入到镍、铁、钴基合金中,使奥氏体基体合金化而得到强化。高温合金中的合金元素的固溶强化作用,首先是与溶质和溶剂原子尺寸因素差别相关,其次两种原子的电子因素差别和化学因素差别也有很大影响,而这些因素决定着合金元素在基体中的溶解度。

W、Mo、Cr 是强固溶强化元素 ,其他元素强化作用较弱,而 Al、Ti 是沉淀强化元素。已经发现,若干不同溶质在一个溶剂中所产生的多元固溶强化作用大于单独加入一个溶质的作用,即所谓复合固溶强化作用。

(2)第二相强化。

高温合金的第二相强化(secondary phase strengthening)分为时效析出沉淀强化、铸造第二相骨架强化和弥散质点强化等。

高温合金是有面心立方的奥氏体基体和各种第二相组成的,影响合金性能的第二相有:在所有高温合金中的碳化物相 MC、$M_{23}C_6$、M_6C、M_7C_3(少有),在铁-镍基和镍基合金中的 γ'-面心立方有序的 $Ni_3(AlTi)$ 相,γ''-体心四方有序的 $Ni\times Nb$ 相,η-密排六方有序的 Ni_3Ti 相,δ-正交有序的 Ni_3Nb 相等。

弥散强化高温合金主要是用氧化物(如 Y_2O_3)或其他与基体固溶体不起作用的第二相强化。氧化物等第二相质点在高温下非常稳定,且具有很高的高温强度($0.85T_{熔}$温度下),质点细小、弥散分布。这类合金的基体可以进行固溶强化和共格或非共格的时效沉淀强化,使合金在中温和高温下都有很高的强度。

(3)晶界强化。

主要通过净化晶界杂质和控制晶界的形态及其析出相的形态而得到强化。

提高合金的纯洁度和微合金化成为当前改善高温合金性能的重要措施。首先是严格控制气体(氮、氢、氧)含量,对磷、硫的控制也早已引起重视;其他杂质元素的控制逐渐严格,如铋、碲、硒、铅、铊等;而有益的微合金化元素,主要是稀土元素、镁、钙、硼、锆、铪等。此外,控制晶粒尺寸和晶界形态对晶界强化有很大影响。

固溶强化型合金的高温强度最低,碳化物相强化的钴基合金的高温强度较高,而析出沉淀强化型的铁-镍、镍基合金,尤其是镍基合金,合金化的程度范围很宽。因此,其高温强度差别很大。

4. 高温合金的应用及其质量检查项目

(1)高温合金的应用。

高温合金(superalloy)从一开始就用于航空发动机。在现代航空发动机中,高温合金材料主要用于 4 大热端部件:燃烧室、导向器、涡轮叶片和涡轮盘;此外,还用于机匣、环、加力燃烧室和尾喷口等部件。除此而外,高温合金还是火箭发动机、地面和舰用燃气轮机高温热端部件不可替代的材料。20 世纪 70 年代,高温合金在原子能、能源动力、交通运输、石油化工、冶金矿山、玻璃建材和环境保护等民用工业部门得到推广应用。用于这些部门的高温合金,除少部分仍然利用其高温下的高强度特性外,主要是利用其高温耐磨性和耐高温腐蚀性。

(2)质量检查项目。

鉴于高温合金用途的重要性,对其质量要求极其严格。通常检测项目如下。显微组织检测有低倍和高倍要求,包括晶粒度、断口分层、疏松、夹杂物尺寸和分布、纯洁度和晶界状态等。高温合金的力学性能检测项目有室温及高温拉伸性能和冲击性能,高温持久和蠕变性能,高周和低周疲劳性能,热疲劳和热冲击性能,蠕变和疲劳交互作用下的力学性能等,还要提供高温长期时效后的组织稳定性和力学性能的数据。高温合金的物理性能包括密度、熔化温度范围、热导率、比热容、线膨胀系数等。高温合金的化学性能包括抗氧化和耐腐蚀性能。

5. 变形高温合金

(1)概述。

变形高温合金是航空、航天和核工业中应用量最大的高温材料,用其制造的零件均是宇航发动机和核反应堆在高温下应用的关键零件。

变形的含义是指高温合金的铸锭必须经过锻压、轧制、挤压、拉拔、冲压等热、冷变形加工工序才能成材(棒、饼、环、板、丝、带、管)或获得不同形状和尺寸的各种锻件与零件,所以加工工艺复杂,生产周期长,必须严格控制各工序的工艺规程和技术要求,确保材质和零件的质量稳定性。

为保证变形高温合金具有上述要求的优良性能,材料的合金化程度较高,含有大量的难熔金属 W、Mo、Nb,较活泼和易氧化的 Al、Ti、Ta,改善晶界状态的微量元素 B、Zr、Mg、Ce、La 等时,材料的强度与塑性间是相互矛盾的,因此,在选用材料时必须注意强度与塑性间的匹配,避免因材料脆性给零件制造、装配造成困难,也防止在应用过程中突发脆性断裂而造成灾难性的破坏。

随着舰船和地面燃机发电工业的发展,不仅扩大了变形高温合金的应用领域和增加了需求用量,同时也提出了高温长时(100 000 h)应用的稳定性和抗高温下海盐引起的热腐蚀(硫酸钠)的特殊要求。

近几十年来,国内外变形高温合金发展的主要方向不再是通过合金成分的研究发明新合金,而是将精力集中在研究冶炼、钢锭均匀化、热加工、热机械处理等新工艺和新技术上。

变形高温合金根据基体元素可分为铁基、镍基和钴基变形高温合金,根据合金的强化机制和热处理工艺,变形高温合金又可分为固溶强化型和析出强化型高温合金。

铁基变形高温合金是以铁元素为合金基体,从耐热钢发展形成单一的奥氏体基体组织,其热稳定性差于镍基和钴基高温合金,但因中国资源缺镍少钴,加上外国的封锁,为使我国的宇航工业能够立足于国内,充分利用我国的富有资源,以铁代镍,使铁基高温合金的研制、生产和应用成为 20 世纪 60、70 年代的一道绚丽的风景线。

(2)Fe 基变形高温合金(图 6.1)。

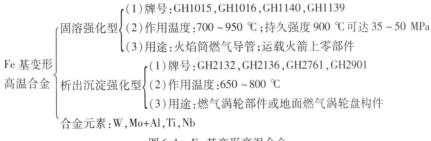

图 6.1　Fe 基变形高温合金

(3)Ni 基变形高温合金(图 6.2)。

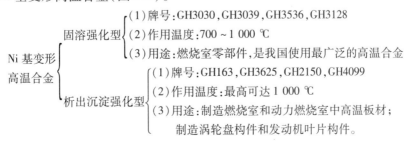

图 6.2　Ni 基变形高温合金

（4）Co 基变形高温合金。

与 Fe 基和 Ni 基高温合金最大的区别是 Co 基高温合金不是通过相沉淀强化，而是形成碳化物进行沉淀强化。Co 基高温合金的显微组织是由面心立方固溶体基体与析出的碳化物组成的。Co 基高温合金中含 20% ~ 30%（质量分数）的 Cr，保证材料的抗氧化性和抗腐蚀性，合金主要以 W 强化，同时也加入少量的 Mo、Nb、Ta，Ni 质量分数在 15% ~ 25% 之间。为保持合金具有足够的塑形，变形 Co 基合金的碳质量分数限在 0.05% ~ 0.15% 之间。

6. 铸造高温合金

铸造高温合金始于 20 世纪 40 年代，由于当时的锻造业过载和变形高温合金可锻性的限制，首次研究出 Co 基铸造高温合金。随着凝固技术的发展，在 20 世纪 60 年代，开始研究定向凝固合金，如 D24、DZ22、DZ17、DZ125 等，后来研制单晶高温合金，如 DD3、DD8、DD402、DD6 等。与此同时还开展定向凝固共晶高温合金的研究。迄今为止已研制了铁-镍基、镍基、钴基铸造高温合金近 50 个牌号，用于航空和其他工业部分，形成中国的铸造高温合金系列。与国外发展不同之处是，中国始终着重研究符合中国资源的合金。

铸造高温合金（cast superalloys）是由母合金重熔后直接浇铸成零件的高温合金，是可在高温及氧化、腐蚀环境中长期稳定工作的金属结构材料。广泛应用于航空、航天、舰船、能源、交通运输和化工等工业部门，制作各种复杂零件。在航空工业最重要的用途是制作航空燃气涡轮发动机涡轮叶片、导向叶片、整铸机匣、尾喷管调节片以及用作增压器蜗轮或叶片等。

按合金基体元素分类，有铁基（铁-镍基）、镍基、钴基铸造高温合金。铁-镍基合金主要用于 650 ℃ 以下工作的部件，如增压器蜗轮、整铸机匣；钴基合金主要用于燃气涡轮的导向叶片和其他高温静部件；镍基合金是目前航空发动机用牌号最多、用量最大的铸造高温合金，广泛用于涡轮叶片、导向叶片和整体涡轮等部件。

铁基合金的成分特点是以 Fe 为主，含有大量 Ni、Cr 和其他元素，又可称 Fe-Ni 基合金，其典型代表 K213、K214。这类合金适合在 650 ℃ 以下长期工作，具有较高的强度、塑性，良好的工艺和焊接性能，可制作燃气轮机的动、静结构部件。

镍基铸造高温合金（Nickel base cast superalloys）是以镍为基，以 γ' 相强化的时效硬化型合金，在铸造高温合金中，其牌号最多、用量最大。Ni 基铸造合金具有高温强度、抗氧化性、耐腐蚀性，同时还要选择合适的成分平衡和最后的铸造工艺以保证长期工作时其组织稳定性。Ni 基高温合金按用途可分两类：适于作方向叶片的，如 K401、K403、K441、K477；适于作涡轮叶片的，如 K405、K406、K418、K4002。

Co 基铸造高温合金：K640、K644，其使用温度为 900 ~ 1 000 ℃。

7. 粉末冶金高温合金

传统的铸-锻高温合金，由于合金化程度的提高，铸锭偏析严重，热加工性能差，难于成型。粉末冶金工艺由于粉末颗粒细小，凝固和冷却快，其分布均匀，晶粒细小，热加工性能好。

粉末冶金作为一种生产难变形合金的方法用于高温合金，使产品的显微组织和化学成分均匀，形成一类新型高温合金——粉末冶金高温合金。

粉末高温合金的组织特征是极小的偏析、均匀的成分和相的分布、细小的晶粒尺寸，通常晶粒尺寸在 ASTAM7-12 级范围内;夹杂物、原始颗粒边界和空洞等缺陷则是粉末冶金工艺带来的另一组织特征。因此,粉末高温合金的组织和性能在很大程度上是受制粉、固实成型和热处理等工艺的影响。

粉末冶金高温合金主要有两类:一类是为制作涡轮盘而开发的粉末涡轮盘高温合金;另一类是主要为制作涡轮叶片和导向叶片的氧化物弥散强化高温合金。

自 20 世纪 80 年代开发了新型粉末高温合金如 Rene95、Rene88DT 和 N18 等合金,近年来又开发了具有更高热强性能或更好组织稳定性的新型合金,如 KM4、NR3 等合金。

美国惠普公司于 1972 年将粉末高温合金用作 F100 发动机装备在 F15 和 F16 战斗机上;美国 GE 公司于 1972 年成功地将粉末冶金高温合金用在军用直升机上;英德法等国成功将粉末冶金高温材料用于 M88 发动机上。

8. 新型高温合金

(1)低偏析高温合金。

铸造合金凝固过程中,不可避免地形成成分的偏析,各合金元素不同,其偏析程度各异,偏析严重,则材料的热加工性能差,例如变形高温合金,高的合金化降低合金的初熔温度,使合金的可锻温度范围变窄,变形抗力增大,使合金难于锻造。我国在通过控制微量元素的方法(如 P、Zr、B、Si 等合金元素)获得低偏析合金方面进行了创新性的研究。

①低偏析 Ni 基铸造高温合金:K417G、K438G、K441 等显著提高其合金的力学性能,工作温度可提高 20~25 ℃;

②低偏析定向凝固高温合金:D217G、D2125L 等,其工作温度提高 20~25 ℃;

③低偏析变形高温合金:GH2901、GH2761、GH2132 等显著降低变形抗力,如 GH4196。

(2)耐热腐蚀高温合金。

高温合金除了用作航空发动机热端部件材料外,另一种重要用途是地面和海上使用的燃气涡轮发动机材料。这类材料的工作环境恶劣,使用劣质燃料,要求长期的工作寿命,因此,材料除具有较高的高温强度外,还必须具有很好的耐热腐蚀性能和长期组织稳定性,形成了一类新型的高温合金材料——耐热腐蚀高温合金。

从 1973 年我国开展了对高温合金热腐蚀性能研究,先后仿制成功 K438、K640、K414 等研究,其结合性能达到国外同类合金的水平,并制成叶片装机使用,其中 K438 使用量最大;结合我国资源情况(不含 Ta 和 Co),先后又研制成 K4537 和 K438G,其使用温度比 K438 高 20 ℃;又研制成 D238G,其温度显著提高,使用温度提高 45 ℃。

此后又研究了定向凝固高温合金、单晶高温合金、定向凝固共晶高温合金等(详见师昌绪"中国工程材料"第 2 卷)。

(3)低膨胀高温合金。

通常认为燃气涡轮的间隙对燃油效率的影响很大,经计算,若叶尖径向间隙减小 1 mm,则涡轮效率提高 2.5%,耗油率降低 2.5%。为此,研制低膨胀高温合金,用于制造薄壁静止结构部件,如机匣、外环、封严环、隔热环等,以简单易行地减小间隙,就成为材料科学技术工作者的努力目标。

其牌号如下:GH903、GH907、GH909 等。GH903,20 ℃拉伸性能:$\sigma_b = 1\,310$ MPa,$\delta = 14\%$,$\psi = 40\%$;持久性能 650 ℃时,$\sigma = 490$ MPa,$\tau = 1\,230$ h。

GH907,20 ℃拉伸性能：$\sigma_b = 1\ 210$ MPa，$\delta = 16\%$，$\psi = 25\%$；持久性能 650 ℃时，$\sigma = 825$ MPa，$\tau = 179$ h。

9.高温合金的发展动向

40 多年来，我国成功研制高温合金 100 多种，其中编入新版航空材料手册的共89 个，包括变形高温合金 47 个，铸造高温合金 42 个，从而使中国继英、美、俄之后，成为第四个形成高温合金系列的国家。

近几年来，为满足新型发动机设计要求，研究大型复杂结构铸件用铸造合金及其精铸工艺。进入 20 世纪 60 年代，定向凝固、单晶、细晶、粉末冶金、机械合金化、热机械处理、喷射成型等新工艺的快速发展，成为高温合金发展的主要推动力。

从 20 世纪 60 年代开始，为适应航天工业的发展，先后为各种型号的火箭发动机研制了一批高温合金。此外，为满足航天液氢液氧火箭发动机的需要，研制成功发散冷却喷注器面板用丝网多孔材料。随后，高温合金也开始在能源及其他民用工业部门推广应用，如核反应堆的燃料定位格架地基。

随着纳米技术、激光技术、计算机集成和控制技术的发展，可探索新工艺、新技术，生产高水平的高温合金材料。例如：

①陶瓷是高刚度、低膨胀系数、低密度、高抗蚀性，在一定温度下可以和特种陶瓷复合构成新的一类高温合金材料。

②羰基法制备 Ni-Fe 基纳米颗粒材料，将是全新一代高温结构材料的基础工艺之一。

③难熔合金一直是高温材料的候选对象，高温氧化是阻碍这类材料的应用关键。难熔合金大多采用粉末冶金工艺，创新工艺已展示出这类材料的巨大潜力。典型材料：抗氧化 Nb 基合金和 Mo 基合金。

高温合金材料存在的问题：

研制、仿制多，应用少；材料冶金质量水平低、纯度低，材料性能波动大（例如：材料杂质和气体含量要求不严格，尽而影响性能和质量的稳定）。

铸造和压力加工工艺控制不严，产品合格率低（一般高温材料合格率为30% ~40%，有些叶片的合格率为10%，是造成本高、影响产品工程化和产业化的原因）。

建议：

①采用可控夹杂熔炼技术（采用真空气保电渣充熔）。

②新一代高温材料的研制必须和创新的热模锻技术结合起来。开坯是变形高温材料成型的关键技术，必须给予充分的重视。

第7章 铸 铁

铸铁不是纯铁,它是一种以 Fe、C、Si 为主要成分且在结晶过程中具有共晶转变的多元铁基合金。铸铁的化学成分一般为:$w(C) = 2.5\% \sim 4.0\%$、$w(Si) = 1.0\% \sim 3.0\%$、$w(P) = 0.4\% \sim 1.5\%$、$w(S) = 0.02\% \sim 0.2\%$。为了提高铸铁的机械性能,通常在铸铁成分中添加少量 Cr、Ni、Cu、Mo 等合金元素制成合金铸铁。

铸铁是人类使用最早的金属材料之一。到目前为止,铸铁仍是一种被广泛应用的金属材料。例如,按质量统计,在机床业中铸铁件约占 $60\% \sim 90\%$,在汽车、拖拉机行业中,铸铁件约占 $50\% \sim 70\%$。高强度铸铁和特殊性能铸铁还可代替部分昂贵的合金钢和有色金属材料。

铸铁之所以获得广泛应用,主要是由于生产工艺简单、成本低廉,并且具有优良的铸造性、可切削加工性、耐磨性和吸震性等。因此,铸铁广泛应用于机械制造、冶金、矿山及交通运输等部门。

本章将介绍铸铁的结晶过程、铸铁石墨化和常用几种铸铁材料及热处理的一般知识,以便在今后生产中能正确地选择和使用铸铁材料。

7.1 铸铁的特点和分类

7.1.1 铸铁的特点

1. 成分与组织特点

铸铁与碳钢相比较,其化学成分中除了有质量分数较高的 C、Si($w(C) = 2.5\% \sim 4.0\%$、$w(Si) = 1.0\% \sim 3.0\%$)外,还含有较高的杂质元素 Mn、P、S,在特殊性能的合金铸铁中,还含有某些合金元素。所有这些元素的存在及其含量,都将直接影响铸铁的组织和性能。

由于铸铁中的碳主要是以石墨(G)形式存在的,所以铸铁的组织是由金属基体和石墨所组成的。铸铁的金属基体有珠光体、铁素体和珠光体加铁素体 3 类,它们相当于钢的组织。因此,铸铁的组织特点,可以看成是在钢的基体上分布着不同形状的石墨。

2. 铸铁的性能特点

铸铁的机械性能主要取决于基体组织及石墨的数量、形状、大小和分布。石墨的机械性能很低,硬度仅为 $3 \sim 5$ HB,抗拉强度约为 20 MN/m²,延伸率接近于零。而珠光体的抗拉强度为 $800 \sim 1\ 000$ MPa,铁素体的抗拉强度为 $350 \sim 400$ MPa。石墨与基体相比,其强度和塑性小得多,故分布于金属基体的石墨可视为空洞。由于石墨的存在减少了铸件的有效承载面积,且使受力时石墨尖端处产生应力集中,易造成脆性断裂。因此,铸铁的抗拉强度、塑性和韧性要比碳钢低。图 7.1 所示的是钢和具有不同形状石墨的铸铁的典型应力-应变曲线。

从图中可以看出,在外力作用下钢在断裂前有明显的屈服阶段,其延伸率可达20% ~30%左右,而铸铁则没有明显的屈服阶段,铁素体加球状石墨的铸铁延伸率最高可达 10% ~20%左右,片状石墨的普通铸铁的延伸率约在1%以下,通常只有0.2%左右。

虽然铸铁的机械性能不如钢,但由于石墨的存在,却赋予铸铁许多为钢所不及的性能。如良好的耐磨性、高消震性、低缺口敏感性以及优良的切削加工性能。此外,铸铁中碳的质量分数较大,其成分接近于共晶成分,因此铸铁的熔点低,约为1 200 ℃左右,铁水流动性好,由于石墨结晶时体积膨胀,所以铸造收缩率小,其铸造性能优于钢,因而通常采用铸造方法制成铸件使用,故称之为铸铁。

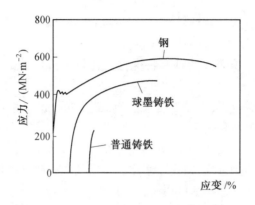

图7.1　铸铁与钢的应力-应变曲线比较

7.1.2　铸铁的分类

铸铁的分类方法很多,根据碳存在的形式可分为3种:

1. 白口铸铁(简称白口铁)

白口铸铁中的碳主要以渗碳体(C_m)形式存在,断口呈白亮色。其性能硬而脆,切削加工困难。除少数用来制造硬度高、耐磨、不需要加工的零件或表面要求硬度高、耐磨的冷硬铸件外(如破碎机的压板、轧辊、火车轮等),还可作为炼钢原料和可锻铸铁的毛坯。

2. 灰口铸铁(简称灰口铁)

灰口铸铁中的碳主要以片状石墨的形式存在,断口呈灰色。灰口铸铁具有良好的铸造性能和切削加工性能,且价格低廉,制造方便,因而应用比较广泛。

3. 麻口铸铁(简称麻口铁)

麻口铸铁中的碳既以渗碳体形式存在,又以石墨状态存在。断口夹杂着白亮的游离渗碳体和暗灰色的石墨,故称为麻口铁。生产中很少用麻口铁。

根据国家标准GB 7216—87将石墨形状分为6种(图7.2),其中Ⅰ型为片状石墨;Ⅱ型为蟹状石墨;Ⅲ型为蠕虫状石墨;Ⅳ型为聚集状(团絮状)石墨;Ⅴ型为不规则或开花状石墨;Ⅵ为球状石墨。因此,又可根据石墨形状的不同,将铸铁分为以下4种:

(1)灰口铸铁-铸铁中的石墨形状呈片状。

(2)蠕墨铸铁-铸铁中的石墨大部分为短小蠕虫状。

(3)可锻铸铁(又称玛铁、玛钢)-铸铁中的石墨呈不规则团絮状。

（4）球墨铸铁（简称球铁）-铸铁中的石墨呈球状。

　　此外,为了获得某些特殊性能,应使铸铁中的常规元素高于规定的含量,并且加入一定的合金元素,此称之为特殊性能铸铁。例如,耐磨铸铁、耐热铸铁和耐蚀铸铁等。

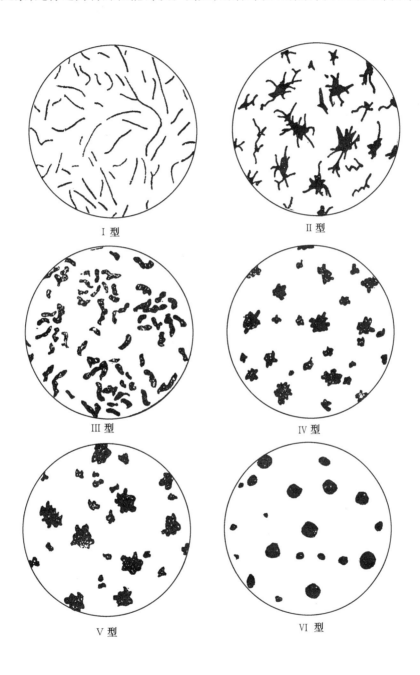

图 7.2　铸铁中石墨的 6 种形态

7.2　铸铁的结晶

通过金属学的学习我们已经知道,铸铁的结晶过程和组织转变依化学成分和铸造工艺条件不同,可以按 Fe-Fe₃C 系进行或者按 Fe-G 系进行。研究铸铁时为了方便起见,通常将这两种状态图叠加在一起称为 Fe-C 合金双重状态图,如图 7.3 所示。

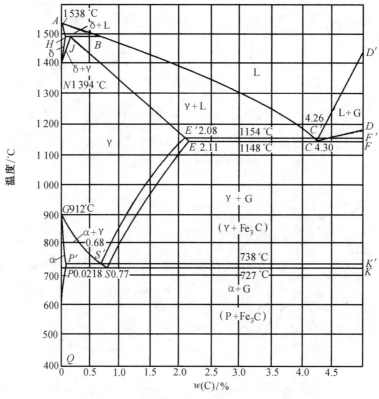

图 7.3　铁-碳合金双重状态图

L—液态合金;γ—奥氏体;G—石墨;δ、α—铁素体;P—球光体

由图可见,亚共晶成分的灰口铸铁(简称灰铸铁)结晶时,首先析出的是初生奥氏体(A),以后残留下的液相再经过共晶转变,变为固态。共晶转变完毕后继续冷却时,还要发生碳自(A)中脱溶析出和以后的共析转变,完成结晶过程,形成亚共晶铸铁的最终组织。通常把初生(A)的析出和以后共晶转变称为铸铁的一次结晶;而把凝固后进行的碳自(A)中的脱溶、共析转变称为二次结晶。

表 7.1 为普通灰口铸铁的结晶过程。

表 7.1　普通灰口铸铁的结晶过程

成分＼结晶	一　次　结　晶	二　次　结　晶
亚 共 晶	初生奥氏体的析出、共晶转变	
共 晶	共晶转变	碳自奥氏体中脱溶、共析转变等
过 共 晶	初生石墨的结晶、共晶转变	

一次结晶决定了铸铁的晶粒大小、石墨形状和分布,二次结晶决定了铸铁的基体组织。因此,要控制铸铁的组织,就必须控制这两个结晶过程。下面以亚共晶铸铁为例研究铸铁的结晶过程。

7.2.1　灰铸铁的一次结晶

为叙述方便,采用下列符号:

G——石墨;C_m——渗碳体;L/G——铁水-石墨界面;L/A——铁水-奥氏体界面;L——铁水;A——奥氏体;P——珠光体;F——铁素体。

1. 初生 A 的结晶

初生 A 的结晶与其他金属结晶一样,也是个生核和长大的过程。

如图 7.4 所示,成分为 a 的铁水冷却到 b 时,按理说点 b 温度是 a 成分铁水的平衡结晶温度,但实际铁水冷却到点 c 才结晶。所以 T_b 与 T_c 之差称为过冷度,冷却速度越大,过冷度越大。

在点 c 开始结晶时,铁水中的铁和碳都处于过饱和状态,因此在冷却速度最快的表面上生成了 A 的晶核,进一步冷却,晶核长大。由于冷却速度较大,晶核在各个方向的生长速度是不同的。在棱角处散热快,生长就快,所以先形成主干,然后长出分枝,而后由分枝再生分枝,逐步形成树枝状,称为“树枝晶”或“枝晶”。最后再填充枝晶间的空隙,完全凝固后成为晶粒和晶界的组织。

A 晶核生成的难易程度与铁水的过热度、纯洁度和过冷度有关。过热度越大,铁水越纯洁,成核困难,成核所需的过冷度也越大。当过冷度增大时,生核率升高,所得晶粒就细小。外来质点也影响生核率,当铁水中有高熔点质点时,它们作为成核中心,故也可细化组织。A 树枝晶的大小、形状与铁水的冷却速度和化学成分有关。冷却速度越大,树枝晶越小、越薄,数量也越多;化学成分越接近共晶成分,从结晶开始至结晶完毕的凝固温度范围就越小,树枝晶不易发展,因此就小而少。这些组织上的变化会影响铸铁的性能,如孕育铸铁就是利用外来核心细化组织而获得的,从而使铸铁的强度和耐磨性提高。

2. 共晶转变

共晶转变是铸铁结晶中的一个关键环节,共晶转变是铸铁区别于钢的一个显著标志。铸铁中的石墨特性主要由共晶转变过程决定。

(1)共晶石墨的析出。如图 7.5 所示,共晶成分铁水从点 e 冷却时,当过冷至点 x 在 EF 线(EF 线为 $Fe-Fe_3C$ 状态图的共晶线)以上,则共晶产物是 A+G。通常领先相 G 在铁水中自由长大时,沿基面长速快,侧面长速慢,所以 G 呈片状,还有分叉。当 x 在 EF 线以下时如 x_1,则高碳相通常是渗碳体,得到共晶白口铸铁。由于过冷度较大时,铁原子扩散比较困难,而渗碳体的结构与铁比较接近,故易于成核长大。

(2)共晶 A 沿 G 片侧面的析出。研究表明,共晶 A 往往从 G 片的侧面析出,而不是从 G 片的尖端析出。虽然 G 片尖端长大最快,其附近铁水中铁原子的浓度应该最大,但是由于 A 的(111)晶面和 G 片(0001)晶面原子排列相似,而且晶格常数相近,因此 G 片的侧面可以作为 A 结晶的基面,从而使 A 易于从 G 片侧面析出。当过冷度较小时,A 只部分地分布在 G 片上,G 片自始至终与铁水相接触。当过冷度较大时,G 核心来不及长大,呈薄片状,被 A 包围,在成长的 A 表面上铁水急剧富碳,产生新的 G 心,生成过冷 G。

(3)铁、碳原子扩散和共晶团的形成。A 析出以后,铁水中存在着 L/G 和 L/A 界面,L/G 界面上的碳浓度高,因而产生了铁、碳原子扩散转移。这两个扩散过程互相制约、互相依赖,促进了 A 和 G 的成长。灰铸铁在共晶转变时,促进了 G 尖端伸入铁水,直接从铁水中取得碳原子,故其共晶转变速度很快。G 和 A 结合在一起,形成共晶团,逐步长大而形成多面体。这种近于团状的结晶产物称为共晶团。

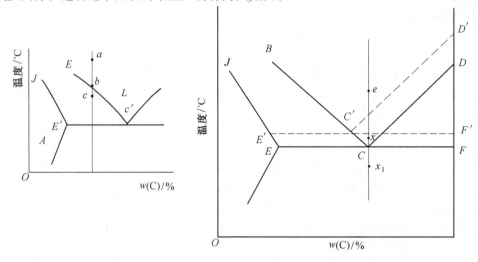

图 7.4　初生奥氏体的结晶　　　　　图 7.5　灰铸铁的共晶转变

3. 灰铸铁的一次结晶过程

综合初生 A 的析出与共晶转变这两个过程,亚共晶铸铁的一次结晶过程可归纳如下:

亚共晶铁水先析出初生 A,形成界面,界面上碳的浓度急剧上升,因而在 A 的树枝晶的缝隙中产生 G 核心,开始共晶转变。在 L/G 界面上,由于铁过饱和而析出共晶 A 与 G 一起结晶,形成共晶团。共晶 A 往往与初生 A 结合在一起。因此,在亚共晶灰铸铁中,其化学成分越趋于共晶成分,A 在共晶转变后的树枝晶结构就越不明显。

灰铸铁的上述结晶是控制合金组织的一个十分重要的依据。要细化亚共晶组织,就应使铁水有足够的过冷,在细化初生 A 的基础上细化 G。同时也可以看出,要改变 G 的形状,应改变共晶团结构或改变铁碳原子扩散条件。当 G 完全在 A 包围下成核长大时,就有可能长成球状或近于球状,这就为改变 G 的形状,进而改善铸铁的性能指明了途径。

7.2.2　灰铸铁的二次结晶

铸铁的二次结晶主要包括 A 中碳的脱溶和 A 的共析转变两个阶段。

1. 奥氏体中碳的脱溶

当铸铁共晶转变后,进一步冷却的奥氏体中碳的溶解度将降低,多余的碳就会以脱溶的方式排出。如果铸铁共晶转变产物是奥氏体加石墨,脱溶的碳就会沉积在原有的石墨上使其长大。如果铸铁的共晶转变产物是奥氏体加渗碳体,脱溶的碳则一般通过原来的共晶渗碳体长大而析出。我们把铸铁二次结晶时析出的石墨称为二次石墨,把铸铁二次结晶时析出的渗碳体称为二次渗碳体。

由于二次高碳相一般依附于共晶高碳相上,因此它们一般不需要重新形核,也不改变共晶高碳相的形貌。但有时二次渗碳体会在晶界上独立析出,沿晶界呈网状分布。在脱溶转变过程中碳原子在奥氏体中的扩散是整个反应的限制性环节。

2. 共析转变

当铸铁冷却到共析温度以下时,奥氏体发生共析转变,其产物为铁素体加石墨或铁素体加渗碳体。共析转变是决定铸铁基体组织的重要环节。

（1）奥氏体向铁素体及石墨转变。铸铁缓慢地冷却通过共析转变温度区间时，就会发生奥氏体向铁素体及石墨的转变。析出的石墨沉积在原有的石墨上，而铁素体则在晶界上形核。这是因为在固态下重新形核是十分困难的，原有的石墨是其析出的最好衬底。而晶界处晶格畸变较大，晶格缺陷较多，有利于铁素体晶核的形成。析出的铁素体在初期呈条块状，随着石墨的析出，石墨周围的铁素体不断增多和长大，并逐渐连接起来。

（2）奥氏体向珠光体转变。当铸铁的石墨化倾向较小或冷却速度较快时，往往发生珠光体转变。在珠光体转变时，珠光体首先在奥氏体晶界或奥氏体与石墨晶界上形核，然后向奥氏体内长大。至于珠光体转变时铁素体和渗碳体消耗大量的碳并排出铁原子，其前沿和两侧产生铁的富积，从而为铁素体的生长创造了有利的浓度条件；同样，在铁素体周围将产生碳的富积，有利于渗碳体的生长。两者生长时相互促进，并通过搭桥或分枝的方式沿侧向交替生长，形成新片层，最后形成团状共析领域。

在大多数情况下铸铁的共析转变主要是珠光体转变，只有对高硅低锰铸铁或出现球状石墨或团絮状石墨时，才发生奥氏体向铁素体和石墨的转变。

7.3 铸铁的石墨化

7.3.1 铸铁的石墨化过程

铸铁中石墨的形成过程称为石墨化过程。铸铁组织形成的基本过程就是铸铁中石墨的形成过程。因此，了解石墨化过程的条件与影响因素对掌握铸铁材料的组织与性能是十分重要的。

根据 Fe-C 合金双重状态图，铸铁的石墨化过程可分为 3 个阶段：

第一阶段：即液相至共晶结晶阶段，包括：从过共晶成分的液相中直接结晶出一次石墨和共晶成分的液相结晶出奥氏体加石墨；由一次渗碳体和共晶渗碳体在高温退火时分解形成的石墨。

中间阶段：即共晶转变至共析转变之间阶段，包括从奥氏体中直接析出二次石墨和二次渗碳体在此温度区间分解形成的石墨。

第二阶段：即共析转变阶段，包括共析转变时，形成的共析石墨和共析渗碳体退火时分解形成的石墨。

铸铁石墨化过程进行的程度与铸铁组织的关系概括于表 7.2 中。

表 7.2 铸铁石墨化的程度与组织的关系

石墨化进行程度		铸铁的显微组织	铸铁名称
第 一 阶 段	第 二 阶 段		
完全石墨化	完全石墨化	铁素体+石墨	灰口铸铁
	部分石墨化	铁素体+珠光体+石墨	
	未石墨化	珠光体+石墨	
部分石墨化	未石墨化	莱氏体+珠光体+石墨	麻口铸铁
未石墨化	未石墨化	莱 氏 体	白口铸铁

7.3.2　影响铸铁石墨化的因素

铸铁的组织取决于石墨化进行的程度,为了获得所需要的组织,关键在于控制石墨化进行的程度。实践证明,铸铁化学成分、铸铁结晶时的冷却速度及铁水的过热和静置等许多因素都影响石墨化和铸铁的显微组织。

1. 化学成分的影响

各元素对铸铁石墨化程度的影响可定性地列于表7.3。各元素对石墨形状、分布的影响定性地列于表7.4中。

表7.3　各元素对铸铁石墨化程度的影响

元素组别	元　　素	液　　态	共晶转变温度范围	共晶与共析温度之间	共析转变温度范围
I	C、Si、Al	+	+	+	+
II	Mn、S、Mo、Cr、V、H、N、Te、Sb	－	－	－	－
III	P、Ni、Cu、As、Sn	+或○	+或○	+或○	－
IV	Mg、Ce	+(?)		○或弱	○或弱
V	Bi	－		○	○

注:"+"为促进石墨化;"－"为阻碍石墨化;"○"为无影响。

表7.4　各元素对石墨形状、分布大小的影响

C、Si 增高	一定限度前降低 C、Si 量	C、Si 很低（孕育不良时）	Cu、Ni、Mo、Mn、Cr、Sn（一定含量）	O、S 较高	O、S 极低	Mg、Re 一定含量
石墨粗化	石墨细化	有形成"D"型石墨倾向	石墨细化	石墨呈片状	石墨有形成球、团趋势	石墨呈球状

由表可见,铸铁中常见的 C、Si、Mn、P、S 中,C、Si 是强烈促进石墨化的元素,S 是强烈阻碍石墨化的元素。实际上各元素对铸铁的石墨化能力的影响极为复杂,其影响与各元素本身的含量以及是否与其他元素发生作用有关,如 Ti、Zr、B、Ce、Mg 等都阻碍石墨化,但若其含量极低(如 $w(B)<0.01\%$、$w(Ce)<0.01\%$、$w_{Ti}<0.08\%$)时,它们又表现出有促进石墨化的作用。

2. 冷却速度的影响

一般来说,铸件冷却速度越缓慢,就越有利于按照 Fe-G 稳定系状态图进行结晶与转变,充分进行石墨化;反之则有利于按照 Fe-Fe$_3$C 亚稳定系状态图进行结晶与转变,最终获得白口铁。尤其是在共析阶段的石墨化,由于温度较低,冷却速度增大,原子扩散困难,所以通常情况下,共析阶段的石墨化难以充分进行。

铸铁的冷却速度是一个综合的因素,它与浇铸温度、铸型材料的导热能力以及铸件的壁厚等因素有关。而且通常这些因素对两个阶段的影响基本相同。

提高浇铸温度能够延缓铸件的冷却速度,这样既促进了第一阶段的石墨化,也促进了第二阶段的石墨化。因此,提高浇铸温度在一定程度上能使石墨粗化,也可增加共析转变时向铁素体转化的能力。浇铸温度与冷却速度之间的关系可以近似用图7.6表示。

铸铁件在各种不同铸型中浇铸时,由于铸型导热系数不同,则铸件的冷却速度亦不同。表7.5说明了在不同铸型中的冷却速度变化情况。

表7.5 铸型材料对铸件平均冷却速度的影响

试 样 直 径/mm	平均冷却速度/($℃ \cdot min^{-1}$)		
	湿 砂 型	干 砂 型	预热铸型(250～400 ℃)
30	20.5	12.0	9.1
300	1.7	1.2	0.5

铸件浇铸后的冷却速度与铸件壁厚有密切关系。图7.7表示不同C、Si含量和不同壁厚对铸铁组织的影响。

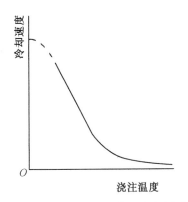

图7.6 浇铸温度对合金冷却速度的影响

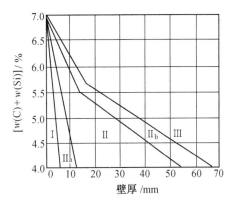

图7.7 碳、硅含量和冷却速度对铸铁组织的影响
（Greiner 组织图）

Ⅰ—白口铸铁;Ⅱₐ—麻口铸铁;Ⅱ—珠光体铸铁;

Ⅱᵦ—珠光体加铁素体铸铁;Ⅲ—铁素体铸铁

3. 铸铁的过热和高温静置的影响

在一定温度范围内,提高铁水的过热温度,延长高温静置的时间,都会导致铸铁中的石墨基体组织的细化,使铸铁强度提高。进一步提高过热度,铸铁的成核能力下降,因而使石墨形态变差,甚至出现自由渗碳体,使强度反而下降,因而存在一个"临界温度"。临界温度的高低,主要取决于铁水的化学成分及铸件的冷却速度。一般认为普通灰铸铁的临界温度约在 1 500～1 550 ℃左右,所以总希望出铁温度高些。

综上所述,影响铸铁石墨化过程即组织因素最基本的还是化学成分的影响。但在化学成分一定的条件下,用改变铸型的冷却速度和浇铸温度严格控制组织,也是不容忽视的措施。尤其是大量连续生产条件下,力求铁水的化学成分单一,就必须从其他方面入手,以期同一成分的铁水浇出不同牌号的铸铁。

7.4 灰 铸 铁

灰铸铁是一种断面呈灰色,碳主要以片状石墨形式出现,是应用最为广泛的一种铸铁。灰铸铁的铸造性能、切削性、耐磨性和吸震性都优于其他各类铸铁,而且生产方便、成品率高、成本低。因此,在工农业生产中灰铸铁获得广泛应用,在各类铸铁的总产量中灰铸铁件占80%以上。

7.4.1　灰铸铁的牌号、化学成分及显微组织

根据灰铸铁分类国家标准 GB 9439—88,我国灰铸铁的牌号按单铸 ϕ30 mm 试棒的抗拉强度值划分为6级,见表7.6。

"HT"表示灰铁两字汉语拼音的第一个大写字母,其后数字表示抗拉强度。

灰铸铁的化学成分见表7.7。

表7.6　按单铸试棒性能分类

牌　　号	抗拉强度 σ_b/MPa≥	牌　　号	抗拉强度 σ_b/MPa≥
HT100	100	HT250	250
HT150	150	HT300	300
HT200	200	HT350	350

注:验收时,n 牌号的灰铸铁,其抗拉强度应在 $n \sim (n+100)$ MPa 的范围内。

表7.7　不同壁厚灰铸铁的成分

铸　铁　牌　号	铸件壁厚/ mm	化　学　成　分　(w/%)				
		C	Si	Mn	P	S
					不　大　于	
HT100	<10	3.6 ~ 3.8	2.3 ~ 2.6			
	10 ~ 30	3.5 ~ 3.7	2.2 ~ 2.5	0.4 ~ 0.6	0.40	0.15
	>30	3.4 ~ 3.6	2.1 ~ 2.4			
HT150	<20	3.5 ~ 3.7	2.2 ~ 2.4			
	20 ~ 30	3.4 ~ 3.6	2.0 ~ 2.3	0.4 ~ 0.6	0.40	0.15
	>30	3.3 ~ 3.5	1.8 ~ 2.2			
HT200	<20	3.3 ~ 3.5	1.9 ~ 2.3			
	20 ~ 40	3.2 ~ 3.4	1.8 ~ 2.2	0.6 ~ 0.8	0.30	0.12
	>40	3.1 ~ 3.3	1.6 ~ 1.9			
HT250	<20	3.2 ~ 3.4	1.7 ~ 2.0			
	20 ~ 40	3.1 ~ 3.3	1.6 ~ 1.8	0.7 ~ 0.9	0.25	0.12
	>40	3.0 ~ 3.2	1.4 ~ 1.6			
HT300	>15	3.0 ~ 3.2	1.4 ~ 1.7	0.7 ~ 0.9	0.20	0.10
HT350	>20	2.9 ~ 3.1	1.2 ~ 1.6	0.8 ~ 1.0	0.15	0.10
HT400	>25	2.8 ~ 3.0	1.0 ~ 1.5	0.8 ~ 1.2	0.15	0.10

灰铸铁的显微组织是由片状石墨和金属基体所组成的。金属基体依共析阶段石墨化进行的程度不同可分为铁素体、铁素体-珠光体和珠光体3种。相应有3种不同基体组织的灰铸铁,它们的显微组织分别如图7.8 ~ 7.10所示。

普通灰铸铁的金属基体以珠光体为主,并含有少量铁素体;高强度铸铁主要是珠光体基体,属于铁素体基体的主要是高硅铸铁。

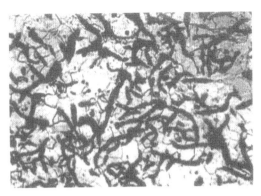

图 7.8　铁素体灰铸铁

图 7.9　铁素体-珠光体灰铸铁

图 7.10　珠光体灰铸铁

7.4.2　灰铸铁的性能和用途

灰铸铁的性能与其化学成分和组织有密切的联系。

1. 优良的铸造性能

由于灰铸铁的化学成分接近共晶点,所以铁水流动性好,可以铸造非常复杂的零件。另外,由于石墨比容较大,使铸件凝固时的收缩量减少,可简化工艺,减轻铸件的应力,并可得到致密的组织。

2. 优良的耐磨性和消震性

石墨本身具有润滑作用,石墨掉落后的空洞能吸附和储存润滑油,使铸件有良好的耐磨性。此外,由于铸件中带有硬度很高的磷共晶,又能使抗磨能力进一步提高,这对于制备活塞环、气缸套等受摩擦零件具有重要意义。

石墨可以阻止振动的传播,灰铸铁的消振能力是钢的 10 倍,常用来制作承受振动的机床底座。

3. 较低的缺口敏感性和良好的切削加工性能

灰铸铁中由于石墨的存在,相当于存在很多小的缺口,对表面的缺陷、缺口等几乎没有敏感性,因此,表面的缺陷对铸铁的疲劳强度影响较小,但其疲劳强度比钢要低。

由于灰铸铁中的石墨可以起断屑作用和对刀具的润滑起减摩作用,所以其可切削加工性是优良的。

4. 灰铸铁的机械性能

灰铸铁的抗拉强度、塑性、韧性及弹性模量都低于碳素铸钢,见表 7.8。灰铸铁的抗压强度和硬度主要取决于基体组织。灰铸铁的抗压强度一般比抗拉强度高出 3 ~ 4 倍,这是灰铸铁的一种特性。因此,与其把灰铸铁用作抗拉零件还不如做耐压零件更适合,这就是灰铸铁广泛用作机床床身和支柱受耐压零件的原因。灰铸铁的硬度与同样基体的正火钢相近。

表 7.8　灰铸铁与碳钢机械性能的比较

性 能 指 标	抗 拉 强 度 $\sigma_b/(N \cdot mm^{-2})$	延 伸 率 $\delta/\%$	冲 击 韧 性[①] α_k/J	弹 性 模 量 $E/(\times 10^7 N \cdot m^{-2})$
铸造碳钢	400 ~ 650	10 ~ 25	20 ~ 60	20 000
灰铸铁	100 ~ 400	0.5	5.0	7 000 ~ 16 000

注:① 试样 10 mm×10 mm×55 mm。

7.5　提高铸铁性能的途径

普通灰铸铁的石墨比较粗大,因而强度性能较低,其抗拉强度一般在 200 N/mm² 以下。提高灰铸铁强度性能有两条途径:首先是改变石墨的数量、大小、分布和形状;其次是在改变石墨特征的基础上控制基体组织,以期充分发挥金属基体的作用。

通过某种工艺控制,使石墨由片状改变成团、球状,则铸铁的机械性能可进一步提高。蠕虫状石墨铸铁、可锻铸铁、珠墨铸铁及孕育铸铁便是这种想法的体现。石墨变成团、球状后,发挥基体的作用就显得更有意义了。

7.5.1　铸铁石墨细化强化——孕育处理

为了细化灰铸铁的组织,提高铸铁的机械性能,并使其均匀一致。通常在浇铸前往铁水中加入少量强烈促进石墨化的物质(即孕育剂)进行处理,这一处理过程称为孕育处理。经过孕育处理的灰铸铁称孕育铸铁。

常用的孕育剂有硅铁、硅钙、稀土合金等,其中最常用的是含有 $w(Si) = 75\%$ 的铁合金。加入孕育剂的质量分数大致在 0.2% ~ 0.5%,应视铸件厚薄而定。孕育剂的作用是促使石墨非自发形核,因而孕育铸铁的金相组织是在细密的珠光体基体上,均匀分布细小的石墨,其抗拉强度可达 300 ~ 400 MPa、硬度可达 170 ~ 270 HB、α_k 达 3 ~ 8 J/cm²、延伸率达 0.5% 左右,都比普通灰铸铁高。

孕育铸铁另一个显著的特点是断面敏感性小,断面上不同部位的强度差别不大,在铸造大而复杂的薄壁件时,必须留有足够的收缩余量,以防止铸件的变形和开裂。

孕育铸铁的牌号、化学成见表 7.7 中的 HT250、HT300、HT350 等。

孕育铸铁主要用于动载荷较小,而静载强度要求较高的重要零件,例如,汽缸、曲轴、凸轮和机床铸件等,尤其是断面比较厚大的铸件更为适合。

7.5.2　铸铁的石墨球化强化——球化处理

1. 球墨铸铁的生产

石墨呈球状的铸铁称为球墨铸铁,简称球铁。球铁是用灰口成分的铁水经球化处理和孕育处理而制得的。

球铁生产中,铁水在临浇铸前加入一定量的球化剂,以促使石墨结晶时生长成为球状的工艺操作称为球化处理。

能使石墨呈球状的添加剂称为球化剂。目前,我国最常用的球化剂为镁、稀土-硅铁合金和稀土-硅铁-镁合金 3 种。稀土-硅铁-镁是我国目前应用最广泛的一种球化剂,它兼顾了镁和稀土合金球化剂的特点,相对来说是较理想的一种球化剂,球化剂的加入量与铁水化学成分有关,一般用稀土镁合金作球化剂时,加入的质量分数为 0.8% ~ 1.5%。

球化处理只能在铁水中有石墨核心产生时才能促使石墨生长成球状。但是通常所使用的球化剂都是些强烈的阻碍石墨化的元素,球化处理的铁水白口倾向显著增大,难以产生石墨核心。因此,在球化处理的同时必须进行孕育处理(亦称石墨化处理),以生长球径小、数量多、圆整度好、分布均匀的球化石墨,从而改善球铁的机械性能。

孕育处理所使用的孕育剂必须是含有强烈促进石墨化元素的物质,其中应用最多的是 $w(Si) = 75\%$ 的硅铁。孕育剂的加入量依原铁水的化学成分、铸件壁厚以及所要求的基体组织不同而异。

2. 球铁的组织和性能特点

球铁的组织是由球状石墨和金属基体组成的,其石墨球通常孤立地分布在金属基体中。石墨并非都是球状的,往往由于化学成分和铁水处理不当,改变了石墨的生长条件,还可能出现团状、团片状、厚片状及开花状等形态。基体组织通常为铁素体基、珠光体基和铁素体-珠光体基,球铁经过热处理后基体还可以是马氏体、贝氏体等。但生产实践中用得最广泛的是以珠光体为基或以铁素体为基的球铁。其金相组织如图 7.11 所示。

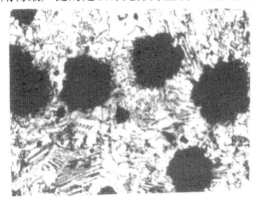
(a)铁素体-珠光体球墨铸铁

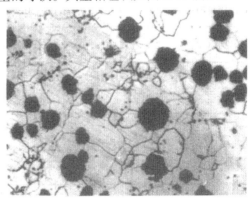
(b)铁素体球墨铸铁组织

(c)珠光体球墨铸铁

图 7.11 球墨铸铁的组织

由金相组织可见,球墨铸铁中的石墨呈球状,它对基体的破坏作用小,基体强度利用率可达 70% ~ 90%。另外,球铁可通过热处理充分发挥基体的性能潜力,所以球铁具有较好的机械性能。抗拉强度最高可达 150×10^7 N/m^2,延伸率最高可达 18%。另外,它的屈强比($\sigma_{0.2}/\sigma_b$)很高,a_k 可达 8 ~ 15 J/cm^2。具有不同基体组织的球铁,其力学性能可在较大范围内变化。

3. 球墨铸铁的牌号、化学成分和用途

根据国家标准 GB 1348—88 规定,球铁分为 8 个牌号,牌号中"QT"是"球铁"二字汉语拼音的字头,其后两组数字分别表示最低抗拉强度和最低延伸率。表 7.9、7.10 列出了球铁的化学成分和力学性能。

球铁具有上述优异的机械性能,有时可用它代替碳素钢,应用于负荷较大、受力复杂的零件,如珠光体基的球铁常用于制造汽车、拖拉机中的曲轴、连杆、凸轮等,还可做大型水压机的工作缸、缸套及活塞。而铁素体基的球铁多用于制造受压阀门、汽车后桥壳等。

表 7.9　几种球墨铸铁化学成分的大致范围及其与灰铸铁的比较

铸铁类别	化 学 成 分 (w/%)						
	C	Si	Mn	P	S	Mg 残	Re 残
珠光体球墨铸铁	3.6 ~ 3.9	2.0 ~ 2.5	0.5 ~ 0.6	≤0.1	<0.03	0.03 ~ 0.06	0.02 ~ 0.05
铁素体球墨铸铁	3.6 ~ 3.9	2.5 ~ 3.2	0.3 ~ 0.5	0.05 ~ 0.07	<0.03	0.03 ~ 0.06	0.02 ~ 0.05
贝氏体球墨铸铁	3.6 ~ 3.9	2.7 ~ 3.1	0.25 ~ 0.5	<0.07	<0.03	0.03 ~ 0.06	0.02 ~ 0.05
灰 铸 铁	2.7 ~ 3.5	1.0 ~ 2.2	0.5 ~ 1.3	≤0.03	<0.15	—	—

表 7.10　单铸试块的力学性能(GB 1348—88)

牌　号	σ_b/MPa	$\sigma_{0.2}$/MPa (kgf·mm^{-2})	δ/%	供　参　考	
				硬度 (HB)	主要金相组织
	最　　　小　　　值				
QT400-18	400	250(25.50)	18	130 ~ 180	铁素体
QT400-15	400	250(25.50)	15	130 ~ 180	铁素体
QT450-10	450	310(31.60)	10	160 ~ 210	铁素体+少许珠光体
QT500-7	500	320(32.65)	7	170 ~ 230	铁素体+珠光体
QT600-3	600	370(37.75)	3	190 ~ 270	珠光体+铁素体
QT700-2	700	420(42.85)	2	225 ~ 305	珠光体
QT800-2	800	480(48.98)	2	245 ~ 335	珠光体或索氏体
QT900-25	900	600(61.20)	2	280 ~ 360	贝氏体或回火马氏体

7.6 可锻铸铁

可锻铸铁亦称玛铁,又称玛钢。它是由白口铸件经热处理而得的一种高强度铸铁。与灰铸铁相比,它具有较高的强度、塑性、韧性,而耐磨性和减振性优于普通碳素钢,所以可部分代替碳钢、合金钢和有色金属。

与球铁相比,可锻铸铁还具有质量稳定、铁水容易处理、易于组织流水线生产、成本低等特点。可锻铸铁实际上并不可锻,只是塑性较好而已。可锻铸铁在汽车、拖拉机等生产中得到了广泛应用。

7.6.1 可锻铸铁的生产

可锻铸铁的生产分两个步骤:首先得到白口铸件,然后进行可锻化(石墨化)退火。

1. 化学成分对可锻铸铁组织的影响

可锻铸铁的生产必须先浇铸成白口铸铁,然后再经石墨化退火,使渗碳体分解,得到团絮状石墨的灰口铸铁。为了保证白口组织的获得,其成分中碳、硅含量不能太高,否则浇铸后得不到纯白口组织,而成为麻口组织,甚至成为灰口组织。若铸态组织中存有片状石墨,在以后石墨化退火过程中就得不到团絮状石墨。锰的含量也不能太高,此外,磷、硫含量亦要严格控制。常用的可锻铸铁的化学成分大致为:$w(C) = 2.4\% \sim 2.7\%$、$w(Si) = 1.4\% \sim 1.8\%$、$w(Mn) = 0.5\% \sim 0.7\%$、$w(P) < 0.08\%$、$w(S) < 0.25\%$、$w(Cr) < 0.06\%$,另外,加入少量孕育剂 Al 和 Bi。

2. 石墨化退火工艺

可锻铸铁按白口铸铁石墨化退火工艺特性的不同,可分为石墨化可锻铸铁和脱碳可锻铸铁两种。

石墨化可锻铸铁又称黑心可锻铁,它是由白口铸铁经长时间石墨化退火得到的,在退火过程中发生渗碳体分解形成团絮状石墨。如果白口组织在退火过程中第一阶段和第二阶段石墨化充分进行,则退火后得到铁素体基体加团絮状石墨的组织,此称为铁素体可锻铸铁。其断口颜色由于石墨析出而心部呈黑绒色,表层因退火时有些脱碳而呈白亮色,故又称黑心可锻铸铁。如果退火过程中经第一阶段和中间阶段石墨化后,以较快速度冷却,使第二阶段石墨化不能进行,则退火后的组织为珠光体加团絮状石墨的组织,称为珠光体可锻铸铁。其断口虽呈白色,但习惯上仍称黑心可锻铸铁。

脱碳可锻铸铁又称白心可锻铸铁,它是白口铸铁在长时间退火过程中,由于主要发生氧化脱碳过程,故经退火后在一定深度的表层得到铁素体组织,而心部由于脱碳不完全,得到珠光体基体加团絮状石墨组织,甚至残留少量未分解的游离渗碳体。其断口颜色表层呈黑绒色,而心部呈白色,故称白心可锻铸铁。

目前,我国生产的可锻铸铁多数为黑心可锻铸铁,而白心可锻铸铁由于表里组织不同、机械性能差,特别是韧性较低,生产工艺较为复杂、退火周期长,故应用较少。

7.6.2 可锻铸铁的牌号、性能及用途

我国可锻铸铁的牌号用"可锻"两字汉语拼音的第一个大写字母"KT"表示,若其后

面的字母 Z 表示珠光体可锻铸铁;H 表示黑心可锻铸铁;B 表示白心可锻铸铁。符号后面的两组数字分别表示最低抗拉强度和最低延伸率。

根据国家标准 GB 9440—88 的规定,可锻铸铁的牌号和力学性能见表 7.11 ~ 7.13。

表 7.11　黑心可锻铸铁的牌号和力学性能(GB 9440—88)

牌　　号		试样直径 d/mm	σ_b/MPa	σ_s/MPa	δ/% ($L_0 = 3d$)	硬度 HB
A	B		不　　小　　于			
KTH300-06	—	12 或 15	300	—	6	不大于 150
	KTH330-08		330	—	8	
KTH350-10			350	200	10	
	KTH370-12		370	—	12	

注:① 试样直径 12 mm 只适用于主要壁厚小于 10 mm 的铸件。

　　② 牌号 KTH300-06 适用于气密性零件。

　　③ 牌号 B 系列为过渡牌号。

表 7.12　珠光体可锻铸铁的牌号和力学性能(GB 9440—88)

牌　　号	试样直径 d/mm	σ_b/MPa	σ_s/MPa	δ/% ($L_0 = 3d$)	硬度 HB
KTZ450-06	12 或 15	450	270	6	150 ~ 200
KTZ550-04		550	340	4	180 ~ 250
KTZ650-02		650	430	2	210 ~ 260
KTZ700-02		700	530	2	240 ~ 290

注:试样直径 12 mm 只适用于铸件主要壁厚小于 10 mm 的铸件。

表 7.13　白心可锻铸铁的牌号和力学性能(GB 9440—88)

牌　　号	试样直径 d/mm	σ_b、$\sigma_{0.2}$/ MPa		δ/% ($L_0 = 3d$)	硬度 HB
		不　　小　　于			不大于
KTB350-04	9	340	—	5	230
	12	350	—	4	
	15	360	—	3	
KTB380-12	9	320	170	15	200
	12	380	200	12	
	15	400	210	8	
KTB400-05	9	360	200	8	220
	12	400	220	5	
	15	420	230	4	
KTB450-07	9	400	230	10	220
	12	450	260	7	
	15	480	280	4	

注:白心可锻铸铁试样直径,应尽可能与铸件的主要壁厚相近。

可锻铸铁是白口铸铁经退火而获得的一种铸铁。白口铸铁中的渗碳体在退火过程中分解为团絮状石墨,由于石墨呈团絮状大大减弱了对基体的割裂作用,故具有较高的强度、塑性(δ 可达 12%)和韧性(α_k 可达 (3×10)N·m/cm²)。

铁素体可锻铸铁具有一定的强度和较高的塑性与韧性,可用在承受冲击和振动的场合。例如,汽车、拖拉机的后桥外壳、弹簧钢后支座、纺织机件与农机零件等。

珠光体可锻铸铁的强度大、硬度高、耐磨性好,可用于制作曲轴、连杆、凸轮轴等。白心可锻铸铁应用极少。

7.7 特殊性能铸铁

在普通铸铁基础上加入某些合金元素可使铸铁具有某种特殊性能,如耐磨性、耐热性或腐蚀性等,从而形成一类具有特殊性能的合金铸铁。合金铸铁可用来制造在高温、高摩擦或耐蚀条件下工作的机器零件。

7.7.1 耐磨铸铁

根据工作条件的不同,耐磨铸铁可以分为减磨铸铁和抗磨铸铁两类。减磨铸铁用于制造在润滑条件工作的零件,如机床床身、导轨和汽缸套等。这些零件要求较小的摩擦系数。抗磨铸铁用来制造在干摩擦条件下工作的零件,如轧辊、球磨机磨球等。

1. 减磨铸铁

提高减磨铸铁耐磨性的途径主要是合金化和孕育处理。常用的合金元素为 Cu、Mo、Mn、P、稀土元素等,常用的孕育剂是硅铁。减磨铸铁中应用最多的是高磷铸铁,其化学成分和用途见表 7.14。

表 7.14 常用的几种高磷合金铸铁的化学成分和用途

铸铁名称	化 学 成 分 (w/%)									用 途
	C	Si	Mn	Cr	Mo	Sb	Cu	P	S	
磷-铬-钼铸铁	3.1~3.4	2.2~2.6	0.5~1.0	0.35~0.55	0.15~0.35	—	—	0.55~0.80	<0.1	气缸套
磷-铬-钼-铜铸铁	2.9~3.2	1.9~2.3	0.9~1.3	0.9~1.3	0.3~0.6	—	0.8~1.5	0.3~0.6	≤0.12	活塞环
磷-锑铸铁	3.2~3.6	1.9~2.4	0.6~0.8	—		0.06~0.08		0.3~0.4	≤0.08	气缸套

2. 抗磨铸铁

抗磨铸铁在干摩擦条件下工作,要求它的硬度高且组织均匀,通常金相组织为莱氏体、贝氏体或马氏体。表 7.15 列出了它们的化学成分、硬度和用途。

7.7.2 耐热铸铁

铸铁在高温条件下工作,通常会产生氧化和生长等现象。氧化是指铸铁在高温下受氧化性气氛的侵蚀,在铸件表面发生的化学腐蚀的现象。由于表面形成氧化皮,减少了铸件的有效断面,因而降低了铸件的承载能力。生长是指铸铁在高温下反复加热冷却时发生的不可逆的体积长大,造成零件尺寸增大,并使机械性能降低。铸件在高温和负荷作用下,由于氧化和生长最终导致零件变形、翘曲、产生裂纹,甚至破裂。所以铸铁在高温下抵抗破坏的能力通常指铸铁的抗氧化性和抗生长能力。耐热铸铁是指在高温条件下具有一定的抗氧化和抗生长性能,并能承受一定载荷的铸铁。

表 7.15　常用抗磨铸铁的化学成分与性能

序号	铸铁名称	化学成分(w/%)						硬度 HRC	用途举例
		C	Si	Mn	P	S	其他		
1	普通白口铁	4.0~4.4	≤0.6	≥0.6	≤0.35	≤0.15		>48	犁铧
2	高韧性白口铁[①]	2.2~2.5	~1.0	0.5~1.0	<0.1	<0.1		55~59	犁铧
3	中锰球墨铸铁	3.3~3.8	3.3~4.0	5.0~7.0	<0.15	<0.02	Re 0.025~0.05 Mg 0.025~0.06	48~56	球磨机磨球、衬板煤粉机锤头
4	高铬白口铁	3.25	0.5	0.7	0.06	0.03	Cr 15.0 Mo 3.0	62~65	球磨机衬板
5	铬钒钛白口铁	2.4~2.6	1.4~1.6	0.4~0.6	<0.1	<0.1	Cr 4.4~5.2 V 0.25~0.30 Ti 0.09~0.10	61.5	抛丸机叶片
6	中镍铬合金激冷铸铁	3.0~3.8	0.3~0.8	0.2~0.8	≤0.55	≤0.12	Ni 1.0~1.6 Cr 0.4~0.7	表层硬度 ≥65	轧辊

注:① 经(900±15)℃保温 60 min,在(300±15)℃等温 90 min 的等温淬火处理,获得下贝氏体组织。

提高铸铁耐热性的途径:

(1)合金化。在铸铁中加 Si、Al、Cr 等合金元素,通过高温下的氧化,在铸铁表面形成一层致密的、牢固的、完整的氧化膜,阻止氧化气氛进一步渗入铸铁的内部,防止产生氧化,并抑制铸铁的生长。

(2)提高铸铁金属基体的连续性。对于普通灰口铸铁,由于石墨呈片状,外部氧化气氛容易渗入铸铁内部,产生内氧化,因此灰口铸铁仅能在 400 ℃左右的温度下工作。通过球化处理或变质处理的铸铁,由于石墨呈球状或蠕虫状,提高了铸铁合金基体的连续性,减少了外部氧化性气氛渗入铸铁内部的现象,有利于防止铸铁产生内氧化,因此球铁和蠕墨铸铁的耐热性比灰口铸铁好。

我国耐热铸铁合金化系列有硅系、铝系、铬系及铝-硅系等。其常用耐热铸铁的牌号、性能及使用温度见表 7.16。

7.7.3　耐蚀铸铁

普通铸铁的耐蚀性是很差的,这是因为铸铁本身是一种多相合金,在电解质中各相具有不同的电极电位,其中以石墨的电极电位最高,渗碳体次之,铁素体最低。电位高的相是阴极,电位低的相是阳极,这样就形成了一个微电池,于是作阳极的铁素体不断被消耗掉,一直深入到铸铁内部。

提高铸铁的耐蚀性的手段主要是:加入合金元素以得到有利的组织和形成良好的保护膜。铸铁的基体组织最好是致密、均匀的单相组织即奥氏体或铁素体。中等大小又不相互连贯的石墨对耐蚀性有利。至于石墨的形状,则以球状或团絮状为有利。

表 7.16 常见耐热铸铁的成分、性能、特点和用途

类别	名称	化学成分（w/%）						金相特点（铸态）	耐热温度/℃	室温抗拉强度/MPa	使用说明	用途举例
		C	Si	Mn	P	S	其他					
硅系耐热铸铁	中硅耐热铸铁 RTSi-5.5	2.2 ~ 3.0	5.0 ~ 6.0	< 1.0	< 0.2	< 0.12	Cr 0.5 ~ 0.9	铁素体或铁素体+珠光体（<20%）细片状石墨	850	>100	属于空气及炉气介质,介质中有水蒸气时寿命降低、强度低、脆性大	锅炉炉栅、横梁换热器、节气阀
	中硅球铁	2.8 ~ 3.4	3.5 ~ 4.5	< 0.7	< 0.1	< 0.03	Mg 0.03 ~ 0.06 Re 0.015 ~ 0.04	铁素体+球状石墨、珠光体<10%	600 ~ 750	>450	用于空气及炉气介质,介质中有水蒸气时,寿命降低	炼油厂加热炉砖架、火格子、大铊
	中硅球铁	2.6 ~ 3.5	4.5 ~ 5.5	< 0.7	< 0.1	< 0.03	Mg 0.035 ~ 0.065 Re 0.015 ~ 0.04	铁素体+球状石墨、珠光体<10%	750 ~ 900	>350	$w(Si)<4.5\%$ 时,能承受一定动载荷和温度急变	炼油厂加热耐热件、锅炉燃烧烧嘴
	中硅球铁 RQTSi-5.5	2.4 ~ 3.0	5.0 ~ 6.0	< 0.7	< 0.1	< 0.03	Mg 0.04 ~ 0.07 Re 0.015 ~ 0.035	铁素体+球状石墨、珠光体<10%	900 ~ 950	>220	提高 Si 的质量分数,则耐热性增加,其余性能下降 $w(Si)>5.5\%$ 时,裂碎倾向显著增加	加热炉炉底板、化铝电阻炉坩埚
	中硅球铁	2.4 ~ 2.8	6.0 ~ 6.5	< 0.7	< 0.1	< 0.03	Mg 0.05 ~ 0.08 Re 0.015 ~ 0.03	铁素体+球状石墨、珠光体<10%	950 ~ 1 000	>200		加热炉炉底板、化铝电阻炉坩埚
铝系耐热铸铁	中铝铸铁	2.5 ~ 3.0	1.6 ~ 2.3	0.6 ~ 0.8	< 0.2	< 0.03	Al 5.5 ~ 7.0	铁素体+片石墨+珠光体+Fe_3AlC_x	700	110 ~ 170	用于空气及炉气介质,介质中有蒸汽时,其耐热性优于硅系耐热铸铁。有良好的抗硫性能,但耐温急变性较差	加热炉炉底板、炉条
	高铝铸铁	1.2 ~ 2.0	1.3 ~ 2.0	0.6 ~ 0.8	< 0.2	< 0.03	Al 20 ~ 24	铁素体+针状 Al_3C_3+$\varepsilon(Fe_3AlC_x)$+片石墨	900 ~ 950			加热炉炉底板、化铝电阻炉坩埚
	高铝球铁	1.7 ~ 2.2	1.0 ~ 2.0	0.4 ~ 0.8	< 0.2	< 0.01	Al 21 ~ 24	铁素体+薄针状碳化物+石墨	1 000 ~ 1 100	250 ~ 420		加热炉炉底板、渗碳罐、粉末冶金用换热器
铝硅耐热铸铁	铝硅球铁	2.4 ~ 2.9	4.4 ~ 5.4	< 0.5	< 0.1	< 0.02	AL 4.0 ~ 5.0	铁素体+球状石墨	950 ~ 1 050	220 ~ 275	同上,有一定的耐温急变性	加热炉炉底板、渗碳罐、粉末冶金铁粉还原坩埚换热器

续表 7.16

类别	名称	化学成分（w/%）						金相特点（铸态）	耐热温度/℃	室温抗拉强度/MPa	使用说明	用途举例
		C	Si	Mn	P	S	其他					
铬系耐热铸铁	低铬耐热铸铁 RTCr0.8	2.8~3.6	1.5~2.5	<1.0	<0.3	<0.12	Cr 0.5~1.1	珠光体+渗碳体	600	>180	用于空气及炉气介质,能承受一定动载荷,耐温急变性较好、加工性良好	托架、炉排、风帽煤气发生炉的闸门炉条
	低铬耐热铸铁 RTCr-1.5	2.8~3.6	1.7~2.7	<1.0	<0.3	<0.12	Cr 1.2~1.9	珠光体+渗碳体	650	>150		油炉喷油嘴、熔烧炉的铁粑和粑齿
	高铬铸铁	0.5~1.0	0.5~1.3	0.5~0.8	≤0.1	≤0.08	Cr 26~30	铁素体+碳化物	1 000~1 100	380~410	在有水蒸气的情况,耐热性优于硅系铸铁,有优良的抗硫性能,不宜用于温度急变场合	加热炉炉底板、炉传送链构件
	高铬铸铁	1.5~2.2	1.3~1.7	0.5~0.8	≤0.1	≤0.1	Cr 32~36	铁素体+碳化物	1 100~1 200	380~430		加热炉炉底板、炉传送链构件

加入合金元素主要从以下三方面提高铸铁的耐蚀性。

（1）改变某些相在电介质中的电极电位,降低原电池电动势,因而使耐蚀性提高,如 Cr、Mo、Cu、Ni、Si 等元素能提高铸铁基体的电极电位。

（2）改善铸铁基体组织和石墨形状、大小和分布,减少原电池数量和电动势,提高铸铁的耐蚀性。

（3）使铸铁表面形成一层致密完整而牢固的保护膜,如加入 Si、Al、Cr,相应形成 SiO_2、Al_2O_3 和 Cr_2O_3 氧化膜,能有助于提高铸铁的耐蚀性。

我国耐蚀铸铁以 Si 为主要元素,有时也加入 Al、Cu、Mo、Cr 等。目前应用较多的为高硅耐蚀铸铁、高铬耐蚀铸铁、铝耐蚀铸铁和抗碱球墨铸铁,其化学成分、机械性能和用途见表 7.17。

表 7.17　耐蚀铸铁的化学成分和机械性能和用途

序号	名称	化学成分（w/%）						机械性能			应用范围
		C	Si	Mn	P	S	其他	σ_b/MPa	σ_{bb}/MPa	HB	
1	稀土高硅球铁	0.5 ~ 0.8	14.5 ~ 16	0.3 ~ 0.8	≤0.05	≤0.03	Re 0.05 ~ 0.15	≥80	≥170	400 ~ 420	用于除还原性以外的酸类；离心泵、阀、管件、容器等
2	高硅钼铸铁（抗氯铸铁）	0.5 ~ 0.8	14.5 ~ 16	0.3 ~ 0.5	≤0.10	≤0.07	Mo 3 ~ 4	59 ~ 75	140 ~ 180	400 ~ 450	对氯化物溶液氯离子高度稳定，用于各种酸类（HF 酸除外）
3	铝铸铁	2.7 ~ 3.0	1.5 ~ 1.8	0.6 ~ 0.8	≤0.10	≤0.10	Al 4.0 ~ 6.0	180 ~ 210	360 ~ 440	200 ~ 230	用于碱类溶液，也能耐热，用于联碱轴流泵阀等
4	铬铸铁	0.5 ~ 1.0	0.5 ~ 1.3	0.5 ~ 0.8	≤0.10	≤0.08	Cr 26 ~ 30	380 ~ 410	570 ~ 650	220 ~ 270	在氧化性介质中稳定，在冷热浓硝酸、浓硫酸、盐酸、海水、大气中都足够耐蚀
5	抗碱铸铁	3.2 ~ 3.6	1.2 ~ 1.5	0.5 ~ 0.8	0.15 ~ 0.30	≤0.1	Ni 0.8 ~ 1.0 Cr 0.6 ~ 0.8	>180	>360		NaOH、Na_2CO_3、KOH 等碱液中稳定

7.8　铸铁的热处理

　　铸铁生产除适当地选择化学成分以得到一定的组织外，热处理也是进一步调整和改进基体组织以提高铸铁性能的一种重要途径。铸铁的热处理和钢的热处理有相同之处，也有不同之处。铸铁的热处理一般不能改善原始组织中石墨的形态和分布状况。对灰口铸铁来说，由于片状石墨所引起的应力集中效应是对铸铁性能起主导作用的因素，因此对灰口铸铁施以热处理的强化效果远不如钢和球铁那样显著。故灰口铸铁热处理工艺主要为退火、正火等。对于球铁来说，由于石墨呈球状，对基体的割裂作用大大减轻，通过热处理可使基体组织充分发挥作用，从而可以显著改善球铁的机械性能。故球铁像钢一样，其热处理工艺有退火、正火、调质、等温淬火、感应加热淬火和表面化学热处理等。

但是,在球铁中由于石墨的存在以及含有较多的 C、Si、Mn 等合金元素,使铸铁的热处理具有一定的特殊性,即有如下一些特点。

7.8.1　铸铁的金相学特点

(1)铸铁的共晶转变和共析转变不是在一个恒定温度下进行,而是在一个相当宽的温度范围内进行。在共析转变温度范围内,是一个由 α+γ+G 所组成的三相区。在共析转变区内的各个温度,都对应着一定数量的 F 和 A 的平衡,而且 A 的化学成分也是一个变量,随着共析转变温度的升高,A 中实际含碳量增高。

(2)铸铁中有石墨(白口铁除外),石墨在热处理过程中要参与相变化过程,在加热过程中,碳原子从石墨向基体扩散,因此,奥氏体中碳的平衡浓度要增加。当冷却时,奥氏体中碳的浓度要降低,多余的碳要析出,则碳原子又会从基体向石墨沉积。因此,在铸铁热处理中,石墨就是碳的集散地,如果控制热处理的温度及保温时间,就可以控制奥氏体中碳的浓度。冷却以后,奥氏体分解产物的含碳量亦不同,从而可能得到不同的组织与性能。

(3)Si 显著地提高石墨的共析转变温度。大约每增加 $w(\mathrm{Si})=1\%$,可提高共析转变温度 28 ℃。在选取热处理加热温度时应考虑这一点。

(4)Si 使状态图中共晶点的位置左移,例如共晶点原来成分 $w(\mathrm{C})=4.3\%$ 左右,当 $w(\mathrm{Si})=2.4\%$ 时,则共晶点左移到 $w(\mathrm{C})=3.5\%$ 处,即 3 份硅相当于 1 份碳的作用。

(5)铸铁的杂质质量分数比钢高,一次结晶时形成的石墨-奥氏体共晶团组织有较严重的成分偏析,晶内 Si 的质量分数高,晶界处锰、磷、硫含量高。这种成分上的偏析,使铸铁热处理相变过程亦具有自己的特点。

铸铁的这些金相学特点和相变规律是制订铸铁热处理工艺的基础。

7.8.2　铸铁热处理工艺

1. 消除应力退火

由于铸件壁厚不均匀,在加热,冷却及相变过程中,会产生热应力和组织应力。另外,大型零件在机加工之后其内部也易残存应力,所有这些内应力都必须消除。去应力退火通常的加热温度为 500～550 ℃,保温时间为 2～8 h,然后炉冷(灰口铁)或空冷(球铁)。采用这种工艺可消除铸件内应力的 90%～95%,但铸铁组织不发生变化。若温度超过 550 ℃或保温时间过长,反而会引起石墨化,使铸件强度和硬度降低。

2. 消除铸件白口的高温石墨化退火

铸件冷却时,表层及薄截面处,往往产生白口。白口组织硬而脆、加工性能差、易剥落。因此必须采用退火(或正火)的方法消除白口组织。退火工艺为:加热到 850～950 ℃,保温 2～5 h,随后炉冷到 500～550 ℃,再出炉空冷。在高温保温期间,游离渗碳体和共晶渗碳体分解为石墨和奥氏体,在随后炉冷过程中二次渗碳体和共析渗碳体也分解,发生石墨化过程。由于渗碳体的分解,导致硬度下降,从而提高了切削加工性。

3. 球铁的正火

球铁正火的目的是为了获得珠光体基体组织,并细化晶粒,均匀组织,以提高铸件的机械性能。有时正火也是球铁表面淬火在组织上的准备。正火分高温正火和低温正火。高温正火温度一般不超过 950 ~ 980 ℃,低温正火一般加热到共析温度区间 820 ~ 860 ℃。正火之后一般还需进行回火处理,以消除正火时产生的内应力。

4. 球铁的淬火及回火

为了提高球铁的机械性能,一般铸件加热到 A_{c1}^{f} 以上 30 ~ 50 ℃(A_{c1}^{f} 代表加热时奥氏体形成终了温度),保温后淬入油中,得到马氏体组织。为了适当降低淬火后的残余应力,一般淬火后应进行回火,低温回火组织为回火马氏体加残留奥氏体再加球状石墨。这种组织耐磨性好,用于要求高耐磨性、高强度的零件。中温回火温度为 350 ~ 500 ℃,回火后组织为回火屈氏体加球状石墨,适用于要求耐磨性好、具有一定热稳定性和弹性的零件。高温回火温度为 500 ~ 600 ℃,回火后组织为回火索氏体加球状石墨,具有韧性和强度结合良好的综合性能,因此在生产中广泛应用。

5. 球铁的等温淬火

球铁经等温淬火后可以获得高强度,同时兼有较好的塑性和韧性。等温淬火加热温度的选择主要考虑使原始组织全部奥氏体化,不残留铁素体,同时也避免奥氏体晶粒长大。加热温度一般采用 A_{c1}^{f} 以上 30 ~ 50 ℃,等温处理温度为 250 ~ 350 ℃,以保证获得具有综合机械性能的下贝氏体组织。稀土镁钼球铁等温淬火后 $\sigma_b = 1\,200 ~ 1\,400$ MPa,$\alpha_k = 3 ~ 3.6$ J/cm^2,HRC = 47 ~ 51。但应注意等温淬火后再加一道回火工序。

6. 表面淬火

为了提高某些铸件的表面硬度、耐磨性及疲劳强度,可采用表面淬火。灰铸铁及球铁铸件均可进行表面淬火。一般采用高(中)频感应加热表面淬火和电接触表面淬火。

7. 化学热处理

对于要求表面耐磨或抗氧化、耐腐蚀的铸件,可以采用类似于钢的化学热处理工艺,如气体软氮化、氮化、渗硼、渗硫等处理。

铸铁的化学热处理与钢的化学热处理工艺没有原则区别,这里不再赘述。但应当注意:在进行以提高表面耐磨性为目的的氮化或渗硼处理前,为了保证基体有足够的强度以支撑表面高硬度的渗层,应对基体进行预先热处理,如正火和调质处理。

第8章 有色金属及合金

8.1 铝及其合金

铝是地壳中蕴藏量最丰富的金属元素,总储量约占地壳总量的 7.45%。铝及合金的产量在金属材料中仅次于钢铁材料而居第二位,是有色金属材料中用量最多、应用范围最广的材料。铝及铝合金是一类重要的工程结构材料,广泛应用于各种工业领域中。目前液体导弹、运载火箭、各种航天器、飞机的主要结构材料大多采用铝合金,装甲、坦克、舰艇的制造业也离不开铝合金。铝合金在机械、传播、电子、电力、汽车、建筑和生活用具等行业中也得到广泛的应用。

8.1.1 纯铝

铝是第三主族元素,常见化合价为+3。纯铝为面心立方结构,无同素异构转变,主要的物理性能参数见表 8.1。

表 8.1 纯铝的主要物理性能

性 能	参 数	性 能	参 数
点阵常数	$4.049\ 6 \times 10^{-10}$ m (25 ℃)	电阻系数	2.655×10^{-8} Ω·m
密度(固态)	$2.697 \sim 2.699$ g/cm^3	熔 点	660.5 ℃
热膨胀系数	23×10^{-6}/K (20 ℃)	沸 点	2 477 ℃
导热系数	2.37 W/(cm·K) (25 ℃)	熔 化 热	$10 \sim 147$ kJ/mol

纯铝是一种银白色的轻金属,具有密度低、导电性和导热性良好及塑性高、耐腐蚀性的特点。铝化学性质活泼,在空气中易于和氧结合,在表面形成一层坚固致密的氧化铝薄膜,可以保护内层金属不再继续氧化,故铝在大气中具有极好的稳定性。

纯铝塑性极好,但强度低,如纯度为 99.99% 的纯铝的延伸率为 50%,抗拉强度只有 45 MPa,通常采用冷变形加工的方法使之强化。纯铝低温性能良好,在 0~253 ℃ 之间保持良好的塑性和冲击韧性,易于铸造和切削,可以通过冷、热压力加工制成不同规格的半成品。此外,纯铝具有良好的焊接性能,可采用气焊、氩弧焊、钎焊、电子束焊等方法进行焊接。

工业纯铝中含有少量杂质,主要为 Fe 和 Si。它们在铝中的溶解度极小,易形成富 Fe、Si 的脆性化合物。这些杂质虽能提高铝的强度,但却严重损害铝的塑性、抗蚀性和导电性。除杂质元素外,纯铝的机械性能还与加工状态有关。表 8.2 给出了纯铝的牌号和杂质含量。

8.1.2　铝的合金化

1. 铝中合金元素的作用

加入到铝中的合金元素因本身的性质和在铝中的固溶度的差别,产生的强化作用各不相同。一些主要合金元素和微量元素的作用如下。

铜在铝中不仅可以通过固溶强化和沉淀强化提高合金的室温强度,而且可以增加铝铜合金的耐热性,是高强铝合金及耐热铝合金的主要合金元素。铜在铝铜合金中形成的亚稳平衡相以及平衡相是铝合金中重要的沉淀强化相。

镁在铝合金中具有较好的固溶强化效果,在提高铝合金强度的同时还可以降低合金的密度。低镁铝合金在加工和热处理后易保持单相固溶体组织,沉淀强化效果不大,但具有较高的韧性和疲劳强度以及较好的耐蚀性。$w(Mg)>8\%$时,铝合金才具有沉淀强化的效果,但合金的塑性较低。因此,镁不能单独作为高强铝合金的主要添加元素,必须与其他合金元素联合加入。

表 8.2　纯铝的牌号和杂质含量

	牌号	主要成分($w/\%$)				杂质($w/\% \leqslant$)									
		Fe	Si	Al	Cu	Cu	Fe	Si	Mg	Mn	Zn	Ni	Ti	Fe+Si	其他
五号工业高纯铝	LG5	—	—	99.99	—	0.005	0.003	0.0025	—	—	—	—	—	—	0.002
四号工业高纯铝	LG4	—	—	99.97	—	0.005	0.015	0.015	—	—	—	—	—	—	0.005
三号工业高纯铝	LG3	—	—	99.93	—	0.01	0.04	0.04	—	—	—	—	—	—	0.007
二号工业高纯铝	LG2	—	—	99.90	—	0.01	0.06	0.06	—	—	—	—	—	—	0.01
一号工业高纯铝	LG1	—	—	99.85	—	0.01	0.10	0.08	—	—	—	—	—	—	0.01
一号工业纯铝	L1	—	—	99.7	—	0.01	0.16	0.16	—	—	—	—	—	0.20	0.03
二号工业纯铝	L2	—	—	99.6	—	0.01	0.25	0.20	—	—	—	—	—	0.36	0.03
三号工业纯铝	L3	—	—	99.5	—	0.015	0.30	0.30	—	—	—	—	—	0.45	0.03
四号工业纯铝	L4	—	—	99.3	—	0.05	0.35	0.40	—	—	—	—	—	0.60	0.03
四减一号工业纯铝	L4-1	0.15-0.30	0.10-0.20	99.3	—	0.05			0.02	0.01	0.02	0.01	0.02	—	0.03
五号工业纯铝	L5	—	—	99.0	—	0.05	0.50	0.55	—	—	—	—	—	0.90	0.15
五减一号工业纯铝	L5-1	—	—	99.0	—	—	—	—	0.05	—	—	—	—	1.0	0.15
六号工业纯铝	L6	—	—	98.8	—	0.10	0.50	0.55	0.10	0.10	—	0.10	—	1.0	0.15

锰在铝中的固溶度较低,固溶强化效果有限。锰在铝中虽有固溶度的变化,但因杂质铁的存在而形成不溶于铝的(Mn、Fe)Al_6化合物,故不能沉淀强化。Al-Mn 中的第二相

$MnAl_6$ 与铝的化学性质相近,具有较好的耐蚀性,因而在防锈铝合金中加入锰,其质量分数一般不大于 2%。

硅在铝合金中的固溶度较低,固溶强化能力有限,且沉淀硬化效果不大,所以主要借助于过剩相强化。二元 Al-Si 合金共晶点较低,易于铸造,是铸造铝合金的基础合金系列。Si 的质量分数一般选择在 10% ~ 13%。硅与镁在铝中可以形成 Mg_2Si 沉淀相,具有很好的沉淀硬化效果。因此硅可以作为合金元素加入到铝镁合金中,其中 Si 质量分数不超过 1.0% ~ 1.2%。

锌在铝中的溶解度很大,具有很强的固溶强化能力,少量锌(质量分数为 0.4% ~ 0.8%)即能提高铝合金的强度和耐蚀性。在多元合金中锌是形成沉淀强化的元素,具有显著的沉淀硬化效果。

锂是最轻的金属元素,可以大幅度降低铝合金的密度,显著提高合金的弹性模量。锂在铝中的固溶强化能力有限,但在时效甚至淬火过程中迅速形成的 AL_3Li 有序沉淀相却对铝合金具有很高的强化能力。锂是近年来人们普遍关注的一种重要的铝合金添加元素。在二元 Al-Li 合金系中锂的质量分数一般不超过 3.0%。

除此之外,铝合金中经常加入 Ti、Zr、Cr、V 等微量合金元素以改善铝合金的综合性能。目前稀土在铝合金中的作用正在逐渐扩大,稀土能够增加熔炼时的成分过冷度,细化晶粒,球化杂质相,降低熔体表面张力,增加流动性,改善工艺性能。图 8.1 给出了工业用铝合金的基本体系和合金化元素。

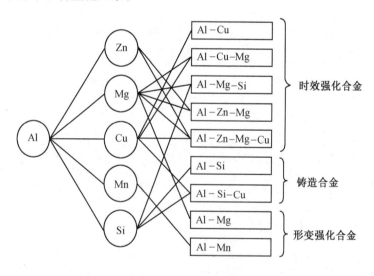

图 8.1　工业用铝合金的基本体系和合金化元素

2. 铝合金的强化作用

纯铝的机械性能不高,不宜制作承受较大载荷的结构零件。为了提高铝的机械性能,在纯铝中加入某些合金元素形成铝合金。铝合金仍保持纯铝比重小和抗腐蚀性好的特点,而机械性能比纯铝高得多。经过热处理后的铝合金的机械性能可以和钢铁材料相比美。因此铝合金广泛应用于交通运输业,尤其是航空工业。铝在合金化时常加入的合金元素是铜、镁、锌、硅、锰和稀土元素等。这些元素对铝的强化作用主要包括以下几方面。

(1)固溶强化。纯铝通过加入合金元素形成铝基固溶体,起固溶强化作用,在提高强度的同时还能获得优良的塑性与良好的压力加工性能。在一般铝合金中最常用的合金元素是锌、镁、铜、锰和硅等。

（2）时效强化。合金元素对铝的另一强化作用是通过热处理实现的。铝没有同素异构转变，故其热处理相变与钢不同。铝合金的热处理强化主要是由于一些合金元素在铝中有较大固溶度，且固溶度随温度的降低而急剧减小。所以铝合金经加热到某一温度后可以得到过饱和的铝基固溶体。这种过饱和固溶体放置在室温或加热到某一温度时，强度升高，塑性、韧性降低，这个过程称为时效。时效过程中合金强度、硬度增高的现象为时效强化。淬火加时效处理是铝合金强化的一种重要手段。

（3）过剩相强化。当铝合金中加入过量合金元素并超过极限溶解度时，淬火加热时会有一部分不能溶入固溶体的第二相出现，这些相称为过剩相。在铝合金中过剩相多为硬而脆的金属间化合物。它们可以阻碍滑移和位错运动，提高强度、硬度，但降低塑性、韧性。合金中过剩相数量越多，则强化效果越好，但过剩相过多时，由于合金变脆而导致强度急剧降低。

在二元铝硅合金中主要强化手段是过剩相强化。在铝硅合金中随硅含量的增加，过剩相（硅晶体）的数量增加，合金强度、硬度提高。合金中的硅含量超过共晶成分时，由于过剩相数量过多以及多角形的板块状初晶硅的出现，强度和塑性会急剧降低。所以，二元铝硅铸造铝合金的硅含量一般不能超过共晶成分太多。

8.1.3　铝合金的分类

根据合金的成分和生产工艺特点，通常将铝合金分为变形铝合金和铸造铝合金。变形铝合金首先经熔炼形成铸锭，而后经过热变形或冷变形加工再使用。这类合金一般经过锻造、轧制、挤压等压力加工制成板材、带材、棒材、管材、丝材以及其他型材，因此要求具有较高的塑性和良好的成型性能。铸造铝合金则是将液态铝合金直接浇铸在砂型或金属型内，制成各种形状复杂的甚至薄壁的零件或毛坯，此类合金要求具有良好的铸造性能，流动性好，收缩小，抗热裂性高。

图 8.2 给出了划分变形铝合金和铸造铝合金的成分范围。状态图上最大饱和溶解度 D 是两类合金的理论分界线。溶质成分低于 D 点的合金，加热至固溶线以上温度可以得到均匀的单相固溶体，塑性好，适宜进行锻造、轧制和挤压等压力加工，为变形铝合金。溶质成分高于 D 的合金，存在共晶组织，塑性差，但液态流动性好，高温强度高，是良好的铸造材料，为铸造铝合金。当然上述划分也不是绝对的。有些合金，如耐热铝合金，尽管溶质成分超过最大溶解度，仍可进行变形加工，还是属于变形铝合金。相反有些溶质成分在 FD 之间的合金可用于铸造。

变形铝合金又可以分为热处理强化和不可热处理强化铝合金。凡溶质成分位于点 F 以左的合金，固溶体成分不随温度而变化，不能借助于时效处理来强化，为不可热处理强化的合金。溶质成分位于 FD 之间的合金，固溶体成分随温度发生变化，可进行时效沉淀强化处理，为可热处理强化的铝合金。

工业上根据铝合金的性能和工艺特点将变形铝合金分为防锈铝合金、硬铝合金、超硬铝合金和锻造铝合金，根据合金成分特点将铸造铝合金分为 5 个系列。表 8.3 给出了铝合金的分类及性能特点。

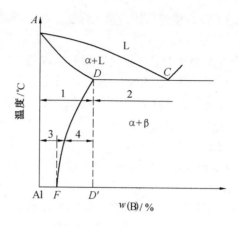

图 8.2　变形铝合金和铸造铝合金的成分范围
1—变形合金;2—铸造合金;3—不可热处理强化铝合金;4—可热处理强化铝合金

表 8.3　铝合金的分类及性能特点

分类		合金名称	合金系	性能特点	编号举例
铸造铝合金		简单铝硅合金	Al-Si	铸造性能好,不能热处理强化,机械性能较低	ZL102
		特殊铝硅合金	Al-Si-Mg	铸造性能良好,能热处理强化,机械性能较高	ZL101
			Al-Si-Cu		ZL107
			Al-Si-Mg-Cu		ZL105,ZL110
			Al-Si-Mg-Cu-Ni		ZL109
		铝铜铸造合金	Al-Cu	耐热性好,铸造性能与耐蚀性差	ZL201
		铝镁铸造合金	Al-Mg	机械性能高,耐蚀性好	ZL301
		铝锌铸造合金	Al-Zn	能自动淬火,易于压铸	ZL401
		铝稀土铸造合金	Al-Re	耐热性好	
变形铝合金	不可热处理强化铝合金	防锈铝	Al-Mn	抗蚀性、压力加工性与焊接性好,强度较低	LF21(3A21)
			Al-Mg		LF5(5A05)
	可热处理强化铝合金	硬铝	Al-Cu-Mg	机械性能高	LY11(2A11),LY12(2A12)
		超硬铝	Al-Cu-Mg-Zn	室温强度高	LC4(7A04)
		锻铝	Al-Mg-Si-Cu	铸造性能好耐热性能好	LD5(2A50),LD10(2A14)
			Al-Cu-Mg-Fe-Ni		LD8(2A80),LD7(2A70)

8.1.4　铝合金热处理

为获得优良的综合机械性能,铝合金在使用前一般经过热处理,主要工艺方法有退火、淬火和时效等。退火后主要用于变形加工产品和铸件,而淬火和时效是铝合金进行沉淀强化处理的具体手段。

1.退火

根据目的不同,铝合金的退火规范分为再结晶退火、低温退火和均匀化退火。

(1)再结晶退火。再结晶退火也称完全退火,适用于所有变形铝合金,即将经过变形的工件加热到再结晶温度以上,保温一段时间后空冷,其目的在于消除加工硬化,改善合金的塑性,以便继续进行成型加工。冷轧板的中间退火是典型的再结晶退火。

(2)低温退火。低温退火又称不完全退火,即在再结晶温度以下保温后空冷,目的是为了消除内应力,适当增加塑性,以便于随后进行小变形量的成型加工,同时保留一定的加工硬化效果,这是不可热处理强化铝合金通常采用的热处理方法。低温退火的温度一般在 180 ~ 300 ℃。

(3)均匀化退火。均匀化退火即扩散退火,是为了消除铝合金铸锭或铸件的成分偏析及内应力,提高塑性,降低加工及使用过程中变形开裂倾向而进行的处理。通常在高温长时间保温后进行炉冷或空冷。对于要进行时效强化处理的铸件,均匀化退火可与固溶处理合并进行,原因在于淬火加热也可达到均匀成分和消除应力的目的。

2.淬火

铝合金淬火是铝合金固溶处理的习惯称谓,它将合金加热到固溶线以上保温后快冷,以得到过饱和、不稳定的固溶体组织,为后继的时效处理做好准备。

一般铝合金淬火加热温度范围很窄。加热温度必须超过固溶线,以获得溶质的最大溶解度,增强随后的时效硬化效果。但加热温度又不宜过高,否则会引起过热或过烧。图8.3 给出了铝合金淬火加热的温度范围示意图。

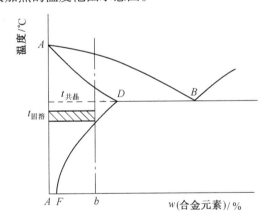

图 8.3　铝合金固溶处理温度范围

3.时效

以 $w(\text{Cu-Al}) = 4\%$ 合金为例讨论铝合金时效时合金组织与性能的变化。时效过程实际上是过饱和固溶体分解的过程。

(1)铝合金时效的基本过程。铝合金时效包括以下 4 个阶段。第一阶段形成铜原子富集区(GP[I])区。经过固溶处理获得的过饱和固溶体,在发生分解之前有一段准备过程,称为孕育期,随后铜原子在铝基固溶体的{100}晶面偏聚,形成铜原子富集区(GP[I]区)。其晶格类型与基体相同并与之保持共格关系。但由于 GP[I]区中铜原子的浓度较高,会引起点阵的严重畸变,阻碍位错运动,因而这时的合金强度、硬度提高。GP 区的形态与溶质原子和溶剂原子直径的差异有关。当两者的原子直径相差较大时,GP 区呈片状;二者相差较小时呈球状。第二阶段为铜原子富集区有序化(GP[Ⅱ]区)。在 GP[Ⅰ]区的基础上铜原子进一步偏聚,GP 区进一步扩大并有序化,形成有序的富铜区,为 GP[Ⅱ]区。该区为中间过渡相,尺寸较 GP[Ⅰ]区大。由于与基体保持共格关系,其周围的基体产生畸变,因此 GP[Ⅱ]区对位错运动的阻碍作用进一步加大,故时效强化作用更大,为合金强化效应最大的阶段。第三阶段形成过渡相。铜原子在 GP[Ⅱ]区继续偏聚,形成过渡相 θ'。其与基体共格关系开始破坏,由完全共格转变为局部共格。θ' 相周围基体的共格畸变减弱,对位错运动的阻碍亦减小,合金的硬度开始降低。第四阶段为形成稳定 θ 相的阶段。时效后期过渡相 θ' 从铝基固溶体中完全脱溶,形成与基体有明显界面的独立的稳定相 $CuAl_2$,称为 θ 相。θ 相与基体的共格关系完全破坏,共格畸变也消失。因此 θ 相的析出导致合金软化,随时效温度的提高或时间的延长,θ 相的质点聚集长大,合金的强度、硬度进一步降低。

综上,$w(Cu-Al)=4\%$ 合金时效的基本过程可以概括为:过饱和固溶体→形成铜原子富集区(GP[Ⅰ]区)→铜原子富集区有序化(GP[Ⅱ]区)→形成过渡相 θ'→形成稳定相 θ。铜-铝二元合金的时效原理及其一般规律对于其他工业合金亦是适用的。但是合金的种类不同,形成的 GP 区,过渡相以及最后析出的稳定相各不相同,时效强化效果也不一样。

(2)影响铝合金时效的因素。铝合金的时效强化与化学成分、热处理工艺以及时效方式等许多因素有关。

① 化学成分。铝合金能否时效强化首先取决于合金中的溶质元素是否溶解于固溶体以及溶解度随温度变化的情况。如铁、镍基本不溶于铝中,硅、锰在铝中溶解度很小,镁、锌虽然溶解度大,但他们与铝形成的化合物强化效果很弱,因此 Al-Fe、Al-Ni、Al-Si、Al-Mn、Al-Mg、Al-Zn 等二元合金一般不进行时效处理。如果在铝中加入的合金元素能够在时效过程中形成结构复杂的 GP 区,并引起基体畸变,形成稳定的化合物相如 $CuAl_2$ 等,就可以起到较大的强化效果。

② 热处理工艺的影响。正确控制合理的固溶处理工艺,是保证获得良好的时效强化效果的前提。在不发生过热、过烧的条件下,提高淬火加热温度、延长保温时间,可以获得较大过饱和度的均匀固溶体。注意淬火冷却时要避免析出第二相。铝合金淬火一般采用 $20 \sim 80$ ℃清水作为冷却介质。时效温度是决定合金时效强化的重要工艺参数。温度过低,溶质原子扩散困难,GP 区不易形成,时效后的硬度和强度偏低;温度过高,扩散加快,析出相尺寸大,数量少,不能达到最好的强化效果。一般取 $T_s=(0.5 \sim 0.6)T_r$,T_s 为最佳时效温度,T_r 为熔点。

③ 时效方式。铝合金时效可以通过单级时效和分级时效的方式进行。单级时效是最简单也是最普及的一种时效工艺制度,工艺简单,但组织均匀性差,难于获得良好的综合力学性能。单级时效又可以分为自然时效和人工时效。铝合金自然时效以 GP 区强化为主,塑性高而强度低;人工时效以过渡沉淀相强化为主,强度高而塑性差。分级时效是在不同温度下进行两次时效或多次时效处理,包括预时效和最终时效两种。预时效温度一般较低,以便在合金中形成高密度的 GP 区;最终时效通过调整沉淀相的结构和弥散度达到预期的性能要求。分级时效可以获得较好的综合性能。

(3)铝合金化的回归现象。自然时效后的铝合金在 $200 \sim 250$ ℃做短时间加热,然后快速冷却到室温,合金强度下降,重新变软,性能恢复到淬火状态,并能进行自然时效,这种现象为回归。这是由于当加热到稍高于 GP 区固溶线的温度时,通过时效形成的小尺寸 GP 区不稳定而迅速溶解,并且由于保温时间短,过渡相与稳定相来不及形成。因此合金快冷到室温,又恢复到新的淬火状态。

一般能时效强化的铝合金都有回归现象,并且同一合金可进行多次回归,但每次回归后强度有所下降,故回归以 3~4 次为限。回归现象在生产中具有重要的意义。时效后的铝合金工件可在回归后的塑性状态下进行各种冷变形操作,如飞机螺旋桨的修理等。

8.1.5　变形铝合金

变形铝合金依据性能和使用特点可以分为防锈铝合金、硬铝合金、超硬铝合金和锻铝合金。其中防锈铝合金为不可热处理强化的铝合金,其他合金为可热处理强化的铝合金。

1. 防锈铝合金

防锈铝合金主要有 Al-Mn 和 Al-Mg 系两种合金。表 8.4 为防锈铝合金的化学成分及性能。锰是主要合金元素,可以形成 Al_6Mn 相,该相的电极电位与铝固溶体几乎相等,因此耐蚀性较好。Al-Mn 系合金常用来制作需要弯曲、冷拉或冲压的零件。Al-Mg 系合金中随镁含量的增加,合金强度提高。当 $w(Mg)>5\%$ 时,抗应力腐蚀性能下降。Al-Mg 系合金多用来制造管道、容器铆钉及承受中等载荷零件。

表 8.4　防锈铝合金的化学成分及性能

牌号	化学成分($w/\%$)			σ_b/MPa	$\delta/\%$	HBs
	Mg	Mn	Al			
LF2(5A02)	2.0~2.8	0.15~0.4	其余	200	17	45
LF5(5A05)	4.0~5.0	0.3~0.6	其余	280	15	70
LF10(5B05)	4.5~5.7	0.2~0.6	其余	270	23	70
LF21(3A21)		1.0~1.6	其余	130	20	30

2. 硬铝合金

硬铝合金包括 Al-Cu-Mg 系和 Al-Cu-Mn 系。Al-Cu-Mg 系合金是铝合金中最成熟和最重要的合金系列之一,用途极为广泛。主要合金元素为 Cu,其次为 Mg。合金性能随 Cu 和 Mg 的总含量及二者比值而改变。Cu 和 Mg 具有重要的固溶强化作用,并可以通过时效处理析出沉淀硬化相($CuAl_2$ 和 $CuMgAl_2$)进一步强化。有时也加入少量 Mn,以提高合金的耐蚀性能和力学性能;加入少量 Ti 或 B 以细化晶粒。根据硬铝合金的特性和用途,可以分为低强度硬铝(LY1、LY10)、中强度硬铝(LY11)、高强度硬铝(LY12、LY6)、耐热硬铝(LY2)等。低强度硬铝合金强度相对较低,塑性高,主要做铆钉材料。中等强度的铝合金既有相当高的强度,又有足够的塑性,中等的抗蚀性能,经过 350~400 ℃退火后具有良好的工艺性能,可以进行冷弯、卷边、冲压等变形加工。高强度硬铝是在中等强度硬铝的基础上同时提高 Cu 和 Mg 的含量或单独提高 Mg 的含量而发展起来的,具有更高的强度、屈服强度和良好的耐热性,但塑性和某些工艺性能较差。Al-Cu-Mg 系硬铝具有形成焊接裂纹的倾向,焊接性较差,一般不宜用作焊接结构材料;耐蚀性也较差,对其制品需要进行防腐保护处理。对于板材可以进行包铝处理,多数情况下还要进行阳极氧化处理和表面涂漆。特别注意的是 Al-Cu-Mg 系硬铝合金淬火及人工时效状态下晶间腐蚀性较大,因此该合金除用作高温工作的构件外一般采用自然时效处理。

Al-Cu-Mn 系列硬铝合金为耐热硬铝合金,主要特点是塑性和工艺性能好,在200 ℃以上具有很高的耐热性。锰的添加能降低铜在铝中的扩散系数,在高温下形成硬度很高的 T($CuMn_2Al_2$)相,提高合金的耐热性。此外加入 Ti、Zr、V 等微量合金元素以细化铸态晶粒、减缓固溶体在高温下的分解,提高合金高温性能,并改善合金焊接性能。该合金可进行自由锻造、挤压和轧制压力加工。

表8.5 给出了常见的硬铝合金的牌号和力学性能及用途。

表8.5　常见的硬铝合金的牌号和力学性能及用途

牌　号	状　态		力 学 性 能			用　途
			σ_b/MPa	$\sigma_{0.2}$/MPa	δ/%	
LY11(2A11)	板材	M	≤240	—	12	中等强度的结构件,如整流罩、螺旋桨等
		CZ	370～380	190～200	15	
LY12(2A12)	板材	M	≤240	—	12～14	较高强度的结构件,如翼梁、长桁等
		CZ	415～435	275～280	10～13	

注:M—退火;CZ—淬火加自然时效

3. 超硬铝合金

超硬铝合金属于 Al-Zn-Mg-Cu 系列合金,是目前室温强度最高的变形铝合金,强度可达588～687 MPa,超过硬铝。主要合金元素是 Zn、Mg、Cu,有时还加入少量 Mn、Cr 和 Ti等。合金中除 $CuAl_2$ 和 $CuMgAl_2$ 外,还有 T($Mg_3Zn_3Al_2$)相和 Mg_2Zn 相,后者是主要强化相。除沉淀强化作用外,合金的强化部分还来源于 Zn 的固溶强化作用。加入 Cu,可以强化合金,又可以改善铝的塑性和抗应力腐蚀性能,锰和铬除可提高合金淬火态强度和人工时效强化效果外,还可以改善合金的抗应力腐蚀性能。超硬铝具有良好的热加工性能,并且断裂韧性高于硬铝,在航空航天工业中得到广泛的应用,是各种飞行器的主要结构材料。但抗疲劳性能较差,对应力集中和应力腐蚀比较敏感。因此,板材表面通常包覆含有质量分数为 1% Zn 的 Al-Zn 合金。零构件也要进行阳极化防腐处理,在设计与制造中力求减少零件的沟槽、截面突变和表面划伤。这类合金主要用于工作温度较低、受力大的构件,如飞机蒙皮、整体壁板、肋骨、大梁、空气螺旋桨等。表8.6 给出了超硬铝合金 LC4 和LC9 的力学性能。

表8.6　超硬铝合金 LC4 和 LC9 的力学性能

合金牌号	品　种	状　态	淬火加热温度/℃	人工时效制度			
				温度/℃	时间/h	温度/℃	时间/h
LC4(7A04)	板材	CS	470±5	120～125	24	—	—
	型材	CS		135～145	16	—	—
				120±5	3	160±3	3
LC9(7A09)	板材	CS	465±5	135±5	8～16	—	—
				110±5	6～8	165±5	24～30
	挤压件	CS		140±5	16	—	—
				110±5	6～8	175±5	6～8

注:CS—淬火加人工时效

4. 锻铝合金

锻铝热塑性好,具有良好的压力加工性能,可以用锻压的方法来制造形状比较复杂的零件,主要有 Al-Mg-Si-Cu 和 Al-Cu-Mg-Fe-Ni 系列。

Al-Mg-Si-Cu 合金中的 Mg、Si、Cu 除部分溶入铝中形成固溶体外,还可以形成 Mg_2Si、Al_2CuMg 以及 Al_2Cu 等强化相。Mn 可以提高合金的强度、韧性和耐蚀性;少量的 Ti 和 Cr 可以细化铸锭中的晶粒,防止零部件中形成粗晶。该类合金可以根据需要选择自然或人工时效。由于人工时效后具有较好的切削性能,所以切削加工一般安排在最终热处理后进行。该合金锻造性能良好、成型工艺性能优良,可以进行自由锻造、挤压、轧制、冲压等压力加工,同时可以利用连续铸造法生产,可以制造大型锻件、模锻件以及相应的大型铸锭。其中 LD2 工艺塑性良好,耐蚀性与 LF21 相当,可以用来制备中等强度、高塑性和高耐蚀性的零部件。LD5、LD6 和 LD10 合金时效强度高,切削加工性能好,耐蚀性和可焊性差。LD5、LD6 合金多用于制造各种形状复杂的要求中等强度的锻件和模锻件,如各种叶轮、接头、框架等。LD10 用来制备承受高载荷或大型的锻件,是制备运载火箭、导弹的重要结构材料。表 8.7 给出了 Al-Mg-Si-Cu 系列锻铝合金的力学性能。

表 8.7　Al-Mg-Si-Cu 系列锻铝合金的力学性能

合金牌号	品　种	状　态	力学性能不小于			
			σ_b/MPa	$\sigma_{0.2}$/MPa	δ/%	HB
LD2(6A02)	锻　件	CS	275	—	10	834
	模锻件	CS	294	216	12	834
LD5(2A50)	锻　件	CS	263	—	8	932
LD6(2B50)	模锻件	CS	382	275	10	981
LD10(2A14)	锻　件	CS	412	—	8	1 177
	模锻件	CS	432	314	10	1 177
	板　件	M	≤245		15	—
		CS	441	353	7	—

Al-Cu-Mg-Fe-Ni 系合金包括 LD7、LD8 和 LD9,该类合金除含有 Cu 和 Mg 外,还有 Fe 和 Ni。该合金强化相为 Al_2CuMg 和 $FeNiAl_9$ 相,具有良好的锻造性能,采用淬火和人工时效的方式进行。其中 LD7 合金耐热性能最好,一般用于制造在高温下工作的形状复杂的锻件。

8.1.6　铸造铝合金

铸造铝合金具有良好的铸造性能、抗腐蚀性能和切削加工性能,可以制成各种形状复杂的零件,并可以通过热处理改善铸件的机械性能,而熔炼工艺和设备比较简单。铸造铝合金虽然力学性能不如变形铝合金,但由于上述特点在许多工业领域仍获得广泛的应用。

1. 铝硅系铸造合金

铝硅系铸造合金俗称"硅铝明",是一种以 Al-Si 为基的二元或多元合金,应用最为广泛。这类合金具有优良的铸造工艺性能、高的气密性和良好的耐蚀性,中等强度,密度低,线收缩率小,适于铸造在常温下工作、形状复杂的零件。简单铝硅合金铸造后为粗大针状硅与铝基固溶体组成的共晶体和少量块状初晶硅,机械性能偏低。可以对结晶共晶成分的二元铝硅合金进行变质处理,加入质量分数 2% ~3% 的钠盐或钾盐作为变质剂,以细化晶粒,减少初晶硅的含量。简单的铝硅合金不能进行热处理强化,可以通过添加合金强化元素 Cu、Mg、Mn 来进行热处理强化。表 8.8 给出了主要铝硅系铸造合金的成分、性能特点和应用。

表 8.8　　主要铝硅系铸造合金的成分、性能特点和应用

牌号	成分特点	性能特点	热处理状态	应　用
ZL102	简单二元铝硅合金	铸造性能好;强度低	退火加稳定化处理	多用于金属型铸造或压力铸造,制造形状复杂、受力很小或不受力构件
ZL101	$w(Mg) = 0.2\% \sim 0.4\%$	铸造性能好;可时效强化	淬火加人工时效	用于铸造壁薄、形状复杂和承受中等载荷的零件
ZL103	含铜、镁等多种合金化元素	可热处理强化,强度极高	淬火加人工时效	用于制造受力较大铸件,如内燃机缸体、缸盖、曲轴箱
ZL104	除镁外,含有少量铜	铸造性能好;强度最高,高温性能好;吸气性强,易形成气孔	淬火加人工时效	用于铸造承受大负荷的复杂零件,如涡轮泵体
ZL105	除 Mg 外,$w(Cu) = 1.2\% \sim 1.5\%$	铸造性能良好,吸气性小,室温及高温性能好,腐蚀性较差	淬火加人工时效	用于制造常温下承受较大载荷的铸件,可铸造 250 ℃以下工作的零件,多用于航空工业

2. 铝铜系铸造合金

铝铜系铸造合金是以 Al-Cu 为基的二元或多元合金。Al 与 Cu 形成的 Al_2Cu 相,可以同固溶体基体形成低熔点的共晶组织,铸造时具有较好的流动性。该合金具有较高的强度,加入 Ni、Mn 等合金元素可以提高耐热性。常用于要求强度或温度较高的零件,但是耐蚀性差。常用的合金有 ZL201、ZL202 和 ZL203 等。ZL203 是简单的二元 Al-Cu 合金,时效能力强,强度与塑性高,但铸造性能差,热裂倾向性大,适于铸造形状简单、承受中等或较高载荷的铸件,使用温度低于 200 ℃。ZL201 和 ZL202 具有较高的室温和高温性能,为高强耐热铸造铝合金,可以制备 250 ℃以下工作的形状复杂、强度和塑性要求不太高的大型铸件。

3. 铝镁系铸造合金

铝镁系铸造合金是密度最小,耐蚀性最好,强度最高的铸造铝合金,而且抗冲击和切削加工性能良好,但铸造工艺和耐热性能较差。常用合金有 ZL301、ZL302 和 ZL303。常用来制备承受冲击载荷、振动载荷,耐海水或大气腐蚀,外形简单的零件或接头,其中 ZL303 还适宜制造要求耐蚀性好,表面美观的装饰性零件。

4. 铝锌系铸造合金

铝锌系铸造合金是最便宜的一类铸造铝合金,具有较高强度,耐蚀性较差。常用合金 ZL401 具有较高含量的硅,并加入一定数量的锰、铁和镁,主要用于铸造工作温度不超过 200 ℃、形状复杂、受力不大的零件。

8.1.7　铝合金常见的腐蚀现象

晶间腐蚀、剥蚀和应力腐蚀是铝合金常见的腐蚀现象。

1. 基本特征

晶间腐蚀、剥蚀和应力腐蚀具有不同的特征,腐蚀机理也不尽相同。

(1)晶间腐蚀。晶间腐蚀从表面开始,沿晶界向金属内部扩展,直至遍及整个基体。

晶间腐蚀大大削弱了晶粒之间的结合力,极易引起合金的脆性断裂。

引起晶间腐蚀的原因是合金中第二相沿晶界析出,并在晶界附近形成溶质原子的贫乏带。晶界析出相、溶质贫乏带和晶粒本身具有不同的电极电势。当合金处在腐蚀介质中,即构成微电池,造成沿晶的选择性腐蚀。如 Al-Mg 合金中的 Mg_5Al_8 相的电极电势比基体低,当它沿晶界析出时将作为阳极而被腐蚀,晶界处形成连续的腐蚀通道。对于 Al-Cu 合金,铜提高了铝的电极电势,在晶界析出的 $CuAl_2$ 相和基体的电势皆高于晶界附近的溶质贫化带,因此贫化带作为阳极发生溶解。

(2)剥蚀。Al-Cu-Mg、Al-Zn-Cu、Al-Mg 系合金的板材及模锻件,在一定的腐蚀介质下发生晶间腐蚀时,因腐蚀产物($AlCl_3$ 或 $Al(OH)_3$)的比容大于基体金属而发生膨胀。随着腐蚀的进行,晶界产生的张应力增加,这种楔入作用使金属成片地沿晶界剥离,称为剥蚀。剥蚀也称为层长腐蚀,是一种特殊形式的晶间腐蚀。

(3)应力腐蚀。应力腐蚀是腐蚀性介质和应力协同作用下发生的一种低应力腐蚀性断裂。其特点为金属内存在拉应力,裂纹扩展速率为 0.01～3 mm/h,材料破坏特征为低应力脆断。铝合金在潮湿的大气、海水和氯化物介质中易于发生应力腐蚀。

2.影响因素

影响铝合金腐蚀的因素包括化学成分、热处理和加工工艺。

(1)化学成分的影响。Al-Ag、Al-Cu、Al-Mg、Al-Zn、Al-Mg-Cu、Al-Mg-Si、Al-Mg-Zn 等合金存在应力腐蚀现象,纯铝对应力腐蚀不敏感。同一合金体系内,随合金化程度的增加,应力腐蚀敏感性增加。

(2)热处理的影响。热处理是影响晶间腐蚀和应力腐蚀的关键因素。固溶处理的合金具有较高的抗晶间腐蚀和应力腐蚀的能力;合金时效后强度提高,但应力腐蚀敏感性增加,并且人工时效高于自然时效的腐蚀敏感性。

(3)加工工艺的影响。加工工艺的不同,使得合金的晶粒结构不同,腐蚀倾向性也不同,纤维状组织的应力腐蚀抗力明显超过等轴晶粒组织。

8.1.8　铝合金的发展

1.快速凝固新技术的应用

20 世纪 80 年代以来,利用快速凝固技术已经生产出高强铝合金和高温铝合金。快速凝固技术可以增大合金元素在基体中的溶解度,提高强度,改善耐蚀性。另外通过扩大溶质的固溶度使杂质元素固溶于基体中,形成细小、弥散、均匀分布的质点,在消除杂质元素有害作用的同时产生一定的强化效果。快速凝固技术生产的高强度铝合金已经在飞机制造中投入使用。表 8.9 给出了快速凝固高强度铝合金的牌号、化学成分及力学性能。

表 8.9　快速凝固高强度铝合金的牌号、化学成分及力学性能

合金牌号	成　　分($w/\%$)							力学性能		
	Zn	Mg	Cu	Zr	Ni	Co	Al	σ_s/MPa	σ_b/MPa	$\delta/\%$
7090	8.0	2.5	1.0	—	—	1.5	其余	586	627	10
7091	6.5	2.5	1.5	—	—	0.4	其余	545	593	12
CW67	9.0	2.5	1.5	0.14	0.1	—	其余	580	614	12
PM64	7.4	2.4	2.1	0.2	—	0.3	其余	552	600	6

应用快速凝固技术不仅增加了合金元素在基体中的过饱和固溶度,而且可减小沉淀相的长大速率,形成稳定的弥散强化相,改善合金的高温力学性能。如向合金中加入某些过渡族和镧系元素如锆、铬、镧等,可以形成 Al_3M 沉淀相,而且沉淀相长大速率低,组织细小,故增加了高温稳定性。快速凝固高温合金适于制造高速飞机的某些结构件以及火箭、宇宙飞船的构件,成本仅为钛合金的30% ~50%,而飞机可减轻自重15%左右。表8.10 给出了快速凝固高温铝合金的力学性能。

表 8.10　快速凝固高温铝合金的力学性能

合　金	合金系列	密度/$(g \cdot cm^{-3})$	室温性能			高温性能		
			σ_s/MPa	σ_b/MPa	δ/%	σ_s/MPa	σ_b/MPa	δ/%
CU78	Al–8Fe–4.0Ce	2.95	460	589	2.4	132	163	5.5
CZ42	Al–7.0Fe–6.0Ce	2.96	491	565	9	168	212	8
P&W	Al–8.0Fe–2.0Mo–1.0V	2.92	393	512	3	208	237	9.7
B014	Al–8.0Fe–1.5V–2.5Si	—	457	493	11.1	275	287	9.2
452	Al–10.0Fe–2.5V–2.0Si	2.99	566	588	8.6	256	270	12.3
481	Al–12.2Fe–1.2V–2.25Si	—	588	720	5.8	298	311	6.5
Alcoa	Al–4.5Cr–1.5Zr–1.2Mn	2.86	486	536	7.7	214	235	—

2. 新一代铝合金(Al–Li 合金)

锂是自然界最轻的金属,密度为 0.53 g/cm^3。在铝中加入2%的锂,密度可降低10%,弹性模量可提高25% ~35%。铝锂合金具有低密度、高比强度、高比刚度、高弹性模量的特点,代替常规的高强度铝合金可使结构自重减轻10% ~20%,刚度提高15% ~20%。若在航空航天中采用密度较轻的铝锂合金,则能显著降低飞行器的质量,增大飞行器的推重比,显著提高飞行器的载重性能和机动性能。美国利用铝锂合金加工制造了"大力神"运载火箭的有效荷载舱,使其减轻183 kg。"发现号"航天飞机的外贮箱采用铝锂合金取代铝合金,运载能力提高了3.6 t。尽管铝锂合金具有许多优良的特性,但成本比普通铝合金高,室温塑性与韧性较低,各向异性明显,传统的冷冲压成型技术只能形成较简单的零件,难以制造复杂的零件。

铝锂合金按化学成分可以分为3大类,Al–Cu–Li 系合金、Al–Cu–Mg–Li 系合金和Al–Mg–Li系合金。按加工工艺分类,铝锂合金又可以分为铸造铝锂合金、变形铝锂合金和粉末冶金铝锂合金。已经开发出的新型合金主要有:高强可焊的1460 和 Weldalite 系列合金,低各向异性的 AF/C–458、AF/C–489 合金,高韧的2097、2197 合金,高抗疲劳性的 C–155 合金以及经特殊真空处理的 XT 系列合金。此外,还研制了 SiC 增强铝锂基复合材料,弹性模量高达130 GPa,成为航空航天领域其他复合材料强有力的竞争者。近年来,铝锂合金开始向高强、高韧、超低密度、低向各异性、改善焊接性能以及热稳定性方向发展。其中高强可焊合金和低各向异性合金研究得较多,是第三代铝锂合金主要的发展方向。我国已经具备了铝锂合金大规模研制与开发的能力,为满足我国航空航天工业对先进结构材料的需求具有重要的意义。

铝锂合金优良的综合性能使其在航空航天领域取得了广泛的应用。俄罗斯米格–29、米格–33 等战斗机以及图–204 旅客机上都大量使用了铝锂合金。美国的铝锂合金应用研究发展较快,F-16 战斗机、F-22 战斗机、DoiglasC-17 运输机、波音 747、777 客机等均使用了铝锂合金,使用部位包括燃料箱、隔框、机翼蒙皮、前缘、后缘等。在我国铝锂合金也得到了一定的应用,部分飞机采用了铝锂合金整体油箱和铝锂合金座舱盖、燃料箱等热成型零件。

在航天领域,铝锂合金已经在航天构件上取代了常规高强铝合金。通常用于制造燃料贮箱、卫星结构件和空间站等。美国铝锂合金在航天工业上的应用尤为突出。

8.2　钛及其合金

8.2.1　概述

钛及其合金是 20 世纪 40 年代末发展起来的一类新型结构材料,具有比强度高、耐腐蚀、中低温性能好的特点,同时具有超导、记忆、储氢等特殊性能,因此在航空、化工、电力、医疗等领域获得日益广泛的应用,而且钛及钛合金技术作为尖端科学技术材料,具有强大的生命力。

钛合金在 F-15 战斗机中的用量已经达到 7 000 kg,约占结构总质量的 34%。在一些先进的飞机发动机中钛合金用作压气机和风扇的叶片、压气机机匣、起落架轴承壳体和支撑梁等,其用量已占总质量的 20% ~30%。

钛及钛合金之所以越来越引人注目,是与它具有一系列优良的物理性能、化学性能和力学性能分不开的。

1. 物理性能

纯钛的密度为 4.507 g/cm³,介于铝和铁之间。钛的熔点为 1 668 ℃,比铁的熔点还高。钛在固态下具有同素异构转变,在 882.5 ℃ 以上为体心立方晶格的 β 相,在 882.5 ℃ 以下为密排六方晶格的 α 相。α 相的晶格常数 c(0.468 43 mm) 与 a(0.295 11 mm) 的比值小于密排立方结构理论值(1.633)。

2. 化学性能

由于钛的钝化电位低,钝化能力强,在常温下金属表面极易形成由氧化物和氮化物组成的钝化膜。这种钝化膜在大气及许多介质中非常稳定,从而使钛及钛合金具有很好的抗蚀性。实践表明,钛不仅在大气、潮气或其他含氧酸中具有优良的抗蚀性,而且在海水和湿氯气中也有高的抗腐蚀性。例如,某钛制冷凝管在污染的海水中试验 16 年之后尚未出现腐蚀现象。

3. 力学性能

高纯钛的强度不高,塑性很好,其机械性能为 σ_b = 220 ~ 260 MPa, $\sigma_{0.2}$ = 120 ~ 170 MPa, δ=50% ~60% , ψ=70% ~80%。如此优良的塑性变形能力对于密排六方结构的金属来说是罕见的,这可能与钛的 c/a 值低有关。在钛中,因为 c/a 值低,除了在底面 {0001} 外,在 {1010} 棱柱面和 {10$\bar{1}$1} 棱锥面上,也都会产生滑移,成为有效的滑移系统。另外,孪晶对塑性变形的作用,在钛中比在其他密排六方晶格金属(如镁、锌和镉)中要重要得多。钛中可利用的孪晶面较多,主要孪晶面有 {10$\bar{1}$2}、{11$\bar{2}$1} 和 {11$\bar{2}$2}。

钛中常见杂质(氧、碳、氮等)的存在,都会使钛的强度升高,塑性降低。其原因是它们都属于间隙元素,当溶于钛且形成固溶体后,使钛的晶格发生畸变,阻碍了位错运动。同时,使钛的晶格 c 轴增加多,a 轴增加少,致使轴比 c/a 值增大。当轴比增大到接近理论值(1.633)时,钛的有效滑移系统减少,从而失去良好塑性。

4. 高温性能

钛在 550 ℃下抗氧化性能良好,这是因为钛在 550 ℃以下能与氧形成致密的氧化膜,与基体结合紧密,有良好的保护作用。当温度超过 550 ℃时,氧化膜开始遭到破坏,基体钛便能与氧、氮、碳等气体强烈反应,造成严重污染,并使金属迅速脆化,无法使用。

5. 钛及钛合金的其他特殊功能

钛及钛合金除上述特点外,还具有一些特殊的功能,如形状记忆功能、超导功能和低温性能。质量分数为 5% Ni 的 Ti-Ni 合金具有形状记忆效应,即在一定温度下具有恢复原来形状的本领,这种合金又被称为钛形状记忆合金;Nb-Ti 合金当温度接近绝对零度时会失去电阻,这样可以使任意大的电流通过,导线不会发热,没有能耗,故 Nb-Ti 合金是一种超导材料。钛和钛合金在低温和超低温下仍能保持原有的力学性能。随温度降低,钛和钛合金虽然强度不断增加,延性逐渐变差,但仍保持足够的延性和断裂韧性。含有较少间隙元素的 Ti-5Al-2.5Sn 可在 -252.7 ℃下使用。

8.2.2 钛的合金化

1. 钛的合金元素分类及状态图

钛在合金化时,由于添加的合金元素的种类和数量不同,钛的同素异构转变温度将发生变化,α 钛和 β 钛的相区亦发生相应的变化。因此,在室温下得到的组织亦将不同。根据合金元素对钛的同素异构转变温度的影响和所得组织不同,所有合金元素可以分为 3 类。

(1)提高钛的同素异构转变温度,扩大 α 钛相区的元素,称为 α 稳定元素或 α 稳定剂。这类合金元素在 α 钛中的溶解度大于在 β 钛中的溶解度,并提高 α 钛 $\Longleftrightarrow$ β 钛转变温度,扩大 α 相区,使 α 相稳定性提高,β 相稳定性降低,促进 β 相分解与转变为 α 相。属于这类元素的有铝、氧、氮、碳等。α 稳定元素与钛形成的状态图基本形式如图 8.4 所示。

(2)降低钛的同素异构转变温度、扩大 β 相区的元素称为 β 稳定元素或 β 稳定剂。这类合金元素在 β 钛中的溶解度大于在 α 钛中的溶解度,加入这类元素能使 α 钛 $\rightleftharpoons$ β 钛转变温度降低,扩大 β 相区。β 稳定元素与形成的状态图基本形式有两种:一是 β 稳定元素与 β 钛同晶型,形成无限固溶体,而与 α 钛形成有限固溶体。其状态图如图 8.5(a)所示,属于这种 β 稳定元素的有钼、钒、铌、钽等元素。二是 β 稳定元素与 β 钛形成有限固溶体,并具有共析转变。这类状态图如图 8.5(b)所示。属于这种 β 稳定元素的有铬、铁、锰、铜、镍、硅、银、钨、氢、钴、铅和铀等,这些元素亦称共析型稳定元素(或稳定剂)。

根据共析转变的难易程度,共析型 β 稳定元素又可分为活性共析型 β 稳定元素和非活性共析型 β 稳定元素。如铜、银、硅等属于活性共析型 β 稳定元素,其共析转变速度很快。尽管这些元素含量很高,在一般冷却条件下都会发生共析转变而得不到 β 相;而铬、铁、锰等元素属于非活性共析型 β 稳定元素,其共析转变进行极慢,在一般的冷却条件下不会发生共析转变,而获得 β 相,因此,其状态图实际上与图8.5(a)相似。

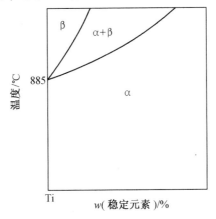

图 8.4　α 稳定元素与钛形成的状态图基本形式

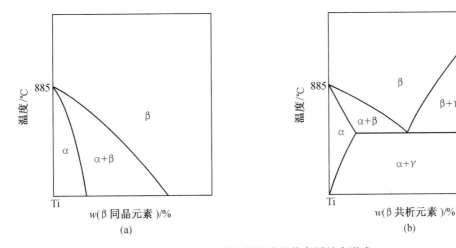

图 8.5　β 稳定元素与钛形成的状态图基本形式

(3)对钛的同素异构转变温度影响不大,对 α 和 β 相区无明显影响的元素称为"中性元素"。

属于这类的元素有锆、铪和锡等,它们与钛形成的状态图基本形式如图 8.6 所示。其中锆和铪的同素异构的晶格类型与钛完全相同,原子半径也相近,故与 α 钛和 β 钛均可形成无限固溶体。锡与 β 钛则形成有限固溶体。

2. 钛合金的合金化原则

目前钛的合金化发展趋势是向高成分多元合金的方向发展,主要是通过多元固溶强化提高钛合金的强度,有时再配合时效弥散强化。

(1)α 型钛合金。α 型钛合金主要加入元素为铝,其次为中性元素锡和锆,有时还加入少量 β 稳定元素,如铜、钼、钒、铌等。

(2)β 型钛合金。β 型钛合金需要加入多种组元及足够数量的 β 稳定元素,如钼、钒、铬、锰、硅、铁等,以保证合金在退火状态或淬火状态下为 β 单相组织。另外,通常还加入一定数量的 α 稳定元素铝。

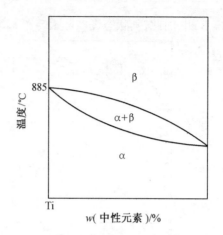

图 8.6　中性元素与钛形成的状态图基本形式

（3）α+β 型钛合金。α+β 型钛合金同时加入 β 稳定元素（如锰、铁、铬、钼、钒、硅等）和 α 稳定元素铝，有时还加入中性元素锡和锆。加入 β 稳定元素不仅可以提高两相合金中 β 相的强度，而且有利于进行时效弥散强化。加入铝、锡、锆等合金元素，可以提高两相合金中 α 相的强度和时效组织弥散强度，显著增强时效强化效果。

8.2.3　钛合金的分类及牌号

钛合金的分类方法有多种，例如，按组织结构可分为 α 型钛合金、α+β 型钛合金和 β 型钛合金等；按使用的领域可分为结构钛合金、热强钛合金、耐蚀钛合金和低温钛合金等；按制备方法分为变形钛合金、铸造钛合金和粉末钛合金。本书按组织与结构来分类。

1. α 型钛合金

α 型钛合金不含或者只含极少量的 β 稳定元素，退火状态的组织为单相 α 固溶体或 α 固溶体加微量的金属间化合物。

α 型钛合金的牌号用"TA"加顺序号表示，如 TA1、…、TA8 等，其中 TA1、TA2、TA3 是工业纯钛。

2. α+β 型钛合金

α+β 型钛合金 β 稳定元素比较高，总的质量分数为 2%～6%，一般不超过 8%，退火状态的组织为 α+β 固溶体。α+β 型钛合金的牌号用"TC"加顺序号表示，如 TC1、…、TC10 等。

3. β 型钛合金

β 型钛合金合金含有更多的 β 稳定元素，其总质量分数大于 17%。退火或淬火状态得到单相 β 固溶体组织。目前，工业上应用的 β 型钛合金都是淬火后得到的 β 型钛合金。退火后获得的单相 β 钛合金尚未被应用。β 型钛合金的牌号用"TB"加顺序号表示，如 TB1、TB2。

钛合金的典型牌号、化学成分、特点及应用见表 8.11。

表 8.11　钛合金的典型牌号、化学成分、特点及应用

合计牌号	化学成分	特　点	应　用
TA1	工业纯钛	塑性高，焊接性能和耐蚀性能优良，长期工作温度可以达到300 ℃	适用于工作温度低于 350 ℃ 以下的焊接结构件、管件、螺钉、铆钉和锻件、耐蚀化学装置和海水淡化装置等。
TA2			
TA3			
TA7	Ti-5Al-2.5Sn	强度高，使用温度可达500 ℃，焊接性能良好，低温性能好	适用于需要焊接的零件，主要用于航空发动机压气机叶片和管道
TB2	Ti-5Mo-5V-8Cr-3Al	淬火后具有很高的工艺塑性，时效态强度很高	适用于温度不高但强度要求高的零部件
TC1	Ti-2Al-1.5Mn	具有比纯钛略高的强度和很好的工艺塑性，良好的焊接性能和热稳定性	适用于形状复杂的板材冲压并焊接的零件，如飞机的机尾整流罩、蒙皮、外侧壁板等
TC2	Ti-4Al-1.5Mn	具有较高的强度和热强性，塑性和工艺性比 TC1 差	适用于制造机翼、安定面、襟翼等受力的板材冲压件和各种导管
TC4	Ti-6Al-4V	强度高，综合机械性能良好，组织稳定，应用范围广	航天和非航空工业中获得广泛应用，航空发动机压气机盘和叶片、火箭发动机的外壳及冷却喷管、飞行器特种压力容器等 400 ℃ 以下工作的零件

8.2.4　钛合金的热处理

钛合金热处理强化的基本原理，既与铝合金相似，属于淬火时效强化类型；又与钢的热处理相似，也有马氏体相变。因此，钛合金的热处理相变有许多特点。

1. 钛合金组织转变

（1）淬火时的组织转变。钛合金自高温淬火冷却时，视合金成分和合金种类的不同，高温 β 相可能发生马氏体转变，也可能发生固溶转变。

① 马氏体转变。TA 类钛合金和含 β 稳定元素数量较少的 TC 类钛合金，自 β 相区进行淬火时，将发生马氏体转变，其转变产物有 α' 和 α'' 两种马氏体。α' 具有六方晶格，一般呈板条状或针状；α'' 具有斜方晶格，一般呈针状。由于 α'' 所固溶的合金元素浓度更高，故发生马氏体开始转变温度（Ms）更低，因而 α'' 针显得更细。钛合金中的马氏体不像钢淬火后获得的马氏体那么硬，其原因在于它所固溶的元素为金属元素，且以置换原子形式存在。由于置换原子对位错运动的阻碍能力小，因此仍保持着 α 相软而韧的性能。

② 固溶转变。当钛合金中含有较高的 β 稳定元素时，例如 TB 类钛合金和大部分 TC 类钛合金，自高温 β 相区淬火时，将发生部分固溶转变 $[\beta \rightarrow \beta_m + \alpha'(\alpha'')$ 或 $\beta \rightarrow \beta_m + \omega]$ 或完全固溶转变（$\beta \rightarrow \beta_m$）。其转变产物 β_m 是一个介稳定的固溶体，ω 相则是一个过渡相，具有六方晶格，其晶格常数为：$a = 0.406$ nm，$c = 0.282$ nm，$c/a = 0.613$。ω 相与母相的取向关系为：$(111)_\beta // (0001)_\omega$，$[1\bar{1}0]_\beta // [2\bar{1}\bar{1}0]_\omega$。$\beta \rightarrow \omega$ 相变是典型的位移型相变，即只需沿 $[111]$ 方向，原子做一微小的协调位移，就可以完成 $\beta \rightarrow \omega$ 相变。

形成固溶转变的条件是：合金中必须含有含量足够高的 β 稳定元素。在二元合金

中,发生完全固溶转变(即自 β 相区淬火能获得 100% 介稳 β 相)所需的 β 稳定元素都有一个最低数量,见表 8.12。

表 8.12　自 β 相区淬火产生 100% 介稳 β 相所需 β 稳定元素含量

β 稳定元素名称	Fe	Cu	Mg	Mn	Ni	Cr	Mo	V	Nb	Ta	W
$w/\%$	4	12	6	6.5	9	7	11	15	36	40	22.5

(2)时效时的组织转变。在淬火时所获得的 α'、α''、ω 和 β_m 均为介稳定的相,在时效时将发生分解,向平衡状态转变。分解过程比较复杂,但最终分解产物为平衡状态的 $\alpha+\beta$。若合金有共析反应,最终产物为 $\alpha+Ti_xM_y$,即

$$\left.\begin{matrix}\alpha'\\\alpha''\\\omega\\\beta_m\end{matrix}\right\}\xrightarrow{\text{加热}}\alpha+\beta(\text{或}\ \alpha_x+Ti_xM_y) \qquad(8.1)$$

钛合金的热处理强化原理就是依靠淬火时所获得的介稳相在随后时效时分解成弥散的 $\alpha+\beta$,通过弥散强化机制使合金强化的。介稳相 α'、α'' 和 β_m 的分解顺序介绍如下。

在 350～500 ℃加热时,介稳 β_m 相的分解顺序为

$$\beta_m\rightarrow\beta_{\text{富}}+\omega\longrightarrow\beta_{\text{富}}+\omega+\alpha\rightarrow\alpha+\beta(\text{或}\ \alpha+Ti_xM_y) \qquad(8.2)$$

式中　　$\beta_{\text{富}}$——比 β_m 相所固溶的合金元素更为富集的介稳 β 相。

在 500～650 ℃加热时,其时效过程可不经过第一和第二阶段,平衡 α 相将直接自 β_m 中脱溶出来,其分解顺序为

$$\beta_m\longrightarrow\beta_{\text{富}}+\alpha\longrightarrow\alpha+\beta \qquad(8.3)$$

α'、α'' 的分解顺序为

$$\alpha'\longrightarrow\alpha'_{\text{富}}+\alpha\longrightarrow\beta_{\text{介稳定}}+\alpha\longrightarrow\alpha+\beta \qquad(8.4)$$

$$\alpha''\longrightarrow\alpha''_{\text{富}}+\alpha\longrightarrow\beta_{\text{介稳定}}+\alpha\longrightarrow\alpha+\beta \qquad(8.5)$$

2. 钛合金的热处理工艺

钛合金的热处理方式有退火、淬火和时效、形变热处理、化学热处理等。

(1)退火处理。退火处理适用于各种钛合金,主要目的是稳定组织,消除应力,提高合金塑性,包括去应力退火、再结晶退火、双重退火、等温退火等。

为了消除铸造、冷变形以及焊接等过程造成的内应力,可以采用去应力退火。去应力退火的温度一般为 450～650 ℃,退火时间由工件的截面尺寸、加工历史以及应力消除程度决定。

普通退火可以消除钛合金半成品的基本应力,得到较高的强度、塑性。这种热处理多用于一般冶金产品出厂时使用,又称工厂退火。

完全退火又称再结晶退火,这种退火过程中发生再结晶,因此可以完全消除加工硬化,稳定组织和提高塑性。退火温度介于再结晶温度和相变温度之间。

为了改善合金的塑性、断裂韧性和稳定组织可以采用双重退火。双重退火是对合金进行两次加热和空冷以得到更加均匀和稳定的组织。第一次高温退火加热温度高于或接近再结晶温度,使再结晶充分进行,又不至于使晶粒粗大,同时控制初生 α 相的体积分数。第二次退火用于稳定组织,这时的退火温度低于再结晶温度,保温时间较长,使高温

退火得到的亚稳 β 相分解。耐热钛合金多用于此种热处理以保证在高温及长期应力作用的稳定性。

等温退火用于 β 稳定元素较高的双相钛合金,可以获得最好的塑性和热稳定性。一般采用分级冷却的方式,加热至再结晶温度以上保温后再转入另一较低温度的炉中保温,而后空冷至室温。

(2)淬火和时效。通过淬火和时效,可以提高钛合金的强度。淬火和时效的主要工艺参数有淬火加热温度、时效温度和时效时间。

① 淬火处理。表 8.13 为部分钛合金的淬火和时效工艺制度。对于 α+β 型钛合金来说,淬火温度一般选在(α+β)两相区的上部范围,而不是加热到 β 单相区。因为这类钛合金的临界温度均较高,若加热到 β 单相区,势必晶粒粗大,引起韧性降低,对于 β 型钛合金来说,由于含有大量 β 稳定元素,降低了临界温度,淬火温度应选择在临界温度上下附近,既可以选择在(α+β)两相区的上部范围,也可选择在 β 单相区的低温范围。例如 TB2 合金的临界温度为 750 ℃,淬火温度可以选择在(α+β)两相区的上部范围的 740 ℃,也可以选择在 β 单相区的低温范围的 800 ℃。若淬火温度过低,β 相固溶合金元素不够充分,原始 α 相多,淬火时效后强度低。若淬火温度过高,晶粒粗化,淬火时效后强度也低。淬火加热保温时间,主要根据半成品或成品的截面厚度而定。淬火冷却方式可以是水冷或空冷。

表 8.13　部分钛合金淬火和时效工艺制度

合金牌号	淬火温度/℃	时效温度/℃	时效时间/h
TC3	880~980	450~500	2~4
TC4	900~950	450~550	2~4
TC6	860~900	500~620	1~6
TC8	920~940	500~600	1~6
TC9	920~940	500~600	1~6
TC10	850~900	500~600	6
TB1	800	480~500 或 550~570	15~25 或 0.25
TB2	800	550	8

② 时效制度。时效过程进行的情况主要取决于时效温度和时效时间。时效温度的选取,一般应避开 ω 相脆化区,通常在 425~550 ℃。若温度太低,就难于避开 ω 相,若温度过高,则由 β 相直接分解的 α 相粗大,合金强度降低。大多数钛合金在 450~480 ℃ 时效之后,出现最大的强化效果,但塑性低。故在实际工作中,往往采用比较高的时效温度(500~550 ℃),对于某些合金来说,这个温度已是过时效,但此时塑性更好些。总之,合金时效温度的选取需要根据零件性能要求来进行。

时效时间对合金最终机械性能有重要影响。对于(α+β)型钛合金来说,淬火后的介稳相(α′、α″、β)的分解过程进行得比较快。对于 β 型钛合金来说,由于合金中 β 稳定元素含量高,β 相稳定程度高,介稳 β 相的分解比较缓慢。钛合金的时效时间根据合金类型一般在 1~20 h。

α+β 二相钛合金(以 Ti-6Al-4V 为例)和 β 合金的热处理温度选取范围示意表示在图 8.7 中。

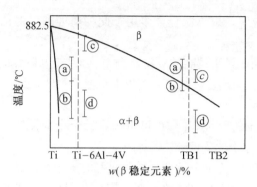

图 8.7　钛合金退火、固溶处理和时效温度范围示意图
a—退火；b—再结晶退火；c—固溶处理；d—时效

8.2.5　钛合金的特殊腐蚀形式

钛合金虽然总体上具有良好的腐蚀性能，但仍然会发生某些特殊形式的腐蚀。了解钛合金的特殊腐蚀形式，对于正确地选择钛合金成型工艺，保证钛合金器件的正常使用具有重要的意义。

1. 缝隙腐蚀

钛的缝隙腐蚀与环境温度、氯化物种类和浓度、pH 值以及缝隙的大小和形状等许多因数有关，具有以下特征：

（1）缝隙腐蚀的发生都存在一个孕育期。在氯化钠溶液中氯离子浓度越高、温度越高、pH 值越低，则孕育期越短，缝隙腐蚀的敏感性越强。

（2）缝隙中的溶液成分和 pH，与本体溶液是完全不同的。缝隙中的氧浓度较低、氯离子和氢离子浓度较高，缝隙中的 pH 可以下降到小于 1。

（3）钛的缝隙腐蚀通常发生在缝隙的局域位置，而不会在整个缝隙上发生。

（4）钛缝隙腐蚀中常伴随着吸氢。

（5）钛的缝隙腐蚀过程分为孕育期和活性溶解期。

（6）影响钛合金缝隙腐蚀的因素包括缝隙长度、缝隙宽度和缝隙内外的面积之比。钛合金表面位置镀钯、热氧化或阳极氧化等表面处理可以改善缝隙腐蚀的性能。

2. 点腐蚀

钛的抗点蚀性能优于不锈钢和铝合金。但由于钛在高温浓氯化物溶液中的点蚀事例逐渐增加，钛合金的点蚀问题逐渐引起人们的注意。钛合金的点蚀具有以下特征和规律：

（1）在氯化物或溴化物溶液中，温度升高会提高钛的点蚀敏感性。

（2）钛中铁含量高，其耐蚀性的耐力下降。

（3）表面处理状态对点腐蚀有明显的影响。热氧化和阳极氧化的表面，点蚀敏感性最小；湿砂纸抛光的表面点蚀敏感性最大；表面粗糙，或用锌、铁、铝、锰摩擦的表面，易于发生点蚀。

（4）氧含量提高有利于改善钛的点蚀性能。

（5）点蚀一般包括成核、生长和再钝化 3 个阶段。

3. 氢脆

钛的吸氢和氢脆是钛制设备腐蚀破坏的重要原因。钛非常容易吸氢,其氢脆具有以下特点:

(1)钛的氢脆属于氢化物型氢脆破坏,在高速变形的条件下才出现。

(2)阳极氧化或热氧化的表面抗吸氢和氢脆的能力最强,酸洗或退火的表面次之,机械磨光或机械喷砂的表面抗吸氢和氢脆的能力最差。

(3)钛吸氢达到固溶度极限以后,可以形成氢化物相析出。

(4)钛的吸氢通常在高温的氢气氛或含氢气氛产生,也可源于缝隙腐蚀或还原性无机酸腐蚀时产生的初生态氢、电偶腐蚀或阴极保护产生的氢、海水电解中钛处于阴极状态产生的氢。通常原子态的氢活性比分子态更大。

(5)钛在干的氢气中吸氢最强,添加一定的水可以显著降低吸氢量。

(6)pH 在 3～12 范围内,钛的氧化膜是稳定的,是氢渗透的有效屏障。

4. 应力腐蚀

钛在一般情况下是非常耐应力腐蚀的,只有在一些特殊的介质中,如纯甲醇、发烟硝酸、四氧化氮的卤化物水溶液以及液态钙、汞中可能发生应力腐蚀开裂。应力腐蚀敏感性与介质成分、pH、电位、温度、介质都有关,添加卤素离子可提高应力腐蚀的敏感性。一般认为应力腐蚀机理为应力加速阳极溶解和氢在裂纹顶端富集。

8.2.6　钛合金的应用

鉴于钛合金的诸多优点,钛合金在航空、航天、国防、舰船、海洋、石油化工等行业得到广泛的应用。

钛合金由于具有高的比强度,最早应用于航空工业上。1950 年美国首次在 F84 战斗轰炸机上采用纯钛制造后机身隔热板、导风罩和机尾罩等非承力构件;1954 年美国和英国几乎同时把 Ti-6Al-4V 用于发动机;20 世纪 60 年代以后,钛合金在发动机上的用量逐渐增加。主要用于风扇叶片、压气机叶片、盘、轴和机匣;20 世纪 60 年代中期以后,钛合金在飞机结构中大量应用,主要用于飞机蒙皮、骨架、机身隔框和起落架等。美国军用飞机的用钛比例(结构质量)逐渐增加,F14 占 24%、F-15 占 27%、F-18 占 13%、F-117 占 25%、B-2 占 26%,而新战机 F-22 占 41%,结构用钛达 36t。钛合金对于战斗机的轻量化具有特别重要的意义,可以说没有钛合金就没有 2.7 马赫数超音速飞机。

钛及钛合金因为具有高的比强度和一定的耐蚀性,是航天工业热门结构材料,在火箭、导弹和航天工业中用来制造燃料贮箱、火箭发动机壳体、火箭喷嘴套管、人造卫星外壳、载人宇宙飞船船舱和主起落架等。如美国一级火箭发动机壳体材料广泛采用 Ti-6iAl-4V 合金。在“民兵”导弹等采用钛合金制作球形和椭球形的发动机壳体。Ti-6Al-4VELI 和 Ti-5Al-2.5SnELI 合金则用作火箭与导弹液态氢容器、“水星”宇宙飞船以及“双子星座”飞船的密封舱等。在月球上着陆成功的“阿波罗”宇宙飞船共有 50 个压力容器,85% 是使用钛制成的。

核潜艇、深潜艇、原子能破冰船、水翼船、气垫船和扫雷艇等舰船都采用钛材制造螺旋桨推进器、潜艇辫状天线、海水管路、冷凝器、热交换器和声学装置等。俄罗斯在 20 世纪 70 年建造的第一艘“ALFA”级核潜艇,每艘用钛约 3 000 t,最大下潜深度达 914 m,既轻又快。美国“阿尔文”号深潜艇采用钛合金取代原来的高强钢,潜水深度由 1 830 m 增加到

3 600 m。

　　钛及钛合金由于具有高的比强度和优良的耐蚀性同样广泛应用于海洋、石油化工工业中。钛及其合金广泛用作海水淡化装置中的管道、海洋石油钻探平台闭式循环发动机的冷凝管和换热管、泵、管件、阀等。在化工和石化工业中可以制作电解槽、反应器、浓缩器、分离器、热交换器、冷却器、吸收塔等。其中化学工业中用钛量最大的是氯碱行业，占50%；其次为纯碱20%。钛用作换热器最多，占钛材用量的52%；其次为阳极，占24%。

　　用钛制作武器，质量轻，机动性好，适合于空降部队使用，迫击炮管、迫击炮底座、防弹衣和背心、盔、枪管、炮架等，均可以用钛合金制造。如钛制迫击炮座板质量可以减轻一半。

8.2.7　新型钛合金的研究与进展

1. 铸造钛合金的开发

　　由于钛合金铸造工艺条件要求高、成型技术难度大，与锻件、挤压件相比，钛合金铸件在航空发动机、飞机中的应用起步较晚、用量较少。随着数字化铸造技术的开发和应用及热等静压、特殊热处理工艺的研究与进步，钛合金铸件的成型性、可靠性和质量稳定性显著提高，铸件力学性能更接近锻件，其断裂韧度、结构刚性更具优势，因此，在航空航天领域的应用不断扩大。近年来，结合应用需求，在高温、高强、Ti-Al 金属间化合物等铸造钛合金材料与热处理工艺方面的研究与探索取得了一定的进展。表 8.14 给出了具有代表性的铸造钛合金牌号、性能和使用温度。现简要介绍两种铸造钛合金：

　　(1)ZTC6 铸造钛合金。ZTC6 铸造钛合金国外相应牌号为 Ti-6242S,目前正成为美国最常用的铸造钛合金之一。ZTC6 合金是为了改善高温性能而发展起来的一种高 Al 当量近 α 型钛合金，名义成分为 Ti-6Al-2Sn-4Zr-2Mo-0.08Si。

　　该合金在 538 ℃ 以下具有优良的强度性能，其高温强度高于 Ti6Al4V 合金。在566 ℃ 左右蠕变性能相当稳定，显示出良好的热稳定性。ZTC6 合金可焊性好，适用于制备工作温度低于 540 ℃,强度、韧性和蠕变抗力等综合性能良好的结构件，目前主要应用于发动机压气机机匣及飞机蒙皮等部位。该合金的使用温度为 450 ~ 500 ℃,比 Ti6Al4V合金高出 150 ℃ 左右。与铸造 Ti6Al4V 合金相比，ZTC6 合金同样具有良好的铸造性能，可用于制造尺寸较大、形状复杂的薄壁铸件。

表 8.14　具有代表性的铸造钛合金牌号、性能和使用温度

材料牌号	室温力学性能				高温力学性能			使用温度/℃
	σ_b/MPa	$\sigma_{0.2}$/MPa	δ/%	ψ/%	T/℃	σ_b/MPa	σ_{100}/MPa	
ZTA1	345	275	12					
ZTA7	760	700	5	12	300	410	400	
ZTC3	930	835	4	8	500	570	520	500
ZTC4	835	765	5	12	350	500	490	350
	(890)	(820)	(5)	(10)				
ZTC6	860	795	5	10	500	530	490	400 ~ 450
ZTA15	885	785	5	12	350	667[①]	645(未断)[①]	500
					500	596[①]	430(未断)[①]	

　　注：①为实测数据，对比数据来源：《中国航空材料手册》第 4 卷。

美国采用了 ZTC6(Ti-6242S)合金整体铸造波音 CFM56 发动机的高压压气机机匣,大大改善了部件的强度和刚性以及尺寸精度,降低了制造成本,同时减轻了质量。此外,一些航空发动机的转子也采用 ZTC6(Ti-6242S)合金。美国第四代战斗机 F/A-22 及波音 777 飞机上长度达 3 048 mm 的形状复杂的隔热屏就是采用 ZTC6 合金铸造而成,不但成本降低了 50%,而且极大地提高了生产效率,改进了强度性能,减轻了质量,提高了发动机的推重比。

(2)ZTA15 铸造钛合金。ZTA15 为仿制于俄罗斯 BT20ЛJ 铸造钛合金,其名义成分为 Ti-6Al-2Zr-1Mo-1V,技术标准规定的化学成分见表 8.15,它属于高 Al 当量近 α 型钛合金,具有 α 型钛合金的优点,有良好的铸造工艺性能、焊接性能和综合力学性能。

ZTA15 钛合金具有如下特点:合金元素配比合理,其流动性好,适用于形状复杂铸件的成型;热处理工艺简单,可进行热等静压或退火处理;具有中等的室温和高温强度以及良好的热稳定性,在 500 ℃ 下工作时,其寿命可达 3 000 h,在 450 ℃ 下工作时,其寿命可达 6 000 h(常用的 ZTC4 合金在 400 ℃ 下工作寿命不到 1 000 h);具有更高的抗蠕变能力,同时具有更好的抗裂纹扩展、抗热裂性能和良好的断裂韧性;具有良好的焊接性能,可采用各种焊接方法进行焊接,也可与各种钛合金材料互焊,其焊接强度为基体强度的 85% ~95%。ZTA15 合金在航空航天工业中可用于飞机、导弹、运载火箭和卫星的室、高温承力构件。

表 8.15　ZTA15 合金的化学成分

w(主要成分)/%					w(杂质)/% ≤						
Al	Zr	V	Mo	Ti	C	Fe	Si	O	N	H	其他杂质
5.5 ~6.8	1.5 ~2.5	0.8 ~2.5	0.5 ~2.0	余	0.13	0.30	0.15	0.16	0.05	0.015	0.30

2. 新型高温钛合金

(1)600 ℃ 高温钛合金。高温钛合金代替钢或镍基高温合金,用于制造航空发动机压气机轮盘、叶片、整体叶盘、机匣等,可以减轻结构质量 40% 左右,显著提高发动机的推重比和使用性能。目前,高推重比航空发动机对高温钛合金的长时使用温度要求已高于 600 ℃。

从 20 世纪 50 年代以来,高温钛合金走过了快速发展的道路,英国、美国、俄罗斯和中国等竞相开发不同条件下使用的高温钛合金,并获得了广泛应用。国外典型的 600 ℃ 高温钛合金有英国的 IMI834 合金、美国的 Ti-1100 合金、俄罗斯的 BT18y、BT36 和 BT41。从"九五"开始,我国开展了 600 ℃ 高温钛合金的材料研究和应用研究,研制的 Ti60 钛合金的综合力学性能达到或超过了国外同类合金的性能水平。目前高温钛合金从合金化、热加工工艺等角度来提高合金热强性的潜力变得越来越小。高温钛合金的主要研究工作集中在合金成分的精细控制、热加工工艺的改性、合金性能的全面综合优化和评估,而不再是一味地追求提高热强性。

Ti60 是一种我国自行开发的可用于 600 ℃ 的高温钛合金,采用多元固溶强化,其名义成分为 Ti-5.8Al-4Sn-4Zr-0.7Nb-1.5Ta-0.4Si-0.06C。合金成分的最大特点是采用 Nb 和 Ta,Nb 和 Ta 在 α 相中具有相对较大的固溶度,可以增强 α 相的固溶强化效果。Ti60 钛合金中元素还包括 α 稳定元素 Al、中性元素 Sn 和 4% 左右的 Zr 及 β 稳定元素 Si。

Nb 和 Ta 有助于改善合金的高温抗氧化能力,从而改善合金的热稳定性。另外,严格控制原材料杂质含量,要求 Fe 质量分数在 0.05% 以下,O 质量分数控制在 0.08% 以下,以保证合金良好的蠕变抗力和热稳定性。针对合金的特点及力学性能的要求,采用合适的热处理工艺,可以获得高温蠕变抗力、疲劳强度和热稳定性等的良好匹配。其固溶处理温度为(1 000 ~ 1 040 ℃)±10 ℃,保温 2 h,油淬,截面尺寸小于 15 mm 时可空冷。时效温度为 700 ℃,保温 2 h,空冷。去应力退火一般在不高于时效温度的 480 ~ 650 ℃下进行,加热保温 1 ~ 4 h,再进行空冷或炉冷。

(2)650 ℃高温钛合金。Ti65 钛合金是我国近年来自主研究的一种近 α 型高温钛合金,其名义成分为 Ti-6Al-4Sn-4Zr-0.5Mo-0.4Nb-2.5Ta-0.4Si-0.06C。合金含有 α 稳定元素 Al 和 C,中性元素 Sn 和 Zr,β 稳定元素 Mo、Nb、Si 和 Ta。Al 的质量分数为 8.6%,Mo 的质量分数为 1.1%,合金元素的质量分数接近 18%,属于高合金化钛合金。合金由固溶强化而获得高蠕变抗力,最大淬透截面尺寸可达 80 mm,并具有良好的可锻性、可焊接性和抗氧化性。为了获得热稳定性、蠕变和疲劳性能的最佳匹配,要求其显微组织为双态组织,即 β 转变组织基体上有少量球状初生 α 相,最佳初生 α 相体积分数为 5% ~ 25%。这种双态组织可由(α+β)两相区较低温度锻造与(α+β)两相区较高温固溶处理相结合的加工工艺来获得,与 Ti-6242、IMI829 和 IMI834 钛合金相比,该合金在 650 ℃以下温度具有高的拉伸强度、蠕变抗力和疲劳强度等力学性能以及高的抗氧化性。合金热盐应力腐蚀敏感性与 Ti-6242、IMI829 和 IMI834 钛合金相似。

该合金的半成品有棒材、板材、锻件和铸件,可用于制造航空发动机压气机后段的叶片、盘件和整体叶盘的零件,能采用各种焊接方法进行焊接。Ti65 钛合金长期使用的最高工作温度可达到 650 ℃,短时使用温度可达 750 ℃以上。

3. 紧固件用钛合金

(1)Ti45Nb 钛合金。钛合金紧固件在飞机上使用不仅可以达到减重、耐腐蚀的目的,而且是钛合金和碳纤维复合材料等结构件必需的连接件。在相同的强度标准下,采用钛合金紧固件可以使钢制紧固件减重 30% ~ 40%。随着钛合金及复合材料在先进飞机上用量的不断扩大,钛合金紧固件的用量也不断增加。

我国“十一五”期间开展了 Ti45Nb 钛合金应用研究,并已确定 Ti45Nb 钛合金作为复合材料连接的主要铆钉材料,技术标准规定的 Ti45Nb 钛合金化学成分见表 8.16。

表 8.16　Ti45Nb 钛合金化学成分

w(主要成分)/%		w(杂质)/%									其他元素	
Nb	Ti	C	N	H	O	Si	Fe	Cr	Mg	Mn	单个	总和
42 ~ 47	余量	0.04	0.03	0.0035	0.16	0.03	0.03	0.02	0.01	0.01	0.10	0.40

Ti45Nb 钛合金属于 β 型钛合金,具有塑性高(伸长率可达 20% 以上,断面收缩率高达 60% ~ 80%)、耐腐蚀、冷加工性能优异等特点,而且剪切强度、抗拉强度高于纯钛,变形抗力低于纯钛。在航空航天产品中,已全面取代纯钛铆钉材料。尤其是该合金与 Ti6Al4V 合金搭配制成的双金属铆钉,不仅提高了铆钉的剪切强度,而且能进行冷铆。这

种综合性能优良的铆钉已在空客和波音飞机上大量应用。

（2）TC16 钛合金。Ti16C 钛合金是我国自行研制的钛合金紧固件，即铆钉用材。其名义成分为 Ti-3Al-5Mo-4.5V，属富 β 相的 α-β 型两相钛合金。该合金 β 稳定系数大大高于美国紧固件制造用钛合金 Ti-6Al-4V，达到 0.83，因此淬透性好，可以制造更大规格的紧固件。另外，由于 TC16 钛合金中 Al 含量较低，塑性很好，可以在冷镦后或在进行冷变形强化后直接使用，因此，其生产成本和工作量大致是按热镦工艺制造类似零件的 1/2 ~ 1/3。TC16 钛合金也可进行强化热处理，而且固溶处理温度仅为 800 ℃，比 TC4 合金要低 150 ℃。该合金经固溶时效处理后的抗拉强度可达 1 030 MPa 以上，而且对于缺口、偏斜等的应力集中敏感性较小。

4. 弹簧用钛合金

Ti3Al8V6Cr4Mo4Zr 钛合金是一种高合金化的亚稳 β 型钛合金。其 α+β/β 转变温度为（730±15）℃。该合金的热处理包括退火、固溶处理和时效。固溶退火温度一般为 815 ~ 927 ℃保温 15 ~ 30 min，空冷或水冷。时效温度推荐为 482 ~ 566 ℃，低温处理，可获得较高的硬度，高温处理，则塑性较高。

Ti3Al8V6Cr4Mo4Zr 合金通过改变热处理制度，可以得到不同的强度和塑性配合，在具有高疲劳强度、屈服强度的同时保持低的切变模量和弹性模量，同时该合金加工工艺性能良好。因此，Ti3Al8V6Cr4Mo4Zr 合金在航空钛合金弹簧应用领域中占有明显优势。该合金制作的弹簧可用于起落架上、下牵引装置和舱门平衡装置，也可用于飞行控制弹簧、飞机操纵杆弹簧、踏板复位弹簧和液压系统复位弹簧等。MD-80 和 MD-11 飞机上使用了大约 150 件 Ti3Al8V6Cr4Mo4Zr 钛合金弹簧，欧洲空客 A-330、A-340 和美国波音-777 等飞机上也都是用了 Ti3Al8V6Cr4Mo4Zr 钛合金弹簧。该合金制作的弹簧，除用于航空领域，在汽车、摩托车、雪地摩托赛车上也有较广泛的应用。

5. 阻燃钛合金及其应用

由于钛合金具有很高的氧化生成热，同时导热性又很差，一旦出现诸如叶片与机匣间的高能摩擦，就会增加在发动机在高温、高压、高速气流下发生"钛火"的可能性，典型的"钛火"燃烧持续时间仅为 4 ~ 20 s，且难以采取有效的灭火措施，由此带来了严重的安全隐患。因此，美国、俄罗斯、英国、中国都开展了阻燃钛合金的研究，主要有 Ti-V-Cr 系和 Ti-Cu-Al 系两种合金的阻燃钛合金，见表 8.17。

表 8.17　各国研制的阻燃钛合金

合　金	合金系/名义成分	研 制 国 家
Alloy C	Ti-35V-15Cr	美国
BuRTi	Ti-25V-15Cr-2Al-0.2C	英国
Ti40	Ti-25V-15Cr-0.2Si	中国
BTT-1	Ti-Cu-Al	俄罗斯
BTT-3	Ti-Cu-Al	俄罗斯

阻燃钛合金热处理工艺采用固溶处理或固溶处理加时效。其显微组织中单相 β 晶粒为基体、晶界和晶内有弥散分布的第二相。几种阻燃钛合金的力学性能参见表 8.18 ~ 表 8.20。

表 8.18　Alloy C 合金的力学性能

拉 伸 性 能						蠕 变 性 能		
$T/℃$	E/GPa	σ_b/MPa	$\sigma_{0.2}/MPa$	$\delta/\%$	$\psi/\%$	$T/℃$	$\sigma_{0.5/100}/MPa$	$\sigma_{0.2/100}/MPa$
25	114	972	—	22	42	482	551	579
100	108	931	848	22	43	538	290	365
200	104	895	731	23	47	593	—	97
300	101	883	689	24	49			
400	97	862	677	22	48			
500	93	814	678	18	43			
600	86	724	679	12	27			

表 8.19　Ti40 合金环件的典型力学性能

拉 伸 性 能				持 久 性 能	蠕 变 性 能	
$T/℃$	σ_b/MPa	$\sigma_{0.2}/MPa$	$\delta/\%$	$\psi/\%$	测试条件	测试条件	$\varepsilon_p/\%$
20	967	942	19.3	30.8	500 ℃,300 MPa,693 h	500 ℃,200 MPa,100 h	0.011
200	835	731	27.1	41.5	500 ℃,340 MPa,388 h	500 ℃,250 MPa,100 h	0.012
300	809	713	22.5	36.8	520 ℃,300 MPa,303 h	510 ℃,220 MPa,100 h	0.042
400	817	688	22.0	42.2	520 ℃,340 MPa,146 h	510 ℃,250 MPa,100 h	0.072
500	797	682	16.0	43.6	540 ℃,300 MPa,91 h	520 ℃,220 MPa,100 h	0.419
540	785	678	15.8	48.5	540 ℃,340 MPa,55 h	520 ℃,250 MPa,100 h	0.509

表 8.20　Ti-Cu-Al 系阻燃钛合金的力学性能

合金	$T/℃$	拉 伸 性 能				持久性能	蠕变性能
		E/GPa	σ_b/MPa	$\sigma_{0.2}/MPa$	$\delta/\%$	σ_b/MPa	$\sigma_{0.2/100}/MPa$
BTT-1	20	117.7	930~1128	882~1079	4~8	—	—
	350	104.9	726~882	549	12	706	667
	400	99.1	706~853	510	15	686	520
	450	98.1	667~804	490	12	539	343
BTT-3	20	112.8	590	390	8	—	—
	200	—	540	265		490	280
	350	—	440	245		310	190

　　阻燃钛合金具有比较高的变形抗力,可达到 Ti6Al4V 合金的 5 倍以上。因此增加了热加工变形的难度,对锻压设备能力来讲是个极大的挑战。阻燃钛合金一般不能采用常规的钛合金拔长变形的方式进行铸锭的开坯。目前已通过挤压工艺实现了阻燃钛合金吨级以上工业铸锭的开坯。通过挤压变形,不仅能够直接获得阻燃钛合金大规模棒材,而且经过挤压后的棒料在后续的变形中也表现出了良好的工艺塑性,能够直接在快锻机上进行拔长和镦粗变形,通过拔镦变形可以使材料的组织更加均匀并细化。

8.2.8　钛合金的发展趋势

　　钛合金具有较高的比强度、比刚度和耐蚀性等,具有广阔的应用前景。但钛合金生产过程复杂,成本价高,同时钛合金弹性模量低,屈强比低,变形时易于回弹,零件加工成型困难,这些都限制了钛合金的应用。针对以上情况,钛合金的发展趋势主要包括:①钛合金的低成本制备和加工技术,包括海绵钛生产、钛合金材料设计及价格过程的低成本化;②钛合金坯料大型化制备技术,包括新型电子束和等离子冷床炉熔炼;③钛合金高效、短程加工技术,包括单次冷床炉熔炼直接轧制、钛带连续加工技术;④近成型技术,包括激光成型、精密铸造、精密锻造、超速成型/扩散焊连接、喷射成型;⑤新型钛合金的开发,包括高温钛合金、阻燃钛合金、损伤容限型钛合金、低温钛合金、医用钛合金、耐蚀钛合金等高性能钛合金,并应用于新概念武器和装备。

8.3　铜及其合金

8.3.1　纯铜

纯铜呈紫红色,因此又称紫铜,是人类最早使用的金属之一。铜是元素周期表中的第一副族元素,原子序数为 29,常见化合价为 +2 和 +1,晶体结构为面心立方。主要物理性能为:密度 8.96 g/cm^3(20 ℃),熔点 1 083.4 ℃,比热容 386.0 J/(kg·K)(0~100 ℃),溶化热 13.02 kJ/mol,热导率 397 W/(m·K)(0~100 ℃),20 ℃时的电阻率 1.694 μΩ·cm。铜无同素异构转变、无磁性。

纯铜最显著的特点是导电、导热性好,仅次于银,其电导率为银的 94%,热导率为银的 73.2%。纯铜具有很高的化学稳定性,在大气、淡水中具有良好的抗蚀性,但在海水中的抗蚀性较差,同时在氨盐、氯盐、碳酸盐及氧化性硝酸和浓硫酸溶液中易受腐蚀。

工业用纯铜含有微量的脱氧剂和其他杂质元素,其牌号以铜的汉语拼音字母"T"加数字表示,数字越大,杂质的含量越高,依纯度将工业纯铜分为四种牌号:T1(w(Cu)>99.95%)、T2(w(Cu)>99.90%)、T3(w(Cu)>99.70%)、T4(w(Cu)>99.50%)。

纯铜的机械性能不高,抗拉强度为 240 MPa,延伸率为 50%,布氏硬度为 40~50 HB,通常采用冷变形使之强化。冷变形后,抗拉强度可达 400~500 MPa,布氏硬度提高到 100~120 HB,但延伸率降至 5% 以下。采用退火处理可消除铜的加工硬化,退火温度与铜的纯度有关,高纯铜的退火温度为 400~450 ℃,而一般纯铜的退火温度为 500~700 ℃。

纯铜具有优良的加工成型性能和焊接性能,可进行各种冷、热变形加工和焊接。除配制铜合金和其他合金外,纯铜主要用于制作导电、导热及兼具抗蚀性的器材,如电线、电缆、电刷、铜管、散热器和冷凝器零件等。

8.3.2　铜合金

1. 铜的合金化及铜合金分类

纯铜的机械性能较低,为满足制作结构件的要求,需对纯铜进行合金化,加入一些适宜的合金元素,制成铜合金。铜的合金化原理也类似于铝和镁,主要通过合金化元素的作用,实现固溶强化、时效强化和过剩相强化,从而提高合金的机械性能。

铜合金中的主要固溶强化合金元素为 Zn、Al、Sn、Mn、Ni,这些元素在铜中的固溶度均大于 9.4%,可产生显著的固溶强化效果,最大可使铜的抗拉强度从 240 MPa 提高到 650 MPa。Be、Ti、Zr、Cr 等元素在固态铜中的溶解度随温度的变化急剧减小,有助于铜产生时效强化作用,是铜中常加入的沉淀强化元素。此外,通过一些元素加入后产生的过剩相强化作用也是铜合金提高性能的常用手段。

根据化学成分的特点,铜合金分为黄铜、青铜和白铜 3 大类。黄铜是以锌为主要合金元素的铜合金,白铜则是以镍为主要合金元素的铜合金,而除锌和镍以外的其他元素为主要合金元素的铜合金称为青铜。按成型方法可将铜合金分为变形铜合金和铸造铜合金,除高锡、高铅和高锰的专用铸造铜合金外,大部分铜合金既可作变形合金,也可作铸造合金。目前我国的铜合金系列产品中,包括百余种牌号的变形合金和 30 多种的铸造合金。

铜合金一般采用工频感应炉熔炼,某些合金利用中频或高频感应炉熔炼。生产中采用半连铸、连铸或水平连铸技术制备铸坯。铜合金可用轧制、挤压、拉拔、锻造、冲压、旋压等多种方法进行塑性变形加工。铜合金进行退火处理的温度一般为 400 ~ 700 ℃,成品消除应力退火的温度则为 160 ~ 400 ℃,为防止氧化或变色,退火通常在保护气氛中进行。

2. 黄铜

黄铜因铜加锌后呈金黄色而得名,根据化学成分分为简单黄铜(或称普通黄铜)和复杂黄铜(或称特殊黄铜)。普通黄铜为简单二元 Cu-Zn 合金,特殊黄铜是在二元 Cu-Zn 合金基础上加入一种或数种合金元素的复杂黄铜合金。普通黄铜的牌号以“黄”字的汉语拼音字首“H”加数字表示,数字代表铜的质量分数,如 H62 表示 $w(Cu) = 62\%$ 和 $w(Zn) = 38\%$ 的普通黄铜;特殊黄铜的牌号以“H”加主添元素的化学符号再加铜的质量分数和主添元素的质量分数表示,例如,HMn58-2 表示含 $w(Cu) = 58\%$、$w(Mn) = 2\%$、其余为 Zn 的特殊黄铜;此外,对于铸造用黄铜,需在其牌号前加“铸”字的汉语拼音字首“Z”。

(1)普通黄铜。普通黄铜的组织和性能与锌的质量分数密切相关,图 8.8 示出了锌质量分数与黄铜力学性能的关系。$w(Zn) < 32\%$ 时,锌完全固溶于铜中形成 α 单相,黄铜的强度和塑性随 Zn 质量分数的增加而提高;当 $w(Zn) > 32\%$ 时,合金中出现脆性 β′相,导致合金塑性下降,而强度可继续提高;当 $w(Zn) = 45\% \sim 47\%$ 时,合金组织几乎完全由 β′相组成,合金的强度和塑性急剧下降。因此,工业用黄铜中 Zn 的质量分数均控制在 50% 以下,通常将 $w(Zn) < 32\%$、$w(Zn) = 32\% \sim 45\%$ 及 $w(Zn) > 45\%$ 的黄铜分别称为 α 单相黄铜、(α+β)两相黄铜和 β′单相黄铜。

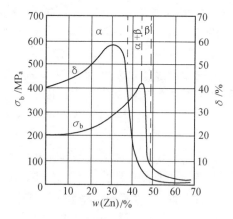

图 8.8　Zn 的质量分数对 Cu-Zn 合金机械性能的影响

α 单相黄铜抗蚀性和室温塑性好,但强度低,适宜进行冷变形加工;α+β 两相黄铜和 β′单相黄铜室温塑性较差,需加热到高温进行热加工。锌质量分数超过 20% 的冷加工态黄铜,在潮湿气氛中易发生应力破裂,应进行低温去应力退火处理(250 ~ 300 ℃)/1 ~ 3 h。

　　工业上应用较多的普通黄铜为 H62、H68 和 H80。其中 H62 被誉为"商业黄铜",广泛用于制作水管、油管、散热器垫片及螺钉等;H68 强度较高,塑性好,适于经冷冲压或深冷拉伸制造各种复杂零件,曾大量用做弹壳,有"弹壳黄铜"之称;H80 因色泽美观,故多用于镀层及装饰品。这 3 种合金的化学成分和力学性能见表 8.21。

　　黄铜在干燥的大气和一般介质中的抗蚀性比铁和钢好。但是,经过冷变形的黄铜制品在潮湿的大气中,特别是在含有氨气的大气或海水中,会发生自动破裂,这种现象称为黄铜的"自裂"。黄铜的自裂倾向与 Zn 的质量分数有关系,且随 Zn 的质量分数的增加而增大,特别是 $w(Zn) > 20\%$ 的黄铜危险性更大。

　　黄铜自裂现象的实质是经冷加工变形的黄铜制品残留有内应力,在周围介质的作用下,腐蚀沿着应力分布不均匀的晶粒边界进行,并在应力的作用下导致制品破裂,故又称"应力破裂"。防止黄铜自裂的方法是采用低温去应力退火,消除制品在冷加工时产生的残留内应力。此外,在黄铜中加入 $w(Si) = 1.0\% \sim 1.5\%$ 也能明显降低自裂敏感性。

　　(2)特殊黄铜。特殊黄铜中除锌外,常加入的合金元素有 Si、Al、Pb、Sn、Mn、Fe、Ni等,形成锰黄铜、铝黄铜、铅黄铜、锡黄铜等。这些元素的加入除均可提高合金的强度外,其中的 Al、Sn、Mn、Ni 可提高黄铜的抗蚀性和耐磨性,Mn 提高耐热性,Si 改善铸造性能。根据用途,特殊黄铜分为铸造黄铜和压力加工黄铜,后者加入的合金元素较前者少,以使合金具有较高的塑性。常用特殊黄铜的化学成分与力学性能见表 8.21。

表 8.21　常用黄铜的化学成分与力学性能

合金类别	合金牌号	化　学　成　分　(w/%)	力学性能(不小于)		
			σ_b/MPa	δ/%	HB
普通黄铜	H62	Cu 60.5 ~ 63.5,其余 Zn	330	49	56
	H68	Cu 66.5 ~ 68.5,其余 Zn	320	56	—
	H80	Cu 79.0 ~ 81.0,其余 Zn	310	52	53
锡黄铜	HSn90-1	Cu 89 ~ 91、Sn 0.9 ~ 1.1,其余 Zn	(M)270	35	—
铅黄铜	HPb59-1	Cu 57 ~ 60、Pb 0.8 ~ 0.9,其余 Zn	400	45	90
铝黄铜	HAl59-3-2	Cu 57 ~ 60、Al 2.5 ~ 3.5、Ni 2.0 ~ 3.0,其余 Zn	380	50	75
锰黄铜	HMn58-2	Cu 57 ~ 60、Mn 1.0 ~ 2.0,其余 Zn	400	40	85
铸造硅黄铜	ZHSi80-3-3	Cu 79 ~ 81、Pb 2.0 ~ 4.0、Si 2.5 ~ 4.5,其余 Zn	(J)300 (S)250	15 7	100 90
铸造铝黄铜	ZHAl67-2.5	Cu 66 ~ 68、Al 2.0 ~ 3.0,其余 Zn	(J)400	15	90

　　注:M—退火;S—砂型;J—金属型。

　　3. 青铜

　　青铜是铜合金中综合性能最好的合金,因该类合金中最早使用的铜锡合金呈青黑色而得名。除铜锡合金外,近代工业相继研制和生产了铜铝合金、铜硅合金、铜铍合金等,因习惯人们将 Cu-Zn 和 Cu-Ni 以外的铜合金统称为青铜,并通常在青铜合金前面冠以主要合金元素的名称,如锡青铜、铝青铜、硅青铜、铍青铜等。青铜的牌号以"青"字汉语拼音的字首"Q"加主要合金元素的名称及质量分数表示,铸造用青铜则在其相应的牌号前冠以"Z",如 ZQSn10 代表含 $w(Sn)=10\%$ 的铸造锡青铜合金。

青铜合金中,工业用量最大的是锡青铜和铝青铜,强度最高的是铍青铜。

(1)锡青铜。锡青铜的力学性能受锡质量分数影响显著,如图 8.9 所示。Sn 的质量分数在 6% 以下时,锡溶于铜中形成单相固溶体,合金的强度随锡含量的增加而升高;当 Sn 的质量分数高于 6% 时,合金组织中出现脆性 $Cu_{31}Sn_8$ 相,导致合金的塑性急剧下降,而合金的强度因过剩相的强化作用可继续增加;但当 Sn 的质量分数增至 25% 时,合金因脆性相过多使强度显著下降,因此工业用锡青铜中 Sn 的质量分数控制在 3% ~10% 之间。

实践表明,$w(Sn)<8\%$ 的锡青铜具有较好的塑性,适于压力加工;$w(Sn)>10\%$ 锡青铜的塑性较低,适宜用作铸造合金。锡青铜的铸造流动性较差,易形成分散缩孔,铸件致密度不高,但合金的线收缩小,适于铸造外形及尺寸要求精确的铸件。

锡青铜的抗蚀性好,在大气、海水或无机盐溶液中的耐蚀性均高于纯铜和黄铜,广泛用于制造蒸汽锅炉、海船的零构件。锡青铜还用来制造轴承、轴套和齿轮等耐磨零件。锡青铜可通过加入合金元素改善其性能,锌有助于提高合金的强度,而铅和磷有利于合金耐磨性的提高。常用锡青铜的化学成分和力学性能见表 8.22。

表 8.22　常用青铜的化学成分和力学性能

合金类别	合金牌号	化 学 成 分 （$w/\%$）	力学性能(不小于)		
			σ_b/MPa	$\delta/\%$	HB
铸造锡青铜	ZQSn10-1	Sn 6 ~ 11、P 0.8 ~ 1.2,其余 Cu	(J)200 ~ 300	7 ~ 10	90 ~ 120
	ZQSn6-6-3	Sn 5 ~ 7、Zn 5 ~ 7、Pb 2 ~ 4,其余 Cu	(S)150 ~ 250	8 ~ 12	60
压力加工锡青铜	QSn6.5-0.1	Sn 6 ~ 7、Pb 0.1 ~ 0.25,其余 Cu	(Y)700 ~ 800	1.2	160 ~ 200
	QSn4-4-4	Sn 3 ~ 5、Zn 3 ~ 5、Pb 3.5 ~ 4.5,其余 Cu	(Y)550 ~ 650	2 ~ 4	160 ~ 180
铝青铜	QAl7	Al 6 ~ 8,其余 Cu	(Y)600 ~ 750	5	170 ~ 190
	QAl9-4	Al 6 ~ 8、Fe 2 ~ 4,其余 Cu	(Y)700 ~ 800	5	160 ~ 200
铍青铜	QBe1.9	Be 1.8 ~ 2.1,其余 Cu	(CS)1 150	2	300
	QBe2	Be 1.9 ~ 2.2,其余 Cu	(CS)1 250	2	330

注:J—金属型;S—砂型;Y—硬化;CS—淬火后人工时效。

(2)铝青铜。铝青铜是铜与铝形成的合金,其强度和塑性同样受到铝质量分数的影响,如图 8.10 所示。由图可知,铝青铜中 Al 的质量分数应控制在 12% 以下。工业上,压力加工用铝青铜中 Al 的质量分数一般低于 5% ~7%;$w(Al)>7\%$ 的铝青铜则用于热加工或铸造。

工业铝青铜常加入 Fe、Mn、Ni 等合金元素,以进一步改善机械性能。含铝量较大的铝青铜可采用淬火或回火等热处理手段进行强化。

铝青铜具有强度高,冲击韧性高,耐磨性好,疲劳强度高,受冲击时不产生火花,在大气、海水、碳酸及多数有机酸溶液中耐蚀性极高等优点。同时,铝青铜的结晶间隔小,流动性好,缩孔集中,铸件致密度高。因此,铝青铜是无锡铝青铜中应用最广的一种合金,主要用来制造耐磨、耐蚀和弹性零件,如齿轮、摩擦片、涡轮、弹簧及船舶中的特殊设备。表 8.22 给出了两种常用铝青铜的化学成分和性能。

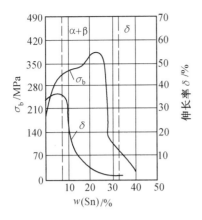 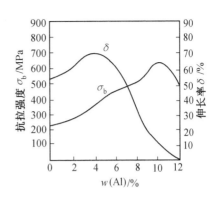

图 8.9　Sn 的质量分数对锡青铜机械性能的影响　图 8.10　Al 的质量分数对铝青铜机械性能的影响

（3）铍青铜。铍青铜是 $w(Be)=1.7\% \sim 2.5\%$ 的铜合金。因铍在铜中的溶解度随温度降低而急剧减小，所以该合金是典型的时效强化型合金，经淬火加时效处理后具有很高的强度、硬度、弹性极限和疲劳极限。铍青铜的淬火温度为 780～800 ℃，时效温度为 300～350 ℃，淬火介质为水。铍青铜淬火后得到的过饱和固溶体很软，在室温下放置不会发生自然时效过程，可以方便地进行拉拔、轧制等冷加工，因此铍青铜的半成品多在淬火态供应，制造成零件后不再进行淬火，直接进行时效。淬火态铍青铜的塑性较高，但切削性能不好，有时为改善切削性能，可在淬火后先进行一次半时效处理，切削加工后再进行完全时效。

铍青铜是铜合金中性能最好的一种，除具有很高的强度和弹性外，还具有很好的耐磨、耐蚀及耐低温等特性，且导电性、导热性能优良，无磁性，受冲击时不产生火花。因此，铍青铜是工业上用来制造高级弹簧、膜片、膜盒等弹性元件的重要材料，还可用于制作高速、高温和高压下工作的轴承、衬套、仪表齿轮等耐磨零件及换向开关、电接触器和防爆工具等。

表 8.22 给出了两种铍青铜的化学成分和力学性能。

4. 白铜

白铜是 Ni 的质量分数低于 50% 的铜镍合金，铜与镍无限互溶，故白铜合金的组织均呈单相，所以这类铜合金不能经热处理强化，主要借助于固溶强化和加工硬化来提高机械性能。

白铜分为简单白铜和特殊白铜。铜镍二元合金称为简单白铜，其牌号以"白"汉语拼音字首"B"加 Ni 的质量分数表示；在简单白铜合金的基础上添加其他合金元素的铜镍基合金称为特殊白铜，其牌号以"B"加特殊合金元素的化学符号及代表镍的质量分数和特殊合金元素的质量分数数字表示。

简单白铜具有较高的耐蚀性和抗腐蚀疲劳性能，且冷、热加工工艺性能优良，主要用于制造蒸汽和海水环境中工作的精密仪器、仪表零件、冷凝器和热交换器，常用合金有 B5、B19 和 B30 等。特殊白铜主要为锌白铜和锰白铜，锰白铜具有电阻高和电阻温度系数小的特点，是制造低温热电偶、热电偶补偿导线及变阻器和加热器的理想材料，其中最常用的是称为康铜的 BMn40-1.5 锰白铜和又名考铜的 BMn43-0.5 锰白铜。

5. 新型铜合金

为满足微电子、航天和航空等高技术对铜合金提出的既要具有高导电、导热性，又要具有高强度和良好高温性能的需求,近年来研制开发了许多新型铜合金,主要包括弥散强化型高导电铜合金、高弹性铜合金、复层铜合金、铜基形状记忆合金和球焊铜丝等。

弥散强化型高导电铜合金的典型合金为美国采用粉末冶金法制备的氧化铝弥散强化铜合金和 TiB$_2$ 粒子弥散强化铜合金,该类合金兼有高导电、高强度和耐高温的特点,可满足制作大规模集成电路引线框及高温用微波管的要求。高弹性铜合金的发展方向是耐高温,该类合金主要集中于粉末冶金法制备的 Cu-Ni-Sn 合金和新近开发的沉淀强化型 Cu4NiSiCrAl 合金。复层铜合金是将银/铜、金/铜、铝/铜或钢/铜等双金属或 3 种金属采用特殊工艺复合在一起的复层材料,目的在于发挥不同金属的性能优势,以适应各种复杂工作环境的要求。铜基形状记忆合金是利用 Cu-Zn、Cu-Al 及 Cu-Al-Ni 等合金所具有的母相-马氏体可逆相变特性而开发的功能材料。球焊铜丝是日本最近为代替半导体连接用球焊金丝而开发的高技术铜合金产品。

8.4　镁及其合金

8.4.1　纯镁

金属镁呈银白色,相对原子质量为 4.30502,属于 IIA 族元素。晶体结构为密排立方结构。纯镁基本物理和力学性能见表 8.23。

表 8.23　纯镁的物理性能和力学性能

泊松比	室温密度/ $(g \cdot cm^{-3})$	电阻温度系数/ 10^{-3}	电导率/ $[(\Omega \cdot m)^{-1}]$	热导率/ $(W \cdot m^{-1} \cdot K^{-1})$	熔点/℃	沸点/℃
0.33	1.738	3.9	23×10^6	153.6	650	1 107

再结晶温度/℃	热膨胀系数/ $(10^{-6} \cdot ℃^{-1})$	标准电极电位/eV (氢电极)	σ_b/MPa	$\sigma_{0.2}$/MPa	δ/%
150	26	-1.55	115(铸态) 200(变形态)	25(铸态) 90(变形态)	8.0(铸态) 12.5(变形态)

镁为化学性质非常活泼的金属,与氧及卤素的结合能较大,可以用作还原剂置换钛、锆、铀、铍等金属。镁在生产过程中极易与氧、氮、水发生化学作用。一般情况下,镁耐碱,在室温下与氢氧化钠等碱性溶液不反应。镁不耐酸,除氢氟酸、铬酸、脂肪酸外,其他无机或有机酸均能够迅速与镁发生反应将镁溶解。镁与二氧化碳发生反应,与大多数有机化合物不反应。在空气中镁的表面容易生成氧化镁薄膜。但这层膜不致密,在高于 450 ℃时不稳定而且极易破坏,导致镁进一步氧化。并且此氧化反应是放热反应,若氧化的热量不能及时转移,镁将会燃烧。

8.4.2　镁合金的特点

纯镁的强度很低,一般进行合金化得到镁合金而作为结构材料使用。镁合金具有以下特点:

1. 高的比刚度、比强度

镁合金的比强度高于铝合金和钢铁,略低于比强度最高的纤维增强塑料,比刚度与铝合金和钢铁相当。因此在相同的强度和刚度的条件下用镁合金做结构件可以减轻零件质量。

2. 高的导热性

镁合金具有良好的导热性。导热能力是工程塑料的 350 ~ 400 倍,而且也高于铝合金。因此镁合金适用于元件密集的电子产品。

3. 高阻尼减振性

镁合金弹性模量较低,在同样受力的条件下可以消耗更大的变形功,因此具有降噪和减振的功能。减振性是铝合金的 5 ~ 30 倍,塑料的 20 倍,钢铁的 50 ~ 1 000 倍。镁合金的高阻尼减振性可以用在汽车中提供舒适安静的乘坐条件,也可用作鱼雷、战斗机和导弹等的减振部位。

4. 高电磁屏蔽性能

镁合金为非磁性,具有优于铝合金的磁屏蔽性能,能更好地阻隔电磁波,适合制作发出电子干扰的电子产品的壳和罩,尤其是紧靠人体的手机。这一点也奠定了镁合金用于电子通信产品的基础。

5. 易于切削和加工

镁合金的切削速度大大高于其他金属,并且对刀具的消耗很低,因此镁合金具有良好的切削性能。镁合金的机械加工多在干态下进行,不用切削液便可获得高的表面加工质量。镁合金机械加工时摩擦力较小,刀具寿命较长,并且不需磨削和抛光便能获得平滑光洁的表面。

8.4.3　镁的合金化

纯镁本身强度很低,这也是限制镁使用的一个重要原因。在纯 Mg 中加入 Al、Zn、Si、Zr、Ca 和 RE 等元素合金化后形成的高强轻质镁合金,可以作为结构材料广泛应用。固溶强化、时效硬化和细晶强化是主要强化手段,凡是在 Mg 中大量固溶的元素,都是 Mg 合金的有效合金元素。根据合金元素的作用特点和极限溶解度,可大致分成三类:包晶反应类元素 Zr、Mn、In、Sc、Ti 等;共晶反应类元素 Ag、Al、Zn、Li、Th 等;稀土元素(RE)Y、Nd、La、Ce、Pr、混合 RE(以 Ce 或 La 为主)等。

1. 包晶反应型元素

包晶反应型元素的主要作用是细化晶粒,也可以净化合金,消除杂质 Fe,提高抗蚀性和耐热性。常见的包晶反应类元素有 Zr、Mn 等。Zr 可以细化晶粒,减小热裂倾向,提高力学性能和耐蚀性。Zr 和 Mg 均具有密排六方结构,Mg-Zr 合金在冷凝时,首先从镁液中析出的 α-Zr 可作为镁结晶时的非自发形核核心,使合金的凝固组织细化。但由于 Zr 易与 Al、Mn 形成稳定的化合物,使 Zr 失去细化晶粒的作用,所以便产生了含 Zr 不含 Al、Mn 的铸造和变形镁合金。在镁合金中加入质量分数为 0.5% ~ 0.8% 的 Zr,其细化晶粒效果最好。Zr 也是阻燃镁合金的主要添加元素。Mn 在镁合金中于 520 ℃发生包晶转变:L+β(Mn)→α 固溶体。除了固溶作用外,在 Mg 合金中加入 1% ~ 2.5% Mn 的主要目的是为了除去镁液中的有害杂质,提高合金的抗应力腐蚀的倾向,提高耐腐蚀性能。熔炼时杂质

Fe 与 Mn 结合生成沉淀进入渣中,Mn 还会与合金中的 Fe 或 Fe 加 Al 反应析出对耐蚀性影响较小的化合物相($(Fe,Mn)Al_3$),从而有效提高了合金的耐蚀性。在 Mg 中加入 Mn 对合金的强度有所提高,但降低合金的塑性。Mn 能略微提高合金的熔点,在含 Al 的 Mg 合金中可形成 MgFeMn 化合物,提高合金的耐热性。

2. 共晶反应型元素

共晶反应型元素是高强度镁合金的主要合金元素,如 Mg-Al-Zn 和 Mg-Zn-Zr 系合金等。常见的共晶反应类元素包括 Al、Zn 和 Si、Li 等。这类元素在 Mg 中有明显的溶解度变化,产生显著的时效硬化效应。Al 在固态镁中具有较大的固溶度,随着温度的降低其溶解度显著下降,因此 Al 在 Mg 中既可产生固溶强化作用,又可析出沉淀强化相 $Mg_{17}Al_{12}$,有助于提高合金的强度。铝增大镁合金凝固温度范围,提高合金的流动性,降低热裂倾向,提高铸造性能。但铝质量分数的增加,会降低塑性和抗蚀性,在晶界上析出的低熔点 $Mg_{17}Al_{12}$ 金属间化合物还会降低合金的抗蠕变性能。因此在铸造镁合金中 Al 的质量分数一般控制在 7% ~ 8%,而变形镁合金中 Al 的质量分数控制在 3% ~ 5% 之间。Zn 主要用于提高铸件的抗蠕变性能。Zn 在 Mg 合金中的固溶度随温度的降低而降低,因此 Zn 在 Mg 中除固溶强化作用外,也可产生时效强化相 MgZn,是除铝以外的另一种非常有效的合金化元素,但强化效果不如 Al 显著。同时 Zn 增加熔体流动性,是弱晶粒细化剂,但有形成显微缩松倾向。Zn 的质量分数大于 2.5% 时,则对合金的防腐蚀性能产生负面影响,因此,原则上控制合金中的 Zn 的质量分数在 2% 以下。

Si 在 Mg 中的固溶度极低,它与 Mg 形成面心立方的 Mg_2Si。Mg_2Si 的熔点较高,高温热稳定性好,有汉字状和多边形块状两种形态,分布在晶界上,对晶界起钉扎作用,从而大大提高合金的高温力学性能。但 Mg_2Si(特别是汉字状)容易变得粗大。Si 的加入提高了合金的液相线温度,因此提高了合金的铸造温度,降低镁合金的铸造性能。此外,Si 的加入降低了镁合金的抗腐蚀性能。Ca 可细化组织,Ca 与 Mg 形成具有六方 $MgZn_2$ 型结构的高熔点 Mg_2Ca 相,使蠕变抗力有所提高,并进一步降低成本。Ca 的另一个主要作用是在熔炼时阻燃。Ca 的质量分数超过 1% 时,容易产生热裂倾向。Li 在 Mg 中的固溶度相对较高,可产生固溶强化作用,并能显著降低镁合金的密度。Li 可以改善镁合金的延展性,但它同时也强烈地降低镁合金的强度和耐腐蚀性。铍在质量分数($< 30×10^{-6}$)时能明显降低镁合金在熔炼、铸造和焊接过程中金属熔体表面的氧化程度,但含量过高会导致晶粒粗大。

镁合金中不可避免地存在杂质元素。常见的杂质元素有 Fe、Si、Cu、Ni 等,这些元素会大大降低镁合金的耐蚀性。

综上,根据合金元素对二元镁合金强度和塑性的影响,可将其分成 3 类:

①能同时提高镁的强度和塑性的合金元素(按合金元素作用从强到弱排列)有:Al、Zn、Ca、Ag、Ce、Ga、Ni、Cu、Th(以强度为评价指标),Th、Ga、Zn、Ag、Ce、Ca、Al、Ni、Cu(以塑性为评价指标);

②能提高塑性但强化效果较小的合金元素有:Cd、Ti、Li;

③强化效果明显但使塑性下降的合金元素有:Sn、Pb、Bi、Sb。以上分类是在合金元素与镁形成二元系时总结出来的规律,在多元镁合金中,由于各种元素的交互作用,情况可能变得更为复杂。

8.4.4　常用镁合金及热处理

目前工业中应用的镁合金主要集中于 Mg-Al-Zn、Mg-Zn-Zr、Mg-Zn-Zr-RE 和 Mg-RE-Zr 等几个合金系。根据生产工艺、合金的成分和性能特点,上述镁合金分为变形镁合金和铸造镁合金两大类。我国的镁合金牌号由两个汉语拼音字母加序号组成。依据前两个汉语拼音字母将镁合金主要分为两类:变形镁合金、铸造镁合金。变形镁合金牌号以"MB"加数字代号表示,其中 M 表示镁合金,B 表示变形;铸造合金牌号以"ZM"加数字代号表示,其中 Z 表示铸造,M 表示镁合金。合金的顺序号表示合金之间的化学成分差异。

1. 变形镁合金

由于镁合金塑性差,一定程度上限制了变形镁合金的发展。但是变形镁合金经挤压、轧制和锻造等变形后比相同成分的铸造镁合金具有更高的强度和延展性以及更多样化的力学性能,可加工成型状更复杂的零件。变形镁合金常有以下几种供货形式:铸锭、挤压件、锻件和轧制板材、带材。美国 ASTM 标准的变形镁合金主要分为 AZ 系列(Mg-Al-Zn-Mn)、AM 系列(Mg-Al-Mn)、AS 系列(Mg-Al-Si)、AE 系列(Mg-Al-RE)、ZK 系列(Mg-Zn-Zr)和 Mg-Li 系列等。我国也制定了相应的国家标准。我国的变形镁合共有 10 个牌号,主要分为 Mg-Mn 系变形镁合金、Mg-Al-Zn 系变形镁合金和 Mg-Zn-Zr 系变形镁合金 3 类,其主要化学成分和力学性能见表 8.24。

(1)Mg-Mn 系合金。Mg-Mn 系合金包括中国国标 MB1(ASTM-M1)和 MB8(ASTM-M2)合金,MB1 和 MB8 的含锰量大致相近,但后者含少量 Ce(质量分数为 0.15% ~ 0.35%)。Mg-Mn 系合金最主要的优点是具有优良的抗蚀性和焊接性。镁锰合金中的过饱和固溶体析出相为纯 β-Mn,故其热处理强化作用很小,其使用组织是退火组织,在固溶体基体上分布着少量的点状 β-Mn 颗粒,室温强度不太高。含 Ce 的 MB8 合金中,由于 Ce 的加入,形成具有较高强度和耐热性的 Mg_9Ce 金属间化合物,细化了合金的晶粒,改善了冷加工性,并提高了室温和高温下合金的强度,将工作温度由 MB1 合金的低于 150 ℃提高到了 200 ℃。Mg-Mn 系合金具有良好的冲压、挤压和轧制工艺性能。Mg-Mn 系合金的板材可用于制造飞机蒙皮、壁板及内部零件;模锻件可制作外形复杂的构件;管材多用于汽油、润滑油系统等要求抗腐蚀的管路。

(2)Mg-Al-Zn 系合金。工业用变形镁合金大多属于 Mg-Al-Zn 系,属于中等强度、塑性较高的变形材料,而且价格较低。该系合金的主要合金元素是 Al(质量分数为3% ~ 8%),Zn 的质量分数较低,Zn 除了起一部分固溶强化作用外,还有提高塑性的作用。典型的 Mg-Al-Zn 系变形镁合金包括美国的 AZ31、AZ61 和 AZ80 合金。中国标准的 Mg-Al-Zn 系变形镁合金共有 5 个牌号,即 MB2、MB3、MB5、MB6 和 MB7,是按 Al(Zn)含量的增加顺序编排的。其中 MB2 和 MB3 因具有较好的热塑性和耐蚀性,故应用较多,其余 3 种合金因应力腐蚀倾向性较明显,工艺塑性较差,应用受到一定限制。

MB2 和 MB3 均属于不可热处理强化的 Mg-Al-Zn 系变形镁合金。在 MB2 和 MB3 中,虽然铝、锌含量还不足以热处理强化(因为组织基本上为单相固溶体),但有固溶强化的效果,所以强度比 MB1 和 MB8 略高。MB2 的成分与 ASTM 标准的 AZ31 近似,是一种应用最广泛的高塑性变形镁合金,它的热塑性良好,切削加工性和焊接性好,应力腐蚀倾向小,通常用来制造形状复杂的锻件和模锻件,以及用于棒材、板材、管材和型材制造的零件。MB3 为中等强度板材合金,室温强度较高,切削性良好,焊接性合格。但有应力腐蚀倾向,故必须进行表面氧化处理及涂漆防护。合金以冷(热)轧退火状态供应,可用于制造导弹蒙皮、壁板及飞机内部壁板和零件。随 Al 含量的增加,Mg-Al-Zn 系合金的强度增加,但是成型性变差。

(3)Mg-Zn-Zr 系合金。Mg-Zn-Zr 系变形镁合金为可热处理强化的高强度变形镁合金,室温抗拉强度、屈服强度和塑韧性明显高于其他镁合金。MB15 为典型的我国国产的 Mg-Zn-Zr 系变形镁合金,其化学成分与 ASTM 标准的 ZK60 近似。锆在镁中的溶解度很小,而且熔点较高,可以形成富锆的质点,起细化晶粒的作用。MB15 含锌量较高,可以热处理强化,主要强化相是 γ(MgZn) 或 δ(Mg_7Zn_3)。该合金的 GP 区形成温度为 70 ~ 80 ℃,如在该温度以下预时效形成高密度的 GP 区,再在较高温度(如 150 ℃)时效,GP 区即可变成沉淀相的核心,得到弥散度极高的杆状共格相 $MgZn_2$。时效的峰值硬化效应与这种共格相的形成有关。通常经热挤压(380 ~ 420 ℃)等热变形加工后直接进行人工时效(150 ~ 170 ℃时效 10 ~ 24 h)。MB15 合金的强度高,综合性能好,切削性能优良,抗蚀性好,但焊缝容易开裂,焊接性差。MB15 主要以棒材、型材供应,可用作肋、座舱滑轨、机身长桁及操纵系统的摇臂、支座等工作温度不超过 150 ℃ 的受力构件,是国内外广泛用于宇航的结构材料。同时因焊接性能较差,所以一般不用作焊接结构。

(4)Mg-Li 系超轻镁合金。Mg-Li 合金是最有代表性的超轻高比强合金。Mg-Li 合金由于 Li 的加入,密度比纯镁还低,为 1.30 ~ 1.65 g/cm^3,属于超轻镁合金。同时弹性模量增高,使镁合金的比强度和比模量进一步提高。Li 在 Mg 中的极限质量分数为 5.5%,Li 的质量分数超过 5.5% 后,合金中出现强度很低的体心立方 β 相,导致合金强度下降,但塑性提高。Li 的质量分数为 5.5% ~ 10% 的合金是 $\alpha+\beta$ 复相组织,强度较低,但室温和低温塑性很好。Li 的质量分数大于 10% 的合金就变成体心立方晶格的 β 单相组织,塑性极高,冷变形度可达 50% ~ 60%。

2. 铸造镁合金

(1)Mg-Al-Mn 系铸造镁合金。AM(Mg-Al-Mn)系铸造镁合金具有优良的韧性和塑性,随着 Al 含量减少,延性增大,强度和铸造性能下降,主要用于需要良好的伸长率、韧性、抗冲击能力及优良耐蚀性的场合。晶界附近 $Mg_{17}Al_{12}$ 粒子显著减少是 AM(Mg-Al-Mn)系合金延展性和断裂韧性改善的根本原因。典型牌号是 AM60B(Mg-6Al-0.2Mn),常用于座位架和设备仪表板。

AS4lA 合金(Mg-4.3% Al-1% Si-0.35% Mn)是 20 世纪 70 年代欧美国家开发成功的一种汽车工业用压铸耐热镁合金。冷却较快时,AS41 系列合金的晶界处分布着细小的、硬度较高的 Mg_2Si 粒子,在温度高于 130 ℃ 以上时,其蠕变性能优于 AZ91D 和 AM60B,同时具有较好的伸长率、屈服强度和极限抗拉强度。

(2)Mg-Zn-Zr 系铸造镁合金。Mg-Zn 合金能时效强化,但不能通过孕育处理来细化晶粒,它对显微疏松敏感,因此不能用于工业铸件。Mg-Zn 合金容易发生晶粒长大,Zr 是铸造 Mg-Zn 合金中最有效的晶粒细化元素,故工业 Mg-Zn 系合金中均添加一定量的 Zr,由此发展了 Mg-Zn-Zr 系铸造镁合金。这类合金都属于时效强化合金,一般都在直接时效或固溶再时效的状态下使用,具有较高的抗拉和屈服强度。但对显微缩松比较敏感,焊接性能差。通过适当加入稀土元素细化晶粒可以显著降低形成显微缩松的倾向,改善铸态性能。

ASTM 标准的 Mg-Zn-Zr 系铸造镁合金的典型代表是 ZK51 和 ZK61。中国国标的 Mg-Zn-Zr 系合金属高强铸造镁合金,主要有 ZM1,含稀土金属的 ZM2、ZM8 以及含银的 ZM7 合金,其主要成分和力学性能分别见表 8.24。ZM1 属于 Mg-Zn-Zr 系砂型铸造合金,合金成分与 ASTM 标准的 ZK51 近似。铸态组织为 α-Mg 固溶体加晶界上分布的少量 MgZn 块状化合物;晶界和富锌区中分布有微粒状 MgZn 化合物沉淀,常有可见的晶内偏析。时效处理后,晶内析出沉淀物。当铸件慢冷时,会产生比重偏析现象,形成 Zn_3Zr_2 化合物。ZM1 具有较高的屈服强度、抗拉强度和塑性,但铸造时热裂倾向较大,并难以焊接,显微疏松倾向较大,可用于形状简单、断面均匀的受力铸件,不宜用于生产耐高压的铸件。该合金在未经固溶处理的人工时效状态(T1)应用,已用于飞机机轮铸件和飞机受力构件。

ZM2 是在 ZM1 合金的基础上,添加了一定量的稀土金属的 Mg-Zn-Zr-RE 系铸造镁合金,合金成分与 ASTM 标准的 ZE41A 近似。ZM2 的铸态组织为 α-Mg 固溶体和晶界分布的 α-Mg 与化合物的断续网状共晶;330 ℃时效 4 h 后,晶内有细小沉淀相析出。与 ZM1 合金相比,铸造性及可焊性得到明显改进,在室温强度和塑性略有降低的情况下,提高了高温蠕变、瞬时强度和疲劳性能。合金容易铸造并且可焊,显微疏松低,铸件致密性高。ZM2 合金在无固溶处理的人工时效状态(T1)下应用。ZM2 可用于飞机、发动机和导弹的各种铸件,也可用于制造在 170 ~ 200 ℃下长期工作的零件,如各类机匣铸件、支承壳体及结构件。

ZM7 合金是含质量分数为 1% Ag 的 Mg-Zn-Zr 系铸造镁合金。银改善了合金的时效强化效应,进一步提高力学性能。该合金具有很高的室温拉伸强度、屈服强度、良好的疲劳性能和塑性。合金充型性良好,但有较大显微疏松倾向且难以焊接。合金可在固溶处理态和时效态两种状态下使用,适用于制造承受较大载荷的零件如飞机轮毂、外筒以及形状简单的受力构件等。

3. 镁合金的热处理

镁合金的热处理与铝合金相似,热处理工艺主要有铸造或锻造后的直接人工时效(T1)、退火(T2)、淬火(T3)和淬火加人工时效(T6)。但镁合金热处理具有以下几个特点:

①镁合金的组织一般比较粗大,很难达到平衡状态,淬火加热温度较低;②合金元素在镁中的扩散速度慢,需要的淬火加热时间长;③淬火加热速度不宜太快,以免产生不平衡组织;④自然时效速度很慢,一般需要人工时效处理;⑤镁合金易于氧化,加热时需要保持一定的中性气氛,普通电炉一般需要通入 SO_2 气体或在炉中放置一定数量的硫铁矿石碎块并加以密封。

表 8.24　镁合金的主要化学成分和力学性能

合金系	中国牌号	ASTM 近似牌号	化学成分 (w/%)					力学性能			状态
			Al	Zn	Mn	RE	Zr	σ_b/MPa	$\sigma_{0.2}$/MPa	δ/%	
变形镁合金											
Mg–Mn	MB1	M1A			1.3~2.5			210	100	5	0.8~2.5 mm 退火板材
	MB8	M2			1.3~2.2	0.15~0.35Ce		250	170	18	0.8~2.5 mm 退火板材
Mg–Al–Zn	MB2	AZ31B	3.0~4.0	0.2~0.8	0.15~0.50			240	130	12	0.8~3.0 mm 退火板材
	MB3		3.0~4.0	0.8~1.5	0.4~0.8			250	150	12	0.8~3.0 mm 退火板材
	MB5	AZ61A	5.5~7.0	0.5~1.5	0.15~0.50			260		8.0	锻件,模锻件,退火
	MB6	AZ63A	5.0~7.0	2.0~3.0	0.20~0.50			290		7.0	热挤压棒
	MB7	AZ80A	7.8~9.2	0.2~0.8	0.15~0.5			300		8.0	淬火处理(T4)棒材
Mg–Zn–Zr	MB15	ZK60A		5.0~6.0			0.30~0.90	320	250	6.0	时效处理(T6)热挤压棒
	MB22			1.2~1.6		2.9~3.5Y	0.45~0.80	277	212	8.9	热轧板材
	MB25			5.5~6.4		0.7~1.7Y	≥0.45	345	275	7.0	热挤压棒
铸造镁合金											
Mg–Zn–Zr	ZM1	ZK51		3.5~5.5			0.5~1.0	280	170	8	无固溶处理的人工时效状态 T1
	ZM2	ZE41A		3.5~5.0		0.7~1.7	0.5~1.0	230	150	6	T1
	ZM7			7.5~9.0		0.6~1.2Ag	0.5~1.0	300	190	9.5	T6
	ZM8	ZE63		5.5~6.0		2.0~3.0	0.5~1.0	310	200	13	T6
Mg–RE–Zr	ZM3	EK41A		0.2~0.7		2.5~4.0Ce	0.3~1.0	137	96	3	铸态 F
	ZM4	EZ33A		2.0~3.0		2.5~4.0Ce	0.5~1.0	150	100	3	T1
	ZM6			0.2~0.7		2.0~2.8Nd	0.4~1.0	250	140	7	T6
	ZM5	AZ81A, AZ91C	7.5~9.0	0.2~0.8	0.15~0.50			250	90	9	固溶 T4
	AM60		6.0		0.13			240	130	13	F

8.4.5　镁合金的腐蚀及防护

镁的标准电位较低,易氧化和发生电化学腐蚀。镁的这种特性阻碍了镁的进一步应用。如何解决镁合金的腐蚀问题是决定镁合金应用前景的关键。

1. 镁合金的腐蚀形式

镁合金的腐蚀行为主要有电偶腐蚀、局部腐蚀、腐蚀疲劳和应力腐蚀开裂等几种形式。

(1)电偶腐蚀。镁合金含有某些金属杂质(Fe、Co、Ni、Cu)或者暴露于含腐蚀性成分(Cl^-、SO_4^{2-}、NO_3^-)电介质中时,会发生电偶腐蚀。电偶腐蚀包括镁基体作为阳极、第二相或杂质作为微小阴极引起的内部电偶腐蚀以及镁基体作为阳极、其他金属作为阴极的外部电偶腐蚀。

(2)局部腐蚀。镁基体上产生的不稳定伪钝化氢氧化物薄膜,在 Cl^-、SO_4^{2-}、NO_3^- 等离子存在或暴露于含酸性气体的水中时,会产生点蚀现象。如 Mg-Al 合金中可以观察到典型的局部腐蚀现象,腐蚀点选择性地沿 $Mg_{17}Al_{12}$ 网形成。

(3)腐蚀疲劳。腐蚀疲劳是镁合金腐蚀的另一种腐蚀形式。在疲劳载荷作用下,镁合金中萌生微裂纹,微裂纹的产生与晶粒择优取向的滑移有关。准裂纹常常产生在疲劳裂纹生长的起始阶段,其进一步生长可以是脆性的,也可以是韧性的,可以是穿晶的,也可以是沿晶的,取决于冶金结构和环境。

(4)应力腐蚀开裂。镁合金在许多稀的水溶液中产生应力腐蚀开裂,应力腐蚀难易程度按以下顺序递减:$NaBr$、Na_2SO_4、$NaCl$、$NaNO_3$、Na_2CO_3、$NaC_2H_3O_2$、Na_2HPO_4。通常镁合金的应力腐蚀开裂具有明显的源于腐蚀点的二次穿晶裂纹,裂纹可以以穿晶和沿晶混合形式而扩展,有时是完全沿晶传播。应力腐蚀受 pH 的影响,pH 升高到 12,抗应力腐蚀能力大为提高;升高温度和阴极极化都可以促进应力腐蚀产生。其中,Mg-Al 合金是最易产生应力腐蚀开裂的合金。

2. 镁合金的防护措施

镁合金可以通过合金化和采用高纯合金提高耐蚀性能,也可以通过表面处理或涂层工艺在镁合金上施加保护性涂层,也可以设计合理的连接结构和装配方式减小或避免电化学腐蚀。其中第二种方式是最重要,也是最有效的。国际上采取多种表面处理方法提高耐蚀性能,如电镀、化学镀、化学转化涂层和阳极氧化、离子注入、热喷涂等,其中应用最广泛的是微弧氧化和转化膜。

(1)微弧氧化。

微弧氧化是通过电解液与相应电参数的组合在 Mg 及其合金表面依靠弧光放电产生的瞬时高温高压作用,生长出以基体金属氧化物为主的陶瓷膜层,又称微等离子体氧化。经微弧氧化处理后镁合金的钝化性能和耐均匀腐蚀性能均有明显提高,腐蚀速率明显降低。

(2)转化膜。

转化膜是提高镁合金耐蚀性的有效手段。常用的化学处理液有铬酸盐、高锰酸盐和磷酸盐等溶液体系。铬酸盐处理是一种比较成熟的化学转化处理方式,可以形成 Cr 和基体 Mg 的混合氧化物膜层。膜中 Cr 主要以 Cr^{3+} 和 Cr^{6+} 存在。Cr^{3+} 作为骨架,Cr^{6+} 则有自修复的功能,所以耐腐蚀性能良好。但是 Cr^{6+} 有毒,污染环境,废液处理成本高。磷酸盐转化膜则是将工件浸渍在磷酸或磷酸盐为主体的溶液里或采用喷枪进行喷淋,在表面产生完整的磷酸盐保护膜层。锡酸盐转化膜采用锡酸钠和焦磷酸钠为主要成分的碱性溶液,形成锡酸盐化学转化膜。

镁合金制品特别应注意存放时的防护问题,有很多状镁合金的腐蚀问题是由存放不当引起的。对于镁合金制品生产和存放过程中的防护最广泛采用的办法是铬酸盐转化膜法,可以存放 3 个月。在通常大气条件下经铬酸盐转化处理的半成品和零件用中性脱水油处理,存放期可达 6 个月,用 2% ~4% 工业液体石蜡处理可存放 1 年,而无机膜和油漆涂层并用可以长期存放。另一种办法是将镁合金制品存放在用硅酸盐和铝酸盐做干燥剂的集装箱中,集装箱内外均要涂漆。对于镁合金加工工序间以及运输时的保管和存放过程,一般采用防锈油做保护层。除上述措施外,还应严禁潮湿和受雨淋。

8.4.6　镁合金的应用

20 世纪 90 年代以来,由于世界能源、资源危机与环境污染等问题日益严重,镁合金逐渐被人们所重视。尤其是近年来随高纯镁合金制造技术的发展,镁合金耐腐蚀性差的问题基本得到解决,镁合金应用日益广泛。目前镁合金大部分(70%)以铸造或压铸件的形式用于汽车、摩托车的仪表盘、齿轮箱壳、车身零件、家电、电子器件、文体器材、摄像机壳等民用零件。15% 以上的镁合金是冶金工业的原料,10% 左右的镁合金用压力加工的方法制成厚板、薄板、棒材和型材、锻件和模锻件等,用于航空航天、电子和兵器等部门。

1. 航空航天中的应用

航空航天领域是高科技领域,结构减轻和结构承载与功能一体化是航空材料发展的重要方向,要求低密度、高比刚度和热导率及良好的减震能力。镁合金是理想的满足上述要求的材料。早在 20 世纪 20 年代已经应用于航空领域,随后应用于航天领域。20 世纪 70 ~80 年代由于镁合金耐蚀性差、抗疲劳和蠕变性能差,镁合金的应用一度减少,但 20 世纪90 年代以来,在汽车工业的推动下,镁合金的一些问题逐步得到解决,从而迎来镁合金应用的第二个高潮。

镁合金主要用作受力不大的结构件。在导弹上主要用作壳体、肋板、隔板、控制设备箱体及加强肋、发动机进气导管、头锥壳体、外部流线型罩、组合舱门、雷达天线、启动容器装置;在飞机中制作机身平板、纵梁、控制设备外加强肋及内部加强肋(翼、框、后缘)等。另外镁合金在飞机及导弹蒙皮和舱体、飞机壁板、副油箱挂架、飞机长桁、翼肋、飞机舱体隔框、飞机起落架外筒、直升机发动机后减速机阀、上机阀、发电机壳体、油泵与仪表壳体中均得到广泛的应用。

2. 交通工具中的应用

随世界能源危机与环境污染问题的日趋严重,节能和轻量化已经成为汽车和摩托车等交通工具的发展方向,减轻车身的自重可以有效地减少能源消耗和污染。镁合金作为一种轻量化材料正越来越多地应用于交通运输工具的生产制造业。1991 年全球汽车使用镁合金 25 kt,1995 年 56 kt,2000 年达到 145 kt,占全球压铸件的 80%。镁合金作为汽车零部件,具有以下优点:①通过减重增加车辆的装载能力和有效载荷,改善刹车和加速性能;②镁合金压铸件具有一次成型的优势;③镁合金具有优异的变形和吸振能力,可以提高汽车抗振动和耐碰撞能力,提高汽车的安全性;④镁合金件易于回收。汽车中镁合金主要用来制作壳体和支架类零部件。壳体类零件包括曲轴箱、气缸箱、传动轴外壳、变速箱壳体、离合器壳等。除汽车外,镁合金在摩托车和自行车行业也得到广泛应用。镁合金制作摩托车发动机、轮毂、减速器、后扶手及减振系统等,可以减轻整车质量、提高整车加速和制动性能,降低行驶振动、排污量、噪声和油耗,提高舒适度。

3. 电子器材中的应用

镁合金具有密度小、比强度和比刚度高、薄壁铸造性能好、导热性与减振性好、电磁屏蔽能力强、易于回收利用的特点,具有提高电子产品工程塑料的良好前景。在 3C 产品中使用镁合金,可以实现产品轻量化及辅助散热、电磁相容等功能并可以降低成本。镁合金现已经广泛应用在便携式电脑、通信器材、摄录像器材和数码视听产品中用以制作产品的壳体。

8.4.7　新型镁合金和新技术

1. 快速凝固

为满足航空航天等特殊行业对轻质高强材料的要求,研究和开发抗拉强度大于 500 MPa,比强度高于 250 MPa/$(g \cdot cm^{-3})$ 的超高强镁合金成为人们研究的热点目标。快速凝固工艺冷速高,能细化合金显微组织和提高合金元素的固溶度,形成亚稳相和新相。镁合金快速凝固中出现溶质截留,极限固溶度扩展现象,Mg-Al 系合金快速凝固后 Al 在 Mg 中固溶度为可达 9.1%(质量分数),比机械合金化处理高一倍;快速凝固后获得超细晶组织,AZ91 合金快速凝固后 α-Mg 晶粒尺寸为 0.3~0.5 μm,弥散相尺寸为 0.01~0.1 μm;快速凝固生成亚稳相或非晶相。利用快速凝固技术制备的镁合金晶粒尺寸可以减少到铸态尺寸的 1/16,因此可获得较高的力学性能。通常快速凝固镁合金的拉伸屈服强度比普通凝固高 52%~98%,压缩屈服强度高 45%~230%,伸长率比普通凝固材料高 5%~15%,疲劳强度为铸锭的两倍多。

2. 大变形挤压晶粒细化技术

大塑性变形是制备块体超细晶和纳米材料的重要方法,其中往复挤压是最有实用前景的方法。反复挤压技术具有如下特点:反复变形后材料的形状和尺寸不变;材料在变形过程中处于压应力状态;可获得大的应变;能够制备组装均匀的大体积细晶材料。铸态 Mg-Zn-Y 合金在经过反复挤压后平均晶粒直径达到 0.7 μm,可取得显著的组织细化效果。

3. 特种新型镁合金

为满足特殊环境的使用要求,人们发展了系列的新型镁合金,如耐热镁合金、阻燃镁合金、阻尼镁合金、高强镁合金等。

稀土合金化是提高镁合金耐热性的主要技术渠道,因此稀土镁合金是最重要的耐热镁合金。这一部分详见本书稀土合金部分。除此外,人们发现镁合金中添加钙,可以提高镁合金的氧化燃烧温度,细化铸造组织,提高常温力学性能,改善高温蠕变性能,陆续发展了 Mg-Al-Ca 系、Mg-Zn-Ca 系、Mg-Zn-Al-Ca 系、Mg-Zn-Si-Ca 系、Mg-Al-Zn-Ca 系镁合金。除稀土系、镁-钙系外,还通过添加 Ca、Sr、RE、P、Sb 进行微合金化开发了 Mg-Si 系耐热合金。

阻燃镁合金是另一类重要的镁合金。镁合金在熔炼过程中容易发生剧烈的氧化燃烧，采用溶剂保护和 SF_6、SO_2、CO_2 和 Ar 气是行之有效的阻燃方法。但溶剂和保护气体在应用中会产生严重的环境污染，因此新型耐热镁合金开发受到人们的重视。研究发现，通过添加适量的 Ca 和 Be 可以收到较好的阻燃效果。如在 Mg-Zr-Mn-Zn 合金中加入一定的 Be，大大提高合金的抗氧化性能。目前阻燃镁合金广泛应用于制造核反应堆燃料罐壳体。

随工业和交通业的不断发展，振动和噪声已经成为三大公害之一。阻尼镁合金的开发及应用是防止噪声源发出噪声和阻止噪声传播的有效措施。Mg-Zr 系阻尼合金是传统的镁基减振合金，其中 Mg-0.6%Zr 具有最高的阻尼性能、良好的铸造性能、细小的晶粒度和高的液态流动性、高的抗腐蚀性能以及良好的焊接性。Mg-Zr 阻尼合金铸态下具有最好的阻尼性能，热加工使阻尼明显下降，热加工后即使进行退火处理仍无改善。Mg-Ni 合金是另一种阻尼合金，但耐蚀性欠佳。新近开发的 Mg-Cu-Mn 系合金的减振性能最佳，而且具有优良的铸造性能、耐蚀性能和切削性能，可以取代传统的 Mg-Zr 阻尼合金。

4. 镁合金的使用前景

镁是地球上储量最丰富的元素之一，在地壳表层金属矿资源中占 2%，位居常用金属的第 4 位。另外在海水及盐湖中镁含量也十分可观。在资源日趋紧张的今天，镁及镁合金的开发具有重要的意义。镁合金具有高的比强度、比刚度、导热性、阻尼减振性以及电磁屏蔽性能，开发历史很早，但强度低、耐腐蚀性差，易燃等缺点限制了其应用。近年来，随着人们对镁合金认识的深入和相关工艺技术的发展，镁合金的一些不足逐渐被克服，镁金属材料的应用快速扩展。20 世纪 90 年代以来，美、日、德、澳大利亚和我国均把镁看作是 21 世纪的重要战略物资，出台了各自的研究计划，加强了镁合金的应用开发研究。镁合金已经在汽车、计算机、通信以及航空航天等领域得到应用并显示了良好的发展前景。

第9章 先进陶瓷材料

9.1 先进陶瓷材料概念、分类与特性

9.1.1 引言

一提起陶瓷人们便会自然而然地想到国粹"唐三彩"、"青花瓷"和"薄胎瓷"等。无论是色泽靓丽、精美绝伦的工艺美术瓷，还是实用美观的杯盘碟碗等日用陶瓷，它们质脆易碎的特性很难让人将其与工程材料联系到一起。令人欣喜的是，先进陶瓷材料在传统陶瓷基础上实现了华丽的蜕变，在高新技术产业革命中正焕发出璀璨夺目的光彩。

先进陶瓷在20世纪末期从传统陶瓷基础之上发展起来，在继承了传统陶瓷化学稳定性好、绝缘性好等特点的基础上，在耐高温、硬度、强度、韧性等方面有了本质提高，耐高温、耐磨损、耐腐蚀、耐氧化、耐烧蚀等特性令其他工程结构材料难以望其项背；有的先进陶瓷材料则因为具有非常优异的电、磁、光、声及其功能耦合与转换、敏感和生物学等功能特性，而成为各类功能元器件的关键基础材料。先进陶瓷材料作为新型无机非金属材料的重要成员，已成为除了钢铁、铝、铜和钛等金属材料、金属基复合材料、有机高分子材料和树脂基复合材料之外的另一种关键工程材料，在国防军工、航空航天、信息、冶金、化工、机械、能源、环保和生物医学等领域发挥着不可替代的作用。

随着全球及国内业界对于高精密度、高耐磨耗、高可靠度机械零部件或电子元器件要求的日趋严格，对先进陶瓷产品的需求越来越大，其市场成长率颇为可观。先进陶瓷材料是我国战略性新兴产业的重要组成部分和基石，已成为衡量一个国家高技术发展水平和未来核心竞争力的重要标志。本章着重讲述先进结构陶瓷材料，并概述了先进功能陶瓷材料。

9.1.2 先进陶瓷材料概念及其与传统陶瓷的区别

先进陶瓷通常是指以高度精选或人工合成的高纯度超细粉末或前驱体为原料，采用精细控制工艺成型与高温烧结或高温陶瓷化处理而制成的性能优异的陶瓷材料。

先进陶瓷与传统陶瓷在原料、成型、烧结与加工技术工艺以及最终性能品质和应用领域等各个方面的区别详见表9.1。

因先进陶瓷较传统陶瓷技术含量更高更先进，如制备原料高纯化、制备工艺精细化，而且新品种不断涌现，令其获得了更加优异的力学性能和更加特殊的功能特性，使其在各个工业和民用领域的工程应用中都能大显神威。正是由于先进陶瓷较传统陶瓷增加了"精""新""特""高"等元素，所以，它通常又被称作精细陶瓷、新型陶瓷、特种陶瓷、高技术陶瓷、工程陶瓷。

但不可否认，包括日用陶瓷和工艺美术陶瓷在内的传统陶瓷，也不排除高技术，如坯

体的 3D 打印成型、丝网印刷或激光打印印花和上釉、釉料的制备与陶瓷烧成工艺的自动化和精细化等等,也都越来越多地渗透了高技术。所以,要注意用发展的眼光看问题。

9.1.3　先进陶瓷材料分类、特性与应用

　　人们依据陶瓷材料本身所具有的主要性能特点和功能特性,同时考虑工程上所应用的主要性能,一般将先进陶瓷材料分为先进结构陶瓷和先进功能陶瓷两大类。值得指出的是,有的陶瓷不仅力学性能优异,还具有优良的功能特性,且在实际工程中结构与功能的特性都得到应用,于是,便有了第三类所谓的结构/功能一体化陶瓷材料。

表 9.1　先进陶瓷与传统陶瓷的比较

比较项目	传统陶瓷	先进陶瓷
原料	天然矿物,主要成分为黏土、长石、石英等,具体成分因产地而异	高度精选或人工合成原料,各类化合物或单质,一般根据陶瓷最终设计配比来由人工选配
成型技术	以可塑法成型和注浆成型为主,3D 打印技术开始应用	模压、热压铸、轧膜、流延、等静压、注射成型为主,同时包括 3D 打印技术的固体无模成型发展迅速
烧结技术工艺	窑炉常压烧结,温度一般不超过 1 350 ℃,过去以特殊木柴、煤为燃料,现在以油和气为主	窑炉和各类特殊烧结炉,分为常压、气压、热压、反应热压、热等静压烧结、微波烧结、放电等离子烧结(SPS)等。烧成温度因陶瓷体系、烧结助剂种类和含量以及所用烧结技术不同而有很大差别,低者烧成温度可在 1 200 ~ 1 300 ℃,高者需达 2 000 ℃以上;先进功能陶瓷烧结温度相对较低,但烧成温度窗口较窄;燃料以电、气和油为主
表面施釉	需要	一般不需要,但特殊情况会通过施加釉料等表面封孔处理,达到防止吸潮、改善性能的环境稳定性
加工技术	对尺寸精度要求不高,一般不需加工而直接使用	作为零部件使用,对尺寸精度和表面质量要求高,需要切割、磨削或打孔等,有的表面还需研磨、抛光
侧重的性能品质	以外观品质和效果为主,有时关注透光性能,但不太关注力和热学性能	外观质量和内在品质都重要;具有更加优良的力学和热学性能,还具有传统陶瓷所不具备的电、光、磁、敏感、功能转换和生物学功能等
应用领域	餐具、茶具、墙地砖、卫生洁具等日用陶瓷和工艺美术瓷器	国防、航空航天、机械、能源、冶金、化工、交通、电子信息、家电等行业用先进工程构件或功能元器件

1. 先进结构陶瓷

　　先进结构陶瓷是指具有优良的力学、热学和化学稳定性等,在工程中以发挥其力学性能为主的先进陶瓷材料。先进结构陶瓷大致分为氧化物、非氧化物和陶瓷基复合材料 3 大类。

　　先进结构陶瓷通常具有较低密度、高强度、高刚度、耐磨、耐高温、耐氧化、耐腐蚀等特点,或可兼具抗热震、耐烧蚀、高热导或绝热、透光/微波等功能特性,其中许多特点是其他工程结构材料所不能匹敌或根本不具备的,因而在国防军工、航空航天、电子信息、能源、冶金、化工、高端装备制造、环保等领域得到广泛应用,已从最初的陶瓷刀具、模具、阀门、喷嘴、热电偶保护套管、纺织机械配件、高能球磨机磨罐内衬等产品,拓展到高档汽车刹车片、高速与超高速陶瓷轴承、光刻机工件台陶瓷导轨、陶瓷防弹装甲等产品。例如,利用先进结构陶瓷耐高温、抗热震、耐烧蚀和化学稳定性优良等特点,制备高超声速航天航空器鼻锥帽、导弹弹头端帽、机翼前缘、核能热交换器、汽车尾气过滤器、燃气轮机高温部件、冶金化工关键工序热结构件等。先进结构陶瓷的典型代表、特性与应用详见表 9.2。

表 9.2　先进结构陶瓷的分类、特性与应用

系列		材料	特性	应用
氧化物	一般氧化物陶瓷	BeO、Al_2O_3、MgO、ZrO_2、SiO_2、$Al_6Si_2O_{13}$ 或 $3Al_2O_3 \cdot 2SiO_2$（莫来石）、$MgAl_2O_4$ 或 $MgO \cdot Al_2O_3$（尖晶石）等	强度、韧性、硬度和耐磨性较高，多数导热性不佳	各种受力构件、汽车、机床零件、拉丝模具、陶瓷刀、测量工具、研磨介质
	低膨胀陶瓷	$Fused\ SiO_2$（熔融石英陶瓷）、$2MgO \cdot Al_2O_3 \cdot 5SiO_2$（堇青石）、$Li_2O \cdot Al_2O_3 \cdot 4SiO_2$ 或 LAS（锂辉石）、Al_2TiO_5 或 $Al_2O_3 \cdot TiO_2$（钛酸铝）等	热膨胀系数低，（$< 2 \times 10^{-6}℃^{-1}$）抗热震性优异	耐急冷急热零部件
非氧化物	氮化物	Si_3N_4、BN、AlN、TiN 等	耐高温、硬度高，耐磨性、抗热震性和抗氧化优良	汽车发动机零件、燃气轮机叶片、高温润滑材料、耐磨材料、陶瓷轴承、高超声速鼻锥帽、翼前缘、太空反射镜、飞行器天线窗盖板、防弹装甲等
	碳化物	SiC、B_4C、TiC、TaC 等		
	硼化物	ZrB_2、TiB_2、HfB_2 等		
	硅化物	$MoSi_2$、$TiSi_2$ 等		
	MAX 相	Ti_3SiC_2、Ti_3AlC_2、Ti_2AlC、Ti_2AlN、Nb_4AlC_3 等	可加工，兼具陶瓷和金属特性，导电导热,抗氧化性好	高温结构材料、高温发热材料、电极电刷材料和化学防腐材料
陶瓷基复合材料	颗粒、晶须、晶片、短纤维增韧	TiC_p/Al_2O_3、SiC_p/Al_2O_3、SiC_p/ZrO_2、SiC_w/ZrO_2、C_{sf}/SiO_2、SiC_{sf}/ZrO_2 等	强度和韧性同步提升,但断裂仍为脆性	刀具、模具、高温结构材料等
	连续纤维增韧	C_f/SiO_2、C_f/LAS、C_f/SiC、SiC_f/SiC、SiO_{2f}/Si_3N_4、BN_f/SiO_2 等	强度和韧性同步提升,伪塑性或韧性断裂,高温力学性能优良	火箭发动机喷管、喉衬、导弹或其他高超速飞行器鼻锥帽、翼前缘、天线窗盖板或天线罩、防热瓦、空间相机镜筒、燃气轮机叶片、发动机零部件等
	独石结构、仿生层状结构	Si_3N_4/BN、Al_2O_3/BN 等纤维独石复合陶瓷，Si_3N_4/BN、Al_2O_3/Ti_3SiC_2 等层状结构复合陶瓷		

注:p—颗粒;w—晶须;sf—短纤维;f—纤维。

2. 先进功能陶瓷

先进功能陶瓷则是指具有优良的电、磁、光、声、化学和生物学等性能及其相互转换与敏感特性的一类先进陶瓷材料。先进功能陶瓷大致上可分为电学功能陶瓷、磁性功能陶瓷、光学功能陶瓷、功能耦合与转换功能陶瓷、敏感陶瓷、生物陶瓷等类别。

先进功能陶瓷因其具有的高绝缘性、铁电性、超导电性、压磁性、激光发光特性、热释电性、电光效应等诸多功能特性,已成为各类功能元器件的核心或关键基础材料,在高功率集成电路基片、大容量微小型多层电容器、高密度高可靠性信息记录与存储器、高温超导器件、新型高功率激光器、高效率换能器、高亮度高功率照明、电光快门、高精度声呐探测器、高精度超声多普勒诊断器、高效温差发电与制冷、氧化物燃料电池、高精度高灵敏性传感器等方面获得了广泛应用。先进功能陶瓷产品绝对产量虽然较先进结构陶瓷要小,但附加值更高,其市场份额约占整个先进陶瓷材料市场份额的 70%。

先进功能陶瓷的具体类别、特性与应用详见表 9.3。

表 9.3　先进功能陶瓷的分类、特性与应用

类别	系列	材料	特性	应用
电学功能陶瓷	绝缘陶瓷	Al_2O_3、BeO、MgO、AlN、BN、SiC	高绝缘性	集成电路基片、装置瓷、真空瓷、高频绝缘瓷
	介电陶瓷	TiO_2、$La_2Ti_2O_7$、$MgTiO_3$	介电性	陶瓷电容器、微波陶瓷
	铁电陶瓷	$BaTiO_3$、$SrTiO_3$	铁电性	陶瓷电容器、非易失存储器
	导电陶瓷	$LaCrO_3$、ZrO_2、SiC、$Na-\beta-Al_2O_3$、$MoSi_2$、$LiFePO_4$	离子导电性	钠硫固体电池等
	超导陶瓷	镧系 $La_{2-x}M_xCuO_4$（M-Ba、Sr、Ca 等） 钇系 $RBa_2Cu_3O_7$（R-Y、Nd、Sm 等） 铋系 $Bi_2Sr_2Ca_{n-1}Cu_nO_{2n+4}$（$n=1,2,3$） 铊系 $Tl_2Ba_2Ca_{n-1}Cu_nO_{2n+4}$（$n=1,2,3$）	超导电性	电力系统、磁悬浮、选矿、探矿、电子信息、精确导航
磁学功能陶瓷	软磁	Mn-Zn 铁氧体	软磁性	记录磁头、磁芯、电波吸收体
	硬磁	Ba、Sr 铁氧体	硬磁性	扬声器、助听器、录音磁头
	旋磁	$3M_2O_3 \cdot 5Fe_2O_3$	旋磁性	共振式隔离器、法拉第旋转器、参量放大器、隐身涂料
	矩磁	Mg-Mn 铁氧体	矩磁性	记忆存储器、内存储器
	压磁	Ni-Zn 铁氧体	压磁性	声呐、电-机换能器、传感器、电子器件、敏感元件
	磁泡	$RFeO_3$（R-稀土元素如 Tb 等） 石榴石铁氧体 $R_3Fe_5O_{12}$	磁畴自由移动性	记忆信息元件
光学功能陶瓷	透明陶瓷	Al_2O_3、MgO、BeO、Y_2O_3、ThO_2、PLZT	透光性	高压钠灯、红外输出窗材料、激光元件、光存储元件、光开关
	激光陶瓷	Y_2O_3-10 mol% ThO_2、钕掺杂 YAG	激光发光特性	固体热容激光器
	荧光陶瓷	ZnS:Ag/Cu/Mn	光致发光、电致发光	路标标记牌、显示器标记、装饰、电子工业、国防军工领域
功能耦合与转换陶瓷	压电陶瓷	PZT、PT、LNN、$(PbBa)NaNb_5O_{15}$	压电性	换能器、谐振器、滤波器、压电变压器、压电电动机、声呐
	压磁陶瓷	Ni-Zn 铁氧体	压磁性	声呐、电-机换能器、传感器
	热释电瓷	CaS、$PbTiO_3$、PZT	热释电性	探测红外辐射计数器、温度测定
	热电陶瓷	Ca_3CoO_9、$FeSi_2$	热电性	温差发电、热电制冷
	电光陶瓷	PLZT	电光效应	光调制元件、电光快门
	磁光陶瓷	$R_3Fe_5O_{12}$、$CdCr_2S_4$	磁光效应	调制器、隔离器、旋转器
敏感陶瓷	热敏陶瓷	$BaTiO_3$ 系、V_2O_3	介电常数-温度敏感性	热敏电阻（温度控制器）、过热保护器
	压敏陶瓷	ZnO、SiC	伏安特性	压力传感器
	气敏陶瓷	SnO_2、ZnO、ZrO_2	电阻率-蒸汽敏感性	气体传感器、氧探头、气体报警器
	湿敏陶瓷	$Si-Na_2O_2-V_2O_5$ 系、$MgCr_2O_4$	电阻-湿度敏感性	湿度测量仪、湿度传感器

3.结构-功能一体化陶瓷

还有一些特殊情况,材料或部件必须同时具有优异的力学和某些功能特性,才能胜任苛刻复杂的服役环境要求。例如,新型高精度制导导弹天线罩,既要承受飞行气动载荷、胜任气动加热带来的热震和烧蚀,又要具备优良的热透波性能。这种天线罩用陶瓷便可被称为"承载-防热-透波多功能一体化"陶瓷材料。

结构-功能一体化陶瓷的其他例子也为数不少,比如薄带钢连铸侧封板用 BN 基复合陶瓷,同时需要足够的高温力学性能、抗热震性和抗熔融钢液侵蚀性能;又如空间反射镜用 SiC 陶瓷,既要质轻、高刚度,又要有较低的热膨胀、高导热和良好的反光性能等。

先进结构陶瓷和先进功能陶瓷的范畴并非完全独立,而是存在交叉重叠;而且,随着人们对陶瓷材料功能特性及其本质理解的进一步深入、实际工程应用的不断拓展延伸,交叉重叠的情况还将越来越多。

需要指出,某些陶瓷材料乃"多面手",不仅力学性能优异,还具有优良的电、磁、光、声等功能特性。于是,便出现了一种陶瓷被分别划归为结构陶瓷和功能陶瓷的情况。

例如 Al_2O_3 陶瓷,当利用其高硬度、高耐磨性和高刚度等特性而作为拉丝模具、刀具、陶瓷导轨等使用时,被视为结构陶瓷;而当利用其高绝缘性、较高导热性、透光性等特性而被作为集成电路基片和高压钠灯灯管等使用时,则被视为功能陶瓷。

再如 ZrO_2 陶瓷,当主要利用其力学性能被用于陶瓷轴承等零件时,被视作结构陶瓷;而利用其高温离子导电和耐热特性而被用作固体氧化物燃料电池(SOFC)电解质、高温炉电加热元件,或者利用其氧气敏感特性而被用于氧传感器时,它又被视作功能陶瓷。

4.先进陶瓷材料的其他分类方法

先进陶瓷材料还有许多其他分类方法,具体见表9.4。

表 9.4 先进陶瓷材料的其他分类方法

分类依据	名 称
所含相的数量	单相陶瓷、复合陶瓷(包括复相和多相陶瓷)或陶瓷基复合材料
组织结构	纳米陶瓷、亚微米陶瓷、微米陶瓷、结构陶瓷
物质形态	陶瓷粉体、陶瓷纤维、块体陶瓷、陶瓷涂层或薄膜
气孔形态和类型	致密陶瓷、多孔陶瓷
可加工性	可加工陶瓷*、通常硬脆的难加工陶瓷
主要功能特性	低膨胀陶瓷、高热导陶瓷、高绝热陶瓷、超高温陶瓷、透明或透波陶瓷、吸波或微波屏蔽陶瓷
主要服役场合	工程机械陶瓷、防弹陶瓷、激光陶瓷、航空航天防热陶瓷、核防护陶瓷、生物陶瓷

注:可以用加工金属的高速钢或硬质合金刀具进行车、钻、铣刨等加工的陶瓷。

9.2 先进陶瓷材料制备工艺与加工技术

绝大多数先进陶瓷材料系采用粉末冶金法制备,即以粉末为原料。采用该种工艺制备先进陶瓷材料构件或零部件时,整个工艺过程一般可分为粉体制备、坯体成型、烧结和机械加工4个阶段。粉体的质量是决定陶瓷材料构件或零部件最终质量的基础因素。

9.2.1　陶瓷粉体制备工艺

陶瓷粉体的质量特征主要包括化学纯度与相组成、颗粒大小与粒径分布、颗粒形状、颗粒团聚度等。为获得良好的成型与烧结特性，一般期望粉末纯度高、颗粒形状呈球形或等轴状、无团聚、颗粒直径为亚微米级（<1 μm）或纳米级、粒径分布窄等，这些特性均取决于粉末制备方法。陶瓷粉体制备方法纷繁多样，总体上可归结为固相法、液相法、气相法3类。

1. 固相法

固相法是以固态物质为原料，通过热分解或固相物料间的化学反应来制备超细粉体的方法，主要包括高温固相反应法、碳热还原反应法、盐类热分解法、自蔓延燃烧合成法等（表9.5）。固相法最大的优点是成本较低，便于批量化生产，但有时存在杂质。该法应用较为广泛。

表9.5　陶瓷粉体制备工艺方法——固相法

类　别	原　理	特　点	应　用
高温固相反应法	高温下固体颗粒之间发生化学反应生成新固体产物	成本低、产量大，但合成粉体粒径有时较粗	氧化物粉末，如 Al_2O_3、ZrO_2、MgO 等
碳热还原反应法	在一定温度下，一种以无机碳为还原剂进行的氧化还原反应	成本低、适合批量生产，温度高，合成种类受限	氮化物、碳化物、硼化物，如 Si_3N_4、ZrC、TiB_2 等
盐类热分解法	在一定温度下，通过无机盐分解获得陶瓷粉体	反应快、过程简单，但是产量低	氧化物粉末，如 Al_2O_3 等
自蔓延高温合成法	反应混合物在一定条件下发生高放热化学反应，所放出热量促使反应自动蔓延，形成新化合物	反应快、生产过程简单、节省能源、成本低	具有较高反应放热量的材料体系如 $TiC-TiB_2$、$TiB_2-Al_2O_3$、Si_3N_4-SiC 等
气流粉碎法	利用高速气流或过热蒸汽的能量使颗粒相互冲击、碰撞和摩擦，获得细化的陶瓷粉料	平均粒度细且分布均匀、颗粒表面光滑、形状规则，效率高	氧化物粉末，如 Al_2O_3、ZrO_2 等
球磨法	采用机械球磨方法，通过磨球与粉体之间的撞击获得均匀混合的陶瓷粉体	操作简单、成本低，但产品纯度低，颗粒分布不均	各种陶瓷粉体
机械合金化法	在高能球磨机中通过粉末颗粒与磨球或磨罐壁之间长时间剧烈冲击、研磨，使其反复产生冷焊、断裂，导致粉末颗粒中原子扩散，从而获得所需陶瓷粉末	可获得纳米级颗粒，且粒度分布均匀	各种陶瓷粉体，尤其适用于多元体系如 Si-B-C-N 等

2. 液相法

液相法可制备高纯超细优质陶瓷粉末，是先进陶瓷粉末制备的一种主要方法。该法的优点有：①成分均匀且便于控制，元素可以在离子或分子尺度上均匀混合，适合添加微量元素掺杂改性；②适应性强，各种单一氧化物和复合氧化物粉末均可以制备；③粉末粒径细小，可制备纳米级和亚微米级粉末；④便于工业化生产，成本相对于气相法较低。例如，由液相法制备氧化物陶瓷粉末的基本过程为：

$$金属盐溶液 \xrightarrow{添加沉淀剂} 盐或氢氧化物 \xrightarrow{溶剂蒸发,热分解} 氧化物粉末$$

液相法主要包括化学沉淀法、溶胶-凝胶法、醇盐水解法、水热法、溶剂蒸发法等（表9.6）。

表 9.6　陶瓷粉体制备工艺方法——液相法

类别	原理	特点	应用
化学沉淀法	利用盐的水溶液与沉淀剂反应,生成不溶于水的化合物,再将沉淀物加热分解得到所需陶瓷粉末	反应可控、成分均匀、成本低,但工艺周期长	氧化物粉末,如 $BaTiO_3$、Al_2O_3、$3Al_2O_3 \cdot 2SiO_2$、ZrO_2 等
溶胶-凝胶法	通过液相反应,反应生成物以胶体颗粒形态存在于液相中形成溶胶;通过凝胶化反应使溶胶转成凝胶,经干燥、煅烧后即可得到陶瓷粉末	非常精确的均匀混合、化学成分可精确控制;但产率低、原料价格较贵	氧化物和非氧化物粉体,如 Al_2O_3、$BaTiO_3$、$PbZrO_3$、SiC 等
醇盐水解法	金属醇盐遇水后分解成乙醇和氧化物或其水化物,经干燥或煅烧即可得到陶瓷粉体	产物成分均匀、粉体颗粒尺寸小,但原料价格昂贵	氧化物粉体,如 ZrO_2 等
水热法	在一定温度和压力下,在水、水溶液或蒸汽等流体中反应合成陶瓷粉体	粉体颗粒细小且均匀、纯度高、原料价格低	氧化物粉体,如 ZrO_2、TiO_2、$BaZrO_3$、$PbTiO_3$、TiO_2-C 等
蒸发溶剂热解法	利用可溶性盐为原料,在水中混合为均匀的溶液,溶剂蒸发后,通过热分解反应获得氧化物粉体	所得粉体颗粒一般为球状、流动性好	复杂多成分氧化物粉末,如 $3Al_2O_3 \cdot 2SiO_2$

3. 气相法

气相法是直接利用气体或通过各种手段先将物质变成气体,再使其发生物理变化或化学反应,最后在冷却过程中凝聚长大形成纳米微粒的方法。气相法合成工艺主要分为化学气相沉积法(CVD)、等离子体气相合成法(PCVD)和激光诱导气相沉积法(LICVD)3 类(表 9.7)。

表 9.7　陶瓷粉体制备工艺方法——气相法

类别	原理	特点	应用
化学气相沉积法（CVD 法）	反应物质在气态条件下发生化学反应,生成固态物质沉积在加热的固态基体表面,从而制得陶瓷粉末	纯度高、分散度高、粒径为纳米或亚微米级别,但易引入污染	Si_3N_4、SiC 及各种复合纳米粉体
等离子体气相合成法（PCVD 法）	利用热等离子体的高温,使原料迅速加热熔化、蒸发,使气态反应组分迅速完成所需化学反应,经过淬冷、成核、长大等步骤形成所需陶瓷粉末	反应可控、速度快、产物纯度高,可制备多种超微细粉	高纯超细氧化物、氮化物、碳化物等粉体,如 TiO_2、Si_3N_4、SiC、Si-C-N 等
激光诱导气相沉积法（LICVD 法）	利用反应气体分子对特定波长激光吸收而发生热解或化学反应,经成核、生长形成超细微粒陶瓷粉体	纯度高、无团聚、粉体粒径小且分布窄	氮化物、碳化物陶瓷粉体,如 Si_3N_4、SiC 等

9.2.2　陶瓷成型工艺

所谓"成型"就是将原料粉末直接或间接地转变成具有一定体积形状和强度素坯的过程。成型是为了得到内部均匀和密度高的陶瓷坯体,是陶瓷制备工艺的一个重要环节。成型方法可以概括为干法压制成型、浆料成型、塑性成型和固体无模成型等 4 类,其中前 3 种较为传统,固体无模成型则是新近发展起来的一种先进的增材制造新技术。

1. 干法成型

干法成型应用最广泛,是将造粒后的陶瓷粉体填充到模具中,在一定压力下压实、致密,形成具有一定强度和形状生坯的过程。根据加压方式的不同,可将其分为干压成型和冷等静压成型两种(表9.8)。在压制过程中,颗粒移动与重排会在颗粒之间产生摩擦阻力,从而导致了坯体内的应力梯度和密度梯度,尤其在单面加压中(图9.1(a))更为明显。为减小这种密度差,双面加压(图9.1(b))是比较成功的解决措施。干压成型特别适合于各种截面厚度较小的陶瓷制品制造,如陶瓷密封环、阀门用陶瓷阀芯、陶瓷衬板、陶瓷内衬等。

表9.8 各种干法压制成型技术的比较

类 别		过程原理	成型用料	制品形状	特 点
干压成型	单面加压	将粉料填充到硬质模腔内,通过施压使压头在模腔内位移,实现粉料颗粒重排压实,形成具有一定强度和形状的陶瓷素坯	造粒粉料	扁平形状	效率高、制品尺寸偏差小、成本低,但坯体易分层
	双面加压				
	可动压模				
冷等静压	湿袋等静压技术	将粉料封装于胶囊并抽真空后置于高压容器中,利用液体介质从各个方向对试样进行均匀加压,从而使粉料成型为致密坯体	造粒粉料	圆管、圆柱、球状体	产品均匀性好、强度高,效率中等、成本中等
	干袋等静压技术				

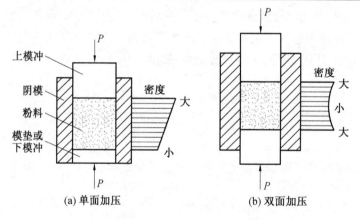

图9.1 单面和双面加压时压坯密度沿高度的分布

2. 浆料成型

浆料成型是将配制好的具有一定黏度和流动性的陶瓷料浆注入模具中,经过一系列物理或化学反应后硬化得到具有一定强度和形状的陶瓷坯体。浆料成型非常简便灵活,不仅在传统陶瓷工业中应用广泛,而且在先进陶瓷中应用也越来越多。浆料成型可分为注浆成型、流延成型、凝胶注模和直接凝固注模成型等(表9.9)。

表9.9 各种浆料成型技术的比较

类 别		过程原理	成型用料	制品形状	特 点
注浆成型	压力注浆	将具有较高固相含量和良好流动性的料浆注入多孔模具,在模具内壁毛细管吸力作用下,浆料失水而沿模壁固化形成坯体	浆料	复杂形状、大尺寸	产品均匀性较好,成本低,但效率低
	真空辅助注浆				
	离心注浆				
流延成型		将陶瓷浆料从流延机浆料槽刀口处流至基带上,利用基带与刮刀相对运动使浆料铺展,在表面张力作用下形成表面光滑的坯膜,烘干后形成具有一定强度和柔韧性的坯片	浆料	<1 mm 厚截面	产品均匀性较好,成本适中,效率高
凝胶注模		利用有机单体聚合将陶瓷粉料悬浮体原位固化,之后经过干燥获得坯体	浆料	复杂形状、厚截面、大尺寸	产品均匀性好,成本低,但效率低
直接凝固注模		利用生物酶催化作用使浆料中固体颗粒间产生范德华吸引力,使陶瓷料浆产生原位凝固而获得坯体	浆料	复杂形状、厚截面	产品均匀性好,成本低,但效率低

其中流延成型(图9.2)可制备出从几个微米至 1 000 μm 平整光滑的陶瓷薄片材料,且具有连续操作、自动化水平高、工艺稳定、生产效率高、产品性能一致等优点,是当今制备单层或多层薄片材料最重要和最有效的工艺,用于生产独石陶瓷电容器、厚膜和薄膜电路 Al_2O_3 基片、压电陶瓷膜片、YSZ 电解质薄片、叠层复合材料等。

3. 塑性成型

塑性成型是将具有良好塑性的陶瓷坯料放入模具,在外力作用下形成具有特定形状的坯件,经固化后获得具有一定强度和形状的陶瓷坯体,具有高产、优质、低耗等显著特点。塑性成型可以分为挤出成型、热压铸、注射成型和轧膜成型(表9.10)。

表9.10 各种塑性成型技术的比较

类 别	原理及过程	成型用料	制品形状	特 点
挤出成型	将陶瓷粉与水等混合并反复混练,经过真空除气和陈腐等工艺使坯料获得良好的塑性,再通过挤压机机嘴处的模具挤出得到所需形状坯体	塑性料	圆柱圆筒形,长尺寸制品	产品均匀性中等,成本中等,效率高
热压铸	将陶瓷粉体与黏结剂及表面活性剂搅拌混练得到的蜡板破碎后熔化,将熔融料浆通过吸浆管被压入金属模具内,冷却凝固得到坯体	黏塑性料	复杂形状,小尺寸	产品均匀性较好,成本较低,效率高
注射成型	塑性陶瓷坯料在注塑机加热料筒中塑化后,由柱塞或往复螺杆注射到闭合模具模腔形成坯体	黏塑性料	复杂形状,小尺寸	产品均匀性好,成本中等,效率高
轧膜成型	将粉料和有机黏结剂混合均匀后在轧辊上反复混练,再经折叠、倒向、反复粗轧,以获得均匀一致的膜层,再调整轧辊间距直至获得所需厚度的薄膜生坯	黏塑性料	薄片状	产品均匀性好,成本中等,效率高

4. 固体无模成型

固体无模成型技术是直接利用计算机 CAD 设计结果,将复杂的三维立方体构件经计算机软件切片分割处理,形成计算机可执行的像素单元文件,再通过类似计算机打印输出的外部设备,将要成型的陶瓷粉体快速形成实际像素单元,一个一个单元相叠加即可直接成型出所需要的三维立体构件。与传统成型方法相比,固体无模成型具有以下特点和优势:成型过程中无须任何模具或模型参与,成型体几何形状及尺寸可通过计算机软件处理系统随时改变,无须等待模具的设计制造,缩短周期、提高效率,大大缩短新产品的开发时间;由于外部成型打印像素单元尺寸可小至微米级,可制备生命科学和小卫星用微型电子陶瓷器件。典型陶瓷固体无模成型工艺包括熔融沉积成型技术、喷墨打印成型技术、3D(三维)打印成型技术、激光选区烧结成型和立体光刻成型技术。其中 3D 打印成型技术在工业设计、建筑工程、汽车,航空航天、牙科和医疗产业、枪支等领域都有所应用,该技术打印的陶瓷产品零件实例如图 9.3 所示。

(a) 装饰陶瓷　　　　　　　(b) 陶瓷涡轮盘

图 9.2　流延成型 Al_2O_3 坯带　　　　　　图 9.3　3D 打印陶瓷产品

9.2.3　陶瓷烧结工艺

烧结是将成型后的固态素坯加热至高温(有时亦加压)并保持一定时间,通过固相或部分液相扩散进行物质迁移而消除孔隙,使其在低于熔点的温度下致密化,同时形成特定显微组织结构的工艺过程。烧结过程伴随着密度增大,通常还发生晶粒长大。陶瓷烧结依据是否产生液相分为固相烧结和液相烧结。

固相烧结即烧结过程中不出现液相而是靠原子在固体中的扩散实现。固相烧结最为常见,大多数离子型晶体的多晶陶瓷(如 Al_2O_3、ZrO_2)均可通过固相烧结达到致密化。

液相烧结是通过添加低熔点烧结助剂,高温下使粉体在液相下完成致密化过程。液相烧结的目的主要是提高致密化效率,加速晶粒生长或者获得特殊晶界性能。因为液相在冷却后通常以晶界玻璃相保留下来,这会降低陶瓷材料的高温力学性能,如高温蠕变和抗疲劳特性。液相烧结动力学与液相的性质、数量,以及与液相的润湿特点、溶解-淀析的特点密切相关。

原料确定后,烧结技术工艺,即实现所需烧结热场的技术种类及所采用的升温速率、保持温度、所施加的压力、气氛等参数大小,将直接决定最终陶瓷材料的显微组织结构及其性能。常用的烧结技术工艺主要包括常压烧结、热压烧结(HP)、热等静压烧结(HIP)、气压烧结(GPS)、自蔓延烧结(SHS)、微波烧结、放电等离子烧结(SPS)、六面顶高压烧结、闪烧技术等。

9.2.4　陶瓷的加工技术

先进结构陶瓷一般在常温下抗剪切强度很高,但同时弹性模量大、硬度高、脆性大,难于加工,容易产生裂纹和破坏。因此大多数先进陶瓷产品在粗坯体或部分烧结中间阶段可先进行车削等粗加工,赋予构件初步形状尺寸,或者直接获得近终尺寸坯体。

然而大多数工程陶瓷结构部件,在烧结过程中发生收缩和变形,其尺寸公差和表面光洁度都难以满足要求,因此还需要切、钻、磨等后续加工,具体切割加工技术包括电火花切割加工、激光切割加工等。对形状复杂、精度要求较高的陶瓷部件,则还需要研磨、抛光等精密加工,以实现尺寸精整或去除表面缺陷。例如,对于 Si_3N_4 和 ZrO_2 陶瓷轴承、ZrO_2 和 Al_2O_3 人工髋关节陶瓷球、SiC 光学反射镜、大尺寸 Al_2O_3 导轨工作面等,在对其表面进行精细的研磨和抛光后,可达到镜面甚至超镜面的表面光洁度。除了机械研磨抛光外,陶瓷的精密机械加工方法还包括化学研磨、电泳抛光等。不断开发高效率、高质量、低成本的陶瓷材料精密加工技术已成为国内外陶瓷工程界的热点话题之一。

9.3　先进陶瓷材料性能

9.3.1　力学性能

先进陶瓷材料化学键大多为离子键或共价键,键能高且方向性明显,因而力学性能与绝大多数金属和高分子相比差异显著。陶瓷的强度、硬度、弹性模量、耐磨性、耐蚀性和耐热性比金属和高分子优越,但塑性、韧性、可加工性、抗热震性及使用可靠性较差。因此,搞清陶瓷的性能特点及其控制因素,不论是对设计研发,还是对具体工程应用都具有十分重要的意义。

1. 弹性性能与弹性模量

常温常压条件下,绝大多数先进陶瓷材料的变形行为与图 9.4 中所示 Al_2O_3 陶瓷的相同:在弹性变形后几乎不产生塑性变形就发生断裂破坏,即脆性断裂;不同于典型金属材料-低碳钢的先经历弹性变形,随即发生屈服继而产生明显塑性变形,最后才断裂;更不同于橡皮这类高分子材料在产生极大弹性变形却无残余变形的弹性材料特性。

对于各向同性材料,弹性模量 E、剪切模量 G 和体积模量 K 之间存在如下关系

$$G = \frac{E}{2(1+\nu)} \tag{9.1}$$

$$K = \frac{E}{3(1-\nu)} \tag{9.2}$$

式中　ν——泊松比。

对各向同性材料,它在数值上等于圆柱体在轴向拉伸或压缩时,横向尺寸变化率 $(\varepsilon_r = \Delta d/d)$ 与轴向尺寸变化率 $(\varepsilon_l = \Delta l/l)$ 的比值,即 $\nu = \varepsilon_r/\varepsilon_l$。

大多数陶瓷泊松比在 0.2 ~ 0.25 之间,较金属的(0.29 ~ 0.33)稍低,例如 Al_2O_3、AlN、SiAlON 陶瓷的泊松比分别为 0.24、0.24 和 0.25。SiC 陶瓷和玻璃陶瓷 Macor 较为例

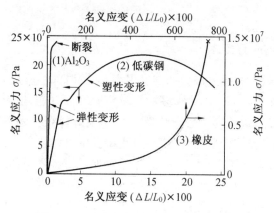

图9.4　3 种典型材料的应力-应变曲线

$$\sigma = P/A'_0$$

外,分别为 0.14 和 0.29。对于氧化物陶瓷来说,泊松比趋向于随其理论密度增大而增大。

综上,弹性模量在宏观上表示材料抵抗外力作用下发生弹性变形能力的高低;但在微观上,则是原子键合强弱的标志之一,它反应原子间距产生微小变化所需要外力的大小。各种类陶瓷的弹性模量(表 9.11)大体上有如下关系:碳化物>硼化物≈氮化物>氧化物。

表 9.11　一些典型先进陶瓷材料的室温弹性模量

材　　　料	E/GPa	材　　　料	E/GPa
BeO	380	B_4C	450 ~ 470
MgO	310	SiC	450
Al_2O_3	400	TiC	379
$MgAl_2O_4$	270	ZrC	348
Fused SiO_2(熔融石英陶瓷)	60 ~ 75	TaC	310 ~ 550
玻璃	35 ~ 45	HfC	352
$3Al_2O_3 \cdot 2SiO_2$(莫来石)	145	WC	400 ~ 650
ZrO_2	160 ~ 241	TiB_2	570
Si_3N_4	220 ~ 320	ZrB_2	500
h–BN	84	HfB_2	530
c–BN	400	多晶石墨	10
AlN	310 ~ 350	金刚石	1 000

陶瓷材料的弹性模量一般随温度升高而降低。另外,气孔会显著降低陶瓷材料的弹性模量。一般地,弹性模量 E 与气孔率 p 之间存在如下关系

$$E = E_0(1 - f_1 p + f_2 p^2) \tag{9.3}$$

式中　E_0——完全致密材料的弹性模量;

f_1、f_2——气孔形状决定的常数。

对于球形封闭气孔,$f_1 = 1.9$,$f_2 = 0.9$。当气孔率达 50% 时,上式仍然有效。Frost 指出弹性模量与气孔率之间符合指数关系,即 $E = E_0 \exp(-Bp)$,式中 B 为常数。

2. 硬度

硬度表示材料表面在承受局部静载压力抵抗变形的能力,它影响材料的耐磨性,是密封环、轴承滚珠等许多应用需考虑的首要因素。陶瓷材料在压头压入区域多数会发生压

缩剪断等复合破坏,即伪塑性变形,故与金属硬度主要反映其抵抗塑性变形及形变硬化能力所不同,陶瓷硬度反映的是其抵抗破坏的能力。

表9.12列出了一些常用先进陶瓷的维氏硬度值。表9.13给出了根据SiC、Si₃N₄和PSZ等先进陶瓷材料测定结果归纳的HRA与HV值的对比。常温下,结构陶瓷的HV与E之间大体上呈线性关系(图9.5),其定量关系式为$E \approx 20\ HV$。

气孔是影响硬度的首要显微组织因素,它不仅会显著降低硬度,还使数据更加离散。

温度则为影响硬度的首要外因。与弹性模量相似,硬度随温度升高明显降低,且硬度对温度的敏感性比弹性模量的更强,图9.6为热压烧结和CVD制备Si₃N₄硬度随温度的变化情况。

表9.12　一些常用先进陶瓷的维氏硬度值

材　料	HV/GPa	材　料	HV/GPa
BeO	11.4	TiN	21
Al₂O₃	23.7	SiC	33
MgO	6.6	TiC	30.0
MgAl₂O₄	16.5	B₄C	16
熔融 SiO₂	5.4	HfC	26
3Al₂O₃·2SiO₂(莫来石)	16	ZrC	27.0
ZrO₂(Y₂O₃)	16.5	TaC	18.2
Si₃N₄	20	TiB₂	25 ~ 33
AlN	5.9	HfB₂	21.2 ~ 28.4
h-BN	2(莫氏硬度)	ZrB₂	25.3 ~ 28.0
c-BN	70	金刚石	90

表9.13　根据SiC、Si₃N₄和PSZ等测定结果归纳的HRA与HV值的对比

HRA	90	91	92	93	94
HV/GPa	12	13.2	14.7	16.5	18.9

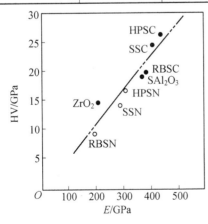

图9.5　一些先进结构陶瓷的维氏硬度 HV 与
　　　　弹性模量 E 之间的关系
(HPSC—热压烧结 SiC;SSC—烧结 SiC;RBSC—
反应烧结 SiC;SAl₂O₃—烧结 Al₂O₃;HPSN—热压
烧结 Si₃N₄;SSN—烧结 Si₃N₄;RBSN—反应烧结
Si₃N₄)

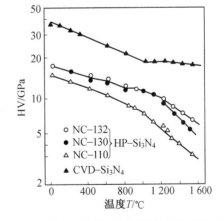

图9.6　一些典型陶瓷材料的维氏硬度随温度的
　　　　变化关系

3. 断裂强度

陶瓷材料受其离子键和共价键特性所决定，一般都不能产生滑移或位错运动，因而很难产生塑性变形，在经过极其微小的弹性变形后立即发生脆性断裂，延伸率和断面收缩率都几乎为零。可见，陶瓷材料强度是其弹性变形达到极限程度而发生断裂时的应力。强度取决于成分和组织结构，同时还受温度、应力状态和加载速率等外界因素的影响。

陶瓷材料的实际强度一般仅为理论强度的 $1/100 \sim 1/10$，如 Al_2O_3 的 σ_{th} 为 46 GPa，块状多晶 Al_2O_3 的强度只有 $0.1 \sim 1$ GPa；而表面精密抛光的 Al_2O_3 单晶细棒的强度约为 7 GPa，几乎无缺陷的 Al_2O_3 晶须的强度也仅约为 15.2 GPa。

这是由于实际材料内部存在微小裂纹，所以其受力断裂时并非像理想晶体那样发生原子键的同时断裂破坏，而是既存裂纹扩展的结果。

（1）强度的影响因素。

① 晶粒尺寸。与金属材料相同，陶瓷的强度随晶粒尺寸变化也满足 Hall-petch 关系 $\sigma_f = \sigma_0 + kd^{-1/2}$。式中，$\sigma_0$ 为无限大单晶的强度，k 为系数，d 为晶粒直径。晶粒越细小，晶界比例越大。然而，晶界比晶粒内部结合要弱，如 Al_2O_3 陶瓷晶粒内部断裂表面能为 46 J/m^2，而晶界表面能 γ_{int} 仅为 18 J/m^2。那么，结合能低的晶界比例越大，为何强度反而越高呢？分析发现，对于沿晶断裂，晶粒越细，裂纹扩展道路越加迂回曲折，裂纹路径越长；加之裂纹表面上晶粒的桥接咬合作用还要消耗额外能量，因而导致晶粒越细小强度越高。

当晶粒尺寸细小到纳米量级时，材料强度和硬度与晶粒尺寸间的关系变得复杂，归结起来有 3 种情况：即正 Hall-Petch 关系（$k>0$）、反 Hall-Petch 关系（$k<0$）和正-反混合 Hall-Petch 关系（即硬度随 $d^{-1/2}$ 的变化不是单调上升或下降，而存在一个拐点 d_c，当 $d>d_c$ 呈正 Hall-Petch 关系（$k>0$），反之呈反 Hall-Petch 关系（$k<0$））。对于蒸发凝聚、原位加压纳米 TiO_2，用金属 Al 水解法制备的 $\gamma-Al_2O_3$ 和 $\alpha-Al_2O_3$ 纳米陶瓷材料等，它们均服从正 Hall-Petch 关系。

② 气孔率。气孔率增加，陶瓷材料断裂强度将呈指数规律降低，最为常用的 Ryskewitsch 经验公式为

$$\sigma_f = \sigma_0 \exp(-np) \qquad (9.4)$$

式中　p——气孔率；

　　σ_0——完全致密（即 $p=0$）时的强度；

　　n——常数，一般在 $4 \sim 7$ 之间。

该式同弹性模量与气孔率之间关系式一致。图 9.7 为 Al_2O_3 陶瓷的室温弯曲强度与气孔率之间的关系。

③ 晶界相。一般地，晶界相因富含杂质或多为非晶，其断裂表面能和强度更低且质脆，故不利于强度。尤其晶界非晶，因熔点较低、耐热性差而非常不利于陶瓷高温强度。所以，应尽量通过热处理使其晶化或固溶，即所谓的晶界工程来改善高温强度。如质量分数为 30% BAS/Si_3N_4 和 $\alpha-SiAlON$ 陶

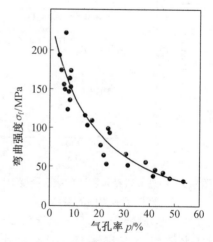

图 9.7　Al_2O_3 陶瓷室温（25 ℃）弯曲强度与气孔率之间的关系

瓷的室温强度(分别达 1 000 和 600 MPa 以上)可以维持到 1 400 ℃而不降低,这主要得益于晶界玻璃相的完全晶化或固溶。

④ 温度。与高分子材料和金属材料相比,陶瓷材料最大的优点之一便是耐热性好、高温强度高。当温度 $T<0.5T_m$(T_m 为熔点)时,陶瓷的强度基本保持不变,温度再高时才明显降低(图9.8)。

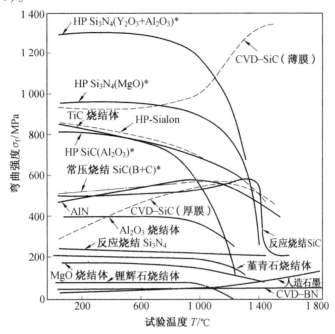

图9.8　一些陶瓷材料的强度随温度的变化曲线

⑤ 加载速率。加载速率对陶瓷的强度(包括高温强度)也有显著影响,加载速率增高,强度升高。这主要是既存裂纹等缺陷扩展有一定响应时间,即滞后性,加载速率越高,裂纹扩展越来不及响应,即对缺陷敏感性降低(图9.9)。

另外,陶瓷强度对试样尺寸与表面粗糙度也有一定敏感性。试样越长、体积越大,含有临界危险裂纹的概率就越大,断裂强度也趋向偏低;试样表面越光滑,缺陷越少、缺陷尺寸越小,强度则越高。

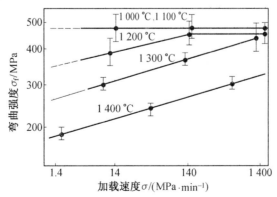

图9.9　一些陶瓷的高温强度随加载速率的变化关系

（2）联合强度理论和脆性材料的优化使用。由陶瓷与金属的力学状态图9.10可见，金属的正断抗力σ_{KM}远大于陶瓷的正断抗力σ_{KC}，但陶瓷的切断抗力τ_{KC}远大于金属的切断抗力τ_{KM}。在硬的应力状态下，如单向拉伸，金属还处于弹性变形区内，陶瓷已发生正断，即金属远优于陶瓷。但在软的应力状态下，陶瓷还处于弹性区内，金属已经断裂，即陶瓷优于金属。

因此，在考虑陶瓷材料构件的受力状态时，应尽可能在软应力状态下使用，以充分发挥陶瓷的性能优势。例如，在用陶瓷材料制造模具时，为避免陶瓷模套加压时的张应力状态，在外面过盈装配一钢套，给陶瓷施加一个预压应力，如图9.11（a）所示，这样就能实现陶瓷和金属材料的优势互补。当模具使用时，陶瓷所受的预压应力部分抵消了工作时产生的拉应力。图9.11（b）所示的是硬质合金刀具常见的装配形式，这样，刀具在车削时，金属刀柄承受了弯矩，陶瓷刀片只承受压应力。

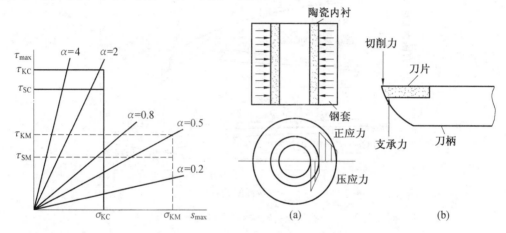

图9.10　陶瓷材料与金属材料力学状态图的比较　　图9.11　陶瓷与金属组合使用举例

4. 断裂韧性和断裂功

（1）断裂韧性及其影响因素。绝大多数陶瓷材料室温下甚至在$T/T_m \leqslant 0.5$的温度范围内都很难发生塑性变形，所以陶瓷材料的裂纹敏感性很强。基于这种特性，断裂力学性能是评价陶瓷材料力学性能的重要指标。断裂韧性的表达式为

$$K_{IC} = \sqrt{2E\gamma_s} \quad （平面应力状态） \tag{9.5}$$

$$K_{IC} = \sqrt{\frac{2E\gamma_s}{1-\nu^2}} \quad （平面应变状态） \tag{9.6}$$

可见，K_{IC}与材料本征参数E、γ_s和ν等物理量直接相关，它反映了具有裂纹的材料在外载作用下抵抗损毁的能力，也可以说是阻止裂纹失稳扩展的能力，是材料的一种固有性质。因此，它的高低主要取决于具体材料的种类成分、显微组织结构、温度和加载速率等。表9.14给出了一些典型先进结构陶瓷材料同传统金属材料断裂韧性的对比情况。

表 9.14　一些典型先进结构陶瓷材料同传统金属材料断裂韧性的对比

材　料	断裂韧性 $K_{IC}/(MPa \cdot m^{1/2})$	材　料	断裂韧性 $K_{IC}/(MPa \cdot m^{1/2})$
Al_2O_3	4~4.5	B_4C	5~6
$ZrO_{2p}/Al_2O_3(ZTA)$	4~4.5	ZrC	2~4
ZrO_2	1~2	TiB_2	4~6
$ZrO_2(Y_2O_3)$ *	6~15	ZrB_2	4.5~6.5
$ZrO_2(CeO_2)$ *	~35	HfB_2	5~7
Mullite	2.8	Ti_2AlC	6.5
Si_3N_4	5~6	Ti_3SiC_2	5.8
SiAlON	5~7	马氏体时效钢	100
AlN	2.5~3	碳素工具钢	30~60
h-BN	2~3	Ti6Al4V	40
SiC	3.5~6	7075 铝合金	50

注：* Y_2O_3 和 CeO_2 均为四方相 ZrO_2（即 $t-ZrO_2$）的稳定剂，如 Y_2O_3 摩尔分数为 2% 时即可简写为 $ZrO_2(2Y)$。

　　① 显微组织结构。与金属相似，晶粒越细小，陶瓷的强度和韧性越高，即存在所谓的细晶强韧化现象。如 Al_2O_3 陶瓷晶粒越细小，强度和断裂韧性越高。

　　晶粒形状对韧性的影响可归结为晶粒长径比（或长宽比）的影响。一般来说，晶粒长径比增大有利于断裂韧性。如添加 Al_2O_3 的无压烧结 SiC，$\beta-SiC$ 晶粒的平均长径比由 1.4 增至 3.8 时，断裂韧性从约 2.25 $MPa \cdot m^{1/2}$ 提高至约 6.0 $MPa \cdot m^{1/2}$。

　　通常情况，气孔率越高，弹性模量和断裂表面能越低，断裂韧性明显下降。

　　细化晶粒、优化晶粒尺寸和形状、改善晶界状况、降低气孔率等均有利于改善断裂韧性。

　　② 温度。温度升高，原子活动能力增加，低温下不可动的位错被激活，使陶瓷具有塑性变形的能力；温度再高时，二维滑移系开动导致交滑移发生，有利于松弛应力集中、抑制裂纹萌生，甚至产生较大塑性变形而消耗大量能量，因此有利于断裂韧性提高。

　　③ 加载速率。一般情况，加载速率增大断裂韧性趋向增大，如 $SiC_w/ZrO_2(2Y)$、$SiC_w/ZrO_2(2Y)-Al_2O_3$ 和 SiC_w/Al_2O_3 等均表现出此变化趋势。

　　(2) 断裂功。断裂功是指材料在抵抗外力破坏时，单位面积上所需吸收的能量，用 γ_{WOF} 表示，其计算公式为

$$\gamma_{WOF} = A_e/BH \tag{9.7}$$

式中　A_e——断裂曲线的特征面积，$N \cdot m$；

　　　　B、H——试样的宽度和高度，m 或 mm。

　　故 γ_{WOF} 的单位为 J/m^2 或 J/mm^2。

　　陶瓷材料通常表现脆性断裂，特征面积即为弯曲试验时载荷-位移曲线上断裂点（载荷最大点）下面的面积。但对于非灾难性断裂的连续纤维增强陶瓷基复合材料来说，当载荷达到最高点后不是突然断裂，而是仍有较大承载能力，载荷随位移增加逐渐下降。此时，人们通常采用载荷-位移曲线上当载荷下降 10% 时曲线与横轴围成区域作为特征面积。

　　一般来说，断裂韧性 K_{IC} 越高，断裂功 γ_{WOF} 也较高；但二者也并非总是同步变化。这是因为 K_{IC} 表征的是裂纹起始扩展的抗力，而断裂功表征的则是裂纹扩展整个过程的抗力。

　　显微组织结构因素、第二相、温度、加载速率等都会影响断裂功。其中，第二相因素，当采用连续纤维强韧化的复合材料，断裂功改善效果最为显著。同样，采用仿生结构设计思路，制成的仿竹木纤维结构或具有贝壳珍珠层结构特征的复合材料的韧化效果也相当

明显,详见9.4.6陶瓷基复合材料中有关内容。

5. 先进陶瓷的强韧化

先进陶瓷材料的力学性能虽然较传统陶瓷显著改善,但其质脆的缺点,依然是陶瓷构件在服役过程中容易发生低应力断裂、服役安全可靠性不足的主要症结,使其工程应用受限。通过复合化制备陶瓷基复合材料、实现各组元优势互补,是实现陶瓷强韧化的最有效途径。依据增强相的形状特点及机理不同,陶瓷的强韧化主要包括颗粒强韧化、相变强韧化、短纤维或晶须强韧化、连续纤维强韧化以及独石或层状仿生结构强韧化等多种形式。所得具体复合陶瓷或陶瓷基复合材料的种类及强韧化效果详见陶瓷基复合材料部分。

利用多晶多相陶瓷中某些相在不同温度的相变实现增韧的效果,统称为相变增韧,这其中最典型的即为 ZrO_2 相变增韧。与 TRIP(TRansformation Induced Plasticity)钢利用其在承载过程中,应力诱发马氏体相变产生异常高塑性的原理相同, ZrO_2 相变增韧则通过承载过程中,应力诱发四方(tetragonal)相(t–ZrO_2)至单斜(monoclinic)相(m–ZrO_2)的马氏体相变,即 t→m 相变,产生的体积膨胀效应(3%~5%)和形状效应吸收大量能量,使断裂韧性得以提高。ZrO_2 相变增韧的示意图如图9.12所示。工程上,通常采用 Y_2O_3 和 CeO_2 等为稳定剂掺入 ZrO_2,将四方相 ZrO_2(t–ZrO_2)稳定至较低温区甚至到室温。

晶须或纤维韧化主要是通过晶须或纤维与基体之间的脱粘、纤维的桥接与拔出、裂纹偏转(图9.13)及高强高模量的纤维本身断裂吸收能量等方式消耗大量的能量,从而提高材料的断裂韧性和断裂功,并遵从复合法则。对于连续纤维增强的陶瓷基复合材料,纤维的韧化机制与晶须的桥接拔出机制相同,只是连续纤维桥接拔出作用更加明显。它桥接主裂纹时,基体中会发生微裂纹增生;同时,伴随着材料的断裂出现大量的纤维拔出,可使材料表现出非线性应力-应变行为,增韧效果良好,甚至可使复合材料表现出类似于金属材料的非灾难性断裂特征。

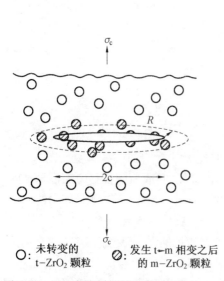

图9.12　ZrO_2 相变增韧的示意图
（R 为盘状裂纹附近相变区宽度）

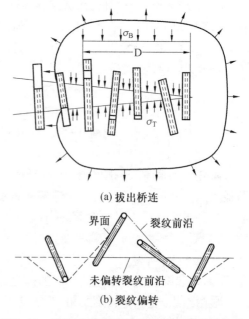

图9.13　晶须或短纤维的桥接拔出和裂纹偏转韧化示意图

纳米颗粒主要通过弥散强化、细晶强化等机制起作用,这不同于纤维增强复合材料的载荷传递机制,故强化效果不遵从复合法则而具有一些特殊现象。例如,增强相不受临界体积分数的制约,尤其是对纳米颗粒增强相,往往体积分数很低,即可起到显著的强化效果。

6. 塑性和超塑性

(1) 塑性。陶瓷材料以较强的离子键或共价键键合,晶体结构复杂,滑移系很少,室温下很难发生塑性变形。当温度升高,原子活动能力逐渐增强,滑移系逐渐开动时,会显示一定的塑性变形能力。同金属一样,陶瓷塑性变形的两种基本机制也是滑移和孪生。在四方多晶 ZrO_2 陶瓷 TZP 中,应力诱发 t→m 相变会诱发一定塑性,机理如前文所述。

(2) 超塑性。当温度和应力条件合适时,陶瓷材料亦可显示超塑性,只是与金属相比,其显示超塑性的温度要高得多。

超塑性可分为相变超塑性和组织超塑性两类。前者是靠陶瓷在承载时的温度循环作用下产生的相变来获得超塑性,后者则是靠特定组织获得超塑性。一般地,陶瓷获得超塑性的临界晶粒尺寸在 200~500 nm,故这种情况也被称为细晶粒超塑性。

关于细晶粒超塑性的机理,最为人们所接受的即为晶界滑移机制,因为绝大多数陶瓷材料在变形时,晶粒的形状几乎不变,如添加了少量 MgO 的 Al_2O_3 超塑性变形后,晶粒尺寸有所增加,但依然保持等轴状。

组织超塑性取决于晶粒尺寸和晶界性质。晶粒尺寸越小,晶界相越多,越容易产生晶界滑动,延展性越好。1986 年 Wakai 等首先在直径 0.3 μm 的细晶粒 TZP 陶瓷中获得了100% 延伸率的超塑性。另外,TZP 在 1 400 ℃ 下拉伸时,晶粒越小,流变应力越小,超塑延伸率越高。

变形温度和应变速率则是影响组织超塑性的主要外部因素。流变应力随温度升高而降低,但并非温度越高延伸率越大,如 Al_2O_3-ZrO_2 陶瓷延伸率在某一适合温度出现最大值。流变应力趋向随应变速率的增大而升高,如 TZP 陶瓷的情况。变形温度与变形速率相互制约,只有二者协调匹配最佳时,才能获得最为理想的超塑性。

7. 蠕变

常温下陶瓷材料几乎不发生蠕变;温度足够高时,可发生不同程度的蠕变。对于汽轮机转子、叶片等高温结构件,需要考虑蠕变问题。

(1) 陶瓷材料蠕变的一般规律。陶瓷的典型蠕变曲线与金属的特征很相似(图 9.14)。在承受恒定载荷作用下,OA 段对应试样的弹性应变;曲线 ABCD 即为试样随加载时间延长而产生的变形过程,即为所谓的蠕变曲线。按蠕变速率的变化情况,可将蠕变过程分为 3 个阶段:

① 减速蠕变阶段(AB) (也称过渡蠕变阶段)。此阶段开始蠕变速率很大,随着时间延长,蠕变速率逐渐减小,到 B 点,蠕变速率降至最低值。

② 恒速蠕变阶段(BC) (也称稳态蠕变阶段)。这一阶段蠕变速率几乎保持不变。

③ 加速蠕变阶段(CD)。在该阶段,蠕变速率随时间的延长而逐渐增大,即曲线变陡,最后到达 D 点产生蠕变断裂。

同一种材料,温度和应力不同时,蠕变曲线各阶段时间及倾斜程度将有所区别。例如,温度或应力较低时,恒速蠕变阶段延长;应力或温度增加时,恒速蠕变阶段缩短,甚至不出现(图9.15)。应力 σ 对变形速率 $\dot{\varepsilon}$ 的影响很大,二者存在如下关系

$$\dot{\varepsilon} = K\sigma^{-n} \tag{9.8}$$

式中　n——应力指数,n 为 $2\sim20$,常见的 $n=4$。

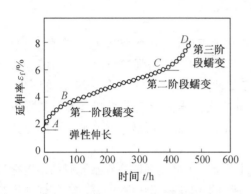

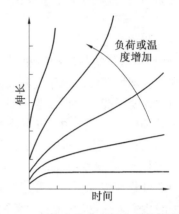

图9.14　陶瓷材料典型的蠕变曲线　　　　图9.15　温度和应力对蠕变曲线的影响

(2)蠕变机理及蠕变影响因素。陶瓷材料高温蠕变的机理主要为位错运动蠕变、扩散蠕变和晶界黏滞流动蠕变3种。陶瓷种类不同、结构形式以及蠕变条件不同,其主要作用机理也有所差别。

(3)蠕变的影响因素。化学键共价性强的陶瓷,原子扩散和位错运动能力降低,蠕变抗力大。此即碳化物和硼化物等强共价性陶瓷具有优异抗蠕变性能的原因。

晶粒越细,蠕变率越大,即蠕变抗力越差。如在 1 300 ℃、5.512×10^6 Pa 条件下,晶粒较细($2\sim5$ μm)的 $MgAl_2O_4$ 的蠕变速率较粗晶($1\sim3$ mm)$MgAl_2O_4$ 的蠕变速率高 20 多倍。

晶界玻璃相的存在不利于高温蠕变抗力,因此很多陶瓷如 Si_3N_4 或 SiAlON 均通过热处理使晶界残存玻璃相发生晶化或使其固溶于晶粒中,来进一步改善蠕变抗力。

气孔存在由于直接减小了抵抗蠕变的有效截面积,故气孔率增加,蠕变速率增大。例如,气孔率为12%的 MgO 陶瓷较气孔率为2%的 MgO 蠕变速率快 5 倍。

温度升高,扩散系数增大,位错运动和晶界错动加快,晶界非晶相黏度更低,这些均有利于蠕变。因此,温度升高,蠕变速率增大,例如 SiAlON 和 Si_3N_4 陶瓷随温度升高,蠕变速率增加显著(图9.16)。

9.3.2　热学性能

热学性能主要包括熔点、比热容、热膨胀系数和热导率等。热学性能是许多工程应用,如叶片、转子等高温发动机部件,高导热集成电路基片,浮法玻璃生产用陶瓷滚杠、陶瓷热交换器、冶金用高温坩埚、热电偶保护管以及航空航天防热等构件设计选材需要考虑的核心因素。

1.熔点

先进陶瓷材料因其原子间以强共价键或离子键键合,熔点多较高,成就了它耐高温的特性。这是它区别于金属和高分子材料的主要特点之一。

一般来说,具有 NaCl 型晶体结构的碳化物、氮化物、硼化物和氧化物陶瓷熔点都很高

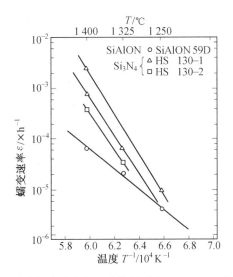

图 9.16　SiAlON 和 Si_3N_4 的稳态蠕变速率与温度的关系（SiAlON 59D 和 Si_3N_4 HS 130-1 的试验在
空气中进行；Si_3N_4 HS 130-2 的试验在氩气中进行；试验应力为 69 MPa）

（图 9.17），尤其是碳化物如 HfC、TaC 和 ZrC 等，熔点均超过了 3 500 ℃，属熔点最高的一
类物质。

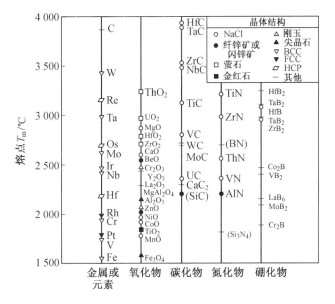

图 9.17　各种材料熔点 T_m 的对照

2. 比热容

绝大多数氧化物和碳化物陶瓷，摩尔热容都是从低温时的一个较低数值增加到
1 273 K 左右的近似于 24.9 J/(mol·K)，即 3R；温度再升高，热容基本不再变化。一些陶
瓷材料的典型摩尔热容曲线如图 9.18 所示。

3. 热膨胀系数

表 9.15 示出了一些典型无机非金属材料的平均线膨胀系数。一般情况下，平均线膨
胀系数从小到大的排序为：熔融石英<复杂氧化物<氮化物<碳化物<硼化物≈硅化物<氧

化物。对于复合陶瓷,由于两相组元膨胀系数差别较大,或者单相陶瓷不同结晶学方向热膨胀系数差别较大产生应力裂纹时,如钛酸铝陶瓷(图9.19),因裂纹在加热过程趋于闭合,故常使其呈现异常低的膨胀系数,大约在$(0.5 \sim 1.5) \times 10^{-6}$ ℃$^{-1}$($20 \sim 1\,000$ ℃);另外,微裂纹的存在还会使其热膨胀出现滞后现象(图9.20)。

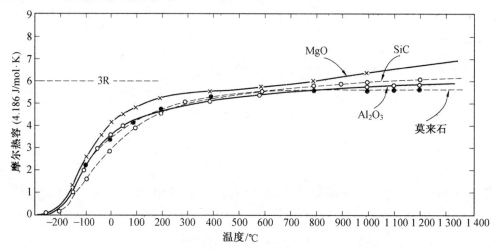

图9.18　一些陶瓷材料的典型摩尔热容曲线

表9.15　一些典型陶瓷材料的平均线膨胀系数

材　　料	线膨胀系数 $\alpha_l/$ $(0 \sim 1\,000$ ℃$)(\times 10^{-6}/$K$)$	材　　料	线膨胀系数 $\alpha_l/$ $(0 \sim 1\,000$ ℃$)(\times 10^{-6}/$K$)$
BeO	9.0	h-BN	3.3
MgO	13.6	AlN	4.5
Al_2O_3	8.8	β-SiC	5.1
α-SiO_2	19.4 (25~500 ℃)	B_4C	4.5~5.5
$MgO \cdot Al_2O_3$	9.0	HfC	6.3
$3Al_2O_3 \cdot 2SiO_2$(莫来石)	5.3	TaC	6.7
Y_2O_3	9.3	TiC	7.8
ZrO_2(2mol% Y_2O_3)	10.4 (25~800 ℃)	WC	4.9
$Al_2O_3 \cdot TiO_2$(钛酸铝)	0.5~1.5	ZrC	6.6
$2MgO \cdot 2Al_2O_3 \cdot 5SiO_2$(堇青石)	2.5	$SiBN_3C$ 纤维*	3.5
$Li_2O \cdot Al_2O_3 \cdot 2SiO_2$(锂霞石)	-6.4	HfB_2	5.5
$Li_2O \cdot Al_2O_3 \cdot 4SiO_2$(锂辉石)	1.0	TiB_2	7.5
熔融 SiO_2	0.5	ZrB_2	6.0
β-Si_3N_4	3.2	$MoSi_2$	8.5
β-SiAlON	3	WSi_2	8.2

注:$SiBN_3C$ 纤维为非晶态。

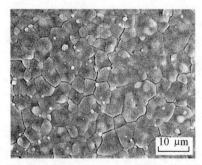

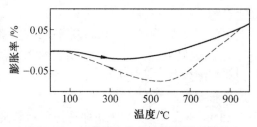

图9.19　钛酸铝陶瓷内部产生的微裂纹　　图9.20　钛酸铝陶瓷的热膨胀滞后现象

4. 热导率

陶瓷材料中绝大多数重要的化合物,在室温以上,热导率 λ 都随温度的上升而下降,在高温范围,由于光子导热的作用,热导率又有所回升。图 9.21 给出了一些典型材料的热导率与温度的关系曲线。热导率的影响因素主要包括以下几个方面:

(1) 化学组成与晶体结构。声子导热与晶格振动的非简谐性有关。晶体结构越简单,化学键越强,晶格振动的简谐性程度越高,格波越不易受到干扰,声子的平均自由程越大,热导率越高,例如具有高热导率的陶瓷如 BeO、SiC、AlN 和 BN 等其对应晶体结构都符合此特征;反之,热导率就较低,例如,$MgAl_2O_4$(镁铝尖晶石)和 $3Al_2O_3 \cdot 2SiO_2$(莫来石)的晶体结构较为复杂,其热导率都较低 (表 9.16)。由原子量和原子尺寸相似的元素组成的化合物,因对声子的散射干扰小,即平均自由程 l_p 大而易于具有高的热导率,如 BeO、SiC 和 BN;而当阳离子和阴离子的尺寸和原子量均相差很大时,晶格散射大得多,热导率就低,如 UO_2 和 ThO_2,其热导率不及 BeO 的 $1/10$(表 9.16)。

表 9.16　一些典型陶瓷材料同其他材料的热导率对比

材　料	热导率 $\lambda/(W \cdot m^{-1} \cdot K^{-1})$			晶体结构特征
	室温[1]	100 ℃	1 000 ℃	
c-BN(立方氮化硼)	1 300			闪锌矿
h-BN(六方氮化硼)	2 000 ($\perp c$ 轴)			类石墨(层状)
SiC	490(270)[2]			闪锌矿
Si_3N_4	320(155)[2]			
AlN	320[3] ($\sim$260)[2]			纤锌矿
BeO	370[3]	219.8	20.5	纤锌矿
Al_2O_3		30.1	6.3	
$3Al_2O_3 \cdot 2SiO_2$(莫来石)		5.9	3.8	
MgO		37.7	7.1	
$MgAl_2O_4$ 或 $MgO \cdot Al_2O_3$		15.1	5.9	
ThO_2		10.5	2.9	
UO_2		10.1	3.3	
ZrO_2(稳定立方相)		2.0	2.3	
TiC		25.1	5.9	
熔融 SiO_2 玻璃陶瓷		2.0	2.5	
钠-钙-硅酸盐玻璃		0.4	—	
瓷器		1.7	1.9	
黏土耐火材料		1.1	1.5	
Cu	400			面心立方
Al	240			面心立方
金刚石	2 000			金刚石
石墨	2 000 ($\perp c$ 轴)	180.0	62.8	石墨(层状)
碳纤维	1 120~1 950[4]			无定型结构

注:① 该列数据为单晶体的理论预测值;② 括号内的数值为陶瓷材料实测最高值;③ BeO 和 AlN 的数值为沿 c 轴和 a 轴方向的平均值;④ 低限值 1 120 为位美国 Amoco 公司生产的 P130X 沥青基碳纤维,高限值为 Heremans 等气相生长的碳纤维(VGCF)。

(2) 杂质种类与含量。杂质原子作为晶格波的散射源,其存在也会减小声子的平均自由程,降低热导率。例如,AlN 陶瓷的热导率与其所含杂质 O、Si、C、Fe 等直接相关。另外,杂质存在的形式和位置也对热导率有影响。AlN 中氧杂质固溶于晶格时,对其热导率影响较大;若存在于结合相中则其影响降低。因此,在烧结 AlN 陶瓷时,采用稀土氧化物和碱土氧化物类烧结助剂,如 B_2O_3、Dy_2O_3、Y_2O_3、La_2O_3、CeO_2、CaO 等,减少烧成 AlN 陶瓷中的晶格氧或使 Fe、Si 等杂质进入液相,以利于提高 AlN 热导率。与 AlN 陶瓷的情况相似,Si₃N₄ 陶瓷中,β-Si₃N₄ 晶粒中存在杂质氧也会降低其热导率(图 9.22)。

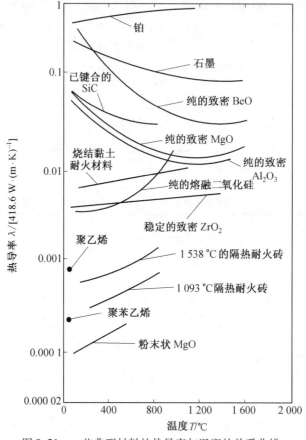

图 9.21　一些典型材料的热导率与温度的关系曲线

(3)显微组织结构。

① 气孔。陶瓷的热导率与气孔的形状、尺寸和含量均有关。在结构状态不变的情况下,气孔率增大,将使热导率降低(图 9.23)。这就是多孔、泡沫硅酸盐、纤维制品、粉末和

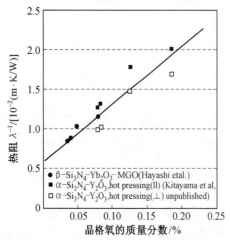

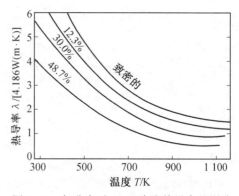

图 9.22　晶格氧含量对 Si₃N₄ 陶瓷热阻的影响　　　图 9.23　气孔率对 Al₂O₃ 陶瓷热导率的影响

空心球状陶瓷制品保温隔热的原理。一种具有纳米多孔网络结构的 SiO_2 气凝胶,其固态网络 SiO_2 为非晶态,网络结构单元尺寸为 1 ~ 20 nm,典型气孔尺寸为 1 ~ 100 nm,气孔率高达 80% ~ 99.8%,热导率非常低,为目前隔热性能最好的固体材料,如在常温常压下热导率仅为 0.012 W/(m·K);真空条件下热导率更是低达 0.001 W/(m·K);同时,它还具有良好的透光性,因此,作为透明保温隔热材料广泛应用于航天、军事和民用等领域,如英国"美洲豹"战斗机机舱隔热、美国 NASA 的"火星流浪者"保温层、航空航天器各种特殊窗口的隔热、电冰箱的绝热保温等。

② 晶粒大小、形状、晶界、晶体缺陷和第二相。多晶体中晶粒尺寸越小、晶界越多、位错等缺陷越多,晶界处杂质越多,热导率通常越小。例如,Si_3N_4 陶瓷中主要第二相 - 氮氧化硅玻璃的热导率仅约为 1 W/(m·K),较 Si_3N_4 晶体低 1 ~ 2 个数量级,且它以包套的形式存在于 β-Si_3N_4 晶粒周围,所以会显著降低 Si_3N_4 陶瓷热导率。而 AlN 陶瓷中,以 Y_2O_3 作添加剂时的典型第二相——铝酸钇的热导率约为 10 W/(m·K),虽然也较 AlN 晶体低一个数量级还多,但它以孤立形式分布,所以含量不大时对热导率影响不明显。

9.3.3　抗热震性

抗热震性是表征陶瓷材料抵抗温度变化而不至于破坏的能力,它是材料力学和热学性能的综合表现。陶瓷材料热震破坏可分为两大类,一是热震(或热冲击)作用下的瞬时断裂;二是热震循环作用下的开裂、剥落,终至整体损坏(亦称热疲劳)。

(1)临界应力断裂理论。该理论基于热弹性应力理论,对于急剧受热或冷却的陶瓷材料,其临界温度函数 $P(T)_c$ 就是引起临界热应力的临界温差 ΔT_c,其抗热震参数 R 的表达式为

$$R = \Delta T_c = \frac{\sigma_f(1-v)}{E\alpha_1} \tag{9.9}$$

致密的 Al_2O_3、SiC 和 Al_2O_3-SiC 等陶瓷均适用于该参数 R。根据抗热震参数表达式可知,高的强度,低热膨胀系数、杨氏弹性模量,有利于抗热震断裂能力。

试样几何形状和尺寸也影响试样或构件的抗热震性。如对于 95% Al_2O_3 陶瓷棒状试样,其临界热震温差 ΔT_c 随着直径的增大而急剧减小。

(2)热震损伤理论。该理论从断裂力学观点出发,分析材料在温度变化条件下的裂纹成核、扩展及抑制的动态过程,以热弹性应变能和断裂能作为热震损伤的判据。可以推断出排除试样尺寸影响的陶瓷材料的抗热震损伤参数为

$$R^{\text{IV}} = \frac{E\gamma_f}{(1-v)\sigma_f^2} \tag{9.10}$$

据此,抗热震损伤性能好的陶瓷材料应该具有尽可能高的弹性模量和尽可能低的强度。这些要求与高抗热震断裂能力的要求截然相反。抗热震断裂参数与抗热震损伤参数之间的矛盾,非常类似于强度和韧性之间的矛盾。但提高断裂韧性对改善陶瓷材料的抗热震断裂能力和抗热震损伤能力均是有益的。另外,适量气孔、微裂纹,可减小应力集中、钝化裂纹,也有助于改善抗热震损伤性能,例如气孔率为 10% ~ 20% 的非致密陶瓷中,热震裂纹形核往往受到气孔的抑制,因此,在热震作用下不像致密高强的陶瓷易于炸裂。

(3)断裂开始和裂纹扩展的统一理论。基于热弹性力学的抗热震断裂理论强调的是

裂纹成核问题,而基于断裂力学的抗热震损伤理论看重的则是裂纹扩展的问题。Hasselman 的断裂开始和裂纹扩展的统一理论则从断裂力学的观点出发,试图将上述两种理论统一起来,处理陶瓷材料在热震环境中从裂纹成核、扩展和抑制,至最终断裂的全过程。

该理论认为,裂纹扩展的动力是弹性应变能,裂纹扩展过程即弹性应变能逐步释放而支付裂纹表面能增量的过程,一旦应变能向裂纹表面能转化殆尽,裂纹扩展就终止了。

细晶致密陶瓷如 Al_2O_3、SiC、Al_2O_3-SiC 和 Si_3N_4 等均表现出原始短裂纹的扩展特征(图 9.24(a));而多孔 SiC 和大晶粒 Al_2O_3 等,均趋向于表现为原始长裂纹的扩展特征(图 9.24(b))。与 SiC 多孔陶瓷出现热震裂纹的准静态扩展方式不同,Si_3N_4 陶瓷无论是致密型(如反应烧结加热等静压烧结 Si_3N_4)还是非致密型,均表现非常明显的非稳态裂纹扩展的特征(图 9.25),其中以反应烧结后再经热等静压烧结制得的致密高强 Si_3N_4 的抗热震断裂能力为最佳,其临界热震温差 ΔT_c 比单纯反应烧结制备的 Si_3N_4 高了近 2 倍以上。

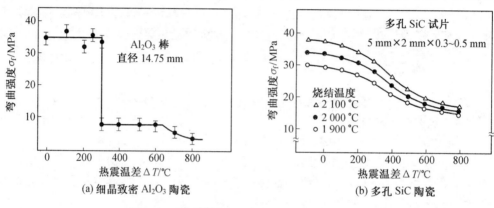

图 9.24　热震剩余强度与热震温差关系的实例

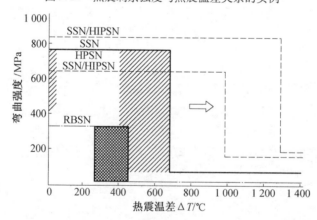

图 9.25　几种 Si_3N_4 陶瓷的临界热震温差 ΔT_c 的比较

纤维尤其是连续纤维补强增韧,是增大断裂韧性和断裂功的有效手段,甚至改变脆性断裂为伪塑性或韧性断裂,故可有效改善陶瓷材料抗热震性、提高构件热结构可靠性。例如,用化学气相渗透或聚合物浸渍热解法制备的 Nicalon™ 和 Nextel™312 连续纤维二维编织体增强的 3 种 SiC 基陶瓷复合材料,均呈准静态裂纹扩展的特征,热震剩余强度下降平缓(图 9.26)。

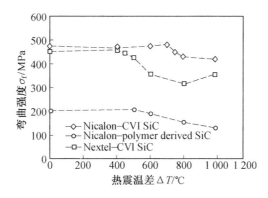

图 9.26　三种 SiC 基陶瓷复合材料热震剩余强度随热震温差的变化趋势

9.4　典型先进结构陶瓷材料

9.4.1　氧化铝陶瓷

氧化铝有 10 余种同质异构晶体,常见的是 $\alpha-Al_2O_3$、$\beta-Al_2O_3$、$\gamma-Al_2O_3$,其中 $\alpha-Al_2O_3$ 是氧化铝晶型中唯一的热力学稳定相,应用也最为广泛。典型氧化铝陶瓷主要性能见表 9.17,其主要工业应用如下:

(1)传统机械工业领域。Al_2O_3 陶瓷硬度高(莫氏硬度为 9)和耐磨性好,可以制造切削金属的陶瓷刀具、陶瓷模具、拉丝模、轴承球、研磨介质及各种耐磨瓷件等。

表 9.17　Al_2O_3(>99%)陶瓷典型性能

性 能	>99.9%	>99.7%[①]	>99.7%[②]	99.9%～99.7%
密度/(g·cm^{-3})	3.96～3.98	3.6～3.89	3.65～3.89	3.89～3.96
硬度/GPa H$_v$500	19.3	16.3	15～16	15～16
抗弯强度/MPa	550～600	160～300	245～412	500
断裂韧性/(MPa·m$^{1/2}$)	3.8～4.5	—	—	5.6～6
弹性模量/GPa	400～410	300～380	300～380	330～400
抗压强度/MPa	>2 600	2 000	2 600	2 600
热膨胀系数/10^{-6} K^{-1}(200～1 200 ℃)	6.5～8.9	5.4～8.4	5.4～8.4	6.4～8.2
室温热导率/(W·m^{-1}·K^{-1})	38.9	28～30	30	30.4

注:①为不含 MgO 但再结晶试样;②为含 MgO。

(2)电真空与电子信息产业。Al_2O_3 陶瓷电绝缘性好,可用来制造陶瓷基板、真空开关陶瓷管壳、电真空器件绝缘陶瓷等,并且仍是目前应用最广的陶瓷基板材料(图 9.27(a)和(b))。

(3)高端装备制造业。高纯 Al_2O_3 陶瓷具有比重小、高刚度、高耐磨性、高尺寸稳定性等特点,可应用于高精度快速运动部件,如光刻机双工件台升降台支架(图 9.27(c))、气浮陶瓷导轨(图 9.27(d))、硅晶片吸盘等。

(4)灯光照明工业。透明 Al_2O_3 陶瓷可承受钠蒸汽的腐蚀,同时让蒸汽产生的黄色光透过,因而可用于高压钠灯灯管。与普通白炽灯、日光灯、高压汞灯相比,高压钠灯(图 9.27(e))发光效率高、照明穿透力强,已广泛应用于街道、广场和机场的照明。另外,透明 Al_2O_3 陶瓷还被用在新一代光源"金属卤化物灯"中的"放电管"。

（5）高温工业应用。Al_2O_3陶瓷耐高温腐蚀性好，能较好地抗 Be、Sr、Ni、Al、V、Ta、Mn、Fe、Co 等熔融金属的腐蚀，对 NaOH、玻璃、炉渣的侵蚀也有很高的抵抗能力，因此常用作加热元件的热电偶保护管、炉管和熔化物料的坩埚等。

（6）化工、轻工、纺织和造纸等领域。Al_2O_3陶瓷作为各种耐磨部件得到广泛使用，特别是 95% Al_2O_3陶瓷，如用作柱塞泵、机械垫圈、喷嘴、耐磨损衬套、衬板、水阀片、刮水板、除砂器及各种纺织机械配件（图 9.27(f)）等。

（7）生物陶瓷方面的应用。迄今为止，作为生物相容性较好的材料，Al_2O_3陶瓷已在以下医学领域中获得很多应用：外科矫形手术的承重假体，如人体髋关节、人体膝关节（图 9.27(g)）；牙科移植物，如假牙、牙槽增强、牙齿矫形用托槽；某些骨头替代物，如人工中耳骨；眼科手术中的角质假体，由 Al_2O_3陶瓷环和 Al_2O_3单晶柱组合而成。

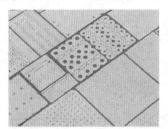
(a) 陶瓷基板

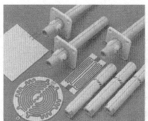
(b) 电真空器件

(c) 光刻机工件台升降台支架

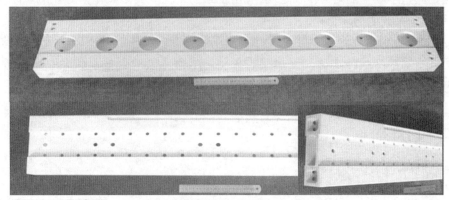
(d) 光刻机工件台大尺寸导轨（长度大于 1 m）

(e) 高压钠灯灯管
（芯部直管为 Al_2O_3 陶瓷管）

(f) 纺织机械配件

(g) 人工关节

图 9.27　Al_2O_3陶瓷产品图片

9.4.2　氧化锆陶瓷

ZrO_2 结构陶瓷的发展主要经历了全稳定 ZrO_2（fully stabilized zirconia，FSZ）、部分稳定 ZrO_2（partially stabilized zirconia，PSZ）和四方多晶氧化锆陶瓷（TZP）3 个阶段，其性能逐渐得到完善。ZrO_2 密度在先进结构陶瓷中较高，为 $5.68 \sim 6.10$ g/cm^3。TZP 陶瓷具有最佳的室温力学性能，特别是 Y_2O_3 稳定的 Y-TZP 陶瓷，其抗弯强度可达到 2.0 GPa，断裂韧性超过 20 MPa·m$^{1/2}$，在现有陶瓷材料中具有最优异的力学性能。

ZrO_2 陶瓷不仅力学性能优异，同时还具有高温导电、气体敏感、插入与回波损耗低等功能特性，因而在现代工业和生活中的各个领域都得到了广泛应用（图 9.28）。典型应用包括：

（1）陶瓷轴承。TZP 陶瓷轴承具有耐磨损、耐酸碱、耐腐蚀、转速高、噪声低、不导电、不导磁、密度较金属低等特点，非常适合在润湿条件恶劣的工况下服役，可应用于石油、化工、纺织、医药等诸多领域。

（2）研磨介质与耐磨构件。Y-TZP 陶瓷同其他磨介质如氧化铝和玛瑙相比，具有密度高、强度和韧性高、耐磨性优异、研磨效率高，并可防止物料污染等特点，非常适用于湿法研磨和分散的场合。现已广泛应用于陶瓷、磁性材料、涂料、釉料、医药等工业领域。另外，TZP 陶瓷高强、高韧、耐磨、抗腐蚀的特点，也非常适合制作高压泵用陶瓷柱塞、石油钻井用陶瓷缸套、抽油泵陶瓷阀与球阀、金属线材用陶瓷拉线模具、陶瓷轧辊、研磨环轮和喷嘴等耐磨构件，广泛用于石油、化工、食品、机械、冶金等行业。

（3）光纤连接器陶瓷插芯和套筒。光纤连接器插件广泛应用 Y-TZP 陶瓷插芯和套筒。其中插芯内孔直径为 125 μm、长度为 $12 \sim 15$ mm，精度误差要求高（0.1 μm）。采用高强度和高韧性的数百纳米细晶粒 Y-TZP 陶瓷制备的陶瓷插芯，不仅尺寸精度高，且插入损耗和回波损耗非常低，在光纤网络的用量非常可观，仅 2010 年光纤连接器用量已达 10 亿只。

（4）固体电解质。ZrO_2 陶瓷是一种高温型固体电解质。这是因为在 ZrO_2 中添加 CaO、MgO、Y_2O_3 稳定剂，经高温处理后，低价离子部分地置换了高价 Zr^{4+}，便形成了氧缺位型的固溶体。氧离子的缺位以及在氧缺位附近氧离子迁移能的降低，使其具备了传递氧离子的能力，即氧离子导体。同时，ZrO_2 陶瓷还具有不渗透氧气等气体和钢铁一类液体金属的良好特性，因此在高温燃料电池、气体测氧探头及金属液测氧探头等上广泛应用。

（5）高温发热元件。纯 ZrO_2 绝缘性良好，比电阻高达 10^{13} Ω·cm。加入稳定剂（如 CaO，MgO，Y_2O_3）后，则会产生氧缺位形成离子电导，且在高温下这种离子电导增强，因此，ZrO_2 在高温下具有一定电导率。基于这一特性，它是制造高温、超高温空气电炉的理想发热元件，可在空气中使用，最高服役温度达 $2\,100 \sim 2\,200$ ℃。

（6）冶金用高温部件。ZrO_2 是一种弱酸性氧化物，它能抵抗酸性或中性熔渣的侵蚀（但会被碱性熔渣侵蚀），采用 PSZ 作为耐火坩埚，用于真空感应熔化或在空气气氛中熔化高温金属，如钴合金或贵金属铂、钯、铑等。与其他耐火材料相比，PSZ 价位较高，一般仅用于特殊场合。

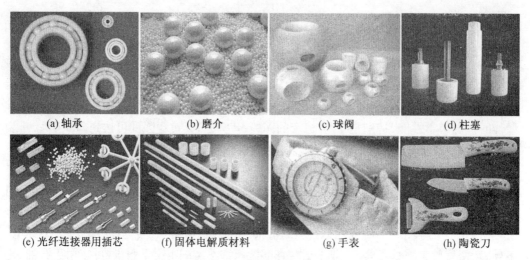

| (a) 轴承 | (b) 磨介 | (c) 球阀 | (d) 柱塞 |
| (e) 光纤连接器用插芯 | (f) 固体电解质材料 | (g) 手表 | (h) 陶瓷刀 |

图 9.28　ZrO₂ 陶瓷产品图片

（7）生活装饰与奢侈品。Y-TZP 陶瓷经研磨抛光后表面光洁、质感好、不氧化、耐磨损、耐汗液腐蚀，且颜色可调（黑、白、粉红等），可制作手表表壳、表链和项链珠宝等。

（8）陶瓷刀。氧化锆陶瓷刀不仅外观色泽美观，且硬度大、刀刃锋利、不锈蚀，非常适用于切削水果、蔬菜等，在保持水果口感、味道方面更胜一筹。

9.4.3　氮化硅和赛隆（SiAlON）陶瓷

1. 氮化硅陶瓷

Si_3N_4 有 $\alpha-Si_3N_4$ 和 $\beta-Si_3N_4$ 两种晶型，都属于六方晶系。通常认为 $\alpha-Si_3N_4$ 为低温晶型，$\beta-Si_3N_4$ 是高温晶型。二者密度分别为 $3.184\ g/cm^3$ 和 $3.187\ g/cm^3$。$\alpha-Si_3N_4$ 到 $\beta-Si_3N_4$ 的相变约发生在 1 420 ℃，属结构重构型相变。该相变通常是在与高温液相接触时发生，α 相溶解后析出长柱状或针状 β 相晶体。$\alpha\rightarrow\beta$ 相变也可以发生在气相状态，它具有单向性或不可逆性。

Si_3N_4 陶瓷因所用助烧剂种类和烧结技术的不同，性能也会有很大差异（表 9.18）。其外观颜色因纯度、密度和 α 与 β 两相比例不同而异，可呈灰白、蓝灰、灰黑到黑色。表面经抛光后，具有金属光泽。Si_3N_4 陶瓷力学性能、热学性能及化学稳定性优异，是结构陶瓷家族中综合性能最为优良的一类。

表 9.18　不同方法制备 Si_3N_4 陶瓷的典型性能

性能	材料	RBSN	HPSN	SSN	SRBSN	HIP-SN	HIP-RBSH	HIP-SSN
相对密度/%		70 ~ 88	99 ~ 100	95 ~ 99	93 ~ 99	—	99 ~ 100	—
杨氏模量 E/GPa		120 ~ 250	310 ~ 330	260 ~ 320	280 ~ 300	—	310 ~ 330	—
泊松比		0.2	0.27	0.25	0.23	—	0.23	0.27
断裂强度/MPa	25 ℃	150 ~ 350	450 ~ 1 000	600 ~ 1 200	500 ~ 800	600 ~ 1 050	500 ~ 800	600 ~ 1 200
	1 350 ℃	140 ~ 340	250 ~ 450	340 ~ 550	350 ~ 450	350 ~ 550	250 ~ 450	300 ~ 520
断裂韧性 K_{IC}/(MPa·m$^{1/2}$)		1.5 ~ 2.8	4.2 ~ 7.0	5.0 ~ 8.5	5.0 ~ 5.5	4.2 ~ 7.0	2.0 ~ 5.8	4.0 ~ 8.0

注：RBSN—反应结合氮化硅；HPSN—热压烧结氮化硅；SSN—气压烧结氮化硅；SRBSN—反应加气压烧结氮化硅；HIP-SN—热等静压烧结氮化硅；HIP-RBSH—反应烧结后热等静压处理氮化硅；HIP-SSN—气压烧结后热等静压处理氮化硅。

　　(1) 力学性能。Si_3N_4 陶瓷是为数不多的几种能将高强度、高韧性和高硬度集于一身的先进陶瓷材料之一。其维氏硬度为 18 ~ 21 GPa,仅次于金刚石和立方 BN、B_4C、SiC 陶瓷;室温抗弯强度和断裂韧性通常分别为 800 ~ 1 460 MPa 和 10 ~ 11 MPa·$m^{1/2}$;无压烧结或气氛烧结 Si_3N_4 的抗弯强度和断裂韧性也可达 400 ~ 1000 MPa 和 4 ~ 7 MPa·$m^{1/2}$。在 Si_3N_4-Y_2O_3-AlN 系统中加入 HfO_2,热压烧结所得陶瓷的强度随测试温度升高却一直增大,1 300 ℃时抗弯强度高达 1 200 MPa 以上,较 Si_3N_4-Y_2O_3-Al_2O_3 和 Si_3N_4-Y_2O_3-AlN 系 Si_3N_4 陶瓷高温性能更加优异。

　　(2) 热学性能。α-Si_3N_4 的热膨胀系数为 2.8×10^{-6}/℃,β-Si_3N_4 的热膨胀系数为 3.0×10^{-6}/℃。而 Si_3N_4 陶瓷通常为 3.3×10^{-6}/℃ (25 ~ 1 000 ℃),远低于 Al_2O_3 和 ZrO_2 等陶瓷。Si_3N_4 陶瓷导热性优良,通常无压和热压烧结的致密 Si_3N_4 陶瓷室温热导率在 30 W/(m·K) 左右。通过提高致密度、获得定向排列晶粒、减少晶界相等可进一步提高热导率。日本研制的高导热 Si_3N_4 陶瓷的热导率已达 200 W/(m·K) 以上。

　　(3) 抗热震性。Si_3N_4 陶瓷强度高、热导率高和热膨胀系数小,因而抗热震性优异,在先进结构陶瓷中非常突出,例如 SSN/HIPSN 和 SSN/HIP-RBSN 经受从室温至 1000 ℃甚至 1 200 ℃的热冲击不会开裂。

　　(4) 电学性能。Si_3N_4 陶瓷在室温和高温下都是电绝缘材料,室温下干燥介质中的电阻率为 10^{15} ~ 10^{16} Ω·m;介电常数为 9.4 ~ 9.5 (反应烧结氮化硅的介电常数较低,为 4.8 ~ 5.6);介质损耗角正切值为 0.001 ~ 0.1(1 MHz)。Si_3N_4 陶瓷的纯度,如游离硅及碱金属、碱土金属、Fe、Ti、Ni 等杂质含量均影响其绝缘和介电性能。

　　(5) 化学稳定性。Si_3N_4 陶瓷化学稳定性优良,几乎能耐受所有的无机酸和某些碱液与盐的腐蚀,如煮沸的浓盐酸(HCl)、浓硝酸(HNO_3)和水的混合液(HNO_3 与 HCl 的体积比为 1∶3),磷酸(H_3PO_4)以及 85% 以下的硫酸(H_2SO_4)、25% 以下的氢氧化钠(NaOH)溶液对 Si_3N_4 均无明显腐蚀作用;Si_3N_4 对多数金属、合金熔体,特别是非铁金属熔体是稳定的,例如不受锌、铝、钢铁熔体、熔融尖晶石($MgO\cdot Al_2O_3$)等的侵蚀;Si_3N_4 陶瓷的高温抗氧化性优良,因为它在表面生成了无定形致密的 SiO_2 保护层阻碍了氧的扩散。

　　氮化硅陶瓷综合性能优异,已在机械、航天航空、冶金、化工、能源、汽车、半导体等现代科学技术和工业领域获得越来越多的应用,如高速、超高速或超低温精密陶瓷轴承、耐冷热疲劳高尺寸稳定性的空间相机支架、耐磨红硬性好的切削刀具、集承载-防热-透波多功能一体化的导弹天线罩、抗熔融金属侵蚀的坩埚与热电偶保护管、耐磨耐腐蚀的化工泵和泥浆泵部件、半导体工业用陶瓷基板或衬底、特种陶瓷弹簧等(图 9.29)。

　　2. 赛隆(SiAlON)陶瓷

　　Si_3N_4 晶格中溶进 Al_2O_3 后会形成一种范围很宽的固溶体并保持电中性。这种由 Al_2O_3 的 Al、O 原子部分的置换 Si_3N_4 中的 Si、N 原子而形成的固溶体,仍保持六方晶系 Si_3N_4 的结构,只是晶胞尺寸有所增大,形成了由 Si-Al-O-N 元素组成的一系列相同结构的新型陶瓷材料;将组成元素依次排列起来便为 SiAlON,即所谓的"赛隆"。

　　赛隆陶瓷主要包括柱状晶形的 β-SiAlON、等轴状晶粒的 α-SiAlON、(α+β)-SiAlON 及新近发展起来的新型柱状晶 α-SiAlON 陶瓷。β-SiAlON 强度高、韧性好但硬度较低;等轴晶粒 α-SiAlON 硬度高但韧性较低;柱状晶 α-SiAlON 陶瓷则实现了强度、韧性和硬度同步提高。

(a) 混合式与全陶瓷轴承　　(b) 螺旋弹簧等　　(c) 陶瓷刃具　　(d) 导弹天线罩

(e) 空间相机框架　　(f) 涡轮转子　　(g) 铝液浇铸冒口　　(h) 微电子器件衬板

图 9.29　Si_3N_4 陶瓷产品图片

赛隆陶瓷保留了 Si_3N_4 陶瓷的优良性能,如低热膨胀系数、优异的抗热震性和透波性质,同时,抗氧化性又得到进一步提高,因此被认为是最有希望的高温结构陶瓷之一,是发动机用热机部件的重要候选材料。如 Lucas 公司已采用赛隆陶瓷来制造柴油发动机中的预燃烧室镶块、挺柱、气门、摇臂镶块和涡轮增压器转子等陶瓷零部件。另外,它还是优异的刀具材料,如 β-SiAlON 陶瓷刀具加工铸铁和镍基高温合金效果非常好,相对于 TiN 涂层硬质合金刀具,切削速度可提高 3 倍,达到 460 m/min。近来,具有透光及透波特性的 SiAlON 透明陶瓷也得到了快速发展。

9.4.4　碳化硅陶瓷

SiC 主要有两种晶型,即立方晶系的 β-SiC 和六方晶系的 α-SiC。β-SiC 为低温稳定型,属于面心立方(fcc)闪锌矿结构。α-SiC 为高温稳定型,它有许多变体,其中最主要的是 4H、6H、15R 等。在 2 100 ℃ β-SiC 开始向 α-SiC 转变。

SiC 陶瓷的性能特点主要包括六个方面:

(1)低密度(3.19 g/cm³)、高弹性模量(>400 GPa);

(2)高硬度(莫氏硬度为 9.2 ~ 9.5),仅次于金刚石、立方 BN 和 B_4C 等少数几种材料,且摩擦系数较低,具有优异的耐磨损性能;

(3)高强度,特别是高温强度高、高温蠕变小;

(4)低热膨胀系数((4 ~ 4.8)×10⁻⁶/℃)、高热导率(导热率可达 100 ~ 250 W/(m·K)),抗热震性优良;

(5)化学稳定性好,耐酸碱、熔融金属和高温水蒸气腐蚀性能优异;

(6)抗氧化能力强,SiC 在 1 000 ℃ 以下开始氧化,1 300 ~ 1 500 ℃ 时反应生成 SiO_2 层,可阻碍 SiC 进一步氧化;

(7)电阻率大小可通过纯度和掺杂来调控,具有半导体特性。

基于上述物性,碳化硅陶瓷可应用于耐磨、耐高温和耐腐蚀密封环、滑动轴承,优质陶瓷防弹板,长寿命喷砂器用喷嘴,大尺寸硅单晶用研磨盘,耐高温、耐腐蚀、抗热震的高效热交换器,耐高温、抗蠕变、抗热震的燃气轮机燃烧室筒体,导向叶片和涡轮转子等高温部件,高温横梁、棍棒、棚板、匣钵等优质高温窑具材料等领域,典型代表如图9.30所示。

(a) 大尺寸球磨机内衬　(b) 大尺寸片式热交换器　(c) 高温棍棒　(d) 高温火焰喷嘴

(e) 半导体工业用 SiC 部件　(f) 放置硅片的 SiC 支架　(g) 装有 SiC 齿轮的全陶瓷泵　(h) 太空反射镜（背面）

图 9.30　SiC 陶瓷产品零部件图片

9.4.5　其他种类单相先进结构陶瓷

工程上,其他比较重要或有重要潜在应用的单相先进结构陶瓷材料还有氮化硼陶瓷、氮化铝陶瓷、碳化硼陶瓷、硼化物陶瓷和 MAX 相陶瓷等。

1. 氮化硼陶瓷

BN 陶瓷通常是指六方氮化硼(h-BN)。六方氮化硼具有与石墨相似的层状结构,但质地为白色,故称"白石墨"。其密度较低,为 $2.26\ \text{g/cm}^3$;它质软(莫氏硬度为2)、可加工性好,容易制成精密和形状复杂的陶瓷部件,制品精度可达 0.01 mm;其热导率较高、热膨胀系数和弹性模量较低,故抗热震性优异,可在 1 500 ℃ 到室温的反复急冷急热条件下使用。

BN 陶瓷电绝缘性能优良,如高纯度 BN 室温条件下最大体积电阻率可达 10^{16} ~ $10^{18}\ \Omega\cdot\text{cm}$,在 1 000 ℃ 下电阻率仍为 10^4 ~ $10^6\ \Omega\cdot\text{cm}$;其击穿电压为 950 kV/cm,是 Al_2O_3 的 4 ~ 5 倍,介电常数为 4,是 Al_2O_3 的 1/2;介质损耗较低,在很宽温度范围内可保持在 10^{-3} 量级。故 BN 陶瓷可广泛用于高频、低频范围的绝缘和介电透波领域。

BN 对酸、碱、金属和玻璃熔渣的耐侵蚀性优异,对大多数金属熔体如铁、铝、钛、铜、硅等以及砷化镓、水晶石和玻璃熔体等既不润湿也不发生反应。

BN 陶瓷可用于耐熔融钢液侵蚀、抗热震的水平连续铸造分离环,薄带连铸连轧用陶瓷侧封板,陶瓷管和高温容器,航天飞行器和导弹用承载-防热-透波多功能一体化微波或红外透过天线罩和天线窗,深空探测飞行器、卫星等用新型离子体发动机喷管,热电偶保护管,原子反应堆中用作控制中子速度和数量的控制棒和屏蔽材料,电子信息工业用半导体封装散热基板等等,具体实例如图 9.31 所示,在航天与国防、冶金、电子和原子能等工业领域发挥着重要作用。

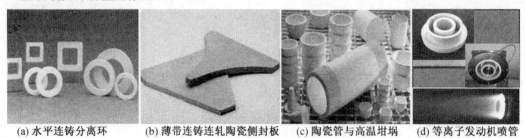

(a) 水平连铸分离环　　(b) 薄带连铸连轧陶瓷侧封板　　(c) 陶瓷管与高温坩埚　　(d) 等离子发动机喷管

图 9.31　各类 BN 陶瓷制品图片

2. 氮化铝陶瓷

AlN 陶瓷导热性优异,其理论热导率为 319 W/(m·K),实际 AlN 陶瓷热导率也可达 230 W/(m·K)以上,是 Al_2O_3 陶瓷的 5～10 倍,不逊于高导热 BeO 陶瓷。而与 BeO 相比,其热导率受温度影响较小,特别是在 200 ℃以上;同时它电绝缘性和介电性能优异,其禁带宽度为 6.2 eV,室温电阻率大于 10^{16} Ω·m;介电常数及介电损耗比较适中;热膨胀系数较低,室温～200 ℃为 $3.5×10^{-6}$/℃,与硅单晶匹配性优于 BeO 和 Al_2O_3 陶瓷。它是高密度封装用大规模集成电路高导热基板的最佳材料,也是重要的红外导流罩及高温窗口材料。此外,它还是优良的真空蒸发和熔炼金属坩埚材料,尤其适合用作真空蒸发 Al 的坩埚,不会污染铝液。

3. 碳化硼陶瓷

B_4C 陶瓷的突出特点是密度小,仅为 2.51 g/cm³,比 SiC 和 Si_3N_4 陶瓷甚至比铝的还低,仅为钢铁的 1/3;同时,它硬度高、模量高,分别高达 30 GPa 和 450 GPa,高于 SiC 和 Si_3N_4 陶瓷。所以,它是防弹背心、防弹头盔和防弹装甲的最佳材料(见图 9.32),尤其适用于武装直升机、陆上装甲车和其他航空器的防弹装甲材料;高硬度、耐磨性好还使它成为飞机、舰船、航天飞行器等惯性导航系统高精度、长寿命陀螺仪气体轴承材料。B_4C 陶瓷中子吸收能力强,中子吸收截面高达 3 850 b 以上,非其他陶瓷材料所具备的,因而使其成为核能领域重要的中子吸收和屏蔽材料。

(a) 防弹板和防弹头盔　　　　(b) 耐磨喷嘴　　　　(c) 中子吸收体

图 9.32　工业用 B_4C 陶瓷产品部件图片

4. 硼化物陶瓷

以 TiB_2、ZrB_2、HfB_2、TaB_2 等为代表的硼化物陶瓷因具有高熔点、优异的电导性、高温力学性能、高温抗氧化性能、耐烧蚀、耐腐蚀、耐磨性能等而倍受人们的青睐,在超高温、超硬等极限条件下应用前景广阔。它是开发高速超高速航天飞行器的鼻锥帽和机翼前缘等关键防热构件的重要基础材料;在钢铁工业上,主要用于不锈钢涂层,制备轧钢生产线用轧辊、导向辊等,可大幅度提高零件的使用寿命;在航空、汽车和工具等行业,可以用于制备防弹体、各种耐磨耐蚀的辊道、阀门、模具、喷嘴和陶瓷刀具等。

5. MAX 相陶瓷

泛指一般表达式为 $M_{n+1}AX_n$ 的三元碳化物或氮化物材料,式中 M 为过渡金属,A 为 Si、Al、Ge 等,X 为 C 或 N 元素;下标 n 表示摩尔比,如 Ti_3SiC_2、Ti_3AlC_2、Ti_2AlN、Ti_4AlN_3 和 Nb_4AlC_3 等。MAX 相陶瓷加工性能优异、导电性和导热性良好、抗热震性和抗氧化性能优异,在高温结构、电极电刷、电加热元件等许多领域应用前景良好。

9.4.6　陶瓷基复合材料

与单相陶瓷相比,复合陶瓷或陶瓷基复合材料尤其是以力学性能非常优异的晶须或纤维(表 9.19)为增强相时,陶瓷复合材料的强度和韧性将得到显著提高,因此具有更高的服役安全可靠性。同时陶瓷基复合材料还可赋予单相陶瓷所不具有的新功能特性。例如,为了改善陶瓷的机械加工性能,赋予它可加工性,可适量引入软质相如 h-BN、MAX 或磷酸盐等;为了调控陶瓷导电或介电性能,可引入导电组元如 TiN_p 等。

表 9.19　典型晶须和纤维的力学性能

种　　类		直径/	密度/	拉伸强度/	弹性模量/	伸长率/
		μm	(g·cm⁻³)	GPa	GPa	%
晶须	SiC_w	0.05 ~ 7	3.18	21.0	490	—
	Si_3N_{4w}	0.1 ~ 0.6	3.20	1.4	350	—
	AlN_w	0.05 ~ 1	3.3	6.9	340	—
纤维	Al_2O_{3f}	15 ~ 20	3.95	1.4 ~ 2.1	350 ~ 390	0.29
	SiO_{2f}	5 ~ 7	2.2	6.0	78	4.60
	$3Al_2O_3 \cdot 2SiO_{2f}$	—	3.1	1.72	207 ~ 240	1.72
	Si_3N_{4f}	10	2.39	2.5	300	
	BN_f	6	1.8 ~ 1.9	0.8 ~ 1.4	210	
	$Si-B-C-N_f$	12 ~ 14	1.85	4.0 3.8(1 400 ℃)	290 261(1 400 ℃)	1.00
	B_f(W 芯)	102 ~ 203	2.31	3.24 ~ 3.5	378 ~ 400	—
	SiC_f Hi-Nicalon	14	1.274	3.0 2.1(1 400 ℃)	280 196(1 400 ℃)	1.00
	SiC_f 国产	12 ~ 15	2.42	2.3 ~ 2.4	150 ~ 190	—
	C_f T-300	7	1.76	3.5	231	1.40
	C_f T-500	7	1.78	3.8	234	1.62
	C_f T-800	5	1.81	5.49	294	1.90
	C_f T-1 000	5	—	4.8	294	2.4

1. 陶瓷基复合材料的分类

根据强韧相的种类及复合材料的结构形式,陶瓷基复合材料可以分为颗粒(微米颗粒、晶片、纳米颗粒)弥散强韧陶瓷基复合材料、晶须/短纤维强韧陶瓷基复合材料、连续纤维强韧陶瓷基复合材料和结构复合陶瓷基复合材料(包括梯度功能复合材料、独石结构复合材料和仿生层状结构)。其具体分类及其典型材料实例见表 9.20。

表 9.20　陶瓷基复合材料的分类及实例

材　料	类　型	典　型　例　子
颗粒强韧陶瓷基复合材料	相变增韧型	ZrO_2/Al_2O_3（ZTA），$ZrO_2/Mullite$（ZTM），ZrO_2/Si_3N_4，$ZrO_2/SiAlON$，ZrO_2/SiC，$ZrO_2/MgAl_2O_4$，ZrO_2/Al_2TiO_5 等
	颗粒复合与弥散韧化型	SiC_p/Al_2O_3，SiC_p/ZrO_2，$SiC_p/Al_2O_3-ZrO_2$，SiC_p/Si_3N_4，TiC_p/Al_2O_3，$SiAlON/BN$，TiN_p/Al_2O_3，TiN_p/Si_3N_4 等
晶须/短纤维强韧陶瓷基复合材料	晶须补强增韧型	SiC_W/Al_2O_3，SiC_W/ZrO_2，$SiC_W/Al_2O_3-ZrO_2$，SiC_W/Si_3N_4 等
	短纤维增韧型	C_{sf}，SiC_{sf}，BN_{sf}，$CNTs$ 等增韧的 SiO_2，Al_2O_3，ZrO_2，Mullite，$Al_2O_3-ZrO_2$，Si_3N_4，$SiAlON$ 等
连续纤维强韧陶瓷基复合材料	连续纤维增韧型	C_f/SiC，C_f/LAS，$C_f/$榴石，SiC_f/SiC，SiC_f/LAS，SiO_{2f}/Si_3N_4，BN_f/SiO_2 等，难熔金属纤维 W_f 等增韧的 CMC
结构复合型陶瓷基复合材料	梯度功能复合陶瓷	$Si_3N_4/.../BN$，$SiC/.../BN$，$Al_2O_3/.../BN$ 等梯度功能复合陶瓷
	仿竹木结构纤维独石陶瓷	Si_3N_4/BN，SiC/BN，Al_2O_3/BN 等纤维独石复合陶瓷
	仿贝壳珍珠岩结构层状陶瓷	Si_3N_4/BN，Al_2O_3/ZrO_2，Al_2O_3/Ti_3SiC_2 等层状结构复合陶瓷

2. 陶瓷基复合材料的制备工艺

陶瓷基复合材料的制备工艺因其增强相的形态、复合形式等的不同而不同。颗粒、晶须和短纤维强韧化陶瓷基复合材料的制备工艺与单相陶瓷材料的基本相同，关键之一是增强颗粒、晶须或短纤维在基体中的均匀分散。容易的，直接加入基体粉末中直接球磨干混获得混合粉料。困难的，一般先在纳米颗粒、晶须或短纤维中加入表面活性分散剂和悬浮剂等，并借助单独球磨或超声分散，然后将分散好的增强相与基体料浆混合，继而蒸发烘干获得混合粉料。最后进行成型、烧结。烧结可用热压、气压、热等静压、放电等离子烧结和微波烧结等等。

连续纤维增强的陶瓷基复合材料的制备工艺主要有两类，一是先将纤维编织成一定形状的预制体，再采用化学气相渗透（CVI）或化学气相沉积（CVD）技术使陶瓷相填充于纤维骨架和纤维束缝隙中，制得复合材料；二是将纤维浸入陶瓷料浆后进行缠绕，制成一定形状坯体，然后热压烧成复合材料。另外，采用浸渍了铝硅酸盐系无机聚合物料浆的纤维预制体低温养护成型后，再于一定高温下陶瓷化处理的方法，是低成本制备先进陶瓷基复合材料的一种有益尝试。

3. 陶瓷基复合材料的力学性能

表 9.21 和表 9.22 分别给出了代表性 ZrO_2 相变增韧和纳米颗粒增韧复合陶瓷的力学性能。

表 9.21　几种 ZrO_2 相变增韧陶瓷基复合材料强度和断裂韧性与基体材料性能对比

材　料	弯曲强度 σ_f/MPa	断裂韧性 $K_{IC}/(MPa \cdot m^{1/2})$
Al_2O_3	400	4.5
$Al_2O_3+20vol.\%ZrO_2$（2Y）	450	7.2
Mullite	224	2.8
Mullite+ZrO_2（2Y）	450	4.5
Si_3N_4	650	4.8 ~ 5.8
$Si_3N_4+ZrO_2$（2Y）	750	6 ~ 7

表 9.22　纳米陶瓷颗粒增韧陶瓷基复合材料的室温力学性能

材　料	弯曲强度 σ_f/MPa	断裂韧性 K_{IC}/(MPa·m$^{1/2}$)
HP–SiO$_2$	27.5	0.35
15% SiC$_p$(0.3 μm)–Si$_3$N$_4$/SiO$_2$	81.1	1.05
2% SiC$_p$(30 nm)–Si$_3$N$_4$/SiO$_2$	88.5	1.26
Al$_2$O$_3$	350	3.5
5% SiC$_p$(0.3 μm)/Al$_2$O$_3$	1 050	4.8
TiC$_p$/Al$_2$O$_3$	1 100	4.2
10% TiN$_p$/Al$_2$O$_3$	750	5.2
Al$_2$O$_3$–ZrO$_2$(2Y)	1 060	3.6
TiC$_p$/Al$_2$O$_3$–ZrO$_2$(2Y)	1 300	6.3
BaTiO$_3$	145	0.86
SiC$_p$/BaTiO$_3$	350	1.22
MgO	340	1.2
SiC$_p$/MgO	700	4.5
Mullite	150	1.2
SiC$_p$/Mullite	700	3.5
Si$_3$N$_4$	850~1 100	5.5
32% SiC$_p$/Si$_3$N$_4$	1 360	7.0
SiAlON	762	4.6
10% SiC$_p$/SiAlON	746	5.0
C$_f$/SiAlON	314	9.8
10% SiC$_p$–C$_f$/SiAlON	705	23.5

注:表中百分数为体积分数。

在所有强韧方式中,以晶须强化效果最为显著,以连续纤维韧化效果最佳。只要正确地选择基体与纤维搭配、控制好复合工艺,制备出纤维分布合理、界面结合状况适当的复合材料,即可获得强度和韧性均很优良的复合材料,如早期开发的碳纤维增强各种玻璃基复合材料,包括 C$_f$/Soda 玻璃、C$_f$/SiO$_2$、C$_f$/LAS 玻璃和 C$_f$/7740 玻璃等,以及后来开发的 C$_f$/Si$_3$N$_4$、SiO$_{2f}$/Si$_3$N$_4$、C$_f$/SiC 和 SiC$_f$/SiC 等陶瓷基复合材料。它们有的断裂功较脆性基体提高了 2~3 个数量级(表 9.23),从本质上保证了复合材料构件服役的可靠性。

表 9.23　某些陶瓷基复合材料与其基体的性能对比

材　料	弯曲强度 σ_f/MPa	断裂韧性 K_{IC}/(MPa·m$^{1/2}$)	断裂功 γ/(J·m^{-2})
Soda 玻璃	100	—	3
C$_f$/Soda 玻璃	570	—	4.3×10^3
SiO$_2$	51.5	—	5.9~11.3
30Vol% C$_f$/SiO$_2$	600	—	7.9×10^3
LAS* 玻璃	100~150	1.5	3
50Vol% Nicalon–SiC$_f$/LAS 玻璃	1380	17~24	—
C$_f$/LAS 玻璃	680	—	3×10^3
7740* 玻璃	40~70	1	3
40Vol% Nicalon–SiC$_f$/7740 玻璃	700	—	—
C$_f$/7740 玻璃	1 025	20	3.4×10^3

续表 9.23

材　料	弯曲强度 σ_f/MPa	断裂韧性 K_{IC}/(MPa·m$^{1/2}$)	断裂功 γ/(J·m^{-2})
Al$_2$O$_3$	350	3 ~ 5	—
SiC$_w^*$/Al$_2$O$_3$	305	9	—
RBSN	200 ~ 300	2.5	—
SiC$_w$/RBSN	900	20	—
SiC	350	5	—
SiC$_w$/SiC	750	25	—
C$_f$/SiC	250 ~ 520	11.4 ~ 16.5	—
(CVI*)3D-SiC$_f$/SiC	860	41.5	28.1×10^3
Si$_3$N$_4^*$	800	6.5	100
SMZ*-Si$_3$N$_4$	473	3.7	19.3
30Vol% C$_f$/SMZ-Si$_3$N$_4$	454	15.6	4.77×10^3
Si$_3$N$_4$/BN 纤维独石复合材料	600 ~ 800	20 ~ 28	4.0×10^3

注:SiO$_2$ 为熔融石英玻璃;LAS 为 Li$_2$O-Al$_2$O$_3$-SiO$_2$ 锂铝硅酸盐;7740 为硅硼系列玻璃;w 代表晶须;RBSN 代表反应烧结氮化硅;CVI 为化学气相浸渍(工艺);SMZ 为烧结 mullite-ZrO$_2$。

　　此外,采用仿生结构设计思路,制成具有仿竹木纤维结构或具有贝壳珍珠层结构特征的陶瓷复合材料,通过界面组成和结构的设计与调控,亦能同时获得高韧性和高强度的特征。如 Si$_3$N$_4$/BN 纤维独石陶瓷基复合材料(截面和侧向的显微组织及裂纹扩展形貌如图 9.33 所示)和 Si$_3$N$_4$/BN 贝壳珍珠层结构层状复合材料,断裂韧性可达 20 ~ 28 MPa·m$^{1/2}$,断裂功大于 4 000 J/m^2,弯曲强度保持在 600 ~ 800 MPa,其典型的载荷-位移曲线见图 9.34。

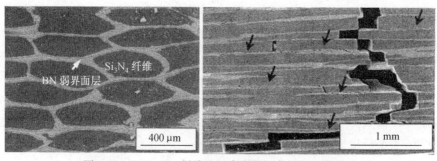

图 9.33　Si$_3$N$_4$/BN 纤维独石陶瓷基复合材料的横截面

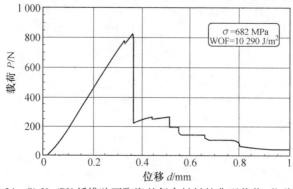

图 9.34　Si$_3$N$_4$/BN 纤维独石陶瓷基复合材料的典型载荷-位移曲线

4. 陶瓷基复合材料的应用

多数陶瓷基复合材料的使用场合一般与其对应基体类似,只是服役条件更为苛刻。但是因为复合材料尤其是连续纤维增强的陶瓷基复合材料原料昂贵、生产设备条件投资大、生产周期长,导致最终产品价格不菲,应用多限于国防军工和重点航空航天工程等对成本不太计较的场合,相关技术也是各个国家之间相互封锁的对象。这里只举几个较为特殊的例子:C_f/SiO_2复合材料一般用于弹头端帽等苛刻热震烧蚀的服役环境,SiO_{2f}/Si_3N_4和 SiO_{2f}/SiO_2 则多用于具有承载-防热-透波多功能一体化的弹头天线罩,而 C_f/SiC 和 SiC_f/SiC 则多用于超高速飞行器鼻锥、翼前缘甚至整个飞行器舱段、军用飞机刹车片、火箭发动机喷管、太空望远镜轻质高强高刚度高尺寸稳定性的镜筒或支架、跑车车身等(图9.35)。高分二号卫星即采用了 C_f/SiC 陶瓷基复合材料作为长焦距、大口径、轻型相机的镜筒,它的成功标志着我国遥感卫星进入亚米级"高分时代"。

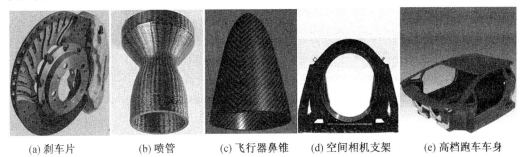

(a) 刹车片　　　　(b) 喷管　　　　(c) 飞行器鼻锥　　　(d) 空间相机支架　　　(e) 高档跑车车身

图 9.35　一些先进陶瓷基复合材料的工程应用实例图片

高性能先进结构陶瓷正向着复合化、增强体多维化与多尺度化、纤维组织结构仿生化等方向发展。随着民用工业对先进陶瓷基复合材料的需求日益强烈,先进陶瓷基复合材料的低成本化制备也迫在眉睫。我国在以铝硅酸盐系无机聚合物先驱体转化制备高性能纤维增强榴石和霞石基陶瓷复合材料方面取得了初步成果,为低成本制备先进陶瓷复合材料提供了新途径。

9.5　先进功能陶瓷概述

先进功能陶瓷是电子信息材料的重要成员,已在电子通讯、集成电路、计算机技术、信息处理、自动控制等方面得到广泛应用。电子信息产品更新换代迅速,如计算机几乎每5~6年更新一代,运行速度提高约 10 倍,存储容量增大约 20 倍,可靠性提高约 10 倍,而电子元器件价格要降低数倍,这都以各种新型电子材料涌现和已有材料性能提高为基础,而先进功能陶瓷在其中扮演着重要角色。

在中国,功能陶瓷也属于正在发展中的新兴高技术产业,其产值约占整个先进陶瓷材料产值的 70%,预计"十三五"期间将达到年产值 3 000 亿元的产业规模,带动相关产业增加 3 万亿元的产值,社会效益和经济效益明显。发达国家也都对其非常重视,研究开发十分活跃。当前,先进功能陶瓷正向着器件化、集成化、微小型化、大容量化、高可靠性化和多功能化方向发展。

9.5.1　电学功能陶瓷

根据其中电子在电场下的运输行为特性是电传导还是电感应,可将电学功能陶瓷分为电绝缘陶瓷、介电陶瓷、铁电陶瓷、导电陶瓷和超导陶瓷。

1. 介电陶瓷

介电陶瓷指利用电场中介质所产生感应电荷特性的陶瓷,其介电常数和介电常数的温度系数以及其力学与热物理性能可调控,并且介电常数也较大,如采用 CuO 掺杂钛酸钙的介电常数为 $(5 \sim 8) \times 10^4$,可用于制造各种电容温度系数的电容器。其中,低电压、大容量、超小和超薄的片式陶瓷介质在迅速地发展并成为技术研究热点,如采用流延工艺可以制备单片层厚度 $\leqslant 1 \mu m$、整体厚度 $100 \sim 700 \mu m$、介电常数接近 10^5 的高介电陶瓷,在设备中的电磁干扰抑制等方面具有重要应用。

2. 铁电陶瓷

铁电陶瓷指在具有某个温度范围内可以自发极化,而且自发极化方向能够随外电场的反向而反向特性的陶瓷,其特征为具有电滞回线和居里温度,同时介电常数高、在电场作用下产生电致伸缩或电致应变。常见铁电陶瓷多属钙钛矿型结构,如 $BaTiO_3$、$BiFeO_3$ 等系陶瓷及其固溶体,有些已应用于新一代随机存取存储器等。

3. 导电陶瓷

导电陶瓷指当处于原子外层的电子获得足够的能量,克服了原子核对它的吸引力,而成为可以自由运动的自由电子,或者晶体点阵基本离子运动形成离子电导载流子,这时陶瓷就变成导电陶瓷。现在已经研制出多种可在高温环境下应用的高温电子导电陶瓷材料:如 SiC,$MoSi_2$,ZrO_2 和 ThO_2 陶瓷等,它们可以用作高温电阻发热体、磁流体发电机电极和大容量电池等。$LiFePO_4$ 导电陶瓷是锂离子电池的正极材料,其能量重量比约为 190 Wh/kg、能量体积比约为 500 Wh/L、循环寿命约为 2 000 次、每月自放电率 $<5\%$ 以及环境友好等诸多优点使其成为最受业界青睐的车载动力电池。

4. 超导陶瓷

超导陶瓷指在一定温度下能够发生零电阻现象的陶瓷材料。它们是典型的高温超导材料。超导陶瓷共有镧系、钇系、铋系和铊系等 4 个系列几十种,仅超导温度(T_c)在液氮(沸点 77.3 K)温度以上的就达 34 种之多,如 Y-Ba-Ca-Cu-O、Bi-Sr-Ca-Cu-O、Tl-Sr-Ca-Cu-O、Tl-Ba-Ca-Cu-O 等。基于其零电阻、迈斯纳效应、约瑟夫逊效应和同位素效应等基本特征,超导陶瓷在诸如磁悬浮列车、无电阻损耗输电线路、超导电机、超导探测器、超导天线、悬浮轴承、超导陀螺以及超导计算机等强电和弱电方面均显示出诱人的应用前景。

9.5.2　磁学功能陶瓷

磁学功能陶瓷包括含铁及其他元素的复合化合物即铁氧体陶瓷和不含铁的具有磁性的陶瓷。铁氧体陶瓷俗称磁性瓷,是目前最主要的磁性陶瓷。按性质和用途,他可分为软磁、硬磁、旋磁、矩磁、压磁及磁泡、磁光等铁氧体。

1. 软磁铁氧体

软磁铁氧体指在较弱磁场下易磁化也易退磁,并且具有起始磁导率高、磁导率温度系数小、损耗低、截止频率高的铁氧体。如锰锌铁氧体 $Mn-ZnFe_2O_4$ 和镍锌铁氧体 $Ni-ZnFe_2O_4$，结构为尖晶石型，是目前铁氧体中品种最多、应用最广的一种磁性陶瓷，主要应用于各种天线磁芯、滤波器磁芯、电视机偏转磁轭、磁放大器等。

2. 硬磁铁氧体

硬磁铁氧体指磁化后不易退磁，能够长期保留磁性的铁氧体，又称为永磁材料。硬磁铁氧体的化学式为 $MO \cdot 6Fe_2O_3$（M 为 Ba^{2+}，Sr^{2+}）具有六方晶系磁性亚铅酸盐型结构，具有较高的矫顽力和剩磁比。如 $BaO \cdot 6Fe_2O_3$ 是一种重要的硬磁铁氧体，可用于磁路系统中做永磁材料，以产生稳恒磁场，在电信、电声、电表、电机工业中可代替铝镍钴系硬磁金属材料，用作扬声器、助听器、录音磁头等各种电声器件及各种电子仪表控制器件，以及微型电机的磁芯等。

3. 旋磁铁氧体

旋磁铁氧体指在高频磁场作用下，当平面偏振的电磁波在铁氧体中按一定方向传播时，如果偏振面不断绕传播方向旋转，则称此种铁氧体为旋磁铁氧体。如磁铅石型旋铁氧体是良好的吸波材料，具有吸收强、频带较宽及成本低的特点，其次具有片状结构和较高的磁性各向异性等效场，因而有较高的自然共振频率。它已经应用于隐身技术，如用作 B-2A 隐身轰炸机机身和机翼蒙皮最外层涂覆材料，其雷达反射截面不足 $0.1 \ m^2$，隐身性能优异，使该机型被誉为"20 世纪军用航空器发展史上的一个里程碑"。

4. 矩磁铁氧体

矩磁铁氧体指磁滞回线近似矩形、矫顽力较小的铁氧体，其剩磁比高、矫顽力小、开关系数小、信噪比高、损耗低、对温度振动和时间的稳定性好。大都具有尖晶石结构，如 Mg-Mn铁氧体是应用最广泛的矩磁铁氧体，主要用于计算机及自动控制与远程控制设备中，作为记忆元件（存储器）、逻辑元件、开关元件、磁放大器的磁光存储器和磁声存储器。

9.5.3　光学功能陶瓷

在不同波长光照射下，会产生多种响应的陶瓷材料统称光学功能陶瓷。其光学性能具有多样性和复杂性，主要包括对光的折射、反射、吸收、散射和透射特性、受激辐射光放大特性、荧光效应等诸多方面，光学功能陶瓷因此可分为透明陶瓷、激光陶瓷等类别。

1. 透明陶瓷

透明陶瓷指能透过光线的陶瓷，由于该系陶瓷的电子被束缚不能被光子激发，从而使光子透过。透明陶瓷既具有陶瓷固有的耐高温、耐腐蚀、高绝缘、高强度等特性，又具有玻璃的光学性能。Al_2O_3、AlN、AlON 等透明陶瓷是其中的典型代表，可应用于高压钠灯灯管、高温红外探测窗等。

2. 激光陶瓷

激光陶瓷专指能作为激光器工作物质的一类透明陶瓷，为作为发光中心的激活离子提供合适的晶格场。其有效吸收光谱带较宽、强荧光效率、长荧光寿命和窄荧光谱线、易于产生粒子数反转和受激发射。激光陶瓷在激光通讯、激光信息存储、激光加工、激光核聚变等领域均有重要应用。美国劳伦斯·利弗莫尔国家实验室研制的固体热容激光器，以 Nd^{3+}:YAG 透明陶瓷作基质，用一块尺寸为 10 cm×10 cm×2 cm 的透明陶瓷即实现了 25 kW 的大功率激光输出，可在 2~7 s 内熔穿 2.5 cm 厚的钢板；用 5 块该系透明陶瓷板时,平均输出功率即可达 67 kW,该激光器以电池为激发电源,整个系统很小,可方便安装在车辆或者直升机上。

9.5.4　功能耦合与转换陶瓷

力学、热学、电学、磁学、光学和声学等特性之间并非完全彼此孤立,某种特定条件,上述各种性能之间会出现所谓的功能耦合转换的特性,如压-电(或机-电耦合)效应、压-磁效应、电-光耦合效应、光-弹效应、热释电与逆热释电效应、热-电效应、声-光效应和磁-光效应等等,能够实现上述功能转换的陶瓷即为功能耦合与转换陶瓷。

1. 压电陶瓷

压电陶瓷指一种能够将机械能和电能互相转换的功能陶瓷材料。典型压电陶瓷包括 $LiNbO_3$、$PbTiO_3$ 和 PZT 等,可用于制造超声换能器、水声换能器、电声换能器、高压发生器、红外探测器、声表面波器件、压电引燃引爆装置、压电陀螺和压电马达等。如美国 AN/BQS-6 型潜艇声呐球壳基阵由 1 245 块 PZT 陶瓷单元组成。该声呐能够指挥反潜武器的射击,还能完成水下目标的探测、警戒、识别、测距以及水下通讯等任务。另外,在医学上压电超声波多普勒诊断可用于诊断急性动静脉阻塞、脉管炎、主动脉瓣及三尖瓣反流以及血流的测定。

2. 热释电陶瓷

指具有因温度变化而引起总电矩变化,从而产生表面荷电效应的一类陶瓷,其关键物性参数有热释电系数、介电常数等。它具有热容量小、灵敏度大、介电常数小、介电损耗低、热扩散系数小等特性。如 $LiTaO_3$ 介电损耗很小且很稳定,可制成单元热释电探测器用于火山爆发预报、地球资源遥测、红外激光探测等领域。

3. 热电陶瓷

指具有由温差而产生热电势或者由于施加电压而产生吸热、放热特性的一类陶瓷,其特征为高电导、低热导。$Ca_3Co_4O_9$ 的热释电效应比普通金属高 10 倍,在温差发电、热电制冷、介电热辐射测量与探测和温敏传感器方面具有重要的应用。

4. 电光陶瓷

指在不同电场强度下具有不同折射率的一类陶瓷材料,具有使用波长范围内对光的吸收和散射小、电光系数、折射率和电阻率大、介电损耗角小的特点。典型代表为 PLZT 陶瓷($(Pb_{1-x}La_x)(Zr_{1-y}Ti_y)O_3$),可用于制造电光快门等光调制元件。

9.5.5　敏感陶瓷

当外部环境或内部状态发生各种非电的物理、化学或生物学变化时,如果陶瓷的电容或电阻等物理性能发生改变,则称这种陶瓷为敏感陶瓷。陶瓷的敏感特性与其化学组成、微观结构和缺陷特征等因素密切相关,按功能分为力敏、热敏、光敏、气敏、湿敏、压敏和磁敏陶瓷等 7 大类。敏感陶瓷是各类敏感元器件或传感器实现特殊功能的基础,在航空航天、军事、工业、民用及日常生活等领域的自动控制与信息反馈方面,发挥越来越重要的作用,成为现代经济新的增长点。例如,汽车传感器作为汽车电子控制系统的信息源,是汽车电子控制系统的关键部件,主要用于发动机控制系统、底盘控制系统、车身控制系统和导航系统中。目前,一辆普通家用轿车上大约安装几十到近百只传感器,而豪华轿车上的传感器数量可多达 200 余只。

（1）热敏陶瓷。指电阻值随温度改变而显著变化的半导体陶瓷，根据电阻温度系数的正负，可将其分为正/负温度系数热敏陶瓷，主要有 $BaTiO_3$ 和 V_2O_3 两个系列陶瓷，应用领域主要是家用电器的发热体和限流器。

（2）压敏陶瓷。指电阻随电压变化而急剧变化的陶瓷，常用非线性系数、压敏电压、漏电电流、老化时间等性能指标来表征。ZnO 系压敏陶瓷是应用最广泛的压敏电阻器材料，被广泛应用于卫星地面接收站高压稳压用压敏电阻器、电视机视放管保护用高频压敏变阻器、高压真空开关用大功率硅堆压敏变阻器等。

（3）气敏陶瓷。指吸附气体引起的半导体中载流子变化而导致本身电阻变化的陶瓷，是气敏传感器的关键材料。日本首先将掺 Pt、Pd 的 SnO_2 陶瓷气体传感器推向市场，它具有灵敏度高、响应快、体积小、结构简单、使用简单和价格低廉等优点，可用于漏气检测、燃烧控制、防爆、大气污染检测、气体分析实验和酒类检测等。

第10章 金属基复合材料

10.1 概 述

金属基复合材料(MMCs,即 Metal Matrix Composites)是经过特定的复合工艺在金属或合金基体中加入一定比例的纤维、晶须或颗粒增强体而得到的一种兼具基体和增强体性能特征的复合材料。金属基复合材料集高比模量、高比强度、高耐磨性、良好的导热和导电性、可控的热膨胀系数以及良好的高温性能于一体,同时还具有可设计性和一定的二次加工性,是一种重要的先进材料。

为了提高金属材料的比强度和比刚度,探索提高金属材料使用性能的新途径,也为了适应航天航空技术发展的需要,从 20 世纪 60 年代开始了金属基复合材料研究,而且主要力量集中在钨和硼纤维等增强铝基和铜基复合材料。在 20 世纪 70 年代,由于许多复合体系的界面处理问题难以解决,且增强体品种规格较少,复合工艺难度大,成本高限制了金属基复合材料的发展。进入 20 世纪 80 年代以来,随着科学技术的发展,特别是航空航天和核能利用等高新技术的发展,要求材料具有高比强度和刚度、耐磨损、耐腐蚀,并能耐一定高温,在温度较剧烈变化时有较高的化学和尺寸稳定性,促进了对金属基复合材料的研究和应用,铝基、镁基、铜基、钛基复合材料先后进入实用化研制阶段。此外,耐高温的金属间化合物基复合材料也得到了迅速的发展。

金属基复合材料主要由 3 部分组成:金属基体、增强体和基体/增强体界面。基体材料是金属基复合材料的重要组成部分,是增强体的载体,通常在复合材料中占有较大的体积分数,因此起到非常重要的作用。金属基体的力学性能和物理性能将直接影响复合材料的力学性能和物理性能。在选择基体材料时应主要考虑合金的特点和复合材料的用途,例如,航天航空领域的飞机、卫星、火箭等壳体和内部结构要求材料的重量轻、比强度和比刚度高,可以选择镁合金和铝合金等轻合金作为基体;在同时要求轻质、高强、耐热的条件下,可以选择钛合金和金属间化合物作为基体。

高性能增强体是金属基复合材料的关键组成部分,复合材料的性能提升主要取决于高性能增强体。在选择增强体时应主要考虑其强度、刚度、制造成本、与基体的相容性、高温性能,还有为特殊用途的导热和导电性等。

金属基复合材料的界面是指金属基体和增强体之间的结合区域。在金属基复合材料的制造和使用过程中,基体和增强体可能发生相互作用生成界面扩散层或界面反应层等,对复合材料的性能有很大的影响。界面反应对复合材料力学性能影响尤其严重,因此要控制界面反应使复合材料具有合适的界面状态。

金属基复合材料按增强特点,可分为使用连续长纤维增强的连续增强复合材料和使用颗粒、晶须、短纤维增强的非连续增强复合材料两大类。前者由于纤维是主要承力组元,因此具有很高的比强度与比刚度,在单向增强的情况下具有强烈的各向异性,但由于原材料纤维昂贵,制造工艺复杂,因而成本很高,在一定程度上限制了连续增强金属基复合材料的应用范围。后者金属基体仍起着主导作用,增强体的加入可以在一定程度上提高金属基体的综合性能,尤其是刚度、耐磨性、高温性能等提高明显,同时,非连续增强金属基复合材料的原材料成本低以及制造工艺相对简单,并且可以像金属材料一样进行各种后续冷热加工,因此应用范围和应用前景更加广泛。

金属基复合材料所用的基体合金主要有:铝合金、镁合金、钛合金、铜合金、钢铁合金、高温合金以及金属间化合物等。连续增强体主要有碳及石墨纤维、碳化硅纤维(包括钨芯及碳芯化学气相沉积丝)和先驱体热解纤维、硼纤维(钨芯)、氧化铝纤维、不锈钢丝和钨丝等;非连续增强体中短纤维常用氧化铝(含莫来石和硅酸铝)纤维,颗粒则有碳化硅、氧化铝、氧化锆、硼化钛、碳化钛和碳化硼等,而晶须类主要为碳化硅、硼化钛、氧化铝以及硼酸铝和钛酸钾等。

根据基体合金的物理和化学性质以及增强体的形状、尺寸、物理和化学性质不同,金属基复合材料的制备应选用不同的方法。这些方法归纳起来有 3 类:固态法、液态法和其他制造方法。固态法是指在制造金属基复合材料过程中基体一直处于固态的方法,包括粉末冶金法、热压法、热等静压法、轧制法、挤压和拔拉法、爆炸焊接法等。由于固态法整个过程处于较低温度,因此金属基体与增强材料之间的界面反应不严重。在有些固态法中(如热压法),有时希望基体合金中有少量的液相存在,即温度控制在基体合金的液相线和固相线之间,可以进一步提高复合效果。液相法是指基体金属处于熔融状态下与固态的增强材料复合在一起的方法。为了改善液态合金基体对固态增强体之间的润湿性,以及控制高温下增强材料与基体之间的界面反应,可以采用加压浸渗、增强材料的表面处理、基体中添加合金元素等措施。属于液态法的制造方法有:真空压力浸渗法、挤压铸造法、无压浸渗法、搅拌铸造法、液态金属浸渍法、共喷沉积法、热喷涂法等。其他制造方法包括自蔓延法、物理气相沉积法、化学气相沉积法、化学镀和电镀、复合镀法等。

10.2　金属基复合材料的分类

按照增强体的形状特征,金属基复合材料可分为连续纤维增强金属基复合材料和非连续增强金属基复合材料。根据金属基体的不同,金属基复合材料分为铝基、镁基、钛基、铜基和其他金属基复合材料等。

10.2.1　铝基复合材料

纯铝和铝合金都可以作为铝基复合材料的基体,其中以铝合金作为基体的铝基复合材料居多。工业上常用的各种体系的铝合金都可以作为金属基复合材料的基体。铝基复合材料研究主要集中在两个方面:① 采用连续纤维增强的具有优异性能的铝基复合材料,其应用范围一般集中在很特殊的领域,如航空航天领域。② 采用非连续增强体增强的具有优良综合性能的铝基复合材料,其应用范围相对更加广泛。

1. 连续纤维增强铝基复合材料

常用的长纤维有碳纤维和硼纤维。相比较而言,硼纤维增强铝基复合材料的综合性能好,复合工艺完善,工程上应用较成熟。

通常采用薄膜-纤维-薄膜法、基材涂敷单层纤维法和基材涂敷纤维法这 3 种层叠法来制备碳纤维增强铝基(C_f/Al)复合材料。在 C_f/Al 复合材料中,需要克服 Al 和 C 之间的界面化学反应问题,这种反应在纤维和基体界面形成脆性相 Al_4C_3。通常认为 Al_4C_3 弱化复合材料的性能。对于制备硼纤维增强铝基(B_f/Al)复合材料,首先是将硼纤维制备成预制带,通常有硼纤维树脂带、等离子喷涂条带、预固结硼铝单层条带和纤维编织带 4 种形式;然后通过固相或液相复合技术复合而成 B_f/Al 复合材料。B_f/Al 复合材料的密度比铝低,其强度与高强度结构钢相当,而刚度更高。当 B_f/Al 复合材料中纤维的体积分数为 50% 左右时,其抗拉强度为 1 350 ~ 1 550 MPa,拉伸模量为 200 ~ 230 GPa,而密度仅为 2.6 g/cm^3。

连续纤维增强铝基复合材料具有高比强度、高比模量,在高温时还能保持较高的强度,尺寸稳定性好等一系列优异性能,主要用于航天领域,作为航天飞机、人造卫星、空间站等的结构材料。用 B_f/Al 复合材料可以制造航空航天器主承力管型构件、涡轮风扇发动机叶片、高性能航空发动机风扇叶片和导向叶片等。

尽管连续纤维增强铝基复合材料有高的比刚度和比强度,但在制备和应用连续纤维增强铝基复合材料的过程中,仍有一些问题急需解决,例如连续纤维增强铝基复合材料的成型工艺复杂,难于进行二次机械加工和热加工,而且材料成本高。因此连续纤维增强铝基复合材料的应用仅限于产品性能比价格因素更为重要的少数尖端部门。相比之下,用短纤维、晶须、陶瓷颗粒等增强的非连续增强铝基复合材料则具有增强体来源广、价格低、成型性好等优点,可采用传统的金属成型加工工艺进行二次加工,并且材料的性能是各向同性的。

2. 非连续增强铝基复合材料

非连续增强铝基复合材料按增强体可分为短纤维、晶须和颗粒增强。短纤维增强体包括 C 纤维、SiC 纤维、Si_3N_4 纤维、Al_2O_3 纤维、硅酸铝纤维和莫来石纤维等。通常采用液相浸渗法制备短纤维增强铝基复合材料。纤维增强铝基复合材料不但强度、刚度高,且还具有优异的耐磨性,在实际应用中已取得良好效果。

短切 C 纤维增强铝基复合材料具有高比强度、高比刚度、低膨胀率等优点,不吸潮、抗辐射、导电导热率高,良好的尺寸稳定性,使用时没有气体放出,作为结构材料和功能材料在航空航天及民用领域的应用前景十分广阔。SiC 短纤维增强铝基复合材料有轻质、耐热、高强度、耐疲劳等优点,可用作飞机、汽车、机械等部件及体育运动器材等。硅酸铝短纤维增强的铝基复合材料具有优异的抗磨性能。

晶须增强铝基复合材料一般采用挤压铸造法生产,即将晶须制成具有一定体积分数的预制块,液态铝合金在压力下浸渗到预制块的孔隙中从而得到复合材料。目前应用较多的晶须有 SiC 晶须、Si_3N_4 晶须、$Al_{18}B_4O_{33}$ 晶须等。在非连续增强铝基复合材料中,晶须增强铝基复合材料具有最优异的综合性能。日本三菱和丰田汽车公司采用 SiC 晶须增强铝基(SiC_w/Al)复合材料制备了汽车气缸活塞等重要的零部件。在我国航天领域,SiC_w/Al复合材料也得到了越来越多的成功应用。

颗粒增强铝基复合材料的最大优点是成本低廉、制备工艺简单,最适合于实现大规模工业生产。常用的增强相颗粒有碳化物(SiC、B_4C、TiC)、硼化物(TiB_2)、氮化物(Si_3N_4)和氧化物(Al_2O_3)以及 C、Si、石墨等晶体颗粒都可以被用作铝基复合材料的增强体,其中

SiC 颗粒是使用最多的一种增强体。颗粒增强铝基复合材料的制备方法主要有液态金属浸渗法、搅拌铸造法、粉末冶金法和喷射沉积法。通过优化设计复合材料中增强颗粒的尺寸和含量，可以得到具有不同性能特点的颗粒增强铝基复合材料，其中高体积分数的颗粒增强铝基复合材料在电子封装领域有很好的应用前景。颗粒增强铝基复合材料已经在航天、航空、汽车、高端体育器械等领域实现了越来越多的成功应用。

10.2.2　镁基复合材料

纯镁的密度为 1.74 g/cm^3，是自然界中能够作为结构材料使用的最轻的金属材料之一。但是镁合金相对于其他合金的低硬度、低强度、低模量、低磨损抗力、高热膨胀系数等限制了它的广泛应用。镁基复合材料消除或减轻了镁合金的这些不足之处，是继铝基复合材料之后的又一具有竞争力的轻金属基复合材料，在航空航天及汽车工业领域有广泛的应用前景。镁基复合材料也分为连续纤维增强镁基复合材料和非连续增强镁基复合材料两类。

1. 连续纤维增强镁基复合材料

连续纤维增强镁基复合材料主要包括碳（石墨）纤维和 Al_2O_3 纤维增强两种，并以碳（石墨）纤维增强镁基复合材料的研究最多，其制备方法主要是真空无压或低压浸渗法。石墨纤维增强镁基（Gr/Mg）复合材料的密度小于 2.1 g/cm^3，热膨胀系数可以从负到零、到正，尺寸稳定性好，具有高比强度、高比刚度和高阻尼等性能。日本开发的碳（石墨）纤维增强镁基复合材料的强度已经达到 1 200 MPa、弹性模量达到 570 GPa。连续纤维增强镁基复合材料在航空航天、汽车工业等领域的应用前景十分广阔，NASA 已采用 Gr/Mg 复合材料制作空间动力回收系统构件、空间站的撑杆和空间反射镜架等。但是由于长纤维的成本高，复合材料制备工艺难度大，因此限制了它们的发展。

2. 非连续增强镁基复合材料

非连续增强镁基复合材料的增强体主要是短纤维（Al_2O_3）、晶须（SiC 和 $Al_{18}B_4O_{33}$）、颗粒（SiC 和 B_4C）。增强体的选择要从复合材料的应用情况、制备方法及增强体的成本等方面来考虑。基体镁合金可分为 3 类：室温铸造镁合金，高温铸造镁合金及锻造镁合金。基体的选择要考虑基体合金的性能、基体与增强体的浸润性及界面反应等问题。

非连续增强镁基复合材料的制备方法主要可分为以下几种：液态金属浸渗法（挤压铸造法、真空气压浸渗法、自浸渗法等）；搅拌铸造法；流变铸造法；粉末冶金法；喷射法等。

利用非连续增强镁基复合材料密度低、耐磨损、比刚度高、优良的尺寸稳定性、耐高温等特点，可在航空航天领域用来制备卫星天线及直升机用构件等；在汽车领域，可用于制作汽车的盘状叶轮、活塞环槽、齿轮、变速箱轴承、差动轴承、拔叉、连杆、摇臂等。

10.2.3　钛基复合材料

钛基复合材料以其高的比强度、比刚度和抗高温性能在宇航工业和航天领域具有广泛的应用前景。钛基复合材料的研究始于 20 世纪 70 年代，在 80 年代中期，美国航天飞机和整体高性能涡轮发动机技术以及欧洲和日本同类发展计划的实施对钛基复合材料的发展起了很大的推动作用。按增强相种类，钛基复合材料可分为两类，即连续纤维增强钛基复合材料和非连续增强钛基复合材料。

1. 连续纤维增强钛基复合材料

用于钛基复合材料的连续纤维增强相主要有氧化铝、碳化硼和碳化硅纤维等,这些陶瓷纤维增强相的特点是熔点高、具有良好的热稳定性及高比强和高比刚度等。另外,这些纤维的热膨胀系数与钛基体接近,但与钛基体之间有强烈的反应,所以它们在与钛基体复合之前经常要进行涂层处理。利用碳化硅长纤维制备成的钛基复合材料具有比强度高、比刚度高、使用温度高及疲劳和蠕变性能好等优点。如德国研制的 SCS-6 SiC/IMI834 复合材料,其抗拉强度高达 2 200 MPa,弹性模量达 220 GPa,而且具有极为优异的热稳定性,在 700 ℃暴露 2 000 h 后,力学性能不降低。连续纤维增强钛基复合材料已经成功用于制备大型客机和高端航空发动机中的耐热承力结构件。

制备连续纤维增强钛基复合材料的难度较大,一般只能采用固相法合成,然后用热等静压(HIP)、真空热压(VHP)锻造等方法压实成型。

2. 非连续增强钛基复合材料

非连续增强钛基复合材料的增强相有碳化物、硼化物、氧化物及金属间化合物等。碳化物如 TiC、B_4C、SiC;硼化物如 TiB 和 TiB_2 等;氧化物如 Al_2O_3、Zr_2O_3、R_2O_3(R 为稀土元素);金属间化合物如 Ti_3Al、$TiAl$、Ti_5Si_3 等。其中,TiB、TiB_2 和 TiC 等几种陶瓷颗粒为常用的增强相。

非连续增强钛基复合材料的制备方法较多,根据工艺方法可分为熔铸法、粉末冶金法、机械合金化法、自蔓延高温合成法(SHS)及 XD^{TM}法。

由于钛的活性很高,在复合材料制备过程中很容易与大多数增强相发生严重的界面反应,因此,利用体系内部各组员之间的化学反应而得到原位增强相的原位合成方法成为钛基复合材料最为重要的合成方法。原位合成方法制备的钛基复合材料避免了界面反应难以控制和外加增强相与基体合金的润湿性问题,有利于制备出性能更好的复合材料。熔铸、粉末冶金、机械合金化等方法均可利用原位合成原理制备钛基复合材料。利用原位合成制备的 TiB、TiB_2、TiC 等非连续增强的钛基复合材料具有良好的力学性能。

10.2.4　铜基复合材料

铜基复合材料不仅具有和纯铜相媲美的导电性与导热性,而且还有良好的抗电弧侵蚀和抗磨损能力,是一种在宇航、电子、电器和微电机等领域具有广泛应用前景的新型材料。随着机械和电子工业的发展,对这类高强度、高导电复合材料的需求越来越迫切。现有的铜基复合材料可分为连续纤维增强铜基复合材料和非连续增强铜基复合材料。

1. 连续纤维增强铜基复合材料

连续纤维增强铜基复合材料既保持了铜的高导电性和高导热性,又具有高强度与耐高温的性能特点。例如,碳纤维增强铜基复合材料将碳纤维的自润滑、抗磨、低热膨胀系数等特点和铜良好的导热和导电性等优点结合在一起,在滑动电触头材料、电刷、电力半导体支撑电极、集成电路散热板和汽车内燃机高载轴承、印制机械、造纸机械、纺织机械和轻工业机械上的含油粉末轴承有很大的应用潜力。

长纤维增强铜基复合材料可以采用热压扩散法、熔融金属浸渗法、真空熔浸法、辊压扩散法、箔冶金法等几种方法制备。

2. 非连续增强铜基复合材料

非连续增强铜基复合材料需要兼具良好的力学性能和导电及导热性能,因此各种碳材料是铜基复合材料的主要增强相,包括:短碳纤维、石墨颗粒、金刚石颗粒、碳纳米管和石墨烯等。非连续增强铜基复合材料一般采用粉末冶金方法制备。这主要是由于粉末冶金可以一次成型,避免了后续的切削并且节省了材料,具有比液相法和扩散连结法更多的优越性。

将一系列合金元素(X)加入铜中得到 Cu-X 合金经锻造、拉拔或轧制后,X 金属沿变形方向以丝状或带状分布,形成复合材料。铜合金在拉拔、轧制过程中,含 X 元素的第二相在轴向力作用下被拉长,以丝状或带状分布,丝的厚度一般小于 10 nm。该复合材料中,丝状物的强度对整体材料强度贡献并不大,关键是丝状物的细化,增加了相界面,阻碍了基体铜的位错运动,提高了复合材料的强度。这种复合材料除了可以作点焊电极外,还可作推进器和热交换器,与传统铜合金材料相比,它含有的合金元素总量多,但合金元素的种类少。Cu-X 复合材料中 X 包括难熔金属 W、Mo、Nb、Ta 和 Cr、Fe、V 等元素,此类复合材料的特点是具有超高强度(最高抗拉强度可达 2 000 MPa 以上)和极高的电导率(可达 82% IACS),还具有良好的耐热性及显微复合组织和晶粒择优取向。

10.2.5　其他金属基复合材料

除了上述的铝基、镁基、钛基和铜基复合材料外,还有其他一些锌基、钢基、镍基、银基和难熔金属基(钨、钽、铌、钼基等)等金属基复合材料。锌基复合材料的增强体主要有:石墨颗粒、碳纤维、碳化硅颗粒和晶须、氧化铝颗粒和晶须、变质处理的硅以及钢丝等,增强体的加入可以不同程度地提高锌合金的强度、耐热性和摩擦学性能。钢基复合材料是在钢基体中加入 TiB_2、TiC、WC、SiC 和 VC 等硬质颗粒,进一步提高钢的高温力学性能和化学稳定性。在镍合金中加入 MoS_2 颗粒和碳纳米管得到的镍基复合材料分别具有更好的自润滑减摩性和高温力学性能。银基复合材料具有良好的导电性和导热性的同时,其硬度和耐磨性可以得到改善。难熔金属基复合材料则表现出较高的耐蚀性和更高的高温强度和热稳定性。

10.3　金属基复合材料的制备方法

10.3.1　连续纤维增强金属基复合材料的制备方法

连续纤维增强金属基复合材料的制备工艺相对复杂、制备成本相对较高,因此优化制备工艺和降低制备成本是连续纤维增强金属基复合材料的研究重点。连续纤维增强金属基复合材料的制造工艺有很多种,其中以真空热压法和液态金属浸渍法应用最广。

1. 真空热压法

真空热压法亦称扩散黏接法,是加压焊接的一种,因此有时也称扩散黏接法,是目前制造直径较粗的硼纤维和碳化硅纤维增强铝基、钛基复合材料的主要方法,也是制造钨丝/超合金、钨丝/铜合金等复合材料的主要方法之一。该方法的主要工艺过程是:制备纤维预制带、纤维预制带与金属薄片交替叠层,在真空中加热和加压得到全致密的复合材料。

纤维预制带可用等离子喷涂法(适合于直径较大的纤维)和液态金属浸渍法(适合于直径较小的一束多丝纤维)制备,并且用这两种方法制备的纤维预制带中,纤维与基体已经基本复合良好。也可用易挥发黏结剂将纤维贴在金属箔上得到纤维预制带,而这种纤维预制带中纤维与基体没有复合。

为得到界面结合良好并且致密度较高的金属基复合材料,热压温度一般要比扩散焊接温度高,但热压温度过高可能导致纤维与基体之间发生界面化学反应,影响复合材料性能,一般热压温度可以控制在稍低于基体合金的固相线温度。在某些复合体系中,也可将热压温度控制在基体合金的固相线和液相线之间,使材料中出现少量液相,有利于复合材料的致密化。压力的选择与温度有关,温度较高时,压力可适当降低。时间的选择也与热压温度和压力密切相关。总之,在真空热压法中,温度、压力和时间是重要的 3 个制备工艺参数,对复合材料的质量影响很大,一般需要经过大量的工艺试验进行优化。

真空热压法的优点主要是增强纤维和基体合金的选择范围广泛,纤维取向和相对含量易于控制;其缺点是制备周期较长、制备费用较高、复合材料制品尺寸受限。

2. 液态金属浸渍法

液态金属浸渍法是将液态金属浸渍到长纤维编织体或束丝纤维之间的空隙而得到复合材料制品或预制丝(带)的一种方法。熔融金属对纤维的润湿问题是这种制备方法的关键问题。可以通过在纤维表面进行表面涂覆处理的方法改善润湿性,也可用基体合金化以及采用超声波方法来改善润湿性。

液态金属浸渍前,通常要对纤维表面进行处理,例如,采用化学气相沉积技术,在碳纤维表面生成 Ti-B 涂层,可以提高液态铝合金和镁合金对碳纤维表面的润湿性。在基体金属中添加合金元素也可改善液态金属对纤维的润湿性,例如对于铝合金来说,可以添加一定量的 Mg、Ti、Zr 和 Cr 等合金元素都能起到提高液态铝合金对碳纤维表面的润湿性。

液态金属浸渍法的主要优点是制备周期短和可制备形状较为复杂的复合材料构件;主要缺点是复合材料界面润湿性要求高,因此增强体和基体的选择范围受限。

10.3.2 非连续增强金属基复合材料的制备方法

非连续增强金属基复合材料的制备方法分为固相法和液相法。固相法的典型代表是粉末冶金法;液相法的典型代表是搅拌铸造法和压力铸造法。每种方法都有各自的特点,适合于制备不同特点的非连续增强金属基复合材料。

1. 粉末冶金法

粉末冶金法是一种各组元均在固态状态下制备金属基复合材料的方法。这种方法主要用来制造颗粒作为增强相的非连续增强金属基复合材料。粉末冶金法制备金属基复合材料的主要工艺步骤包括:① 粉末筛分;② 增强体与基体粉末的混合;③ 混合粉末的冷压成型;④ 真空热压烧结得到烧结态复合材料坯料;⑤ 一般要对坯料进行后续的挤压、锻造、轧制或其他热加工变形,使复合材料的致密性和均匀性进一步改善。

粉末冶金法需要基体金属以粉末的形式进行复合,金属粉末的尺寸对复合工艺的确定和复合材料的组织与性能有很大的影响,因此在复合材料制备时,首先要设计基体金属粉末的尺寸,并利用筛分方法得以实现。另外增强体粉末可以是颗粒、短纤维或晶须,其中颗粒增强体最适合于粉末冶金法,并且也可以通过筛分的办法选择加入颗粒的尺寸范围。

　　增强体与基体粉末的混合可以采用普通混粉和球磨混粉。普通混粉主要靠粉体自身之间的交互作用实现增强体与基体粉末的混合,由于粉体之间的作用力一般较小,各种粉体很少发生变形和开裂。球磨混粉是在球磨罐中加入刚性球(一般为不锈钢或陶瓷球),利用刚性球与混合粉体之间的交互作用,使混合更加充分,同时各粉体(尤其是基体金属粉体)也将产生不同程度的变形、开裂、破碎、焊合。在球磨混粉工艺中,为得到最佳的混合状态,需要通过大量的工艺试验,优化混粉工艺参数,主要包括:球料比(刚性球和混合粉体的质量比)、球磨转速和球磨时间,同时在球磨罐中加入一定量的过程控制剂对于得到良好的混合粉体也是十分重要的。

　　经过球磨(尤其是高能球磨)得到的混合粉体活性表面积显著增大,因此极易被污染和氧化,因此混合粉体应在一定气氛保护的条件下及时通过室温压制方法,得到具有一定致密度的块体材料。压力的大小和粉体材料的不同,决定了冷压块体材料的致密度高低。

　　真空热压烧结是得到高质量复合材料的最为关键的工序。为实现金属基体粉末之间以及金属基体粉末与增强体粉末之间形成良好的结合,需要通过试验优化确定最佳的热压温度、热压压力和加压时间。为防止在高温下金属基体表面的氧化,根据金属种类不同,需要保证一定的真空度。某些复合材料体系,可以适当提高热压烧结温度,使基体金属进入液固两相区,产生一定的液相,有利于烧结致密度的提高。

　　经过合适的真空热压烧结,得到的金属基复合材料坯料的致密度一般都能达到95%以上,但很难达到理想的完全致密,因此通常要对烧结态复合材料坯料进行后续的热挤压变形和热轧制变形等热加工塑性变形,进一步提高复合材料的致密度,同时也可提高复合材料的组织均匀性。

　　与其他制备方法相比,粉末冶金方法具有一些独特的优点:① 制备温度较低,减少了基体与增强体之间的界面反应;② 增强相的体积分数不受限制;③ 能够制备增强体与基体润湿性不好的复合材料。粉末冶金法的主要缺点就是制备成本较高,包括采用金属粉末基体带来的原材料成本提高和由于工艺比较复杂和设备要求较高带来的工艺成本提高。

　　2. 搅拌铸造法

　　搅拌铸造法是将预热的增强体加入到熔融状态的金属基体中,采用搅拌方法使增强体均匀分散到熔融基体合金中,然后在一定条件下进行冷却,得到非连续增强金属基复合材料铸锭。这种方法制备成本非常低,特别适应于大规模工业生产,但也存在增强体与液态金属易发生界面反应以及难以保证增强体分布均匀等缺点。

　　搅拌铸造法制备金属基复合材料要求增强体与液态基体金属有较好的润湿性。为提高增强体与基体之间的润湿性,一方面可以对增强体进行预热处理;另一方面可以对增强体进行表面改性处理,例如,将 SiC 颗粒表面进行预氧化处理,使 SiC 颗粒表面形成一层 SiO_2 氧化膜,可以明显改善增强体与液态铝合金的润湿性;另外还可以通过基体合金化提高增强体与基体的润湿性,例如在铝合金中加入一定量的 Mg 元素,可以提高液态铝合金对 SiC 表面的润湿性。

　　控制增强体与基体之间的界面反应是搅拌铸造法制备金属基复合材料需要解决的另一个重要问题。一方面可以通过降低搅拌温度和搅拌时间来减轻增强体与基体合金的界面反应;另外还可以通过对增强体进行表面处理和在基体合金中加入合金元素的方法控制界面反应,例如:在铝合金中加入一定数量的 Si 元素,可以在一定程度上降低增强体 SiC 与液态 Al 的界面反应程度。

　　增强体在基体中的分布均匀性取决于增强体的尺寸和形状因素、基体金属液体的黏度和增强体的加入和搅拌方式等。增大增强体颗粒的尺寸和降低增强体的含量可以提高增强体在基体中分布的均匀性,并降低增强体团聚的程度;降低液态金属基体的搅拌温度,甚至在基体金属的半固态状态进行搅拌,可以提高液态金属的黏度,提高搅拌力对增强体分散的作用力,从而提高增强体在基体中分布的均匀性。

　　有效的机械搅拌是使增强体与金属液均匀混合和复合的关键措施之一。强烈的搅动使液态金属以高的剪切速度流过增强体的表面,能有效改善金属液体与增强体之间的润湿性,促进增强体在液态金属中的均匀分布。采取高速旋转的机械搅拌、超声波搅拌以及电磁搅拌均可以强化搅拌过程。根据搅拌工艺特点及所选用的设备可将搅拌方法分为旋涡法、Duralcon 法、复合铸造法 3 种。

　　(1)旋涡法。旋涡法是利用高速旋转的搅拌器桨叶搅动金属熔体使其强烈流动,并形成以搅拌旋转轴为对称中心的旋涡,同时将增强体沿旋涡中心加入到金属熔体中。依靠旋涡的负压抽吸作用,增强体进入金属熔体中。经过一定时间的强烈搅拌,颗粒逐渐均匀分布在金属熔体中,并与之复合在一起。旋涡搅拌铸造法制备金属基复合材料的工艺原理如图 10.1 所示。

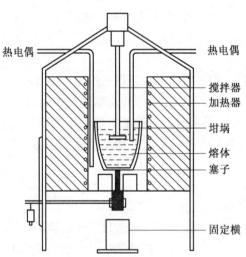

图 10.1　旋涡搅拌铸造法制备金属基复合材料的工艺原理

　　旋涡法的主要工序有基体金属熔化、除气、精炼、增强体表面预处理、搅拌复合、浇铸等,其中最主要的是搅拌复合工序。旋涡搅拌法控制的主要工艺参数是搅拌速度、搅拌时间、金属熔体的温度、颗粒加入速度等。

　　(2)Duralcon 法。Duralcon 液态金属搅拌法是 20 世纪 80 年代中期由 A1can 公司研究开发的一种颗粒增强铝、镁、锌基复合材料的制备方法。这种方法成为一种产量达万吨级的工业化规模生产方法,可制造高质量的 $SiCp/Al$,Al_2O_3p/Al 等复合材料。

　　Duralcon 法的主要工艺过程是将熔炼好的基体金属熔体注入可抽真空或通惰性气体保护并能保温的搅拌炉中,加入颗粒增强物,搅拌器在真空或氩气条件下进行高速搅拌。搅拌器由主、副两搅拌器组成,主搅拌器具有同轴多桨叶,旋转速度高。高速旋转对金属熔体和颗粒起剪切作用,使细小的颗粒均匀分散在熔体中,并与金属液体润湿复合。副搅拌器沿增器壁缓慢旋转,起着消除旋涡和将黏附在器壁上的颗粒分离带入到金属熔体中的作用。搅拌器的形状结构、搅拌速度和温度是该方法的关键,需根据基体合金的成分、颗粒的含量和大小等因素决定。

（3）复合铸造法。复合铸造法也是采用机械搅拌方法将增强体混入金属熔体中,但其特点是搅拌不在完全液态的金属中进行,而是在半固态的金属中进行。增强体加入半固态金属中,通过这种熔体中固相的金属粒子将增强体带入熔体中。通过对加热温度的控制将金属熔体中的固相粒子的质量分数控制在 40% ~60%,加入的增强体在半固态金属中与固相金属粒子相互碰撞、摩擦,促进了与液态金属的润湿复合,在强烈的搅拌下逐步均匀地分散在半固态熔体中,形成均匀分布的复合材料。复合结束后,再加热升温到浇铸温度,浇铸成零件或坯料。复合铸造法的工艺过程关键是搅拌速度和搅拌器的形状。该方法只适用于能在一定搅拌温度下可析出 40% ~60% 的初晶相合金体系,但可以采用尺寸较小和含量高的颗粒以及晶须或短纤维制备金属基复合材料。

在搅拌铸造过程中金属熔体的氧化和吸气问题也需要很好地解决。一般采用真空或惰性气体保护来防止金属熔体在复合过程的氧化和吸气。

3. 压力铸造法

压力铸造法主要用于制备晶须、短纤维、颗粒增强铝、镁基复合材料。压力铸造法主要包括预制体的制备和液态金属压力浸渗两个工艺环节。

增强体预制体制备装置示意图如图 10.2 所示。增强体首先在合适的液体介质中进行清洗、经机械搅拌、超声波分散后再加入黏结剂进一步机械搅拌均匀,然后将它们倒入模具中加压得到预定增强相含量的预制体,最后还要进行烘干和烧结。在预制体制备过程中,黏结剂是决定预制块质量的关键因素,下面介绍一下两种常用的黏结剂:硅胶黏结剂和磷酸铝黏结剂。

硅胶是最早用作制备预制体的黏结剂,是一种高温黏结剂。硅胶的配制方法为:水沸腾后加入聚乙烯醇保温溶化,随后依次加入硅溶胶和甘油。加

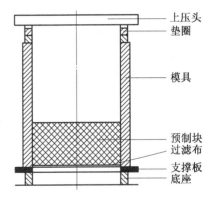

图 10.2　增强体预制体制备装置示意图

热时其发生的转变为:200 ~500 ℃时形成非晶态;800 ℃时形成方晶石 SiO_2;1 000 ℃时形成方晶石和磷石英 SiO_2 混合物。一般采用 800 ℃下烧结 1 h 的工艺使硅胶发生转变。硅胶黏结剂黏结效果较好,广泛应用于各类增强相预制体的制备中。

预制体的压缩强度通常随加入的黏结剂的增多而提高。黏结剂过少不能有效地提高预制块的强度,过多则会使黏结剂与基体金属之间反应的产物太多,降低复合材料的性能。对碳化硅晶须预制块的研究表明,每克晶须中加入 2 mL 硅胶黏结剂最佳。

对大多数复合材料体系,硅胶黏结剂都是十分有效的,即在增加预制块强度的同时,不会对复合材料的性能造成损害。绝大多数的基体合金都不会与硅胶黏结剂发生明显的相互作用。但是基体合金中含有较多的 Mg 或 Li 等元素时,可能会与硅胶黏结剂中的有效成分 SiO_2 发生反应,生成氧化物或尖晶石类反应产物,影响复合材料的性能。

磷酸铝黏结剂也是一种高温黏结剂,它不含有 SiO_2,因此不会与基体中的 Mg 和 Li 等元素发生化学反应。磷酸铝黏结剂的配制方法为:首先配制 $Al(OH)_3$ 与 $H_3PO_4(85\%)$ 中 P/Al 原子比 1∶23 的溶液,然后与 15 份水混合即可。其加热过程发生的转变为:200 ℃ 时成浆状非晶态;500 ℃时发生晶化,形成 B 型亚磷酸铝;800 ℃时形成 A 型亚磷酸铝,同时释放 P_2O_5 和 H_3PO_4;1 000 ℃时又重新转化成非晶态亚磷酸盐。在 800 ℃烧结 1 h 后磷酸铝黏结剂黏结效果已经较理想。

对硅胶和磷酸铝两种黏结剂制作的 SiC 晶须和碳纤维预制体的性能测试发现,使用硅胶的预制体易发生分层破坏,而使用磷酸铝黏结剂的预制体易发生剪切破坏,磷酸铝黏结剂的黏结能力更强。采用硅胶黏结剂时,内部的碳化硅晶须表面几乎没有黏结剂,而预制体的上表面和侧表面处的晶须表面能观察到大量的黏结剂;但采用磷酸铝黏结剂时,黏结剂在预制体中的分布比较均匀。

高质量的预制体要求预制体的形状和尺寸、预制体中空隙含量和均匀度以及预制体的抗压强度均达到设计要求。预制体中的增强体含量和分布均匀性完全决定了所制备复合材料中增强体含量和分布均匀性。

液态金属在压力下浸渗预制体的主要过程包括:预制体放入压铸模具并随模具一起预热到一定温度,同时将基体金属加热至熔化到一定温度并浇入模具中,在一定压力下将液态基体金属渗入到预制体的空隙中,随后在压力下使液态金属凝固,得到金属基复合材料铸坯。图 10.3 为压力铸造方法制备金属基复合材料液态金属压力浸渗装置示意图。

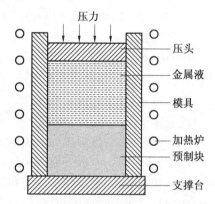

图 10.3　压力铸造法制备金属基复合材料
液态金属压力浸渗装置示意图

预制体和压铸模具预热的目的是保证液态金属浸渗预制体过程中保持一定的温度,提高液态金属的流动性和其对预制体的润湿性。计算和试验结果已经表明,对于大多数预制体而言,液态铝合金和镁合金都不能自发地润湿浸渗,因此需要外界施加一定的压力,液态金属在压力下浸渗到预制体中。

液态金属能开始浸渗到预制体中需要的最小压力称为临界渗透压。临界渗透压除了与液态金属和预制体的材料种类有关外,还与增强体的形状和尺寸、预制体中增强体的相对含量以及浸渗温度有关。对于具体制备情况,可以对临界渗透压进行理论计算,也可以通过试验得到。临界渗透压数值对确定合理的外加压力十分重要。

从理论上讲,只要外界压力大于临界渗透压,液态金属将开始对预制体的浸渗,因此外界压力可以选择稍高于临界渗透压。如果外界压力过低,液态金属的浸渗过程不能发生;如果外界压力过高,预制体在外界压力的作用下可能发生变形甚至开裂现象。如果预制体在浸渗过程中发生变形,将使得到的金属基复合材料中的增强相含量发生变化;如果预制体发生开裂,则在得到的复合材料中将出现无增强相带或区。因此,压力铸造法制备金属基复合材料过程中,浸渗压力一般不应选择太高。

另一方面,液体金属浸渗完毕后,将在外力的作用下完成凝固过程。为保证得到的金属基复合材料具有较高的致密度,需要在金属基体凝固过程中有一个较高的外力。因此,压力铸造法制备金属基复合材料过程中,一般应选择较高的凝固压力。为此提出了"低压浸渗、高压凝固"的两极加压复合工艺,既保证了预制体在浸渗过程的完整性,又实现了得到金属基复合材料较高的致密度。

压力铸造法的优点是制备工艺简单、设备简便、浸渗和凝固速度快、复合材料中增强体分布均匀、复合材料致密性好;主要缺点是增强体的相对含量受限、难于制备尺寸较大的金属基复合材料。

除了上述介绍的粉末冶金法、搅拌铸造法和压力铸造法外,喷射共沉积法和无压浸渗法也是制备非连续增强金属基复合材料的主要方法。喷射共沉积法是用惰性气体将液态金属雾化成微小的液滴,并使之向一定方向喷射,在喷射途中与另一路由惰性气体送出的增强相微细颗粒会合,共同喷射沉积在有水冷衬底的平台上,凝固成复合材料。无压浸渗法是通过提高液态基体金属与增强体之间的润湿性,使液态金属在无外力情况下自发渗入预制体中得到复合材料,这种方法的浸渗温度较高和浸渗时间较长。

原位自生技术是非连续增强金属基复合材料制备过程中经常被采用的技术。原位自生法是通过设计原材料组成和复合工艺参数,在复合材料制备过程中,通过原材料组元之间的化学反应原位生成增强相的一种方法。

10.4　金属基复合材料的界面

10.4.1　金属基复合材料界面的分类

1.界面的分类

金属基复合材料的界面比聚合物基复合材料复杂得多。金属基复合材料界面的类型取决于增强体和基体金属的特性及复合工艺条件。根据增强材料与基体的相互作用情况,金属基复合材料的界面可以归纳为 3 种类型。第一类界面的特征为金属基体和增强体之间既不反应也不互相溶解,界面相对比较平整。第二类界面的特征为金属基体和增强体之间彼此不发生界面化学反应,但浸润性好,能发生界面相互溶解扩散,基体中的合金元素可能在界面上富集或贫化,形成犬牙交错的溶解扩散界面。第三类界面的特征为金属基体和增强体之间彼此发生界面化学反应,生成新的化合物,形成界面层。实际复合材料中的界面可能不是单一的类型,而是以上 3 种类型的组合。

此外,各类界面间并没有严格的界限,在不同条件下同样组成的物质,或在相同条件下不同组成的物质可以构成不同类型的界面。例如:对于硼纤维增强铝基(B_f/Al)复合材料体系,从热力学观点看它们是可能发生反应的,但由于氧化膜的保护作用,造成了反应的动力学障碍,如果工艺参数控制恰当,不使保护膜破坏,可以形成第一类界面;但如果保护膜破坏则形成第三类界面。又如在钨纤维增强铜基(W_f/Cu)复合材料中,如果基体是纯铜,形成第一类界面;如果基体是 Cu-Cr 合金,形成第二类界面;如果基体是 Cu-Ti 合金,则合金中的 Ti 将与 W 发生反应而形成第三类界面。

2. 界面的结合机制

为了使复合材料具有良好的性能,需要在增强体与基体界面上建立一定的结合力。界面结合力是使基体与增强体从界面结合态脱开所需的作用于界面上的应力,它与界面的结合形式有关,并影响复合材料的性能。如碳纤维增强铝基复合材料中,如果界面结合太弱,则复合材料断裂时大量纤维拔出,复合材料强度降低;如果界面结合太强,则复合材料发生脆断,既降低强度,又降低塑性;只有界面结合强度适中的复合材料才呈现较高的强度和塑性。

界面的结合力有 3 类:机械结合力、物理结合力和化学结合力。根据结合力的不同,金属基复合材料中的界面结合基本可分为 4 类,即:① 机械结合;② 共格和半共格原子结合;③ 扩散结合;④ 化学结合。

(1)机械结合。基体与增强体之间纯粹靠机械结合力连接的结合形式称为机械结合。它主要依靠增强材料粗糙表面的机械"锚固"力和基体的收缩应力来包紧增强材料产生摩擦力而结合。机械结合强度的大小与纤维表面的粗糙程度有很大关系,界面越粗糙,机械结合越强。例如,用经过表面刻蚀处理的纤维制成的复合材料,其结合强度比具有光滑表面的纤维复合材料约高 2 ~ 3 倍。但这种结合只有当载荷应力平行于界面时才能显示较强的作用,而当应力垂直于界面时承载能力很小。因此,具有这类界面结合的复合材料的力学性能差,除了不大的纵向载荷外,不能承受其他类型的载荷,不宜作结构材料用。事实上,由于材料中总有范德华力存在,纯粹的机械结合很难实现。机械结合存在于所有复合材料中。既无溶解又不互相反应的第一类界面属这种结合。

(2)共格和半共格原子结合。共格和半共格原子结合是指增强体与基体以共格和半共格方式直接原子结合,界面平直,无界面反应产物和析出物存在。金属基复合材料中以这种方式结合的界面较少。

在用压力铸造法制备的碳化硅晶须增强镁基和铝基复合材料中,碳化硅晶须和基体之间可能存在具有晶体学位向关系的半共格匹配的原子结合界面。图 10.4 为压力铸造法制备的碳化硅晶须增强铝基复合材料中界面的高分辨透射电镜照片,其界面是一种半共格界面,界面晶体学位向关系为:$SiC_{(01\bar{1})}\ /\!/\ Al_{(001)}$,$SiC_{[211]}\ /\!/\ Al_{[100]}$。具有共格或半共格结合的界面往往由低能量表面组成,具有良好的界面结合力,是金属基复合材料中最希望得到的一种界面结合机制。

(3)扩散结合。某些复合体系的基体与增强体虽无界面反应但可发生原子的相互扩散,此作用也能提供一定的结合力。扩散结合是基体与增强体之间发生润湿,并伴随一定程度的相互溶解(也可能基体和增强物之一溶解于另一种中)而产生的一种结合。一般增强材料与基体具有一定润湿性,在浸润后产生局部的互溶才有一定结合力。如果互相溶解严重,以至于损伤了增强材料,则会改变增强材料的结构,削弱增强材料的性能,从而降低复合材料的性能。

扩散结合与第二类界面对应,是靠原子范围内电子的相互作用产生的。增强体与基体的相互作用力是极短程的,因此要求复合材料各组元的原子彼此接近到几个原子直径的范围内才能实现。由于增强体表面吸附的气体以及增强体表面常存在氧化物膜都会妨碍这种结合的形成,因此往往需要对增强体表面进行预处理,除去吸附的气体,破坏氧化膜,使增强体与基体发生局部互溶以提高界面结合力。

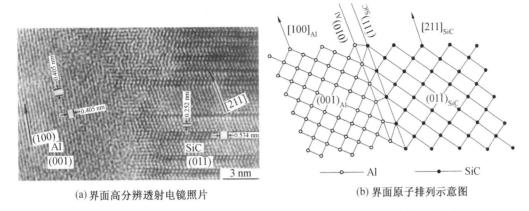

(a) 界面高分辨透射电镜照片　　　　　　　　(b) 界面原子排列示意图

图 10.4　压力铸造法制备的碳化硅晶须增强铝基复合材料中界面的高分辨透射电镜照片及
界面原子排列示意图

（4）化学结合。化学结合是基体与增强体之间发生化学反应，在界面上形成化合物而产生的一种结合形式，由反应产生的化学键提供结合力，它在金属基复合材料中占有重要地位，第三类界面属这种结合形式。

大多数金属基复合材料在热力学上是非平衡体系，也就是说增强材料与基体界面存在化学势梯度。这意味着增强材料与基体之间只要存在有利的动力学条件，就可能发生增强材料与基体之间的化学反应，在界面形成新的化合物层，也就是界面层。

金属基复合材料的化学反应界面结合是其主要结合方式。碳（石墨）/铝、碳（石墨）/镁、氧化铝/镁、硼/铝、碳化硅/铝、碳化硅/钛、硼酸铝/铝、硼酸铝/镁等一些主要类型的金属基复合材料，都存在界面反应的问题。它们的界面结构中一般都有界面反应产物。例如，在硼纤维增强钛基复合材料中界面化学反应生成 TiB_2 界面层；碳纤维增强铝基复合材料中的界面反应生成 Al_4C_3 化合物。

界面反应通常是在局部区域中发生的，形成粒状、棒状、片状的反应产物，而不是同时在增强体和基体相接触的界面上发生层状物，只有严重界面反应才可能形成界面反应层。根据界面反应程度对形成合适界面结构和性能的影响可将界面反应分成 3 类：

第一类：有利于基体与增强体浸润、复合和形成最佳界面结合。这类界面反应轻微，纤维、晶须、颗粒等增强体无损伤和性能下降，不生成大量界面反应产物，界面结合强度适中，能有效传递载荷和阻止裂纹向增强体内部扩展，界面能起调节复合材料内应力分布的作用。SiC 晶须增强镁基复合材料中，镁与 SiC 表面的黏结剂发生反应，形成 MgO 可改善 SiC 晶须与镁的浸润性，提高界面结合强度，如图 10.5 所示。

第二类：有界面反应产物，增强体虽有损伤但性能不下降，形成强界面结合。在应力作用下不发生界面脱粘，裂纹易向纤维等增强体内部扩展、呈现脆性破坏。对于长纤维增强金属基复合材料，这类界面易造成复合材料的低应力破坏；但对非连续增强金属基复合材料，这类界面则是有利的。图 10.6（a）为用压力铸法制备的硼酸铝晶须增强 AZ91 镁合金（$Al_{18}B_4O_{33}W/AZ91$）复合材料中，硼酸铝晶须与镁合金基体发生界面反应形成界面反应产物 MgO 的透射电镜形貌。

第三类：严重界面反应，有大量反应产物，形成聚集的脆性相和脆性层，造成增强体严重损伤和基体成分改变，强度下降，同时形成强界面结合。具有这种界面的复合材料的性能急剧下降,甚至低于基体性能。图 10.6(b) 为硼酸铝晶须增强 AZ91 镁合金复合材料在 600 ℃热暴露 10 h 后发生严重的界面反应,形成大量块状 MgO 反应产物的透射电镜形貌。

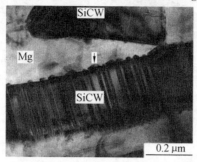

图 10.5　SiCw/AZ91 复合材料界面的弥散分布 MgO 界面反应物

对于制备高性能金属基复合材料,控制界面反应程度,从而形成合适的界面结合强度极为重要。对连续纤维增强金属基复合材料,即使界面反应未造成增强体的损伤和形成明显的界面脆性相,只造成强界面结合也是十分有害的。

一般情况下,金属基复合材料是以界面的化学结合为主,有时也有两种或两种以上界面结合方式并存的现象。

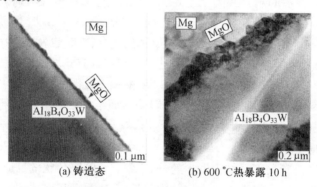

(a) 铸造态　　　　　　　　(b) 600 ℃热暴露 10 h

图 10.6　硼酸铝晶须增强 AZ91 复合材料 TEM 界面形貌

10.4.2　金属基复合材料的热残余应力

金属基复合材料在制备后期从高温冷却至室温的过程中,由于基体热膨胀系数普遍高于增强体,基体内产生错配拉应力,同时增强体中产生压应力。当热残余应力超过基体屈服强度后,可引起基体塑性应变即发生应力松弛。复合材料中这种界面热错配导致的残余应力又称为热残余应力。

1. 热残余应力的产生与计算

复合材料中,热残余应力的产生需具备如下 3 个方面的条件:① 增强体与基体之间的界面结合良好;② 增强体与基体间热膨胀系数相差较大;③ 复合材料有温度变化。

金属基复合材料中基体合金多选用铝合金、钛合金和镁合金等,这些合金的热膨胀系数远远大于常用的陶瓷增强材料。例如:在常用的 SiC/Al 复合材料中,铝合金的热膨胀系数为 $20 \sim 26 \times 10^{-6}/K$,而 SiC 陶瓷的热膨胀系数只有 $4 \times 10^{-6}/K$ 左右,两者相差 5 倍左右。在外界环境温度发生变化时,复合材料内部由于增强体和基体间热膨胀系数差异而导致其界面处产生热残余应力。

　　金属基复合材料中产生热残余应力的环境很多,例如:复合材料制备后从高温到室温的冷却过程、复合材料热处理过程、复合材料高温塑性变形过程、复合材料使用过程外部温度环境的变化等。热残余应力的产生对复合材料很多过程有重要影响。如:基体合金的相变过程、复合材料微变形抗力、复合材料尺寸稳定性能等。

　　金属基复合材料中产生热残余应力的大小主要取决于复合材料中基体和增强体热膨胀系数差值、基体和增强体的弹性模量和外界温度变化的大小。当热错配应力超过基体的屈服强度时,基体将发生塑性变形,从而在近界面区域的基体中产生比较高密度的位错。这对复合材料的很多机械和物理性能将产生很大影响。

　　对于一个给定的金属基复合材料体系,由于外部温度变化产生热残余应力的大小可以进行理论计算。以长纤维增强金属基复合材料为例,假设复合材料中界面结合强度足够高,以至在界面热错配应力作用下不发生滑动和开裂。图 10.7(a) 为在 T_1 温度下复合材料处于原始状态(热错配应力为零)的示意图。当该复合材料被加热到 T_2 温度时,如果纤维与基体间无相互约束,则纤维与基体将发生自由膨胀,结果如图 10.7(b) 所示。但实际上复合材料中纤维与基体之间是相互约束的,并且前面已经假设界面不发生滑动和开裂,所以界面约束的作用结果使纤维受基体的拉伸作用而比自由膨胀时的膨胀量有所增加;而基体受纤维的压缩应力作用而比自由膨胀时的膨胀量有所减小,结果如图 10.7(c) 所示。

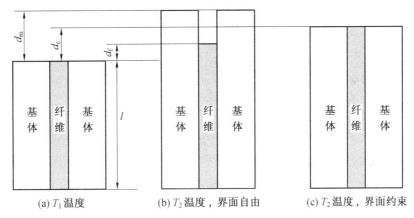

图 10.7　金属基复合材料界面热残余应力计算示意图

由图 10.7 可以很显然得到以下计算公式:

$$d_m = (T_2 - T_1)\alpha_m l \tag{10.1}$$
$$d_f = (T_2 - T_1)\alpha_f l \tag{10.2}$$
$$d_c = (T_2 - T_1)\alpha_c l \tag{10.3}$$

式中　α_m、α_f 和 α_c——基体、纤维和复合材料的热膨胀系数。

　　从上面 3 个公式可以得到基体、纤维和复合材料的自由膨胀应变 ε_m、ε_f 和 ε_c 分别为

$$\varepsilon_m = (T_2 - T_1)\alpha_m \tag{10.4}$$
$$\varepsilon_f = (T_2 - T_1)\alpha_f \tag{10.5}$$
$$\varepsilon_c = (T_2 - T_1)\alpha_c \tag{10.6}$$

对比图 10.7(b) 和 (c) 可以得到,复合材料中界面热错配应力的产生是由于在界面约束

条件下基体少膨胀和纤维多膨胀引发的弹性应变对应的应力,其值为

$$\sigma_i = (\varepsilon_c - \varepsilon_f) E_f = (\varepsilon_m - \varepsilon_c) E_m \qquad (10.7)$$

式中　σ_i——界面热错配应力;

E_f、E_m——纤维和基体的弹性模量。

将公式(10.4)、(10.5)和(10.6)代入式(10.7),则得到复合材料热膨胀系数 α_c 的计算公式:

$$\alpha_c = (\alpha_m E_m + \alpha_f E_f) / (E_m + E_f) \qquad (10.8)$$

而将式(10.8)代入式(10.7),便可得到金属基复合材料中的界面热错配应力为

$$\sigma_i = (T_2 - T_1)(\alpha_m - \alpha_f) E_m E_f / (E_m + E_f) \qquad (10.9)$$

从式(10.9)可以看出,金属基复合材料中的界面热错配应力随基体与增强体热膨胀系数差和温差的增加而提高。式(10.9)对于金属基复合材料体系设计和实际应用具有重要的理论意义与实际价值。

2. 热残余应力的影响因素

金属基复合材料热残余应力除受两相热膨胀系数差、温度差影响外,基体屈服强度、增强体形状及分布、增强体体积分数等因素对热应力也有较大的影响。

复合材料基体应力超过其屈服强度后,即发生塑性应变及松弛现象,因此热残余应力直接与基体屈服强度有关,基体屈服强度越高则复合材料热残余应力越大。

增强体尺寸及长径比影响到复合材料中的热残余应力,主要与基体中应力的松弛程度有关,当位错运动阻力较大时基体中应力的松弛程度减小,必然导致复合材料中热残余应力增大。对 SiC 短纤维增强 Al 基复合材料中纤维长径比对热残余应力影响的研究结果表明,纤维长径比越大则复合材料中热残余应力越大。当纤维长度及长径比较大时,复合材料基体中位错沿纤维轴向的冲孔阻力增大,其结果会造成基体应力难以松弛,导致复合材料热残余应力增大。另外还发现,当纤维长径比超过20∶1后,复合材料中热残余应力随纤维长径比的变化不明显,说明此时已处在基体应力松弛的临界状态。

增强体分布对复合材料热残余应力也产生一定影响。对于短纤维或晶须增强复合材料,无论是解析分析或有限元计算方法,通常假定增强体在基体中定向规则排列,所得出结果具有一定局限性。在实际复合材料中,增强体有时呈混乱分布状态,此时热残余应力分布情况变得比较复杂。可以采用 Eshelby 模型分析增强体随机混乱分布及余弦定向布状态下 SiC_f/Al 复合材料中的热残余应力,结果发现两种复合材料不同方向的热残余应力分量存在较大差别,主要与复合材料中纤维取向有关。从平均热残余应力来看,两种复合材料差别并不明显,增强体混乱分布时平均热残余应力略低于余弦定向分布情况。

在其他条件相同的前提下,增强体体积分数是影响复合材料热残余应力的主要因素,增强体体积分数越高则复合材料热残余应力越大。运用 Eshelbey 模型,假定增强体在复合材料中定向规则排列,可以估算 SiCw/Al 复合材料中热残余应力与晶须体积分数的关系,结果发现,随着晶须体积分数增加,复合材料基体横向及纵向热残余拉应力始终保持增大的趋势,并且由于复合材料中晶须定向排列,基体横向热残余应力小于纵向。

3. 热残余应力的分析与测量

热残余应力是金属基复合材料的固有现象,为此人们对热残余应力进行了大量的理论分析及试验测量工作。通常根据复合材料体系的具体情况,选择合适的理论分析模型

及试验测量手段。

热残余应力的理论分析方法包括同心球体模型、同心圆柱体模型、等效夹杂物模型及有限元计算等。同心球体模型适于颗粒增强复合材料;同心圆柱体模型适用于长纤维增强复合材料;等效夹杂物模型(Eshelby 模型)适用于非连续增强金属基复合材料体系。有限元计算是解决复合材料热残余应力问题的成功方法,它不但能计算复合材料热残余应力随温度的变化过程,还可计算热残余应力的微区分布状况。

热残余应力的测量方法主要是衍射法。利用衍射法测量复合材料中热残余应力,包括 X 射线衍射法和中子衍射法。两种方法的试验原理基本相同,都是通过测量复合材料基体或增强体晶面距及衍射角的变化,即可确定热残余应变,进而确定热残余应力的大小及方向。复合材料中基体含量较多即衍射峰较强,而且由于基体弹性模量远低于增强体,应力所造成基体晶面间距及衍射角变化更明显,因此应力测量精度较高。

X 射线衍射应力测量法原理简单,射源的来源方便经济,但其穿透能力较弱,仅能测量复合材料表层区域的热残余应力。正是由于穿透力较弱的特点,利用 X 射线衍射方法并结合剥层技术,可以测量复合材料中热残余应力的宏观分布情况。

中子衍射应力测量法穿透能力较强,可以测量复合材料中的内部热残余应力,可以排除表面应力松弛效应对测量结果的影响。中子衍射测量法的不足之处在于:首先中子源的获得比较困难,需要核反应堆并配备相应的防护与测量装置,因而试验成本较高;其次中子衍射的区域大,测量小试样应力时会产生较大误有效期;再者由于中子射线的穿透能力较强,只能测量复合材料整个厚度范围的平均应力,无法确定应力的宏观分布状态。

10.4.3　金属基复合材料的界面结合强度

界面结合强度是指使基体与增强体从界面结合态脱开所需要的作用在界面上的应力,它是复合材料力学性能的重要指标,是连接复合材料界面微观性质与复合材料宏观性质的纽带,对复合材料的性能具有重要的影响,一直是复合材料研究领域中十分活跃的研究课题。

1. 界面强度的测试方法

复合材料界面强度细观试验方法的研究是界面细观力学的一个重要方面。它一方面可以有助于揭示界面的物理本质,验证理论模型的可靠性,另一方面可以确定界面参数,为复合材料的设计提供依据。界面强度的研究必须以有效的测试和表征为前提。

对连续纤维增强金属基复合材料,可采用较易测量的界面剪切强度来表征界面结合强度。而对非连续增强金属基复合材料,界面变得更加复杂,影响因素也增加了很多,这给界面强度的测量带来了更大的困难。

连续增强金属基复合材料界面结合强度的测试方法主要包括:宏观测试法、单纤维拔出法和复合材料界面强度原位测试法。

宏观试验方法是指利用复合材料宏观性能来评价纤维与基体之间界面结合状态的试验方法,主要通过短梁剪切、横向或 45°拉伸、导槽剪切和圆筒扭转等对界面强度比较敏感的力学试验进行测试。这些试验都是在纤维、基体和界面共同作用下进行的,测试结果除了与复合材料界面结合状况有关外,与复合材料中的纤维和基体特性也有关系,所以这些方法相对来说较粗糙,只能定性地分析评价复合材料的界面性质。

单纤维拔出法是将增强纤维单丝垂直埋入基体之中,然后将单丝从基体中拔出,测定纤维拔出应力,从而求出纤维与基体间的界面剪切强度。当纤维直径一定时,纤维埋入越深,拔出力越大,所以只要测出一定埋入长度时对应的拔出力,就可以计算出界面剪切强度。当纤维埋入深度超过某一定值时,纤维在拔出前先在基体中某一部位断裂,这时拔出部分的纤维长度为纤维断裂的临界长度,而拔出应力则是纤维的抗拉强度,这样对已知抗拉强度的纤维,只要测出纤维断裂的临界长度即可算出界面剪切强度。

复合材料界面强度原位测试法的基本原理是在光学显微镜下借助精密定位装置,利用金刚石探针对沿垂直于纤维的排列方向切成的复合材料薄片试样中选定的单纤维施加轴向载荷,使得这根受压纤维端部与周围基体发生界面微脱粘,记录脱粘时的轴向压力,再根据纤维直径和复合材料薄片厚度计算出界面剪切强度。这种方法是直接对实际复合材料进行界面黏结性能测试的一种微观力学试验方法,需要在具有高精密定位系统的复合材料界面强度原位测试仪上进行。

2. 金属基复合材料增强体的临界长径比

金属基复合材料中的增强体一般具有较高的强度,在复合材料承受外载荷时,增强体通过界面应力传递而承担大部分的外载荷,从而使复合材料表现出较高的变形抗力和断裂强度。很显然,增强体是否能充分发挥其本身高强度的优势最大限度地承担外载荷,决定了复合材料整体强度的高低。在复合材料发生断裂破坏时,如果增强体也能随之发生断裂,则说明增强体本身的增强效果得到了充分发挥,这时复合材料的整体强度才能达到或接近理论强度。

在复合材料发生断裂时,增强体是否发生断裂取决于如下 3 个因素:① 增强体的断裂强度;② 增强体的形状和尺寸;③ 增强体和基体界面单位面积能够传递的最大载荷。对于长纤维增强金属基复合材料而言,由于每一根纤维与基体之间的接触界面很大,足够传递导致纤维破断的应力,所以在长纤维增强金属基复合材料断裂时,纤维都要发生断裂,甚至每根纤维不止断裂一次,因此长纤维增强金属基复合材料的断裂强度一般都能达到或接近复合材料理论强度值。对于颗粒增强金属基复合材料而言,由于每一个颗粒与基体之间的接触界面很小,所传递的应力一般不能使颗粒发生破断,所以在颗粒增强金属基复合材料断裂时,颗粒一般不发生断裂,因此颗粒增强金属基复合材料的断裂强度一般都低于复合材料理论强度值。对于短纤维和晶须增强的金属基复合材料而言,情况介于长纤维增强金属基复合材料和颗粒增强金属基复合材料之间。在一个给定的短纤维增强金属基复合材料体系中,复合材料断裂时短纤维是否发生断裂完全取决于短纤维的长度和直径之比,以下简称长径比。增强体长径比越大,则在复合材料断裂时短纤维发生断裂的可能性越高;反之则越小。

对于一个给定的短纤维增强金属基复合材料体系,短纤维若能在复合材料断裂时发生破断,其长径比需要大于某一个临界值。也就是说,长径比低于该临界值的短纤维在复合材料断裂时不可能发生破断,而只有那些长径比大于该临界值的短纤维在复合材料断裂时才有可能发生破断。我们称该临界值为短纤维增强金属复合材料增强体的临界长径比,一般用 λ 表示。

从临界长径比的定义和物理意义可以得到计算短纤维增强金属复合材料增强体临界长径比的计算方法。假设在短纤维增强金属复合材料中有一根长度为 l,直径为 d 的圆柱状短纤维,如图 10.8 所示。在平行于纤维轴向的外载荷 P 的作用下,该短纤维通过界面载荷传递最有可能断裂的部位是其轴向的中间部位。假设该复合材料纤维与基体界面结合强度足够高,那么单位界面面积能够传递给纤维的最大载荷就取决于基体的剪切屈服强度。如果用 τ_s 表示基体的剪切屈服强度,则两端能传递给纤维中部的最大载荷(P_{max})应该是从纤维中部到一端的侧表面积与 τ_s 的乘积,因此有

$$P_{max} = (1/2) l\pi d\tau_s \tag{10.10}$$

这时纤维承受的最大应力(σ_{max})为

$$\sigma_{max} = P_{max}/S_f = \frac{(1/2)\ l\pi d\tau_s}{\pi(d/2)^2} = 2l\tau_s/d \tag{10.11}$$

式中　S_f——纤维的横截面积。

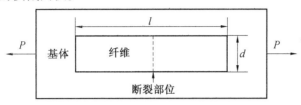

图 10.8　纤维临界长径比计算示意图

只有当最大应力(σ_{max})达到纤维的断裂强度(σ_f)时,纤维才有可能发生断裂。因此纤维发生断裂的临界状态是 $\sigma_{max} = \sigma_f$,这时纤维的长度达到临界长度(l_c),因此有

$$\sigma_f = 2l_c\tau_s/d \tag{10.12}$$

所以纤维临界长径比 λ 为

$$\lambda = l_c/d = \sigma_f/2\tau_s \tag{10.13}$$

从短纤维增强金属复合材料增强体的临界长径比的计算公式可以看出,纤维的临界长径比与纤维的断裂强度成正比,与基体的屈服强度成反比。对于给定的基体合金和纤维材料,可以通过式(10.13)计算该体系的纤维临界长径比,这样可以为纤维尺寸和形状的选择提供理论依据,具有重要的实际使用价值。

3. 界面结合状态对金属基复合材料性能的影响

界面结合状态对金属基复合材料性能影响很大,因此通过改变界面结合状态从而改善金属基复合材料的性能是非常重要的研究内容。主要可以通过控制界面反应和对增强体表面涂覆等方法来改善金属基复合材料界面结合状态从而有效地提高复合材料的性能。

(1)界面反应对金属基复合材料性能的影响。界面反应是在金属基复合材料制备过程中经常发生的一种现象,因此可以通过复合材料制备工艺参数的调整,改变界面反应程度,控制复合材料性能。在用压力铸造法制备硼酸铝晶须增强 AC8A 铝合金(ABOw/AC8Al)复合材料过程中,可通过改变铸造温度控制界面反应程度,铸造温度越高,晶须与基体的界面反应越严重。

图 10.9(a)为 ABOw/AC8A 复合材料的杨氏模量与铸造温度的关系曲线。当铸造温度低于 800 ℃时,复合材料的杨氏模量随铸造温度升高而增加;当铸造温度超过 800 ℃时,杨氏模量随铸造温度的升高而降低。很显然,对于该种复合材料的杨氏模量存在一个优化的界面反应程度,这与不同铸造温度下界面反应产物的微观组织结构变化有关。

图 10.9(b)为 ABOw/AC8A 复合材料的抗拉强度与铸造温度的关系曲线。当铸造温度为 760 ℃时获得最佳的抗拉强度。当铸造温度较低时,界面结合较弱,引起界面脱粘,复合材料的强度和韧性均较低;当铸造温度较高时,界面反应程度较高,界面反应产物连续分布在界面上,界面反应产物的断裂引起复合材料强度和韧性降低。

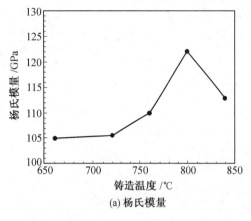

(a) 杨氏模量

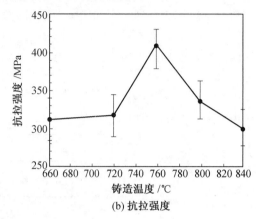

(b) 抗拉强度

图 10.9　$Al_{18}B_4O_{33}w/AC8A$ 复合材料杨氏模量和抗拉强度与铸造温度的关系

(2)增强体表面涂覆对金属基复合材料性能的影响。

通过在增强体表面进行涂覆处理,可在增强体表面形成一层均匀的涂层,可以改善基体和增强体之间的润湿性,从而提高界面结合强度,同时还可以起到控制界面反应的作用,因此增强体表面涂覆处理对金属基复合材料性能有很大影响。

SiC 颗粒与 Cu 基体润湿性较差,所制备的 SiCp/Cu 复合材料界面结合力较低,但如果在 SiC 颗粒表面涂覆一层均匀的 Ni 膜,得到的 SiCp(Ni)/Cu 复合材料则具有较高的界面结合强度。因此 SiCp(Ni)/Cu 复合材料具有比 SiCp/Cu 更好的强度和塑性,如图 10.10 所示。观察复合材料断裂后的断口形貌发现,SiCp/Cu 复合材料的断裂机制包含 Cu 基体的塑性断裂及 SiC-Cu 界面的脱粘,在断裂表面可清晰观察到拔出的 SiC 颗粒及较大的韧窝,说明 SiC-Cu 之间较弱的界面结合强度是导致其相对较低的弯曲强度及塑性的主要原因;而 SiCp(Ni)/Cu 复合材料的断口表面粗糙度增大,SiC-Cu 之间较弱的结合减少,颗粒从基体中拔出的现象在断裂表面不明显,说明界面 Ni 层的引入导致 SiC-Cu 之间较强的界面结合强度是复合材料弯曲强度及塑性较高的主要原因。

对用压力铸造方法制备的硼酸铝晶须增强 6061Al($Al_{18}B_4O_{33}w/A6061$)复合材料研究发现:晶须表面无涂覆的复合材料界面上形成了大量的界面反应产物,同时消耗了基体中大量的 Mg 元素;当晶须表面涂覆 Al_2O_3 后,可最大限度地控制压铸态复合材料中的界面反应。其中晶须表面涂覆 α-Al_2O_3 较涂覆 γ-Al_2O_3 更能有效阻止界面反应。从表 10.1 列出的 3 种不同界面状态复合材料的弹性模量可以看出,未涂覆复合材料的弹性模量最小,晶须表面涂覆 α-Al_2O_3 后复合材料的弹性模量大约提高了 10%。Al_2O_3 涂层的方法不仅影响复合材料的弹性模量,而且影响复合材料的断裂行为。由于无涂层复合材料的界面反应很剧烈,形成强的界面结合,因此断裂易于在近界面基体合金中发生,断裂面上难以看到拔出的晶须。涂层的引入使界面反应减弱,室温断裂易于在涂层-基体界面处产生,涂层复合材料的涂层-基体界面结合力减弱,涂层复合材料在拉伸时易出现界面脱粘、拔

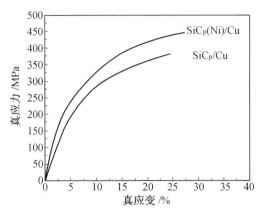

图 10.10　SiCp/Cu 和 SiCp(Ni)/Cu 复合材料的弯曲应力应变曲线

出的晶须也较多。

表 10.1　不同界面状态 $Al_{18}B_4O_{33}w/A6061$ 复合材料的弹性模量

界面状态	无涂层	$\gamma-Al_2O_3$涂层	$\alpha-Al_2O_3$涂层
弹性模量/GPa	97	100	110

10.5　金属基复合材料的性能

与传统金属材料相比,金属基复合材料具有较高的比强度和比刚度、硬度和耐磨损性能好、热膨胀系数小、耐高温性能好,同时还兼具导电、导热、可焊接、可加工的特点,但塑性比金属材料有不同程度的降低。

10.5.1　连续增强金属基复合材料的性能

连续纤维增强金属基复合材料在纤维取向方向上具有优异的力学性能,但在横向方向的性能则明显降低,导致较低的层间拉伸强度,因此连续纤维增强金属基复合材料具有明显的各向异性特点。在连续纤维增强金属基复合材料中,碳纤维和碳化硅纤维是常用的增强纤维,而铝合金、铜合金、钛合金和金属间化合物是常用的金属基体。

1. 连续纤维增强金属基复合材料的力学性能

连续纤维增强金属基复合材料可以充分发挥纤维高强度的特点,因此在纤维方向具有很高的力学性能。对于单向增强的连续纤维增强金属基复合材料,其纤维方向的弹性模量和拉伸强度可以用混合法则进行计算。

表 10.2 为碳纤维增强铝基复合材料的室温拉伸性能。该复合材料的力学性能除了与碳纤维和基体铝合金的种类有关外,还强烈依赖于碳纤维的含量。随碳纤维含量提高,碳纤维增强铝基复合材料的密度降低,强度和弹性模量提高,但塑性下降。从表 10.2 的数据可以看出,碳纤维增强铝基复合材料的纵向抗拉强度和弹性模量分别是基体铝合金的 2~4 倍和 2~3 倍。

表 10.2 碳纤维增强铝基复合材料的室温拉伸性能

纤维	基体	纤维质量分数/%	密度/(g·cm⁻³)	抗拉强度/MPa	模量/GPa
碳纤维 T50	201 铝合金	30	2.38	633	169
碳纤维 T50	201 铝合金	40	2.30	715	192
碳纤维 T50	2024 铝合金	40	2.31	750	210
碳纤维 T50	6061 铝合金	40	2.32	702	195

连续纤维增强钛基复合材料具有明显的各向异性:在横向方向上,复合材料的强度低于基体合金的拉伸强度;而纵向方向复合材料的拉伸强度则要远远高于基体合金。表10.3 示出了碳化硅纤维增强钛基复合材料的室温拉伸性能。可以看出,复合材料纵向弹性模量比基体合金弹性模量提高了 1 倍以上,同时复合材料的纵向拉伸强度也比基体合金提高了将近一倍,但复合材料的横向拉伸强度仅为基体合金拉伸强度的一半左右。可见连续纤维增强钛基复合材料各向异性的严重性,而这一特点在一定程度上限制了这种复合材料的应用范围。

表 10.3 碳化硅纤维增强钛基复合材料的室温拉伸性能

材料	纵向拉伸强度/MPa	横向抗拉强度/MPa	纵向弹性模量/GPa
Ti-6-4 钛合金	900	900	110
SiC/Ti-6-4 复合材料	1455	340	240
Ti-15-3 钛合金	882	845	83
SiC/Ti-15-3 复合材料	1572	450	198

与金属材料相比,增强纤维具有非常优异的耐高温性能,因此连续纤维增强钛基复合材料有很突出的高温性能优势。图 10.11 是铝合金与碳纤维增强铝基复合材料的高温抗拉强度。可以看出,碳纤维增强铝基复合材料的抗拉强度随温度的升高下降比较缓慢,在高温达到 500 ℃时仍保持很高的强度,这对航天航空构件和发动机零件等十分有利。

2.连续纤维增强金属基复合材料的热物理性能

金属材料具有很好的导热性,但热膨胀系数通常较大。与金属材料相比,增强纤维具有非常低的热膨胀系数。因此,通过控制纤维的加入量和分布方式,可以在很大程度上调整连续纤维增强金属基复合材料的导热性和热膨胀系数。

碳纤维增强铜基复合材料既有铜的优良导电和导热性能,又有碳纤维的自润滑、抗磨、低的热膨胀系数等特点,因此可应用于滑动电触头材料、电刷、电力半导体支撑电极、集成电路散热板等。例如,集成电路装置的绝热板(Al_2O_3)里面固定着散热板,一般用高传导材料制造(银、铜),但其与绝热板的热膨胀系数差别大,易弯曲,使绝热板断裂。可通过调节碳纤维含量和分布方式,使碳纤维增强铜基复合材料的热膨胀系数接近 Al_2O_3,制成绝热板就不易断裂。图 10.12 为碳纤维体积分数和分布对碳纤维增强铜基复合材料热膨胀系数的影响规律,可见复合材料热膨胀系数可在较大范围内调节。

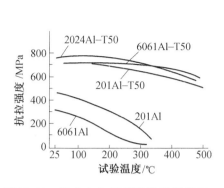

图 10.11　铝合金与碳纤维增强铝基复合材料的高温抗拉强度

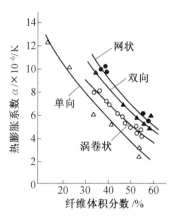

图 10.12　碳纤维体积分数和分布对碳纤维增强铜基复合材料热膨胀系数的影响规律

10.5.2　非连续增强金属基复合材料的性能

非连续增强体加入到金属基体中后,不仅增强体本身可以改变复合材料的性能,还引起基体合金微观结构的变化,导致复合材料的性能发生改变。非连续增强金属基复合材料的性能视复合材料的制备工艺、增强体种类、尺寸和体积分数、基体合金及热处理工艺的不同而存在很大的差异。非连续增强体主要包括各种颗粒、晶须和短纤维;金属基体主要有铝合金、镁合金、铜合金和钛合金。非连续增强金属基复合材料除具有优异的力学性和物理性能之外,还具有各向同性和可加工等特性。

1.非连续增强金属基复合材料的力学性能

(1)弹性模量。非连续增强金属基复合材料的弹性模量是提高最为显著的力学性能。影响非连续增强金属基复合材料弹性模量的因素主要有增强体种类、含量、长径比、定向排布程度,而基体合金元素种类以及热处理状态对复合材料弹性模量也有一定的影响。非连续增强金属基复合材料的弹性模量可以用混合法则进行近似计算,因此,除了增强体和基体本身的弹性模量之外,增强体的含量是影响非连续增强金属基复合材料弹性模量的最重要因素。

表 10.4 列出了几种不同体系非连续增强金属基复合材料的弹性模量与增强体体积分数 φ 的关系。可以看出,随着增强体颗粒体积分数的增大,所有复合材料的弹性模量均相应提高。

表 10.4　几种不同体系非连续增强金属基复合材料的弹性模量与增强体体积分数(φ)的关系

复合材料	φ(增强体)/%	弹性模量	复合材料	φ(增强体)/%	弹性模量/GPa
$Al_2O_3p/6061Al$	10	81	$SiCw/2124Al$	0	69
	15	87		8	95
	20	98		20	128
$SiCp/6061Al$	15	98	$SiCp/AZ91$	15	54
	20	105		20	57
	25	115		25	65
$Al_2O_3p/2024Al$	10	84	$TiBw/TC4$	2	116
	15	92		5	122
	20	101		8	131

（2）强度。非连续增强金属基复合材料的强化机理除了增强体本身承载的复合强化之外，还有增强体的存在所导致的基体合金位错密度提高和晶粒细化引起的强化效果。当增强体尺寸非常细小时，基体合金中的 Orawan 强化机制对复合材料强度的贡献逐渐明显。另外热挤压和热轧制等热加工变形可以进一步提高复合材料的致密度，并且提高了复合材料中基体合金的位错密度，从而可以大幅度提高复合材料的强度。

影响非连续增强金属基复合材料强度的主要因素包括增强体的种类和含量以及基体合金的种类和热处理状态。从表 10.5 可以看出，在一定的增强体含量范围内，所列出的所有非连续增强金属基复合材料的屈服强度和抗拉强度均随增强体含量的增加而提高。还应当指出的是，当增强体体积分数高于一定值以后，随增强体含量的继续增加，虽然复合材料的硬度会继续增加，但抗拉强度开始呈下降趋势。例如：当 SiCp/2024Al 复合材料的增强体体积分数从 20% 提高到 25% 时，复合材料的屈服强度和拉伸强度均下降；当 TiBw/TC4 复合材料的增强体体积分数从 5% 提高到 8% 时，复合材料的拉伸强度下降。

表 10.5　增强体体积分数对非连续增强金属基复合材料强度的影响

复合材料	φ(增强体)/%	热处理状态	屈服强度/MPa	拉伸强度/MPa
$Al_2O_3p/6061Al$	10	T6	296	338
	15		319	359
	20		359	379
$SiCp/6061Al$	15	T4	405	460
	20		420	500
	25		430	515
$Al_2O_3p/4024\ Al$	10	T6	483	517
	15		476	503
	20		483	503
$SiCp/2024Al$	7.8	T4	400	610
	20		490	630
	25		405	560

续表 10.5

复合材料	φ(增强体)/%	热处理状态	屈服强度/MPa	拉伸强度/MPa
SiCw/2124Al	0	T8	428	587
	8		511	662
	20		718	897
SiCp/AZ91	15	铸态	208	236
	20		212	240
	25		232	245
TiBw/TC4	2	烧结态		1021
	5			1090
	8			997

　　热处理状态对非连续增强金属基复合材料的强度也有重要的影响。表 10.6 示出了不同热处理状态 2124 铝合金和 SiCw/2124 复合材料的屈服强度和拉伸强度,可以看出,SiCw/2124 复合材料经退火、T4(室温时效)、T8(145 ℃时效 10 h)及 T6(160 ℃时效 10 h 或 190 ℃时效 16 h)4 种热处理后,其屈服强度和拉伸强度以 T8 处理最高,其次依次为 T4、T6 及退火处理的材料。对于晶须体积分数为 20% 的 SiCw/2124 复合材料,T8 处理后的复合材料屈服强度高出经退火处理的复合材料的屈服强度近 500 MPa。这一方面说明了复合材料中基本的热处理状态对其低应变区的强度(比例极限,屈服强度)的影响更为突出;另一方面说明除沉淀强化以外,还存在其他强化因素(如松弛位错带来的强化,位错林硬化等)。

表 10.6　不同热处理状态 2124 铝合金和 SiCw/2124 复合材料的屈服强度和拉伸强度

材料	φ(增强体)/%	热处理状态	屈服强度/MPa	拉伸强度/MPa
2124 铝合金	0	T4	414	587
		T6	400	566
		T8	428	587
		退火态	110	214
SiCw/2124 复合材料	20%	T4	497	890
		T6	497	880
		T8	718	897
		退火态	221	504

　　增强体的加入还可以使非连续增强金属基复合材料的高温强度得到提高,从而提高复合材料的使用温度。表 10.7 给出了 SiCp/A356 复合材料在不同温度测试得到的抗拉强度,从表中可见随 SiC 颗粒体积分数的增加,复合材料的高温性能提高,当体积分数为20% 时,复合材料在 200 ℃左右的强度仍与基体合金室温强度相当。

表 10.7 SiCp/A356 复合材料高温拉伸强度(MPa)

温度/℃	φ(SiC 颗粒)/%			
	0	10	15	20
22	262	303	331	352
149	165	255	283	296
204	103	221	248	248
260	76	131	145	152
316	28	69	76	76

表 10.8 列出了 TiC 颗粒和 TiB 晶须混杂增强纯钛基复合材料高温拉伸强度。可以看出,3 种不同增强体比例的复合材料在 550~650 ℃ 范围内的高温拉伸强度相差不大,均比纯钛在相应温度的拉伸强度明显提高。

表 10.8 TiC 颗粒和 TiB 晶须混杂增强纯钛基复合材料高温拉伸强度(MPa)

材料	室温	550 ℃	600 ℃	650 ℃
纯钛	795	172	141	70
W_4P_1复合材料	985	275	175	123
W_1P_1复合材料	1 180	275	182	125
W_1P_4复合材料	990	270	170	120

注:W_xP_y表示 TiB 晶须和 TiC 颗粒的比例为 $x:y$。

表 10.9 列出了三维网状结构 TiB 晶须增强钛合金复合材料的高温拉伸强度。可以看出,复合材料的高温拉伸强度受基体合金种类、增强体含量和网状尺寸影响,比基体合金有明显提高。如果以强度水平相当作为评价标准,三维网状结构 TiB 晶须增强钛合金复合材料的使用温度比相应基体钛合金提高 100~200 ℃。也就是说,如果 Ti60 合金可以使用到 600 ℃,那么,三维网状结构 TiB 晶须增强 Ti60 合金复合材料就可以使用到 700~800 ℃。

表 10.9 三维网状结构 TiB 晶须增强钛合金复合材料的高温拉伸强度(MPa)

材料	室温	500 ℃	600 ℃	700 ℃	800 ℃
TC4 钛合金	885	475	352	235	—
V_5D_{200} TC4 基复合材料	1 090	665	531	364	—
V_5D_{110} TC4 基复合材料	1 060	690	542	385	—
$V_{12}D_{65}$ TC4 基复合材料	1 108	723	550	392	—
Ti60 钛合金	1 210	—	525	434	296
V_5D_{110} Ti60 基复合材料	1 377		795	531	398

注:V_xD_y表示复合材料的 TiB 晶须体积分数为 $x\%$,网状尺寸为 y μm。

(3)室温塑性。增强体的加入导致非连续增强金属基复合材料的弹性模量和强度提高的同时,还使复合材料的塑性大幅度下降。非连续增强金属基复合材料的室温塑性主要取决于基体合金的塑性和增强体的含量。一方面,选择塑性较高的基体合金将得到塑性较好的复合材料;另一方面,随增强体含量的增加,复合材料的塑性一般呈下降趋势。

表 10.10 为几种不同体系非连续增强金属基复合材料室温拉伸延伸率与增强体体积分数的关系。可以看出:增强体种类和基体合金种类对复合材料的室温拉伸延伸率有一定的影响,而增强体体积分数对复合材料延伸率的影响最为显著。

(4)硬度与耐磨性。与金属基体合金相比,非连续增强金属基复合材料的硬度和耐磨性大幅度提高,这是非连续增强金属基复合材料非常重要的性能特点之一。非连续增强金属基复合材料的硬度和耐磨性除了与基体合金以及增强体的种类有关外,还与增强体的含量密切相关。随增强体含量的提高,复合材料的硬度和耐磨性都显著增加。

表 10.10　不同体系非连续增强金属基复合材料室温拉伸延伸率与增强体体积分数的关系

复合材料	φ(增强体)/%	拉伸延伸率/%	复合材料	φ(增强体)	拉伸延伸率/%
$Al_2O_3p/6061Al$	10	7.5	$SiCw/2124Al$	0	17.0
	15	5.4		8	8.0
	20	2.1		20	2.0
$SiCp/6061Al$	15%	7.0	$SiCp/AZ91$	15%	1.1
	20%	5.0		20%	0.7
	25%	4.0		25%	0.7
$Al_2O_3p/2024\ Al$	10%	3.3	$TiBw/TC4$	2%	9.2
	15%	2.3		5%	3.6
	20%	1.0		8%	1.0

图 10.13 是 AZ91 镁合金和 SiCw/AZ91 镁基复合材料在 175 ℃下的时效硬化曲线。从图 10.13 可以看出,在相同的时效条件下,由于碳化硅晶须的加入,复合材料的硬度(HV)大大高于基体 AZ91 镁合金。基体合金和复合材料一样都存在峰时效,峰时效硬度达到后,发生过时效软化。从图 10.13 还可以发现,复合材料的峰时效比基体合金提前达到,基体合金在 175 ℃时效 75 h 达到时效峰值,而复合材料在 175 ℃时效 40 h 就达到峰时效,这与碳化硅晶须和镁合金的热膨胀系数不同,导致固溶处理后的淬火过程中在基体合金中引入一定的热残余应力和大量的位错有关。

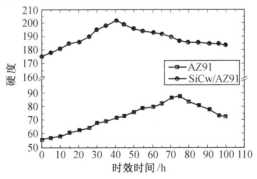

图 10.13　AZ91 镁合金及 SiCw/AZ91 镁基复合材料在 175 ℃下的时效硬化曲线

图 10.14 为挤压态 TiC 颗粒和 TiB 晶须混杂增强纯钛基复合材料及 Ti 在载荷为 20 N、40 N、60 N 和 100 N 条件下经过滑动距离为 212 m 后的磨损失重情况。从图中可以看出,随着载荷的不断增大,各种材料的磨损量都在明显的增加。在不同的载荷下,3 种

复合材料的磨损失重量均远低于未增强的基体材料,这说明复合材料比未增强材料具有更好的耐磨性。还可以看到,在各种载荷下,复合材料中 W_4P_1 复合材料的失重量都是最低的,而且随着 TiB 晶须含量的减少,复合材料的抗磨损性能呈献出下降的趋势。可以看到在 40 N、60 N、80 N、100 N 的载荷下,W_4P_1 失重量分别仅为未增强基体材料的 18.7%、18.8%、13.4%、10.4%;分别为 W_1P_4 复合材料的 68.9%、77.2%、87.2%、70.3%。由于 W_4P_1 的失重量最低,这说明同 TiC 颗粒相比,定向排布的 TiB 晶须可以更为有效地提高钛基复合材料的抗磨损性。

非连续增强金属基复合材料具有优异耐磨损性能的原因首先是由于陶瓷增强体的引入提高了复合材料的强度与硬度,降低了磨损区的塑性变形程度,减少了磨损接触面积,从而使复合材料的抗摩擦磨损性能大幅度提高;其次,陶瓷增强体具有良好的抗摩擦磨损性能,在磨损过程中不易脱落,当复合材料中软的基体材料被磨掉后,这些陶瓷增强体将露出来形成支架和对磨件接触,这样就保护了相对较软的基体从而提高了复合材料的耐磨性。

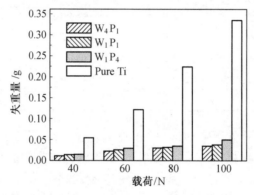

图 10.14　TiC 颗粒和 TiB 晶须混杂增强纯钛基复合材料及 Ti 在不同载荷下的磨损失重量
（图中:W_xP_y 表示 TiB 晶须和 TiC 颗粒的比例为 $x:y$）

2. 非连续增强金属基复合材料的热物理性能

良好的导热性和较低的热膨胀系数和密度是电子封装材料最重要的要求。陶瓷材料具有较低的热膨胀系数,但热导率较低;金属材料具有较大的热导率,但热膨胀系数偏高。将陶瓷颗粒与金属基体复合得到的颗粒增强金属基复合材料可以同时发挥陶瓷颗粒低热膨胀系数和金属基体高热导率的优点,是电子封装领域极具潜力的一种新材料。对于 SiCp/Al 复合材料,随 SiC 体积分数的增加,复合材料的导热率和热膨胀系数均呈下降趋势,如图 10.15 所示。可见通过调整 SiC 体积分数可以获得不同的导热性与热膨胀系数匹配的 SiCp/Al 复合材料,以满足不同的电子元器件的要求。AlN 颗粒导热性较好、热膨胀系数较低、无毒、价格可以接受,因此,AlNp/Al 复合材料很可能成为电子封装器件的候选材料。

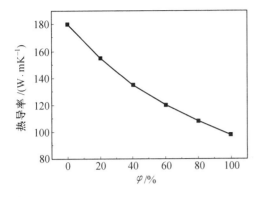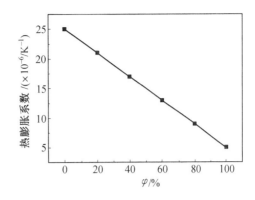

图 10.15　SiCp/6061Al 复合材料热导率和热膨胀系数与 SiC 颗粒体积分数（φ）的关系

10.6　金属基复合材料的应用

10.6.1　铝基复合材料的应用

铝合金是工程上应用最广泛的结构材料之一，其主要强化方式是弥散质点强化。由于铝合金中弥散强化质点的数量受相图和合金元素种类和含量的限制不能过高，同时这些质点在一定温度下容易合并长大甚至回溶，因此对铝合金的强化效果具有局限性。通过在铝合金中加入高性能和高稳定性的增强体，可以在更大程度上设计和调控铝合金的性能，包括：刚度、强度、耐磨性、耐热性和热膨胀性能等，因此铝基复合材料在汽车、航天航空、微电子和装备制造等领域有广泛的应用前景。

1. 汽车制造领域

（1）氧化铝短纤维增强铝基（Al_2O_3sf/Al）复合材料具有良好的耐磨性、高温强度、热稳定性和导热性。1983 年日本丰田公司将 Al_2O_3sf/Al 复合材料用于汽车发动机缸体的内衬材料，代替高镍铸铁，使质量减少了 5% ～ 10%，同时热变形和热疲劳破坏综合性能有明显提高。C 纤维和 Al_2O_3 颗粒混杂增强 Al-Si 合金复合材料具有良好的耐磨性、热疲劳性、耐热性、高温稳定性和阻尼减震性能，且可以采用常规方法铸造，代替铝合金制造汽车发动机缸体，明显提高发动机的效能。

（2）随着高速、高功率密度柴油机的发展，对活塞材料提出了更高的要求。比如在高机械负荷、高热负荷、高速冲击的工作条件下，要求活塞材料密度和热膨胀系数小，机械强度和导热性好，高温性能、润滑性能、成型及加工性能好。通过混杂增强技术，制备出的多种增强体混杂增强的铝基复合材料具有优异的综合性能，是大功率活塞的理想材料，得到了成功应用。

（3）汽车刹车片要求材料耐磨性好、密度低、导热性好。通常刹车片都是采用铸铁制造，铸铁具有耐磨性好和热稳定性高等优点，但密度较大。碳化硅颗粒增强 Al-Si 合金（SiCp/Al-Si）复合材料由于具有优良的耐磨性和耐热性，并且能大幅度降低密度，很早就受到重视。福特汽车公司和丰田汽车公司对制备出的 SiCp/Al-Si 复合材料刹车片进行性能测试，结果表明复合材料刹车片还需要解决性能稳定性特别是高温耐磨性能稳定性的问题。另外可以通过加入其他短纤维,与 SiC 颗粒共同强化,进一步提高复合材料的耐磨性。

2. 航天航空领域

B 纤维增强铝基(Bf/Al)复合材料以其优异的综合性能在航天飞机、飞船、发动机机舱以及支承桁架方面得到了成功应用。用 Bf/Al 复合材料制造的航天飞机 20 m 长的货舱桁架,由直径 50.8~101.6 mm、壁厚 1.27 mm、长度 1.8 m 的复合材料管材组合而成,显著减轻了结构的质量。

宇航望远镜大型波导管在太空使用过程中温度变化大,要求极高的尺寸精度和尺寸稳定性。利用 C 纤维增强铝基(Cf/Al)复合材料轴向刚度高、密度低、轴向热膨胀系数小和导电性好等特点,制作的波导管比原来使用铝和树脂基复合材料的重量减少了 30%。另外,用 Cf/Al 复合材料制成的导航系统和航天天线,可有效地提高其精度;用 Cf/Al 复合材料制成的卫星抛物面天线骨架,热膨胀系数低、导热性好,可在较大温度范围内保持其尺寸稳定,使卫星抛物面天线的增益效率提高。

采用碳化硅颗粒增强铝基(SiCp/Al)复合材料替代铍材,制作航空航天惯性器件,成本比铍材低 2/3,已用于惯性环形激光陀螺制导系统。在遥感系统中使用 SiCp/Al 复合材料替代 INVAR 钢和钛合金作为仪器支架,使部件减重 40%,其尺寸稳定性、低热膨胀和高热导性能使部件成像精度显著提高。用粉末冶金法制备的 SiCp/6092Al 用于 F-16 战斗机的腹鳍,代替 2214 铝合金,刚度提高 50%,寿命由原来的数百小时提高到设计全寿命 8 000 h。F-16 飞机上燃油检查盖采用 SiCp/Al 复合材料后,刚度提高 40%,承载能力提高 28%,服役寿命从 2 000 h 提高到 8 000 h,检修周期从 4~6 个月延长为 2~3 年。SiCp/Al 复合材料在 F-18"大黄蜂"战斗机上作为液压阀体和制动器缸体材料,替代了铝青铜,疲劳极限提高 1 倍以上。采用高刚度、耐疲劳的 SiCp/2009Al 复合材料制造直升机旋翼系统连接用模锻件,与铝合金相比,构件的刚度提高约 30%,寿命提高约 5%;与钛合金相比,构件重量下降约 25%。采用 SiCp/Al 复合材料制备的航天用大型支撑架具有与铝合金相当的密度,但刚度、强度和热膨胀系数等性能具有更大的优势,是制备大型支撑架理想材料。SiCp/Al 复合材料精铸件(镜身、镜盒、支撑轮)成功用于卫星遥感器定位装置。

碳化硅晶须增强铝基复合材料管件具有密度低、刚度高、耐磨性好和热膨胀系数低的优点,已成功用于卫星天线展开丝杠。SiC 和 B₄C 颗粒混杂增强铝基复合材料的强度超过 700 MPa,成功用于空间飞行器和运载火箭的燃料输送及液压系统元件和管路制造。

3. 微电子和装备制造领域

随着电子器件密度的提高,对封装材料的散热和尺寸稳定性要求越来越高。在微波雷达通信系统,要求基片材料具有机械、热、电等方面高的稳定性能。高增强体含量的 SiCp/Al 复合材料密度低、刚度高、热膨胀系数小、导热系数高、导电和尺寸稳定性好且能够焊接,可以很好地满足微电子领域基片材料的苛刻要求。

在装备制造领域,铝基复合材料已成功应用于 AC-130 运输机的装甲防护、重型车辆的行走结构件,如刹车鼓、负重轮以及履带等。纳米 B₄C 颗粒增强铝基复合材料的压缩强度高达 1 065 MPa,压缩塑性达 2.5%,具有良好的抗高速弹丸侵彻性能,在装甲防护方面显示出良好的应用前景。

10.6.2　镁基复合材料的应用

镁的密度为 $1.74\ \mathrm{g/cm^3}$,仅为铝的 2/3,是当前所用最轻的金属结构材料之一。虽然其强度比铝合金低,但具有更高的比强度和比刚度,同时兼具良好的抗震和抗冲击性能。因此,镁基复合材料是继铝基复合材料之后的又一具有竞争力的轻金属基复合材料,在航空航天等国防轻量化领域有着广泛的应用前景。

Martin Marietta 航空公司与 Dupont Lanxide 公司及 FMI 航空系统合作研究石墨长纤维增强镁复合材料在航空领域的应用,充分发挥其密度低、高比强度和高比刚度的性能特点。图 10.16 为石墨长纤维增强镁复合材料制备的管材及其装配成的桁架结构。

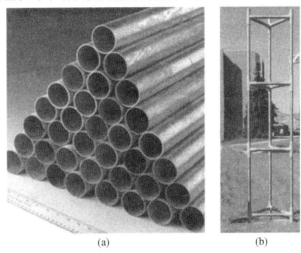

(a)　　　　　　　　(b)

图 10.16　石墨长纤维增强镁复合材料的管材

美国麻省沃莎姆的 Metal Matrix Cast Composites,LLC 公司采用短石墨纤维增强镁基复合材料制备出零膨胀的镁基复合材料基底和框架,应用于飞行器的镜面基底和支撑框架材料。

跨国公司 DOW 化学公司用氧化铝颗粒增强镁基复合材料已制成皮带轮、链轮、油泵盖等耐磨件,其中汽车油泵盖已经累积行车 1.6×10^5 km。美国先进复合材料公司和海军地面战争中心合作研究,采用粉末冶金法制备 SiC 晶须或 $\mathrm{B_4C}$ 颗粒增强 ZK60 镁基复合材料,目标用于海军卫星上的结构零件如轴套、支柱和横梁。美国海军研究所和斯坦福大学发挥 Mg-Li 合金超轻的特点,利用 $\mathrm{B_4C}$ 颗粒增强 Mg-Li 合金复合材料制造卫星天线构件。美国 Textron 公司和 DOW 化学公司等利用 SiC 颗粒增强镁基复合材料制造螺旋桨、导弹尾翼和内部加强的汽缸等。

英国镁电子公司开发了一系列成本低、可回收、可满足应用要求而特殊设计的非连续增强镁基复合材料。在 1994 年英国范堡罗航展上,该公司展出了生产的 Melram 镁基复合材料。该公司开发的 SiC 颗粒增强 Mg-Zn-Cu-Mn 基 Melram072 镁基复合材料管材用于制造自行车等部件,并致力于开发在国防和汽车方面的应用。

10.6.3　钛基复合材料的应用

钛基复合材料因具有很高的比强度和比刚度、优良的高温性能、较低的热膨胀系数,在许多领域都具有非常大的应用潜力,用来替代传统材料以提高使用性能或提高使用温度。如替代传统高温合金,可以减重约 40%;替代钛合金可以将使用温度提高 100~200 ℃;替代耐热钢既可以减重又可以提高使用温度。因此,在航空航天、武器装备、汽车及民用等行业中,钛基复合材料是提高力学性能、降低重量、提高效能的最佳候选材料之一而倍受青睐。

作为最先研究的连续纤维增强钛基复合材料于 20 世纪 80 年代就成功应用到航空发动机轴上。由美国 ARC 公司制造的 SiC 纤维增强钛基复合材料矢量喷管驱动器活塞,成功应用在 F-22 战斗机的 F-119 发动机上,该活塞大约长 305 mm,杆部直径为 50 mm,头部直径为 100 mm。美国国防部和 NASA 资助建立了 SiC 纤维增强钛基复合材料生产线,已为直接进入轨道的航天飞机提供机翼、机身蒙皮、支撑梁和加强筋等构件。2007 年,罗罗公司成功设计并制备了装有 SiC 纤维增强钛基复合材料叶环的发动机,在 F-35 上得到验证,该叶环减重可达 60%。由美国 GKN 宇航工业公司和 FMW 复合材料系统公司开发的 SiC 纤维增强钛基复合材料,在波音 787 飞机发动机机架连杆上得到成功应用。2014 年,罗罗公司公布了其下一代的发动机的设计细节,将在“Advance”和“UltraFan”发动机上采用碳纤维增强钛基复合材料风扇叶片,以碳纤维增强钛基复合材料风机叶片和复合材料套管为特点的 C-Ti 风扇系统,可以使每架飞机减轻质量 680 kg。

短纤维或者颗粒增强钛基复合材料已在航空航天和民用领域得到了应用。美国 Dynamet 技术公司开发的 CermeTi＋系列 TiC 颗粒增强 TC4 钛合金复合材料,用作半球形火箭壳、导弹尾翼和飞机发动机零件。荷兰飞机起落架开发公司 SP 航宇开发的钛基复合材料起落架下部后撑杆已经安装到 F16 战斗机上,与 300M 钢相比,采用钛基复合材料达到了减重 40% 的目的。在民用领域,日本丰田发动机公司于 1998 年首次将粉末冶金法制备的非连续增强 TiBw/Ti 合金基复合材料用于发动机进气阀与排气阀,并尝试应用在连杆、气门座、空心阀门等,与原来使用的 21-4N 热强钢相比,提高了强度、减轻了重量、提高了效能、降低了能耗与噪音。日本住友金属工业公司开发的 TiC 颗粒弥散增强 Ti-5.7Al-3.5V-11.0Cr 复合材料,已被成功制成发动机进气阀、海水泵的轴承、输送次氯酸矿浆用的叶轮、电池用模具、造纸辊等。上海交通大学经过熔铸法及塑性加工技术成功制备出固体火箭发动机喷管用支耳、支撑块和固定支臂等构件。西北有色金属研究院采用熔铸法及二次加工变形,成功制备出 TP-650 钛基复合材飞机发动机叶片。哈尔滨工业大学采用粉末冶金法结合挤压与旋锻技术成功制备可用于火箭发动机的 TiBw/TC4 复合材料喷油管,与传统不锈钢喷油管相比减重 40% 以上,并且大幅提高了使用温度与抗腐蚀能力;以 TiBw/TC4 复合材料挤压棒材为基础,通过镦制及辊丝工艺成功制备出系列航空航天用 TiBw/TC4 复合材料高端紧固件,与进口 TC4 钛合金紧固件相比,疲劳寿命不降低的同时,剪切强度、抗拉强度和耐热性等得到大幅提升。

第11章 新型材料

11.1 稀土金属材料

稀土金属是元素周期表ⅢB组中的钪、钇、镧系等17种元素的总称(常用R或RE表示),是一类典型的金属。稀土元素除了镨、钕呈淡黄色外,其余均为银白色有光泽的金属。通常稀土易被氧化而呈暗灰色。稀土可以分为轻稀土和重稀土,镧、铈、镨、钕、钷、钐和铕7个元素为轻稀土,钇、钆、镝、铽、钬、铒、铥、镥、镱9个元素为重稀土元素。稀土元素不但能以金属单质的形式存在,而且能以金属间化合物的形式与其他金属形成合金,仅二元金属间化合物就有3 000种以上。由于稀土元素具有内层4f电子的数目从0向14逐个填满的特殊组态,导致元素间在光学、磁学、电学等性能上出现明显差异,繁衍出多种不同的新材料。因此稀土材料被誉为新材料的"宝库",高技术的"摇篮"。稀土产业,特别是稀土新材料及其在高科技领域中的应用产业,作为"朝阳产业",必将在21世纪获得更为迅速的发展。稀土金属是稀土材料重要的组成部分。广义来说,稀土金属材料应该包括稀有金属合金、稀土合金钢、稀土铸铁以及稀土有色金属合金(稀土铝、铜、镁、镍和钛合金)。稀土金属材料表现出了优异的力学性能,在各领域得到了广泛的应用。

11.1.1 稀土的基本性质

稀土矿石多以独居石、氟碳铈矿、磷灰石、萤石等形式存在。稀土金属的矿物资源比较丰富,在地壳中的丰度为153 g/t。目前世界稀土工业储量约为1亿t。我国稀土资源不但储量大,而且品种齐全,资源储量和矿产量均居世界首位。稀土金属冶炼一般采用熔盐电解法和金属热还原法。稀土的基本性质如下:

1. 稀土金属的物理性质

在常温常压下,稀土元素具有4种晶体结构:①六方体心结构,如钇和大多数重稀土元素;②立方密排结构(面心),如铈和镱;③双六方结构,如镧、镨、钕等;④斜方结构,如钐等。当温度、压力变化时多数稀土金属发生晶型转变。稀土金属的基本物理性质见表11.1。

2. 稀土金属的化学性质

稀土元素的特点是原子的最外层电子结构相同,都是2个电子;次外层电子结构相似,倒数第三层4f轨道上的电子数从0~14,各不相同。即稀土原子的电子层结构为$[Xe]4f^x5d^{0-1}6s^2$。$[Xe]$为氙原子的电子层结构。稀土原子半径大,易失去外层两个s电子和次外层5d或4f层一个电子而成3价离子,某些稀土元素也能呈2价或4价态。冶金工业利用上述性质在钢、铁和有色金属冶炼中添加稀土金属或其合金以起到变质剂的作用。

稀土元素比较活泼,容易失去外层的s电子和5d或4f电子,其活泼性仅次于碱金属和碱土金属。稀土(特别是轻稀土元素)必须保存在煤油中,否则与潮湿空气接触,会被氧化而变色。

表 11.1　稀土金属的基本物理性质

元素	原子序数	相对原子质量	密度/$(g \cdot cm^{-3})$	熔点/℃	沸点/℃	电负性	氧化还原电位 = $RE^{3+}+3e^{-1}$	电阻率/$(\mu\Omega \cdot cm)$	硬度/HB
La	57	138.91	6.166	918	3 464	114.10	−2.52	79.8	35 ~ 40
Ce	58	140.12	6.773	798	3 433	114.12	−2.48	75.3	25 ~ 30
Pr	59	140.91	6.475	931	3 520	114.13	−2.47	68.0	35 ~ 50
Nd	60	144.24	7.003	1 021	3 074	114.14	−2.44	64.3	35 ~ 45
Pm	61	147	7.2	1 042	3 000	—	−2.42	—	
Sm	62	150.35	7.536	1 074	1 794	114.17	−2.41	105.0	45 ~ 65
Eu	63	151.96	5.245	822	1 529	—	−2.41	91.0	15 ~ 20
Gd	64	157.25	7.886	1 313	3 273	114.20	−2.40	131.0	55 ~ 70
Tb	65	158.93	8.253	1 365	3 230	—	−3.39	114.5	90 ~ 120
Dy	66	162.50	8.559	1 413	2 567	1.22	−2.35	92.6	55 ~ 105
Ho	67	164.93	8.73	1474	2 700	1.23	−2.32	81.4	50 ~ 125
Er	68	167.26	9.045	1 529	2 868	1.24	−2.30	86.0	60 ~ 95
Tm	69	168.93	9.315	1 545	1 950	1.25	−2.28	67.5	55 ~ 90
Yb	70	173.04	6.972	819	1196	—	−2.27	25.1	20 ~ 30
Lu	71	174.97	9.84	1 663	3 402	1.27	−2.25	58.2	120 ~ 130
Y	39	88.91	4.472	1 522	3 338	1.22	−2.37	59.6	80 ~ 85

3. 稀土金属的力学性能

稀土金属的力学性能见表 11.2。

表 11.2　稀土金属的力学性能

金属	维氏硬度	抗拉强度/MPa	屈服强度/MPa	抗压强度/MPa	延伸率/%	收缩率/%	弹性模量/×100 MPa	剪切模量/×100 MPa	泊松比
Sc	850	—	—	400	17	—	—	—	—
La	400	130	130	220	8	33	390	150	0.29
Ce	250	110	90	300	24	18	310	120	0.25
Eu	200	—	—	—	—	—	—	—	—
Er	700	300	300	780	4	22	740	300	0.24
Yb	250	70	70	—	6	—	180	70	0.28

11.1.2　稀土金属合金

稀土金属合金指含有质量分数为 45% Ce、22% ~ 25% La、18% Nd、5% Pr、1% Sm 及少量其他稀土金属组分的合金,在冶金工业中可以用作强还原剂。近年来在耐热合金、电热合金中开始使用钇组稀土合金以及钇铈组合金。工业上一般采用熔盐电解法制备。

常见稀土合金的成分见表 11.3。

表 11.3　稀土合金成分(质量分数/%)

合金牌号	稀土总量 ($\sum RE_2O_3$)	总稀土中质量分数		Si	Al	Ca	Te	注
		Y	Ce					
SIR	20~22	—	—	40~50	—	—	30~40	苏联
SIRAL	18~20	—	—	40~50	10~15	—	20~25	苏联
ALR	25~28	—	—	—	70~80	—	—	苏联
CuMuW-1	≥25	—	—	≤50	≤10	—	余量	苏联
钇基重稀土合金	30~35	17~28	—	35		5	余量	中国
硅镧	32~37	—	—	48~50	2.5~4.5	1.5~2.3	余量	苏联
含钇中间合金	10~30			其余	—	15~25	2~5	苏联
Ⅰ级稀土硅钙合金	25	—	45		30		—	日本
Ⅱ级稀土硅钙合金	30	—	46		8		—	日本
混合稀土硅钙	40~65	25~45	—	1~6	<4	—	Mg16	德国
混合稀土硅钙	7	54	—		22	—	Mg16	德国

11.1.3　稀土合金钢和铸铁

对钢进行稀土处理,是提高钢材质量、发展新品种的有效措施,在钢中添加稀土,可以脱氧、脱硫、除气、减少有害元素的影响,具有净化钢液、改变夹杂物形态和分布、细化晶粒、微合金化和抗氢脆作用。

1. 净化钢液

稀土在钢液温度下与硫和氧反应,生成氧化物或硫氧化物。生成的稀土化合物熔点高、密度小、上浮成渣,并且它们微小的质点成为钢液结晶过程的异质晶核,起到细化晶粒的作用。稀土金属在钢、铁中脱氧、脱硫率都在90%以上。

2. 改变夹杂物的形态和分布

在铝脱氧的钢中,硫以 MnS 形式存在。MnS 在轧制时沿轧制方向伸长,塑性大而强度低,显著降低了钢的塑性和横向性能。稀土元素与 MnS 反应,破坏了硫化锰夹杂,形成了细小、分散并呈球团状的夹杂物。这些夹杂物在轧制时不变形,从而消除了 MnS 夹杂造成的危害。

3. 细化晶粒

稀土化合物微小的固体质点提供了异质晶核点,同时在结晶界面上具有阻碍晶粒长大的作用,为钢液结晶细化提供了较好的条件。

4. 微合金化作用

稀土在合金中的固溶度很小,没有形成单独的固溶相。因此稀土主要偏聚于晶界,并导致晶界结构、化学成分和能量的变化,并影响其他元素的扩散和析出相的形核与长大,进而改善钢的组织与性能。

5. 抗氢脆作用

稀土金属有很强的吸氢作用,形成稀土氢化物,从而抑制钢中氢引起的脆性。

几乎所有钢都可以通过添加稀土来改善力学性能,如碳素钢、高强度低合金钢、结构钢、高合金钢、耐热钢、各种不锈钢、工具钢、铸钢及磁钢等,其中应用最广的是高强度低合金钢。我国生产和研制的几种稀土钢见表 11.4。此外我国还成功研制了稀土装甲钢601、602,稀土炮钢701、703 以及高速钢等。2000 年我国稀土钢产量已达 80 万 t。

表 11.4　我国生产和研制的几种稀土钢

钢种	钢　号	稀土的作用与效果
低碳钢	14MnVTiRE	提高低温韧性,改善横向性能
合金钢	16MnCuRE	提高断面合格率和横向冲击强度
	10MnPNbRE	提高耐海水腐蚀性
	12MnPKRE	提高强度和韧性
	225R(渣罐铸钢)	消除铸件热裂、提高成品率和使用寿命
	14MnMoVBRE	提高塑性和韧性
合金结构钢	20AlVRE	提高成材率和耐腐性
	65SiMnRE	提高耐磨性和使用寿命
	25MnTiBRE	改善缺口敏感性和韧性
	Dy145	提高钢丝弯曲率
	40MnBRE	改善淬透性
	CrMnMoRE	提高加工性能和韧性,降低脆性转变温度
电热合金	Fe-Cr-Al	提高抗氧化性能,成材率和使用寿命
	CH-36.39(高温合金)	改善抗氧化性能,提高成材率
高强度低合金钢	16MnRE 和 09MnRE	提高连轧钢板横向性能,提高冲压合格率
	09MnTiCuRE	提高低温韧性
	GSiMnVRE	提高耐磨和疲劳性能
工具钢	W14Cr4VMnRE	提高热塑性
	12MoWVBSiRE	提高高温持久强度
耐热不锈钢	Cr18Ni8Si12RE	提高抗应力腐蚀性能
	P_{74}RE(重轨钢)	提高耐磨性和使用寿命
弹簧钢	60SiMnRE(弹簧钢)	改善疲劳性能,提高使用寿命

　　稀土铸铁是稀土重要的应用领域之一。自 1948 年开始人们发明了用铈制取球墨铸铁并实现工业化生产,之后发展了稀土孕育剂,促进灰口铸铁性能的提高,随后相继研究了稀土在白口铸铁、可锻铸铁和球墨铸铁中的应用。稀土金属稀土合金在铸铁生产中能做球化剂、蠕化剂、孕育剂,是其他金属和合金不可比拟的。稀土铸铁详见铸铁一章,在此不再详述。

11.1.4　稀土镁合金

　　传统镁合金存在易氧化、易腐蚀、抗高温蠕变能力差,高温强度低的缺点,稀土元素是克服这些缺点最有效、最实用、最具发展潜力的合金化元素。我国具有丰富的镁资源和稀土资源,研发系列稀土镁合金,对于经济和社会发展具有重要的作用。

1. 稀土在镁合金中的作用

稀土具有独特的核外电子结构,在镁合金领域其突出的净化、强化性能已经被人们认可。稀土元素在镁合金中一般会产生共晶反应,并产生 $Mg_{24}Y_5$、$Mg_{12}Nd$ 等高熔点的镁稀土化合物,具有很高的热稳定性。

已有的理论和生产实践表明稀土可以有效提高镁合金的力学性能、耐蚀抗氧化性能以及摩擦磨损和疲劳性能。和在钢中一样,稀土元素在镁合金中具有净化熔体、细化晶粒的作用。稀土元素可以降低合金在液态和固态下的氧化倾向,提高镁合金熔体的起燃温度,降低合金液的表面张力,减小结晶温度间隔,提高镁合金液的流动性,改善合金的铸造性能。除此之外,稀土元素在镁合金中具有显著的固溶和弥散强化的效果。大部分稀土在使用温度下具有和镁相似的密排六方的晶体结构,并且大部分稀土元素与镁原子半径之差在 15% 以内,因此稀土元素在镁中具有较大的固溶度,有些高达 10% ~20%。稀土原子半径也大于镁原子,故稀土的固溶产生镁基体的晶格畸变,同时稀土原子在镁中扩散系数小,扩散速率低,因此稀土元素在镁合金中具有很强的固溶强化作用。稀土与镁或其他合金化元素在合金凝固过程中形成稳定的高熔点、高热稳定性金属间化合物。这些金属间化合物粒子弥散分布于晶界、晶内、钉扎晶界、抑制晶界滑移,阻碍位错运动。同时稀土元素在镁中具有较高的固溶度,固溶度随温度降低而降低。当处于高温下的单相固溶体快速冷却时形成不稳定的过饱和固溶体。经过时效后形成细小弥散的析出沉淀相,从而有效地提高合金的强度。各稀土元素在镁中的作用效果是有差异的。其中,Nd 能同时提高室温和高温强化效应,综合作用最佳;Ce 和混合 RE 次之,有改善耐热性的作用,但常温强化效果很弱;La 的效果更差,强化效应和改善耐热性都不及 Nd 和 Ce。Cd 在镁合金中无限固溶,溶解的 Cd 能起固溶强化作用。

2. 稀土镁合金材料

(1)稀土高强耐热镁合金。镁合金耐热性能差,高温拉伸性能和抗蠕变性能差,限制了其扩大应用。稀土合金化是提高镁合金高温性能的重要手段。现稀土元素在耐热镁合金中的应用已经取得了突破性的进展。稀土高强耐热镁合金主要包括 Mg-RE-Zr 系、Mg-Zn-RE 系、Mg-Ag-RE 系、Mg-Al-RE 系、Mg-Y-RE 系。Mg-RE-Zr 系包括 EK30、EK31、EK41 等,其中高熔点的 Mg-RE 合金相提高了合金的高温性能;Mg-Zn-RE 系包括 ZE33、ZE41、ZE63 等,在 Mg-RE-Zr 基础上添加 Zn,可进一步改善合金的铸造性能和力学性能;Mg-Al-RE 系包括 AE41、AE42、AE21 等,RE 与 Al 不仅形成了高熔点的 $Al_{11}RE_3$ 相,并且抑制了低熔点的 $Mg_{17}Al_{12}$ 相的生成,提高了高温力学性能;Mg-Y-RE 系包括 WE33、WE54、WE43 等,通过析出高熔点的稀土化合物相而提高高温强度;Mg-Ag-RE 系则包括 QE21、QE22、EQ21 等,Ag 显著改善了合金的时效特性。稀土镁合金也可以根据稀土含量分为低稀土耐热镁合金(RE 小于 2%)、中等稀土耐热合金(2% <RE<6%)、高稀土耐热镁合金(RE 大于 2%)。常用的轻稀土元素为 Ce、La、Pr、Nd,重稀土元素为 Y、Gd、Dy、Ho、Er 等。其生成的镁稀土化合物熔点都在 550 ℃以上。部分含稀土高强耐热镁合金的成分和力学性能见表 11.5、11.6。

表 11.5　部分含稀土高强耐热镁合金的成分

合金牌号	合金成分
EK30	Mg-(2.5% ~4.4%)Re-(0.2% ~0.4%)Zr
EK31	Mg-(3.5% ~4.0%)Re-(0.4% ~1%)Zr
WE33	Mg-3%Y-2.5%Nd-1%重稀土-0.5%Zr
MEZ	Mg-2.5%RE-0.35%Zn-0.3%Mn
ML10	Mg-(1.9% ~2.6%)Nd-(0.2% ~0.8%)Zn-(0.4% ~1%)Zr
ML9	Mg-(2.2% ~2.8%)Nd-(0.1% ~0.7%)In-(0.4% ~1%)Zr
MA11	Mg-(2.5% ~3.5%)Nd-(1.5% ~2.5%)Mn-(0.1% ~0.22%)Ni
ZM3	Mg-(2.5% ~4.0%)RE-(0.2% ~0.7%)Zn-(0.4% ~1%)Zr
ZM6	Mg-(2.0% ~2.8%)RE-(0.2% ~0.7%)Zn-(0.4% ~1%)Zr
MB22	Mg-(2.9% ~3.5%)Y-(1.2% ~1.6%)Zn-(0.45% ~0.8%)Zr
WE54-T6	Mg-(4.75% ~5.5%)Y-(2.0% ~4.0%)Re-(0.4% ~1%)Zr
WE43-T6	Mg-(3.75% ~4.25%)Y-(2.4% ~3.4%)Re-(0.4% ~1%)Zr

(2)稀土耐蚀合金。稀土元素加入镁合金,能和镁合金中的强阴极性杂质元素(如 Fe 等)形成金属间化合物并形成"沉渣"被清除出合金液,或形成分散分布的阴极性较弱的 AlFeRE 多元金属间化合物,显著减轻了强阴极性杂质元素的有害作用。稀土元素加入 Mg-Al 合金能减少 β 相($Mg_{17}Al_{12}$)的形成。形成更细小分散分布的粒状、针状或片状的弱阴极性的含稀土金属间化合物,降低了析出相和镁基体的电位差,减弱阴极反应,抑制析氢过程;同时稀土元素在表面膜的富集,增加了表面膜的致密性,增强了表面膜的保护性;稀土元素的添加还促进了镁氢化合物的形成,阻碍了氢在镁的溶解。通过以上作用,稀土元素显著提高了镁合金的耐蚀性。对于 Mg-RE 合金,无论是 Mg-RE-Zr 系还是 Mg-Al-RE 系,其耐蚀性远远超过了高纯的不含稀土的镁铝合金。表 11.7 给出了 Mg-RE 合金名义组成和它们在 NaCl 溶液中的腐蚀速率。

表 11.6　部分含稀土高强耐热镁合金的力学变性能

	温度/℃	抗拉强度/MPa	屈服强度/MPa	伸长率/%	蠕变强度/MPa	弹性模量/GPa
AE4230	RT	226	139	11	—	—
	121	177	118	23		
	177	135	106	28		
MEZ	RT	—	97	3		
	150		78	8		
	175		73	5		
EZ33	RT	160	112	2	—	—
	150	145				
	205	—	—	—	38	40
	315	83			6.9	38

续表 11.6

	温度/℃	抗拉强度/MPa	屈服强度/MPa	伸长率/%	蠕变强度/MPa	弹性模量/GPa
QE22	RT	260	195	3	—	—
	150	208	—	—	—	—
	205	—	—	—	55	37
	250	162	—	—	—	—
	315	80	—	—	—	31
WE54	RT	280	172	2	—	—
	150	255	—	—	—	—
	205	—	—	—	132	—
	250	234	—	—	—	—
	315	184	—	—	41	36
WE43	RT	184	186	2	—	—
	150	252	175	—	—	—
	205	—	—	—	96	39
	250	220	160	—	—	—
	300	160	125	—	—	—

表 11.7　Mg-RE 合金名义组成和它们在 NaCl 溶液中的腐蚀速率

	w(化学组成)/%						腐蚀速率/(mm·a^{-1})
	RE	Mg	Al	Mn	Zn	Zr	
WE43A	4.0Y,3.3(Nd+HRE)	余量	—	—	—	0.7	0.4
WE54A	5.2Y,3.3(Nd+HRE)	余量	—	—	—	0.7	0.3
ZE41A	1.2Mm	—	—	—	4.2	0.7	8.9~12.7
AE42	2.0Mm	余量	4.0	0.3	—	—	0.9~1.8
AE61	1.1Mm	余量	6.2	0.01	—	—	0.4
AE81	1.2Mm	余量	7.9	0.01	—	—	0.3
AZ91D	—	余量	9.0	0.1	—	—	0.3~0.6
AM60B	—	余量	6.0	0.1	—	—	1.3~2.0

注:Mm 表示富 Ce;HRE 表示重稀土元素,主要 Y,Er,Dy,Gd。

此外稀土元素在镁阻尼合金、镁锂合金中都得到广泛应用,显著提高了合金的综合性能。稀土镁合金研究和生产发展趋势如下:(1)进一步加强稀土在镁合金中的作用机理及规律研究,开发新型稀土镁合金是推广稀土应用的趋势;(2)优化稀土加入工艺、优化稀土种类和稀土加入量、改进稀土加入方式,开发低成本稀土镁合金。

11.1.5　稀土铝合金

稀土合金化是进一步提高铝及其合金性能的行之有效的方法。稀土元素由于其独特的电子结构特性,使稀土铝及铝合金具有多种功能。

1. 稀土在铝和铝合金中的作用机理

稀土在铝合金中固溶度较小,因此稀土在铝合金中的作用不同于镁合金。稀土在铝合金中的作用主要包括净化熔体作用、细化组织作用、变质作用和微合金化作用。其次才是固溶强化、时效沉淀强化和弥散强化作用。

(1)净化作用。净化机理首先为除气作用。稀土与氢具有较大的亲和力,大量吸附和溶解氢,并生成高熔点化合物,降低有效熔体内的溶解氢含量;同时稀土是表面活性元素,使表面熔体的表面张力下降,气泡容易上浮至熔体表面而排出。另一方面,当稀土用于表面覆盖剂时,可以形成稀土复合氧化物,使表面氧化膜更加致密,进一步阻止了熔体的氧化。稀土元素在铝合金中的固溶度比较低,一般在晶界处或固液界面处富集,和夹杂 Al_2O_3 发生反应,生成单质 Al 和高熔点稀土氧化物,后者可以通过静置下沉而除掉,因此稀土可以有效地降低熔体的夹杂物含量。

(2)变质作用。稀土作为变质剂具有长效性、重熔稳定性,无腐蚀作用。稀土作为变质元素可以使铝硅合金中的针、片状共晶硅变为粒状,并减小初晶硅的尺寸;细化 Al-Cu 合金的铸态晶粒,减小二次枝晶间距。对于 Al-Mg、Al-Li 等其他合金系也有显著的变质和晶粒细化效果。

(3)微合金化作用。稀土可以固溶在基体中,也可偏聚在相界、晶界和枝晶界处或固溶在化合物中,以及以化合物的形式存在。偏聚在相界、晶界和枝晶处的稀土元素增加合金的变形阻力、促进位错增殖,形成连续或不连续的网膜,提高了合金的晶界强度和抗蠕变能力,改善合金的热强性;当稀土含量足够高时,形成具有粒子化、球化和细化等特征的金属间化合物,这些新相具有很好的热稳定性和耐热性。

稀土元素在铝合金中具有一定的固溶强化作用,但由于稀土元素在铝中的固溶度不高,故多采用各种快速凝固技术以取得尽可能大的过饱和度。相应的稀土元素在铝合金中具有一定的时效沉淀强化作用。

2. 稀土在铝合金中的应用

稀土对于提高铝合金的性能具有多重功能,为获得高性能的铝合金,往往在铝合金中加入适量的稀土元素。

(1)在铸造铝合金中的应用。铸造铝合金中加入稀土可提高合金性能,提高铸造产品的合格率。如 ZL104 合金加入稀土后合金抗拉强度由 260 MPa 增加到 300 MPa,高温强度提高 16%,该合金已经广泛应用在发动机缸体、缸盖、曲轴等铸件中。

ZL101 加入混合稀土,能明显细化变质合金中的共晶硅,使其形态由长针片状转变为均匀分布的圆点,同时显著细化晶粒。图 11.1 给出了 ZL101 合金加入质量分数为 1% 的稀土变质合金(Al-10% La)后合金的组织变化,可以看出稀土对共晶硅有较好的变质作用,在抑制 Si 形核长大的同时促进了较粗大的 α-Al 晶粒的形核,表现出了细化与变质相互促进的作用。

ZL108 中加入稀土添加剂,使针片状的共晶硅细化,也使 α-Al 相得到一定的细化,同时还有明显的除氢作用。稀土合金化显著提高了 ZL108 合金的力学性能,使 ZL108 合金的断口组织由准解理和韧窝相结合的形态转化为韧窝型。表 11.8 为不同变质条件下 ZL108 合金的力学性能。

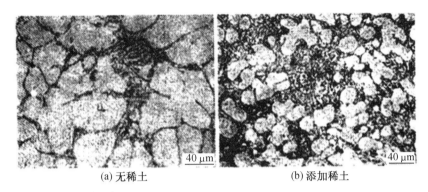

(a) 无稀土　　　　　　　　　　　　(b) 添加稀土

图 11.1　ZL101 合金加入质量分数为 1% 的稀土变质合金(Al–10% La)后合金的组织变化

表 11.8　不同变质条件下 ZL108 合金的力学性能

变质剂	σ_b/MPa	δ/%	硬度/HB
未变质	192	0.8	86
P 变质	221	0.5	97
RE–Ba–P 复合变质	258.7	1.0	100

ZL203 合金加入稀土元素后晶粒明显得到细化,同时改善了合金中主要析出相 $CuAl_2$ 相的分布形态,由网状分布变薄,甚至变为不连续分布,显著提高了合金的力学性能。表 11.9 给出了不同稀土加入量对 ZL203 合金晶粒尺寸和力学性能的影响。

表 11.9　不同稀土加入量对 ZL203 合金晶粒尺寸和力学性能的影响

稀土质量分数/%	0	0.02	0.04	0.08	0.10	0.15
晶粒尺寸/μm	44.5	31.9	29.0	26.2	23.3	29.4
抗拉强度/MPa	209.8	219.6	225.9	269.2	271.8	247.9
伸长率/%	6	16	14.3	18	20	16.7
硬度/HB	61.2	59.2	64.6	70.2	78.3	76.3

稀土元素在 ZL106、ZL109 等其他铝合金中也得到广泛的应用,具体应用效果见表 11.10。

表 11.10　稀土元素在 ZL106、ZL109 等铝合金中的应用

编号	合金种类	合金组分	应用领域及效果
1	ZL106RE 稀土耐磨铸造铝合金	ZAlSi8Cu1MgRE	稀土耐磨铸造铝合金比 ZL106 合金的耐磨性提高 41.9%,硬度提高 30% ~ 40%,广泛用作飞机、汽车、拖拉机的铸件,机床导轨、压板及其他耐磨件
2	ZL109RE 稀土过共晶铸造铝合金	ZAlSi2Cu2Mg1N1 添加适量稀土	稀土化后线膨胀系数降低 14% ~ 17%;强度提高了 30% ~ 40%,耐磨性提高 4 ~ 5 倍
3	AlCuRE 系铸造铝合金、ZL207RE、ZL208RE、ZL209RE 稀土高强度铸造铝合金	Al–5% Cu–RE 合金中稀土质量分数 1%	提高高温持久寿命和断裂韧性,可替代高铁线路的钢制滑轮以及制造轻型起重机的部分零件
4	AlMgRE 系稀土压铸铝合金和光亮铸造铝合金	Al–Zn–Mg–RE 压铸铝合金和 Al–Mg–RE 系光亮铸造铝合金,添加质量分数为 0.1% ~ 0.3% 混合稀土	可使铸造铝合金材料获得最好的表面光洁度和光泽持久性,提高了表面质量

（2）在变形铝合金中的应用。稀土在变形铝合金中的应用发展迅速,取得了很好的经济效益和社会效益。稀土在铝电线电缆、铝制品、铝建筑型材中的应用已经很成熟,但在高强耐热合金、超塑性合金、铝锂合金等方面的应用还有待深入。

为提高航空航天和地面交通的工作性能,发展高强铝合金非常迫切。稀土是有效提高铝合金机械性能的合金元素之一,其中最重要的元素是钪。钪在铝合金中具有明显的弥散强化的效应。一般来说,每添加 0.1% Sc（原子分数）,强度提高约 97 MPa。同时钪具有显著的晶粒细化效果。钪与铝基体类质同晶,能与铝形成 Al_3Sc 相,显著细化晶粒。钪的质量分数达到0.3% ~1%时,晶粒可细化到 10 ~1 μm。这些细小的析出相也保证了高温下的力学性能与热稳定性。钪的另外一个作用是抑制或完全防止再结晶。钪还可以起到防止热裂和提高铝合金耐蚀性的效果。表 11.11 给出了 Sc 元素对 Al-Zn-Mg-Cu 合金的力学性能的影响。

表 11.11　Sc 元素对 Al-Zn-Mg-Cu 合金的力学性能的影响

合金成分/%	断裂强度/MPa	屈服强度/MPa	伸长率/%
Al-11.0Zn-3.3Mg-1.2Cu	554	—	0
Al-9.0Zn-3.1Mg-1.2Cu-0.2Zr	786	727	5.0
Al-10.8Zn-3.5Mg-1.2Cu-0.15Zr-0.39Sc	790	748	10.0
Al-10.28Zn-3.1Mg-1.3Cu-0.43Sc	782	721	8.6
Al-12.0Zn-3.3Mg-1.2Cu-0.13Zr-0.4Mn-0.49Sc	820	790	5.8

稀土合金化的另一个作用是提高了铝合金的超塑性成型性能。超塑成型是铝合金重要的成型工艺,可以用来加工成仪器仪表壳罩件等形状复杂的构件以及汽车、飞机制造的零部件。稀土元素可以有效地提高合金的超塑性。Al-Zn-Mg 合金中添加稀土元素可以显著扩大超塑性的温度范围,降低 Al-Zn-Mg 的超塑性变形温度,提高合金超塑成型的速度,降低超塑成型的温度,其原因在于稀土主要以化合物的形式存在于晶界中,具有明显的细化晶粒作用。图 11.2 给出了添加稀土量对 Al-Zn-Mg 合金超塑性变形的温度和速度的影响。可见添加稀土不但增大了铝合金的超塑成型温度区间,增加了超速成型的速率,而且合适的稀土添加量还会降低铝合金的超塑成型温度。

稀土元素在导电铝材中也得到广泛的应用。我国铝土硅矿含硅量偏高,使得铝导线电阻率偏高。稀土的添加可以有效地提高电导率。原因在于稀土与固溶在铝中的硅形成稳定的 Ce_5Si_3 类化合物,改善了 Si 的存在形态,提高了铝的导电性能。表 11.12 给出了Al-Mg-Si 合金稀土除杂效果与电阻率的关系。

表 11.12　Al-Mg-Si 合金稀土除杂效果与电阻率的关系

稀土质量分数/%	杂质质量分数/%				电阻率/ $(\Omega \cdot mm^2 \cdot m^{-1})$
	Fe	Si	H_2	O_2	
0.0	0.109	0.109	0.0069	0.019	$28.592×10^{-3}$
0.5	0.111	0.113	0.0044	0.027	$27.898×10^{-3}$
1.2	0.121	0.101	0.;0052	0.022	$28.114×10^{-3}$
1.8	0.131	0.100	0.0072	0.031	$28.304×10^{-3}$

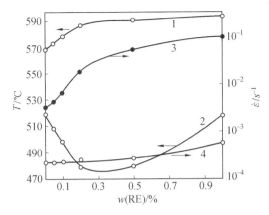

图 11.2　稀土添加量对 Al-Zn-Mg 合金超塑性变形的温度和速度的影响

1、2—超塑成型的上限和下限温度；3、4—超塑成型的上限和下限速度

　　稀土在铝合金中应用的一个重要领域是铝锂合金。铝锂合金具有低密度、高比强度和高比刚度的特点，是理想的航空航天结构材料，但塑性差、断裂韧性和强度低，力学性能各向异性大。稀土合金化是改善铝锂合金性能的有效措施。国内外都展开了镁锂合金稀土化的研究。稀土元素可以减少杂质元素的影响，增加合金元素的活性，改善析出物的形态，提高合金的力学和工艺性能。其中，稀土钇、铈和钪是最有效果的元素，钇可以提高塑性，铈改善合金的热强性和耐热性，钪作用最好，并可以改善合金的焊接性能。表 11.13 给出了常见稀土铝锂合金成分，表 11.14 为稀土元素对 Al-Li-Cu-Zr 铝锂合金力学性能的影响。

表 11.13　常见稀土铝锂合金成分(w/%)

合金	Li	Cu	Mg	Be	Re	其他
1421	1.8～2.2		4.5～5.3		Sc0.16～0.21	
1423	1.7～2.0		3.2～4.2	0.02～0.2	Sc0.06～0.10	Mn0.05～0.25
1450	1.8～2.3	2.3～2.6	<0.1	0.01～0.1	Ce0.005～0.03	
1 430	1.5～2.9	1.5～1.8	2.5～3.0	0.02～0.2	Y0.05～0.25 Sc0.02～0.3	

表 11.14　稀土元素对 Al-Li-Cu-Zr 铝锂合金力学性能的影响

影响因素	$w($Fe+Si$)$/%	$w($Na+K$)$%	$w($Ce$)$/%	δ/%	K_{Ic}/(MPa·m$^{1/2}$)
Fe+Si	0.08	0.003 9	—	5.5	25.9
	0.42	0.003 0	—	3.2	18.3
Na+K	0.61	0.002 3	0.05	5.7	32.0
	0.40	0.013 2	0.06	0.9	22.7
Ce	0.42	0.003 0	—	3.2	—
	0.61	0.002 3	0.05	5.7	75
	0.45	0.005 3	0.12	5.6	90
	0.50	0.003 8	0.25	5.3	55
Fe+Si 及 Ce	0.08	0.0039	—	5.5	25.9
	0.45	0.0053	0.12	5.6	34.7
Na+K 及 Ce	0.42	0.0030	—	3.2	—
	0.40	0.0132	0.06	0.9	24

稀土元素在铝合金绞线、民用建筑铝合金、轴承铝合金等变形铝合金中都得到应用，效果良好。表11.15给出了稀土元素在其他变形铝合金中的具体应用及效果。

表11.15　稀土元素在其他变形铝合金中的应用及效果

编号	合金种类	合金组分	应用领域及效果
1	Ag-Mg-Si-RE 高强度稀土铝合金绞线	Al-Mg-Si-RE 系合金中加入微量稀土制作绞线	提高抗拉强度40%，抗弯强度提高1倍，加工性能和导电性有明显提高，可用于大跨越地段和高寒地区的高压和超压运输变电工程的架线上
2	Al-Cu-Mn-RE 耐热铝合金绞线	Al-Cu-Mn-RE 硬铝合金中加入 0.5%以下的混合稀土，可生成耐热性好，热稳定性好，熔点高的化合物 Al8Cu4Ce、Al8Mn4Ce、Al24Cu8MnCe	用制成的绞线在150℃以下使用，导电率可以达到60% IACS，导电载流量为硬铝导线的1.5倍，使用寿命为硬铝导线的1.7倍
3	6063RE 民用建筑铝合金	6063 铝合金中加入质量分数为 0.15%~0.25% 的稀土	改善铸态组织和加工组织，抗拉强度、屈服强度、延伸率分别由 157 MPa、108 MPa、8% 提高到 245 MPa、226 MPa 和 13%，耐腐蚀能力提高20%~40%，建筑型材获得了广泛应用
4	AlSnCuRE 系轴承合金	Al-Sn-Cu-RE 系中加入微量稀土	改善组织，细化晶粒，消除偏析，提高耐磨性37.2%，轴承疲劳强度提高38.4%

11.1.6　稀土金属的其他应用

除上述的稀土合金、稀土合金钢、稀土铸铁、稀土镁合金和稀土铝合金外，稀土永磁材料、稀土储氢材料、稀土发光和激光材料、稀土催化剂等功能材料方面都得到广泛的应用。事实上，稀土在功能材料应用的规模和作用比其在结构材料的应用更体现了本身的战略意义。对于稀土永磁材料、稀土储氢材料、稀土发光和激光材料、稀土催化剂不再详述，有兴趣的读者可以参阅有关的著作。

稀土金属独特的物理化学性质，为其广泛应用提供了基础。目前世界稀土消费总量的70%用于材料方面，涉及了国民经济中冶金、机械、石油、化工、玻璃、陶瓷、轻工、纺织、生物和医疗以及光学、磁学、电子、信息和原子能工业的各大领域40多个行业。我国作为稀土资源和生产大国，已经成为世界最大的稀土出口国，在国际稀土市场上占据垄断和主导地位。

稀土应用主要是在传统产业和高技术产业两个方面。稀土在钢铁、有色金属、机械制造、石油化工和农林牧业等传统产业方面用途广泛，用量小，但效果显著，发挥着"维生素"的作用，产生巨大的辐射经济效益。稀土钢和稀土铸铁已被广泛应用于火车车辆、钢轨、汽车部件、各种仪器设备、油气管道和兵器等。具有中国技术特色的稀土铝电线已被大量应用于高压电力输送系统。稀土永磁材料，特别是钕铁硼永磁体，是当今磁性最强的永磁材料，带动机电产业发生革命性的变革，已经广泛应用于汽车、计算机、工业自动化系统、航空航天和军工技术中。

11.2　纳　米　材　料

11.2.1　纳米材料及分类

1. 纳米材料概述

纳米是一种长度单位,用 nm 表示,$1\ nm = 10^{-9}\ m$,即 1 nm 等于十亿分之一米。纳米材料主要以物理、化学等的微观研究理论为基础,以现代高精密检测仪器和先进的分析技术为手段。纳米材料的物理、化学性质既不同于微观的原子、分子,也不同于宏观物体。纳米介于宏观世界与微观世界之间,人们称之为介观世界,其研究范围在 $10^{-9} \sim 10^{-7}\ m$ 之间。

纳米材料一般指在空间有一维尺寸在纳米数量级或者组成微粒尺寸在 1 ~ 10 nm 范围内的材料。纳米材料具有表面效应、小尺寸效应和宏观量子隧道效应等。因此,在实际使用过程中,它将显示出许多奇特的特性,即它的光学、热学、磁学、力学以及化学方面的性质与粗晶材料相比将会有显著的不同。例如,一个导电、导热的铜、银导体制成纳米尺度以后,就失去原来的性质,表现为既不导电,也不导热。铁钴合金,把它制成大约 20 ~ 30 nm 大小,磁畴就变成单磁畴,它的磁性要比原来高 1 000 倍。人们就把这类材料命名为纳米材料。

纳米科学技术是 20 世纪 80 年代兴起的高新技术,它的基本涵义是在纳米技术(0.1 ~ 100 nm)范围内认识和改造自然,通过直接操作和安排原子、分子来创新物质。

被誉为"21 世纪最有前途的材料"的纳米材料,同信息技术和生物技术一样已经成为 21 世纪社会经济发展的三大支柱之一和战略制高点。

纳米材料可广泛用于高力学性能环境、光热吸收、磁记录、超微复合材料、催化剂、热交换材料、敏感元件、燃烧助剂和医学等众多领域。

目前,纳米技术产业化尚处于初期阶段,但展示了巨大的商业前景。各个纳米技术强国为了尽快实现纳米技术的产业化,都在加紧采取措施,促进产业化进程。

纳米材料、纳米技术是 20 世纪 80 年代末期兴起的,涉及物理学、化学、材料学、生物学、电子学等多学科交叉的新的分支学科。

本教材主要介绍纳米材料、纳米科技的相关新概念、新知识、新理论、新技术,使读者们了解并掌握纳米材料学的相关基础知识、研究热点、应用及研究进展情况。

2. 纳米材料的分类

纳米材料可从维数、组成相数、导电性能等不同角度进行分类。由于纳米材料的主要特征在于其外观尺度,从三维外观尺度上对纳米材料进行分类是目前流行的分类方法(表 11.16),可分为零维纳米材料、一维纳米材料、二维纳米材料和三维纳米材料。其中零维纳米材料、一维纳米材料和二维纳米材料可作为纳米结构单元组成纳米结构材料、纳米复合材料以及纳米有序结构。

表 11.16　纳米材料的分类

基本类型	尺度、形貌与结构特征	实　　例
零维纳米材料	三维尺度均为纳米级，没有明显的取向性，近等轴状	原子团簇，量子点，纳米微粒
一维纳米材料	单向延伸，二维尺度为纳米级，第三维尺度不限	纳米棒，纳米线，纳米管，纳米晶须，纳米纤维，纳米卷轴，纳米带
	单向延伸，直径大于 100 nm，具有纳米结构	纳米结构纤维
二维纳米材料	一维尺度为纳米级，面状分布	纳米片，纳米板，纳米薄膜，纳米涂层，单层膜，纳米多层膜
	面状分布，厚度大于 100 nm，具有纳米结构	纳米结构薄膜，纳米结构涂层
三维纳米材料	包含纳米结构单元、三维尺寸均超过纳米尺度的固体	纳米陶瓷，纳米金属，纳米孔材料，气凝胶，纳米结构阵列
	由不同类型低维纳米结构单元或与常规材料复合形成的固体	纳米复合材料

11.2.2　纳米材料的特殊效应和性能

1. 纳米材料的特殊效应

（1）量子尺寸效应。所谓量子尺寸效应是指当粒子尺寸极小时，纳米能级附近的电子能级将由准连续态分裂为分立能级的现象。量子尺寸效应可导致纳米颗粒的磁、光、声、电、热以及超导电性与同一物质原有性质有显著差异，即出现反常现象。例如金属都是导体，但纳米金属颗粒在低温时，由于量子尺寸效应会呈现绝缘性。

（2）小尺寸效应。随着纳米尺寸的减少，与体积成比例的能量，如磁各向异性等亦相应降低，当体积能与热能相当或更小时，会发生强磁状态向超顺磁性状态转变。此外，当颗粒尺寸与光波的波长、传导电子德布罗意波长、超导体的相当长度或透射深度等物理特性尺寸相当或更小时，其声、光、电磁和热力学等特性均会呈现新的尺寸效应。将导致光的等离子共振频移、介电常数与超导性能发生变化。

（3）表面与界面效应。众所周知，物质的颗粒越小，它的表面积就越大。同样，纳米材料中颗粒直径越小、界面原子数量越大，界面能越高，使处于界面的原子数越来越多，这极大增强了纳米粒子的活性。表面活性高的原因是由于表面原子缺少近邻配位原子，极不稳定而易于与其原子化合。这种界面原子的活性，不仅引起纳米粒子界面原子输送和构型的变化，也引起界面电子自旋构象和电子能谱的变化，于是与界面状态有关的吸附、催化、扩散、烧结等物理、化学特性也将显著变化。

（4）宏观量子隧道效应。微观粒子具有贯穿势垒的能力称为隧道效应。近年来，人们发现一些宏观量，例如微颗粒的磁化强度、量子相干器件中的磁通量以及电荷等亦具有隧道效应，它们可以穿越宏观系统的势垒而产生变化，故称为宏观的量子隧道效应。宏观量子隧道效应对发展微观电子学器件有着重要的理论和实践意义，是未来微电子器件的基础，它确定了现微电子器件进一步微型化的极限。此外还有介电域效应，库仑堵塞效应等，详见相关资料。

2. 纳米材料的性能

纳米材料具有传统材料所不具备的奇异或反常的物理、化学特性，如原本导电的铜到某一纳米级界限就不再导电，原来绝缘的二氧化硅晶体等，在某一纳米级界限时开始导电。这是由于纳米材料具有颗粒尺寸小、比表面积大、表面能高、表面原子所占比例大等特点,以及其特有的效应:表面效应、小尺寸效应、量子尺寸效应和宏观量子隧道效应等所致。

由于纳米材料粒径的减少(达到纳米级),而产生上述特殊效应,进而对材料的光、电、热、磁等产生特殊性能,见表11.7。

表 11.17　纳米材料的一些特性

分类	纳 米 材 料 的 特 性
力学	高强度、高硬度、高塑性、高韧性、低密度、低弹性模量
热学	高比热、高热膨胀系数、低熔点
光学	反射率低、吸收率大、吸收光谱蓝移
电学	高电阻、量子隧道效应、库仑堵塞效应
磁学	强软磁性、高矫顽力、超顺磁性、巨磁电阻效应
化学	高活性、高扩散性、高吸附性、光催化活性
生物	高渗透性、高表面积、高度仿生

11.2.3　碳纳米管和石墨烯材料

碳是自然界中性质最为独特的一种元素,它通过不同的成键方式形成结构和性质迥异的同素异形体,如石墨和金刚石。

直到 Kroto 等人发现幻数为 60 的笼状 C_{60} 分子,建成富勒烯,人们的这一观念才得以改变。目前,碳纳米材料包括 C_{60}、碳纳米管、石墨烯以及介孔碳材料、复合材料等,这里将主要介绍碳纳米管、石墨烯这两类十分重要的碳纳米材料。

1. 碳纳米管

碳纳米管是 1991 年才被发现的一种碳结构,分为单壁碳纳米管和多壁碳纳米管。碳纳米管是由石墨中一层或若干层碳原子卷曲而成的笼状"纤维",内部是空的,外部直径只有几到几十纳米。这是一种非常奇特的材料,其密度只有钢的 1/6,而强度却是钢的 100 倍,轻而柔软又非常结实的材料。

此间最受关注的研究是碳纳米管的制备。在性能研究方面,电子学和光电子学居首位,其次有力学、能源等。可应用在电子、机械、医疗、能源、化工等工业技术领域,称为纳米材料之王。

碳纳米管的特殊结构使得碳纳米管具有许多特殊性能。其性能如下:

(1)力学性能。碳纳米管在轴方向有很大的杨氏模量,由于很长,通常易于弯曲,这种性质使得它能在复合材料方面得到应用,这类材料要求客体材料性能有各向异性。

(2)光学性能。手性碳纳米管具有光学活性,但也有研究显示较大的手性碳纳米管的光学活性消失,用碳纳米管的光学活性可以做成光学器件。

(3)电性能。很细的碳纳米管要么呈金属导电性,要么呈半导体导电性,决定于他们的手性矢量。导电性的不同是由卷曲方式导致的,它导致能带结构的变化和最终的带隙的差别。碳纳米管的电性能差别可以从构成碳纳米管的石墨层性能的不同来理解。导电电阻由量子力学方面的因素决定,与管长无关。这是一个非常活跃的研究领域。

(4)优良的电子发射的性能。碳纳米管顶端锐利,非常有利于电子发射,具有极好的场致电子发射性能,因此,碳纳米管可用作扫描隧道显微镜或原子力显微镜的探针针尖等电场发射器件。碳纤维阵列可用于制作平面显示装置,从而推动壁挂电视和超薄超轻显示器的发展。目前这一领域的研究已接近产业化。

(5)良好的储氢特性(储量大、释放率高)。中国科学院金属研究所研制出了能在室温下存储氢的单壁碳纳米管,合成出了平均直径为 1.85 nm 的大直径单壁碳纳米管,经过酸洗和热处理后,可在室温下储存质量分数约为 4.2% 的氢;最近有报道质量分数已经达到 10% 以上,是稀土金属氢化物的数倍。这种碳纳米管易于制造,能再利用,因此,可望在将来用作氢的储存材料。

(6)优良的微波吸收特性。由于特殊的结构和介电性质,碳纳米管(CNTs)表现出较强的宽带微波吸收性能,同时还具有重量轻、导电性可调变、高温抗氧化性能强和稳定性好等特点,是一种有前途的理想微波吸收剂,有可能用于隐形材料、电磁屏蔽材料或暗室吸收波材料。

(7)高效催化剂特性。纳米材料比表面积大,表面原子比率大(约占总原子数的50%),使体系的电子结构和晶体结构明显改变,表现出特殊的电子效应和表面效应。如气体通过碳纳米管的扩散速度为通过常规催化剂颗粒的上千倍,担载催化剂后极大提高催化剂的活性和选择性。

此外,还可做良好的电极材料,如锂离子电池负极材料和电双层电极材料。

碳纳米管由于具有独特的力学、电学和化学等性能在很多领域都有潜在的应用,如传感器、器件的内连接导线、晶体管、平板显示、储氢等。例如,碳纳米管储氢在汽车上的应用,碳纳米管储氢应用最广泛的领域可能将是汽车,最理想的是制造出靠氢提供动力的燃料电池汽车。

碳纳米管的储存氢的质量分数可能达到 10% 以上,使汽车以氢能作为动力成为可能。氢燃料储存在碳纳米管中既方便又安全,而且这种储氢方式是可逆的,氢气用完了可以再“充气”,把常温下体积很大的氢气储存在体积不大的碳纳米管中,用之作为氢燃料驱动汽车,是未来汽车实现绿色燃料驱动的主要发展方向。

2. 石墨烯

石墨烯是碳原子紧密结合而成的具有六角蜂窝晶格的二维单原子层,碳原子之间两两通过 sp^2 共价键结合,实际上相当于有一个大的多环芳香烃。制备单层石墨烯的方法直到 2004 年才被发现。石墨烯是富有多种维度碳材料家族中不可缺少的成员,它可以包裹成零维球状,也可以卷成一维的碳纳米管。这种二维的由碳原子排列成的平面拥有特殊的性质,包括高电导性、高弹性、高机械强度、极大的比表面积以及快速的非均匀电子转移。此外,由于石墨烯很容易被空气中的氧气氧化或者在制备过程中被氧化,石墨烯通常是以石墨烯氧化物的形式出现,边界常常连接有含氧基团。

石墨烯是近几年飞速发展起来的一种碳纳米材料,是迄今为止世界上强度最大的材料,也是世界上导电性最好的材料。它具有超薄、强韧、稳定、导电性好等诸多现有材料无法比拟的优点,可被广泛应用于军事、计算机、微电子等各领域,如超轻防弹衣、超薄超轻型飞机材料等,也被业内人士誉为半导体的终极技术。另外,石墨烯材料还是一种优良的改性剂,应用于在新能源领域如超级电容器、锂离子电池方面。

石墨烯被称为 21 世纪的“神奇材料”,自被发现开始就广受关注,尽管如此,石墨烯未来发展还具有很大的不确定性,它存在一个非常严峻的问题——石墨烯目前还处于研发阶段,尚没有出现产业化动向,整个产业链也没有形成。要真正大规模的应用,还需要经过相当长的研究。

石墨烯由于独特的物理和化学性能而在很多领域都有潜在的应用,这里主要介绍电子学和电化学两大领域。

石墨烯具有高的载流子迁移率、优异的导电性、良好的稳定性,并且极薄,这些性能决定了石墨烯在电子学领域的应用前景。电子学领域的应用包括高频晶体管、透明电极以及光电探测器等。

电化学方面的应用主要包括作检测剂、生物燃料电池和能量存储材料等。其他领域应用也很广泛,如光学领域、基于线性光学性质的透明导电电极在太阳能电池方面和基于非线性光学性质的超短脉冲激光应用等,这里就不一一介绍了。

石墨烯尤其适合进行基础科学研究,基于其电学性质和电化学性质的各种潜在应用更受到极大关注,目前已有了一定研究进展。要实现石墨烯高端的应用要求,必须有能够完全控制石墨烯的结构(如面积、层数以及纯度)的制备方法。另外,要揭示石墨烯电化学性质中更多的细节问题,如石墨烯氧化物的结构对电化学的影响等。

目前,关于石墨烯的研究十分热门,进展也很快,2011 年加州大学圣巴巴分校的研究人员找到了控制石墨烯面积的方法,这向在电子学及其他技术领域应用迈出了一大步。

11.2.4　纳米材料的应用

纳米材料之所以引起全球科技界、产业界和社会公众的普遍高度关注,是因为纳米材料有着极其诱人的应用价值,其应用领域如图 11.3 所示。

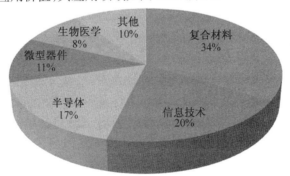

图 11.3　纳米材料的主要应用领域

纳米材料应用研究目前的发展状况大致可分为 3 种情形:一是有关研究成果已成功实现产业化,产品走向市场;二是有关研究成果有望近期或在不远的将来走向实用阶段;三是有关成果来自应用基础研究,还需要长时间的、更加深入的后续研究作为补充和支撑。

纳米材料和纳米科技在工程上的应用如下所述。

1. 纳米材料在工程材料中的增韧与改性作用

(1)纳米陶瓷增韧作用。所谓纳米陶瓷,使指显微结构中的物相具有纳米级尺度的陶瓷材料。通过高温高压使各种颗粒融合在一起制成的。

纳米材料因粒径小、熔点低及相变温度低等特性,添加纳米颗粒使常规陶瓷的综合性能得到改善。纳米陶瓷具有良好的室温和高温力学性能,抗弯强度、断裂韧度均有显著的提高。故在低温低压下就可作为原料制备质地致密、性能优异的纳米陶瓷,它具有坚硬、耐磨、耐高温及耐腐蚀的性能。例如,把纳米 Al_2O_3 与 ZrO_3 进行混合,已获得高韧性陶瓷材料,烧结温度可降低 100 ℃。此外,纳米陶瓷的高磁化率、高矫顽力、低饱和磁矩、低磁耗以及光吸收效应等,都将成为材料开拓应用的一个崭新领域。

（2）纳米复合高分子材料的改性作用。用无机纳米超微粉,加入到高分子材料中(如橡胶、塑料、胶黏剂)纳米材料可以起到增强、增塑、抗冲击、耐磨、耐热、阻燃、抗老化及增加黏结性能等作用。

纳米改性橡胶:北京汇海宏纳米科技有限公司系统研究了一系列无色的纳米材料对橡胶补强及抗老化性能的影响;与此同时又系统研究了纳米材料及其他因素对有机、无机颜料保色性能的影响;从而开辟了具有优异性能的彩色橡胶及其制品的新天地。其中纳米改性彩色三元乙丙防水卷材具有优异的防水功能和装饰功能,是我国防水材料提高到一个新的水平,已被国家建设部列为 2002 年重点推广的科技成果,产业化的步伐已迅速展开。

纳米改性塑料:纳米改性塑料以中科院化学所为代表,制成纳米复合塑料,这种材料具有优异的力学性能,其抗冲击性、耐热性等都有显著提高。纳米复合材料可制成管材、板材,产业化进程已开始。例如,用纳米改性的聚丙烯塑料代替尼龙用于铁道导轨的垫块,取得了良好的效果并已推广应用。如果通过纳米改性的途径把普通塑料的性能提高到接近工程塑料的水平,那么传统的塑料产业将得到全面的改造。

2. 纳米材料在光电信息领域的作用

（1）光电领域应用。纳米技术的发展,使微电子和光电子的结合更加紧密,在光电信息传输、存储、处理、运算和显示等方面,使光电器件的性能大大提高。将纳米技术用于现有雷达信息处理上,可使其能力提高 10 倍至百倍,甚至可以将超高分辨率的纳米孔径雷达放到卫星上进行高精度的对地侦查。

（2）纳米发电机。纳米发电机不通过传统的电磁感应原理发电,而是利用了一种特殊的氧化锌纳米材料制成的纳米点阵芯片。每个芯片上有几百万到上千万根氧化锌纳米线,当每根纳米线受到压力、振动或者任何形变时,就会产生电流。

由于芯片的每一个平方厘米上有几百万根相同的纳米线,把这么多微小的电流聚集起来,便成为一台微型发电机,而整个纳米发电机只有一张纸的厚度。

（3）纳米微粒在光学方面的应用。如何提高发光效率,增加照明度一直是亟待解决的关键问题,纳米微粒的诞生为解决这个问题提供了一个新的途径。20 世纪 80 年代以来,人们用纳米 SiO_2 和纳米 TiO_2 微粒制成了多层干涉膜,总厚度为微米级。衬在有灯丝的灯泡罩的内壁,结果不但透光率好,而且有很强的红外线反射能力。有人估计这种灯泡亮度与传统的卤素灯相同时,可节约 15% 的电。

3. 纳米材料在军工领域的应用

（1）固体火箭推进剂。20 世纪 90 年代美国的 Argonide 公司生产的商品牌号为 Alex 的纳米铝粉,其粒径为 50 ~ 100 nm,比表面积大约 15 m^2/g,比传统铝粉的表面积大几个数量级。其燃烧速度是微米铝粉(20 ~ 35 μm) 的 2 倍,燃烧速率是微米铝粉的 40 ~ 60 倍,没有铝微滴凝结现象,从而避免了加入微米铝粉会凝结铝微滴而造成降低燃烧效率、影响火箭飞行特性以及增加热红外信号等重大缺点。

因此,在配制炸药、推进剂和固体燃料配方中加入纳米粉末具有加快燃烧速度、改善燃烧效率、提高性能以及防止凝结有害金属微滴等优点。

(2)纳米隐身材料。隐身,顾名思义就是隐蔽的意思。纳米超细粉末具有很大的比表面积,能吸收电磁波,纳米粒子远小于红外及雷达波波长,对波的穿透率很大,所以纳米超细粉末不仅能吸收雷达波,也能吸收可见光和红外线。由这种材料制成的涂层在宽频带范围内可以逃避雷达的侦察,提高舰艇的隐蔽性,同时具有一定的红外隐身作用。因此,采用纳米碳基铁粉、镍粉、铁氧化体粉末改性的有机涂料涂到飞机、导弹、军舰、通信系统、雷达等武器上,可以使该装备具有隐身性能。

隐身材料应用最典型的例子是 1999 年海湾战争,美国第一天出动的 F117A 型飞机蒙皮上含有多种超微的纳米粒子,其粒子对红外和电磁波有强烈的吸收能力,起到隐形作用。因此,在 42 天的战斗中伊军 95% 的主要军事目标被毁,而美国却无一架战斗机受损。这场高技术的战争一度使世界震惊。隐身材料的应用逐步扩大,尤其在武器装备上应用较多。

(3)纳米涂料在军工领域应用。用纳米材料制造潜艇的外壳涂层可以灵敏地"感觉"水流、水温、水压等极微的变化,并及时反馈给中央计算机处理器,最大限度地降低噪声、节约能源。同时,能根据水波的变化提前"察觉"来袭的敌方鱼雷,使潜艇及时采取规避动作,保护自己。

在卫星、宇宙飞船、航天飞机的太阳能发电板上,可以喷涂一层特殊的纳米材料,用于增强光电转换能力。在火箭发动机壳体上喷涂一层防静电纳米涂层,可以有效提高火箭工作的可靠性。

4. 纳米材料在能源和环保方面的应用

(1)纳米材料在能源方面的应用。纳米技术和纳米材料的出现,为充分利用现有能源,提高其利用率和寻找新能源的研究开发提供了前所未有的新思路和新前景。纳米粒子由于比表面积大、表面能高,成为新的能源使用方法和制备新能源的主要研究方向之一。利用纳米技术形成的催化剂能对提高现有能源的使用效率做出非常显著的贡献。对现有的能源使用系统用纳米材料进行改进,例如使用高效的保温隔热材料可以使能源的利用率得到提高;利用纳米技术对已有的含能材料进行加工整理,使其获得更高比例的能量,例如纳米铁粉、纳米铝粉、纳米镍粉等;纳米技术能够对不同形式的能源进行高效转化和充分利用,如纳米燃料电池,利用纳米技术将太阳能、氢能转化为人们日常生活可以直接利用的能源等。纳米材料在能源化工中可单独使用,但更多的是组成含有纳米粒子的复合材料,如储氢碳纳米管、纳米金属粉复合材料等,目前集中于生物燃料电池、太阳能电池及超级电容器方面的应用。

(2)纳米材料在环保方面的应用。纳米材料在控制污染源方面可起到关键性作用,主要体现在它能降低能源消耗和有毒物质的排放,减少废物的产生以达到治理环境污染及大气污染的目的。例如:

① 纳米 TiO_2。它能吸收太阳光中的紫外线而产生很强的光化学活性,可用光催化降解工业废水中的有机污染物,具有除净度高、无二次污染、适用性广等优点,在环保水处理中有着很好的应用前景;纳米光催化剂可将水或空气中的有机污染物完全降解为 CO_2、水

和无机酸,不仅可解决染料、农药、医药等废水中复杂的、环状分子结构的有毒污染物难以被微生物降解的难题,已经广泛应用于废水、废气处理;另外,功能独特的纳米膜,能探测到由化学和生物制剂造成的污染,并能对这些制剂进行过滤,从而消除污染。

② 工业生产和汽车使用的汽油、柴油在燃烧时产生 SO_2 气体,SO_2 是最大的污染源,新装修房屋中的有机物浓度超标,有些是致癌的。利用纳米材料和纳米技术可解决上述问题。例如:纳米 TiO_2 可很好地降解甲醛、甲苯等污染物,降解效果可达 100%;纳米 TiO_2 能降解空气中的有机物,杀菌除臭,并在杀死细菌的同时,降解由细菌释放的有毒物质;复合稀土氧化物的纳米级粉体具有极强的氧化还原能力,是其他任何汽车尾气净化催化剂不能比拟的,其应用可彻底解决汽车尾气污染问题。

除此之外,还可应用纳米 TiO_2 加速城市垃圾的降解,其降解速度是大颗粒 TiO_2 的10 倍以上,从而可缓解大量生活垃圾给城市环境带来的压力。

5. 纳米材料在生物医学领域的应用

随着纳米材料的发展及不断深入生物医学领域,其对疾病的诊断和治疗产生了深远的影响,特别是在重大疾病的早期诊断和治疗领域。

(1)生物导弹。生物导弹指具有识别肿瘤细胞和杀死肿瘤细胞双重功能的药物。它直接用于治疗各种细胞水平的疾病,对病变组织和细胞有特异型的杀伤作用。其工作原理:把药物放入磁性纳米颗粒内部,利用药物载体的磁性特点,在外加磁场作用下,磁性纳米载体将富集在病变部位,进行靶向给药,那么药物治疗效果会大大提高。

我国研发的纳米药物载体治疗恶性肿瘤技术已取得显著成果,最近将转入临床试验阶段。此外,日本、美国和挪威等国家皆在此方面进行了一定的工作。

(2)纳米医用机器人。一些科学家设想将蛋白质芯片或基因芯片组装成尺寸比人体红细胞还小的纳米机器人,使其具有某些酶的功能。它是纳米机械装置与生物系统的有机结合,在生物医学工程中可充当微型医生,解决传统医生难以解决的问题。将此纳米机器人注入血管内,按预订程序,直接打通脑血栓,清洁心脏动脉脂肪沉积物等,达到预防和治疗心脑血管疾病的目的。此外,不同组合方案还可组装出其他功能的纳米机器人。例如,有的可以进入人体组织的间隙里清除病毒细菌或癌细胞,甚至可代替外科手术,修复心脏、大脑和其他器官等;有的可在人体内来回行走进行定位给药,把药直接送到损伤部位。由于纳米机器人可小到在人体的血管中自由游动,对于像脑血栓、动脉硬化等病灶,它们可以非常容易地予以清理,可不再进行危险的开颅、开胸手术。又如对糖尿病人血液中的血糖水平,可采用医用纳米机器人进行 24 h 的动态监测,医生可根据纳米机器人获得的信息给病人提供实时的健康保健,调整病人的用药策略。

(3)造影剂在核磁共振成像中的应用。核磁共振成像(MRI)是利用原子核在磁场内共振所产生信号经重建成像的一种成像技术,是继超声波扫描成像、X-CT 等影像检查手段后又一新的断层成像方法,其临床应用的实现是医学影像学中的一场革命。

MRI 技术利用生物体内不同组织中的质子在外加磁场下产生不同的磁共振信号来成像,常常借助造影剂的作用来提高诊断能力,有助于病灶的检出,并且通过病灶增强方式和类型的识别帮助诊断。

造影剂的发展相当多地是借助纳米尺度的材料或相关纳米技术。

目前,MRI 造影剂的开发受到了广泛重视,其中又以纳米铁氧体类型的材料居多。此外,在石油、建筑、文物保护及人们日常生活用品和纺织行业皆涉及纳米材料和纳米技术的应用。

　　总之,上述例子可见,纳米材料已经逐渐进入寻常百姓的生活,渗透到了人们的衣食住行当中。正像科学家们预言的那样,纳米科技和纳米材料在不久的将来,将极大地改变人类的生活和生产方式。

11.2.5　纳米科技的发展前景

　　经过几十年对纳米技术的研究探索,现在科学家已经能够在实验室操纵单个原子,纳米技术有了飞跃式的发展。纳米技术的应用研究正在半导体芯片、癌症诊断、光学新材料和生物分子追踪 4 大领域高速发展。可以预测:不久的将来纳米金属氧化物半导体场效应管、平面显示用发光纳米粒子与纳米复合物、纳米光子晶体将应运而生。用于集成电路的单电子晶体管、记忆及逻辑元件、分子化学组装计算机将投入应用;分子、原子簇的控组和自组装、量子逻辑器件、分子电子器件、纳米机器人、集成生物化学传感器等将被研究制造出来。纳米技术目前从整体上看虽然仍处于实验研究和小规模生产阶段,但从历史角度看:20 世纪 70 年代重视微米科技的国家如今都已成为发达国家。当今重视发展纳米技术的国家很有可能在 21 世纪成为先进国家。纳米技术对我们既是严峻的挑战,又是难得的机遇。

　　纳米安全性是值得关注的问题。纳米安全性问题的研究最早可以追溯到 1997 年,英国牛津大学和蒙特利尔大学的科学家发现防晒霜中的二氧化钛/氧化锌纳米颗粒能引发皮肤细胞的自由基破坏 DNA。随后的几年里,纳米材料安全性的研究并没有引起广泛的关注。2002 年 3 月,美国斯坦福大学 Mark Wiesner 博士发现功能纳米颗粒在实验动物的器官中聚集,并被细胞所吸收。特别是 2003 年 3 月,美国化学会举行的年会上报告了纳米颗粒对生物可能存在的作用,引起了世界的广泛关注,掀起了纳米材料安全性研究的热潮。在美国化学会的报告中,纽约罗切斯特大学医学和牙科学院的毒物学家 Oberdorster 发现,在含有直径为 20 nm 的"特氟龙"塑料(聚四氟乙烯)颗粒的空气中生活了 15 min 的大多数实验鼠会在随后 4 h 内死亡。而暴露在含直径 120 nm 颗粒(相当于细菌的大小)的空气中的对照组则安然无恙,并没有致病效应。

　　纳米颗粒对于人类的毒副作用也相继被发现和报道出来。《Nature》杂志报道了瑞斯大学的生物和环境纳米技术中心科学家 Mason Tomson 的工作,即巴基球可以在土壤中毫无阻碍地穿越。该课题组的实验结果表明,这些纳米颗粒易于被蚯蚓吸收,由此会通过食物链达到人体;2004 年美国科学家 Guunter Oberdorster 博士发现碳纳米颗粒(35 nm)可经嗅觉神经直接进入脑部;Vyvyan Howard 博士发现金纳米颗粒可通过胎盘屏障由母体进入到胎儿体内。2004 年 2 月加州大学圣地亚哥分校的科学家发现硒化镉纳米颗粒(量子点)可在人体中分解,由此可能导致镉中毒;2004 年 3 月 Eva Oberdorster 博士发现巴基球会导致幼鱼的脑部损伤及基因功能的改变。因此,在广泛使用该项新技术之前,需要进一步对其风险和利益进行测试和评估。

　　2005 年我国科学家赵宇亮等人对几种纳米材料(纳米二氧化钛、单壁碳纳米管、多壁碳纳米管及超细铁粉)进行了系统的研究,目前已取得的部分生物效应及毒理学的研究结果,包括纳米材料在生物体内的分布、作用的靶器官、纳米材料引起的细胞毒性、细胞凋亡等。研究结果表明纳米颗粒的尺寸越小,显示出生物毒性的倾向越大。

11.3　储氢材料

11.3.1　储氢合金概述

当今人类处于能源危机和环境危机,因此,必须寻找和开发新能源。新能源有:太阳能、地热能、风能和氢能。

由于氢能具有热值高、清洁、高效、安全、无污染等优良性能,因此氢能源是 21 世纪最有发展潜力的理想能源。

氢能至今没有大量的商业化,根本制约于氢的储存和运输,即没找到真正的储氢材料。

储氢合金不仅是优良的储氢材料,还是新型的功能材料,可用于电能、机械能和化学能的转换和储存,具有广阔的应用前景。

国际能源协会规定:低于 373 K,吸氢量 75% 这一标准才可作为储氢材料。

储氢合金具有可逆地吸收大量氢气的特征。储氢合金都是金属间化合物,它们都是由一种吸氢元素或与氢有很强亲和力的元素(A)和吸氢小或者根本不吸氢的元素(B)组成的。后者虽不吸氢但却对氢分子的分解起催化作用。例如 Ti、Zr、Ca、Mg、V、Nb、RE(稀土元素)等,它们与氢反应为放热反应($\Delta H<0$);过渡金属,例如 Fe、Co、Ni、Cr、Cu、Al 等,氢溶于这些金属时为吸热反应($\Delta H>0$)。

11.3.2　储氢合金的吸氢反应机理

合金的吸氢反应机理可用图 11.4 的模式表示。氢分子与合金接触时,就吸附于合金表面上,氢的 H—H 键解离,成为原子状的氢(H),原子状的氢从合金表面向内部扩散,侵入比氢原子半径大得多的金属原子与金属的间隙中(晶格间位置)形成固溶体。固溶于金属中的氢再向内部扩散,这种扩散必须有化学吸附向溶解转换的活化能。固溶体一被氢饱和,过剩氢原子就与固溶体反应生成氢化物。这时,产生溶解热。一般来说,氢与金属或合金的反应是一个多相反应,这个多相反应由下列基础反应组成:① H_2 的传质;② 化学吸附氢的解离:$H_2 = 2H_{ad}$;③ 表面迁移;④ 吸附的氢转化为吸收的氢:$H_{ad} = H_{abs}$;⑤ 氢在 α 相的稀固态溶液中扩散;⑥ α 相转变为 β 相:$H_{abs}(\alpha) = H_{abs}(\beta)$;⑦ 氢在氢化物(β 相)中扩散。

11.3.3　储氢合金的分类及特征

目前正在研究和使用的储氢合金负极材料大致可分为 5 类:稀土基 AB_5 型储氢合金、AB_2 型 Laves 相合金、AB 型钛铁合金、A_2B 型镁基储氢合金以及钒基固溶体型合金等几种类型,其主要特征见表 11.18。

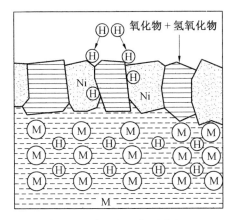

图 11.4　合金的吸氢反应机理

表 11.18　储氢合金的基本特征

合金类型	典型氢化物	吸氢质量/%	电化学容量/(mA·h·g^{-1})	
			理论值	实测值
AB$_5$ 型	LaNi$_5$H$_6$	3	348	330
AB$_2$ 型 Laves	Ti$_{1.2}$Mn$_{1.6}$H$_3$, ZrMn$_2$H$_3$	8	482	420
AB 型	TiFeH$_2$, TiCoH$_2$	0	536	350
A$_2$B 型	Mg$_2$NiH$_4$	6	965	500
V 基固溶体型	V$_{0.8}$Ti$_{0.2}$H$_{0.8}$	8	1018	500

经过 30 多年的研究与发展,上述 5 大系列储氢合金中有的已经成功实现应用化,例如 AB$_5$ 型混合稀土多元储氢合金和 Laves 相储氢合金,另一些则展现了良好的应用前景。

1. AB$_5$ 型稀土镍系储氢电极合金

AB$_5$ 型稀土镍系储氢电极合金为 CaCu$_5$ 型六方结构,合金吸收氢后晶胞体积膨胀较大,随着放电循环的进行,其容量迅速衰减,不适宜做 Ni/MH 电池负极材料。其后多元 LaNi$_5$ 系储氢合金的开发基本上解决了这一难题。AB$_5$ 型混合稀土系合金是目前国内外 Ni/MH 电池生产的主要负极材料。近年来,对合金的研究开发着重在进一步调整和优化合金的化学组成(包括合金 A 侧混合稀土的组成及合金 B 侧组成的优化)、合金的表面改性处理及合金的结构优化等方面,力求使合金的综合性能进一步提高。

2. AB$_2$ 型 Laves 相储氢电极合金

以 ZrMn$_2$ 为代表的 AB$_2$ 型相储氢合金具有储氢容量高(理论容量 482 mA·h/g)、循环寿命长等优点,是目前高容量新型储氢电极合金的研究和开发的热点。AB$_2$ 型多元合金容量可达 380~420 mA·h/g,已在美国 Ovonic 公司 Ni/MH 电池生产中得到应用。该公司研制的 Ti-Zr-V-Cr-Ni 合金为多相结构,电化学容量高于 360 mA·h/g,且循环寿命较长。以这种合金作为负极材料,该公司已研制出各种型号的圆柱形和方形 Ni/MH 电池,所研制的方形电池的容量密度可达 70 W·h/kg,已在电动汽车中试运行。

AB$_2$ 型合金目前还存在初期活化困难、高倍率放电性能较差,以及合金的原材料价格相对偏高等问题有待进一步研究解决。但由于 AB$_2$ 型合金具有储氢量高和循环寿命长等优势,目前被看作是 Ni/MH 电池的下一代高容量负极材料,对其综合性能的研究改进工作正在取得新的进展。

3. 镁基储氢合金 A_2B 型

以 Mg_2Ni 代表的镁基储氢合金具有储氢量高(理论容量近 1 000 mA·h)/g、资源丰富、价格低廉等特点,多年来一直受到各国的极大重视。但由于晶态镁基合金为中温型储氢合金,且吸收氢动力学性能较差,使其难以在电化学储氢领域得到应用。研究发现,通过使晶态合金非晶化,利用非晶合金表面的高催化活性,可以显著改善其合金吸放氢的热力学和动力学性质,使其具备良好的电化学吸收氢能力。由于非晶态系合金具有比 AB_5 型和 AB_2 型合金更高的放电容量,所以应用开发问题已成为近年来受到广泛关注的一个重要研究方向。该类合金目前存在的主要问题是:因在碱液中易受氧化腐蚀,导致合金电极的容量衰退迅速,循环寿命与使用化的要求尚有较大距离。进一步提高合金的循环稳定性是目前国内外研究的热点课题。

4. AB 型储氢合金,以 TiFe 为例

优点:活化后,在室温下可逆地吸收大量氢,室温平衡压为 0.3 MPa 接近实际应用。价格便宜,资源丰富,便于大规模工业应用。

缺点:活化困难,需要高温高压(450 ℃,5 MPa),抗杂质气体中毒能力差,反复吸氢后性能下降。

5. V 基固溶体型合金

V 基固溶体型合金吸氢后可生成 VH 和 VH_2 两种氢化物,具有储氢量大(按 VH_2 计算的理论容量可达 1 052 mA·h/g)的特点。V 基合金的可逆储氢量仍高于 AB_5 型和 AB_2 型合金。但由于 V 基固溶体本身不具备电极活性,因而对其电化学反应应用很少研究。新近的研究表明,通过在 V 基固溶体的晶界上析出电催化活性良好的 TiNi 等第二相后,可使 V 基固溶体合金成为一类新型高容量储氢电极材料。例如,日本研制的 $V_3TiNi_{0.56}$ 合金电极的容量可达 420 mA·h/g,与 AB_2 型合金电极的容量相当。但该类合金目前也存在循环寿命短等问题,有待进一步研究改进。

11.3.4　储 H 合金的应用

1. 做 Ni/MH 电池用

自 1984 年开始,人们实现了利用储 H 合金作为负极材料制造 Ni/MH 电池。到目前为止,日本、欧洲及美国等大多数电池厂家在生产 Ni/MH 电池中都利用 AB_5 型混合稀土系储 H 合金作为负极材料。美国在 1987 年建成试生产线,日本在 1989 年进行了试生产,我国在"863"计划的支持下研制出我国第一代"AA"型 Ni/MH 电池,目前国内已建成10 多家年产百吨储 H 合金材料和千万只 Ni/MH 电池的生产基地。

与 Ni/Cd 电池相比,Ni/MH 电池具有如下优点:

① 能量密度高,同尺寸电池容量是 Ni/Cd 电池的 1.5 ~ 2 倍;

② 无镉污染,所以 Ni/MH 电池又被称为绿色电池;

③ 可大电流快速充放电;

④ 电池工作电压也为 1.2 V,与 Ni/Cd 电池有互换性。

由于以上特点,Ni/MH 电池在小型便携电子器件中获得广泛应用,已占有较大的市场份额。随着研究工作的深入和技术的不断发展,Ni/MH 电池在电动工具、电动车辆和混合动力车上也正在逐步得到应用,形成新的发展动力。

2. 氢的储运与提纯

与其他方法相比,用储氢合金进行氢的储存和运输具有很多优点:① 储氢密度大,可长期储存;② 安全可靠,无爆炸危险;③ 可得到高纯度氢。德国奔驰公司制造的可储氢 2 000 m³ 的钛系储氢合金氢容器,已投放市场。

利用储氢合金选择性吸收氢的极大能力(形成氢化物 MH),可成功地进行氢的回收和净化。美国已把储氢合金用于宇航器吸收火箭逸出的氢气,中国已用于合成氨洗气中回收氢气,中、日合作也成功地用于氢冷却的火力发电机内,以维持机内氢的纯度达99.999%。

3. 其他方面的应用

利用储氢合金吸收氢的热效应制造空调、热泵,蓄热也是储氢合金研究开发的另一个热点。

德国、日本、美国进行了氢汽车的开发,他们用汽车尾气和冷却水的热量加热储氢合金燃料箱以获得燃料氢。已开发出可储氢 11 kg(相当于 45 L 汽油)的燃料箱用于汽车运行。这种无害汽车离投放市场还有一段距离,有很多技术问题尚未解决。

利用金属氢化物不同温度下分解压不同的特点可制作热压传感器。美国 System Donier 公司每年生产 8 万只这样的传感器用于飞机上。

11.4　航空航天材料

航空航天材料包括金属材料、无机非金属材料、高分子材料和先进复合材料 4 大类,按使用功能又可分为结构材料和功能材料两大类。航空航天材料既是研制生产航空航天产品的物质保障,又是推动航空航天产品更新换代的技术基础。

11.4.1　航空航天材料的工作条件、使用环境及性能要求

航空航天产品受使用条件和环境的制约,对材料提出了严格的要求。对于结构材料,其中最关键的要求是轻质高强和高温耐蚀。从这一点上可以说,把结构材料的能力提高到了极限水平。飞行器的设计准则已经从原始的静强度设计发展到今天的损伤容限设计,设计选材时的重要决定因素是寿命期成本、强度重量比、疲劳寿命、断裂韧性、生存力及可靠性等。

环境问题还包括外层空间的高真空状态,宇宙射线辐照和低地球轨道上原子氧的影响等问题。航空航天飞行器在超高温、超低温、高真空、高应力、强腐蚀等极端条件下工作,除了依靠优化的结构设计之外,还有赖于材料所具有的优异特性和功能。

此外,航天材料还要考虑材料更高的比强度和比刚度、低的膨胀系数,耐超高温和超低温能力,以及在空间环境中的耐久性。

功能材料在航空航天产品的发展中同样具有重要的作用,如微电子和光电子材料、传感器敏感元件材料、功能陶瓷材料、光纤材料、信息显示与存储材料、隐身材料以及智能材料等。由此可见,航空航天材料在航空航天产品发展中的极其重要的地位和作用。

11.4.2　材料种类

1. 航空材料

（1）飞机机体材料。20 世纪 90 年代国际上最先进的第四代战斗机以美国的 F22 为代表，最先进的民用飞机以波音公司的 B777 为代表。机体结构用材料的主要特点是大量采用高比强度和高比模量的轻质、高强、高模材料，从而提高飞机的结构效率，降低飞机结构重量系数。树脂基复合材料和钛合金用量的增加，传统铝合金和钢材的用量相应减少。以 F22 战斗机为例，树脂基复合材料的质量分数已达到整体结构质量的 24%，而钛合金的质量分数则达到整机结构质量的 41%。与此同时，铝合金的质量分数下降为占整机结构质量的 15%，而且主要是高纯、高强、高韧先进铝合金，钢的质量分数则下降为只占整机结构质量的 5%。

先进民用飞机以 B777 为例，树脂基复合材料的质量分数已占整机结构质量的 11%，而钛合金的用量则占整机结构质量的 7%。与此同时，铝合金的质量分数占整机结构质量的 70%，而且大量采用高纯、高韧、高强先进铝合金，钢的质量分数下降为只占整机结构质量的 11%。国外军用飞机机体结构用材料用量对比见表 11.19。

表 11.19　国外军用飞机机体结构用材料用量对比（$w\%$）

飞机型号	设计年代	钛合金	复合材料	铝合金	结构钢
F14	1969	24	1	39	17
幻影 2000	1969	23	12	—	—
B2	1988	26	50	19	6
F22	1989	41	24	11	5

在机体结构材料方面，要重点抓好树脂基复合材料、钛合金、先进铝合金、超高强度钢和隐身材料等的研究和应用。军用飞机对材料的需求目标和发展重点见表 11.20。

表 11.20　军用飞机材料的发展需求目标和发展重点

特点	对材料的要求	重点发展的材料
① 具备超音速机动和超音速巡航能力 ② 具备一定的隐身能力 ③ 超视距攻击能力和夜战能力 ④ 高可靠性、可维修性及高耐久性	① 大量采用轻质、高比强、高比模材料 ② 某些部位的材料需要具有对电磁波和红外隐身特性 ③ 大量采用损伤容限型材料 ④ 材料环境适应性高 ⑤ 高压液压系统要求高	① 树脂基复合材料 ② 铝锂合金 ③ 各类钛合金 ④ 隐身材料 ⑤ 新型超高强度钢 ⑥ 高性能透明材料 ⑦ 新型功能材料

（2）航空发动机材料。航空发动机的性能水平很大程度上依赖于高温材料的性能水平，如发动机推重比的提高有赖于涡轮前进口温度的提高，而涡轮前进口温度的提高又有赖于涡轮转子部件设计结构的改进和材料的更新。我国在研发发动机用材中，高温合金的质量分数约占 60%、钛合金占 25%、其他材料占 15%。

高温合金主要用于涡轮叶片、燃烧室及尾喷管等，其中燃烧室用 GH1140、GH1015 和 GH99 等。涡轮盘用 GH2036、GH2132、FGH95 等。铸造合金有 DZ4 和 DZ22 等。金属间化合物 Ni_3Al 在 1 100 ℃、100 h 持久强度居国际领先水平。

钛合金主要用于风扇、压气机盘、叶片等。其中变形合金有 TC4、TC11、Ti-1023、Ti-

55 等。已研制成功 600 ℃和 700 ℃下 TD-2、Ti_3Al 合金,现正探索 TiAl 合金。

21 世纪对材料的性能要求更高,随之而来的将是陶瓷基和金属基复合材料,未来先进发动机中占主导地位的将是各种耐高温基复合材料。表 11.21 为推重比 15 ~ 20 发动机主要部件用材料。

表 11.21　推重比 15 ~ 20 发动机主要部件用材料

部件	主　要　特　征	材　料
风扇	后掠空心风扇叶片,3 级变 1 级,减重 50%	钛合金+聚合物基复合材料
压气机	鼓筒式叶环转子,减重 70%	704 ~ 982 ℃钛复合材料
燃烧室	变几何结构,减少出口温度分布系数	陶瓷基复合材料
涡轮	整体叶盘结构,减重 30%,2 270 ~ 2 470 K	陶瓷基复合材料,减重 80%
	超气冷涡轮叶片,F119 温度为 1997 K	
加力燃烧室	单位推力比 F100 高 70% ~ 80%	1 204 ℃陶瓷火焰稳定器-喷嘴环
		1 538 ℃陶瓷加力燃烧室-喷嘴
尾喷管	全方位矢量喷管	982 ℃TiAl 复合材料
		>1 538 ℃陶瓷、C-C 复合材料
飞机特点	H = 21 000 m,M_a = 3 ~ 4,作战半径 1 850 km,隐身,载弹 1 t	

(3) 机载设备材料。机载设备是保证飞机正常工作及完成各项飞行和作战任务的机上各系统及设备的总称,它包括飞机保障设备、辅助动力装备设备、电子设备和武器设备 4 大类。

一架先进军用飞机的机载设备费用已占到整架飞机费用的 30% ~ 40%。机载设备中的关键材料主要是各种微电子、光电子、传感器等光、声、电、磁、热的高功能及多功能材料。机载设备材料的发展的目标及重点见表 11.22。

表 11.22　机载设备对材料发展的需求

特　　点	对材料要求	重点发展的材料
① 超视距攻击能力 ② 近距格斗能力 ③ 精确性高 ④ 灵敏反应 ⑤ 抗干扰能力强	① 缺陷密度极低 ② 针对不同用途对其物理性能(光、声、电、磁、热)要求高 ③ 加工、成型、联结、涂覆等技术不能对材料物理性能和装备功能产生有害影响	① 高灵敏度红外探测材料 ② 高透过率红外头罩材料 ③ 电致磁致伸缩陶瓷材料 ④ 双脉冲点火发动机舱隔板材料 ⑤ 激光倍频材料 ⑥ 高强度激光材料 ⑦ 双模制导头罩材料 ⑧ 零膨胀微晶玻璃材料 ⑨ 极高反射率镀膜材料及技术

2.航天材料

(1) 导弹运载火箭材料。表 11.23 列出了我国几种液体地地导弹弹体和运载火箭箭体用主要结构材料。主要为铝合金,此外还有少量的钛合金和结构钢等,在此领域国内外新材料研发的重点如下。

发展新一代大型运载火箭,主要要求:开展新型高强轻质箭体结构材料见表 11.23 和表 11.24。

表 11.23　我国几种液体地地导弹弹体和运载火箭箭体用主要结构材料

名称	推进剂贮箱	尾段、箱间段、级间段	增压气瓶
近程	5A03O(LF3M)	2A12(LY12)	25CrMnSi
中近程	5A03O(LF3M)		
	5A06O(LF6M)		
中程	5A06O(LF6M)		
	5A06H×4(LF6Y2)		
中远程	5A06O(LF6M)	2A12(LY12)	TC4
	5A06H×4(LF6Y2)	7A09(LC9)	
洲际	2A14(LD10)	2A12(LY12)	
		7A04(LC4)	
		7A09(LC9)	
		30CrMnSi	

表 11.24　新一代运载火箭对新材料的需求

应用部位	材　　料	技　术　要　求
箭体结构	① 高强轻质铝合金 ② 高性能碳-环氧复合材料	比常规铝合金减轻结构质量
推进剂贮箱	① 高强可焊 Al-Li 合金(2195 和 1460 合金) ② 高性能碳-环氧复合材料	使液氢和液氧贮箱比用常规铝合金减轻结构质量
液氢-液氧火箭发动机	① 电铸镍锰合金材料及电铸工艺技术 ② GH4169 合金材料及精铸工艺技术 ③ 新型高温合金材料 ④ 低温(-253 ℃)钛合金材料及成型技术 ⑤ 高强钛合金薄壁管材 ⑥ Ti3Al 及以其为基的复合材料与成型技术	抗拉强度比电铸镍提高 满足泵壳体及涡轮壳体成型要求 性能分别与 Incoloy903 和 Mar-M246 相当,满足高压系统零组件要求满足液氢泵诱导轮成型要求 减轻发动机机架结构质量 比镍基高温合金涡轮盘减轻结构质量
液氧-煤油火箭发动机	① 新型不锈钢材料 ② 新型铸造不锈钢材料及工艺技术	性能分别与 BHC-25、BHC-16 和 0Cr16Ni6 合金相当,满足导管、涡轮泵轴杆、低温紧固件等要求 性能分别于 BHJI-1 和 BHJI-6 相当,满足涡轮泵壳、液氧泵叶轮要求

　　(2)战略导弹及弹头。为了提高整个武器系统的生存能力、突防能力和综合作战能力,必须解决第二代固体洲际导弹小型化、轻质化、高性能和具有全天候作战能力等问题。为此,对今后新材料的研究,提出了多方面的需求。总的要求可大致归纳如下:实现弹头结构小型化、轻质化,减轻弹头结构质量。固体洲际导弹对新材料的要求见表 11.25。

表 11.25　固体洲际导弹对新材料的要求

应用部位	材料	技术要求
弹头结构	① 先进碳-碳复合材料 ② 高性能布带斜缠碳/酚醛复合材料 ③ 新型陶瓷基复合材料 ④ 高强轻质 Al-Li 合金材料 ⑤ 高性能抗核爆 X 射线防护材料 ⑥ 高性能红外、雷达隐身材料 ⑦ 多功能诱饵材料	实现弹头小型化、轻质化、高性能、全天候、强突防,减轻结构质量
弹体结构	① 高性能碳-环氧复合材料 ② 高性能碳-双马来酰亚胺复合材料 ③ 高性能碳-聚酰亚胺复合材料 ④ 高强轻质金属结构材料(Al-Li 合金、B-Al 金属基复合材料等)	实现弹体结构轻质化,减轻结构质量
固体火箭发动机壳体	① 新型芳纶-环氧复合材料 ② 高强中模碳-环氧复合材料 ③ 四向碳-碳喉衬材料和工艺技术 ④ 碳-碳喷管材料和工艺技术	提高发动机质量比
仪器框架	① 高性能碳-环氧复合材料 ② 高强轻质铝合金材料	弹上设备小型化、轻质化,减轻结构质量
地面设备	① 碳-环氧复合材料 ② 高性能金属结构材料	地面设备轻质化,减轻地面设备(如发射筒等)结构质量

铝-锂合金密度(2.47~2.49 g/cm³)比常用铝合金低 10%,而模量却高 10%,采用铝-锂合金取代常规的高强铝合金,能使结构件质量减少 10%~20%,刚度提高 15%~20%,被认为是 21 世纪航空航天器的主要结构材料。

应用部门需要解决铝-锂合金阳极化、焊接工艺、成型工艺和复合工艺等技术问题。

(3)通信卫星材料。航天器长期在高真空状态下工作,对材料有特殊要求,除高比模量和高比强度外,还要求耐空间环境,耐电子、质子辐照,耐氧原子,耐冷热交变。

返回式卫星和通信卫星所用材料有所不同,返回式卫星属低轨道卫星(230~400 km),有两个舱段,即仪器舱和返回舱,返回舱要求密封,内部承力结构主要采用轻金属结构材料,外部为放热结构。通信卫星属高轨道卫星(36 000 km),80%以上采用复合材料。

通信卫星主要包括天线结构、太阳电池阵和卫星本体结构。表 11.26 列出了我国通信卫星采用的主要结构材料。

表 11.26　我国通信卫星采用的主要结构材料

结　构	材　料
天线反射器	碳纤维复合材料
太阳电池阵结构	高模碳纤维、铝蜂窝夹心
卫星本体结构	
承力筒	高模碳纤维
蜂窝夹层板结构	铝蜂窝

续表 11.26　我国通信卫星采用的主要结构材料

结　　构	材　　料
桁架结构	高模纤维
其他部件	
返回舱	5A06(LF6)铝镁合金
仪器舱	2Al2T4(LY12CZ)高强铝合金
相机支架	ZM5 铸镁合金
气瓶、球底、支架	TC4
表面张力箱	TB2

3. 航空航天关键功能材料

在现代航空航天工程上,功能材料用于制造各种各样的传感器、换能器和信息处理器。它们是飞机、火箭、导弹、卫星、航天器以至星际航行的制导、控制、环境控制、能源供给、电气系统、电子系统、仪表、通信、武器火力控制系统以及生命保障系统中不可缺少的重要材料,在航空航天上占有非常重要的地位,已成为现代航空航天工程先进性的决定因素之一。

为适应航空航天技术发展的需要,需研发的功能材料包括微电子器件材料锗-硅(GeSi)材料、微电子射频元件材料铁氧体和稀土永磁材料、光电子器件量子阱材料、光电子光学晶体材料、传感器用功能陶瓷材料、信息显示发光材料、信息显示液晶材料、智能结构传感与驱动元件材料等。

11.5　超 导 材 料

11.5.1　概述

在一定温度以下,某些导电材料的电阻消失,这种零电阻现象称为超导现象或超导电性;具有超导电性的材料称为超导材料或超导体。

超导材料的研究发展分为两个阶段:第一阶段(1911~1986 年)是低温超导体和材料的发展阶段,从 1911 年发现汞(Hg)开始,到 1980 年发现有机超导体,在这些低温超导体中,临界转变温度(T_c)最高的 Nb_3Ge,为 23.2 K;第二阶段为 1986 年 K. A 弥勒(Muler)和J. G. 贝德诺尔茨(Bednorz)在陶瓷氧化物中发现高临界温度超导体为标志,使超导材料的研究由液氦温度一下跃升至液氮温度,从而开始了高温超导材料的研究阶段。

评价材料超导电性的 3 个基本临界参量,这 3 个临界参数互为变量。

1. 临界温度(T_c)

在电流和外磁场为零的条件下,超导材料出现超导电性的最高温度,称为该超导材料的临界温度(T_c)。

2. 临界磁场强度(H_c)

置于外磁场中的超导体,当外磁场大于一定值时,材料就失去超导电性,回复到正常态。这种使超导体从超导态回复到正常态转变的磁场称为临界磁场(H_c)。

3. 临界电流(I_c)

除了磁场能破坏超导电性外,在超导材料中通过太大的电流,也会使材料从超导态向正常态转变,产生电阻。可流过超导材料而未产生电阻的最大电流称为该超导材料的临界电流(I_c);通过超导材料单位截面积所承载的临界电流称为临界电流密度(J_c)。

从应用领域来看,超导材料可广泛应用于能源、交通、医疗、电子通信、科学仪器、机械工程以及国防工业等。

11.5.2　超导材料的分类

超导材料按其磁化特征分为第一类超导体和第二类超导体。

第一类超导体只有一个临界磁场(H_c)。这类超导体的主要特征是在临界转变温度以下,当所加磁场强度比临界磁场强度 H_c 弱时,超导体能完全排斥磁力线的进入,具有完全的超导性;如果所加磁场强度比临界磁场强度强时,这时超导特性就消失了,磁力线可以进入材料体内。也就是说第一类超导体在临界磁场强度以下显示出超导性,越过临界磁场立即转化为常导体。第一类超导体包括除 V、Nb、Tc 以外的其他超导元素。此类超导体电流仅在它的表层内部流动,H_c 和 I_c 都很小,达到临界电流时超导体即被破坏,所以第一类超导体实用价值不大。

第二类超导体有两个临界磁场:上临界磁场 H_{c2} 和下临界磁场 H_{c1}。当外加磁场 H 小于临界磁场 H_{c1} 时,这类超导体处于纯粹的超导态,又称为迈斯纳状态,磁力线完全被排出体外,具有同第一类超导体完全相同的特性。当 H 加大到 H_{c1} 并逐渐增强时,体内有部分磁力线穿过,电流在超导部分流动,并随着 H 的增加透入深度增大,直到 H 等于 H_{c2},磁力线完全穿入超导体内,超导消失转为正常态。第二类超导体的 $H_{c1}<H<H_{c2}$,体内既有超导态部分,又有常态部分,处于混合态。这时第二类超导体仍具有零电阻,但不具有完全抗磁性。第二类超导体包括 V、Nb、Tc 以及大多数合金和化合物超导体。如目前可以批量生产的铌三锡(Nb_3Sn)、钒三镓(V_3Ga)、铌-钛($Nb-Ti$)都属于第二类超导体。

11.5.3　超导材料的应用

超导体的零电阻效应显示了其无损耗输送电流的特性,因此,用于大功率发电机、电动机,将会大大降低能耗和体积小型化。用于潜艇的动力电机系统,会提高潜艇的隐蔽性和作战能力。用于交通运输领域,一种新型的承载能力强、速度快的超导磁悬浮列车和超导磁推进船会给人类带来很大方便。此外,超导技术在科学研究的大型工程上(回旋加速器、受控热核反应装置等)都有很多应用。

超导体在电子学热点领域中,利用超导隧道效应,制造出了最灵敏的电磁信号探测元件和高速运行的计算机元件。超导量子干涉磁强计可以测量地球磁场几十亿分之一的变化,能测量人的脑磁和心磁,可用于地质探矿和地震预报。

总之,21 世纪的超导技术如同 20 世纪的半导体技术,将对人类生活产生积极而深远的影响。超导材料广泛应用于磁体、电子科技、工业技术中,显示出其他材料无法比拟的优越性。下面简单介绍几种超导材料在工程上的应用。

1. 超导材料在电力方面的应用

(1)超导电缆。目前高压输电线的能量损耗高达 15%,随着大城市用电量日益增加,常规高压输电电缆受其容量、长度的限制,难以满足需求。而超导电缆输电损耗低、载流能力大、体积小,电力几乎无损耗地输送给用户,即便交流运行状态下存在交流损耗,其输电损耗也将比常规电缆降低 20% ~ 70% ,可极大地降低输电成本节约能源以缓解能源紧张的压力。

目前高温超导材料 Bi - 2223/Ag 长带已可满足高温超导电缆工业应用的需要。2004 年 4 月,在我国云南昆明的普吉变电站安装的、我国自己研究的高温超导电缆开始挂网试运行。

(2)超导储能。超导储能是利用超导线圈将电磁能直接储存起来,需要时再将电磁能返回电网或其他负载。超导储能线圈所储存的电磁能,它可传输的平均电流密度比一般常规线圈要高 1 ~ 2 个数量级,可产生很强的磁场,达到很高的电流密度,约为 10^8 J/m³。与其他的储能方式如蓄电池储能、抽水储能和飞轮储能相比,有很多优点:① 超导储能装置可长期无损耗地储存能量,其转换效率高达 95% 。② 超导储能装置可通过采用电力电子器件的变流器实现与电网的连接,因而响应速度快,为毫秒量级。③ 超导储能装置除了真空和制冷系统外没有转动部分,装置使用寿命长。④ 超导储能装置建造不受地点限制,且维护简单、无污染。

(3)超导变压器。早在 20 世纪 60 年代就开始了超导变压器的研究,但因超导线的交流损耗大,并无进展。随着高温超导带材的开发成功,重新唤起了人们对超导变压器的研究热潮。尤其是美国、日本和欧洲对高温超导变压器的研究做出了突出的贡献。美国 ASC 和 ABB 公司已成功地将高温超导变压器应用于瑞士日内瓦的供电网上。变压器由 BSCCO 高温超导带绕制,输出功率为三相 630 kV · A,它可将 18.7 kV 电压变换为 430 V。这个无油高温超导变压器使用液氮冷却超导线,可无阻地传送电能,减少绕组损耗。高温超导电力变压器比常规变压器的质量轻大约 30% ~ 50% 。

我国在牵引变压器、日本在混合变压器、高温超导空心变压器上都取得不少进展。目前,高温超导变压器依然存在诸如成本高、承受故障、电流能力弱等缺点,随着冷却技术的发展和高温超导材料的实用化,超导变压器会成为最理想的常规变压器的替代品。

2. 超导磁体在交通、工业、医学上的应用

(1)超导磁悬浮列车。磁悬浮列车有高速(≥500 km/h)、安全、噪声低和占地小等优点,是未来理想的交通工具。它利用磁悬浮作用使车轮与地面脱离接触悬浮于轨道之上,并利用直流电机驱动列车前进。超导技术提供的超导线圈可产生强大的磁场,从而为发展高速磁悬浮列车提供了必要条件。

超导磁悬浮列车方案之一是:通过铺设在轨道的悬浮线圈和车体内的超导磁体相互作用产生足够的排斥力,将车体悬浮起来;并在轨道上安装一系列电机电枢绕组,与车体内超导磁体产生的磁场相互作用,推进列车前进。

日本使用低温 NbTi 超导材料,建成山梨县实验线路,长 18 km,磁悬浮高度 10 cm,时速达到 550 km/h。我国于 2000 年年底成功研制世界上第一辆"高温超导磁悬浮"实验车。

(2)核磁共振成像。超导磁体在生物医学领域中的一项主要应用就是核磁共振成像,它是一种医学影像诊断技术。其原理是利用人体组织中原子核与外磁场的共振现象获得射频信号,经过电子计算机处理,重建出人体某一层面的图像,并据此做出诊断。在

医学诊断技术中,它与目前采用的 CT 扫描和 X 光照相比较,具有能准确检查发病部位、无损伤和无辐照作用、诊断面广等优点,具有重量轻、稳定性高、均匀度好的明显优势。

目前核磁共振成像装置中有 95% 使用的是超导磁体,核磁共振成像成为超导磁体应用中最有发展潜力的一个领域。据 2004 年报道,全球医用磁共振成像仪一年消耗 NbTi 复合超导线材达 1 000 t。

(3)超导磁体在大型科学工程中的应用。大型科学工程是超导技术大规模应用的一个重要方面。早在 20 世纪 60 年代末,美国阿贡国家实验室就为其高能物理实验用的气泡室建造了一个直径为 4.78 m、磁场为 1.8 T 的超导磁体。随着美国费米国家实验室的 Tevatron 加速器和德国汉堡同步电子加速器实验室的 HERA 质子–电子对撞机,也成功地采用超导磁体做其聚焦和偏转磁体,超导磁体数量达上千块。核聚变研究也必不可少地要采用大型高场超导磁体。

11.5.4　展望

超导科学技术是 21 世纪具有战略意义的高新技术,在能源、信息、交通、科学仪器、医疗技术、国防、重大科学工程等方面都有重要应用。其中高温超导电力技术被认为是 21 世纪电力工业唯一的高技术储备。

世界产业界预测:到 2020 年,全球与超导相关的产业产值(按 1995 年的价格)可达到 1 500 亿~2 000 亿美元,其中高温超导占 60%~70%,低温超导占 30%~40%。

低温超导技术会继续在许多领域发挥自己的优势。而到 2010 年,高温超导技术在低压大电流输电、变压器、限流器、中小型储能、超导磁体、移动通信和互联网技术、精密电磁测量、卫星通信等方面的应用将形成一定规模。

人类已经切实感受到了超导电技术带来的好处,如医用超导核磁共振成像仪、大型高能物理加速器、高精度电压基准测量和各种实验用强磁场磁体等。同时在微波通信、无损耗输电、磁浮输送、地磁和脑磁诊断测量等许多方面也已看到光明前景。特别是超导技术在受控热核反应中的应用,为人类解决未来能量提供了希望。

然而超导技术的广泛应用还要解决超导材料和应用技术方面的很多实际问题。在超导材料方面主要是提供载流能力、降低交流损耗、研究新成型技术、降低制造成本等。在应用技术方面的一个重大课题是低温技术,需要设计可靠廉价的低温系统和方便适用的维护技术。

室温超导体一直是人们期望和谈论的问题。无论怎样,室温或较高温度的超导体仍将是人们下一步关注和探索的重大课题。科学家需要从多种角度去寻找它们,金属的、非金属的、无机物、有机物和生物等。同时还需要采取各种先进手段去研究它们,包括常规条件和极端条件的合成制造方法。

超导材料和超导技术作为现代高新科学技术研究的一个热点,将会不断取得新的进展和成就造福人类。

11.6 核能材料

11.6.1 概述

核能即原子核能,通常也称原子能。核能是原子能结构发生变化时释放出来的能量。核反应中的能量变化要比化学反应大几百万倍。例如:1 kg 标准煤燃烧释放能量 2.929×10^4 kJ;1 kJ 石油燃烧释放能量 4.184×10^4 kJ;1 kg 铀–235 裂变释放能量 6.862×10^7 kJ;1 kg 铀–235 约相当于 2 400 t 标准煤。一座 10^6 kW 的大型火电站,每年需要 3×10^6 t 原煤,相当于每天 8 列火车的运输量。同样容量的核电站,每年仅需铀–235 质量分数为 3% 的浓缩铀燃料 28 t 或天然铀 130 t,这相当于每年开采铀矿石 $10^4 \sim 2 \times 10^5$ t。因此,核电站燃料的开采、运输和贮存要远比火电站便利、经济。

作为能源用的核反应,有重元素原子核的裂变反应和轻元素原子核的聚变反应两种。关于核聚变发电的问题,目前正在研究之中,可控制的核聚变尚未实现。

现在公认核聚变与太阳能是人类解决能源问题的最终途径。因此,从长远来看,应当十分重视核聚变的研究工作。至于核裂变发电,已经是成熟的技术,世界上现有的原子能电站,都是利用裂变能的核电站。

核燃料裂变后,生成裂变产物,它们大多数是强放射性废物,还有半衰期长的钚–239 等长寿命放射性同位素,但所产生的裂变产物数量少,一座 10^6 kW 核电站,每年不到 1 t,而且处于严密的封闭状态。核电站在运行期间既不排出灰渣,也不排放烟尘,实际上是一种清洁能源。

核电站与火电站的区别仅仅在于热源的不同。火电站靠烧煤、石油或天然气来取得热量,用以把锅炉里的水变成蒸汽,驱动汽轮发电机组发电。核电站反应堆一次回路中的冷却水流过核燃料元件表面,把裂变产生的热量带出来,在通过蒸汽发生器时,又把热量传给二次回路中的水,把它变成蒸汽,驱动汽轮发电机组发电。

11.6.2 核能材料

核能材料指各类核能系统主要构件用的材料。核反应堆结构材料可分为堆芯结构材料和堆芯外结构材料。堆芯结构材料有原子能所特有的辐照效应问题,而堆芯外结构材料则无辐照效应问题而与一般结构材料相同。核反应堆可分为裂变反应堆和聚变反应堆两大类,裂变反应堆已大量应用,聚变反应堆仍需数十年的研究发展才能进入商业应用。

以压水堆核电站为例,对其不同设备的用材做一简单介绍。压水堆核电站主要由核岛、常规岛及其他辅助系统构成。核岛主要包括核反应堆、主循环泵、稳压器、蒸汽发生器组成的一回路系统。常规岛包括汽轮机、冷凝器、凝结水泵、给水泵、给水加热器等组成的二回路系统。核电中的容器、泵阀、管道均为核电的关键设备,其用材及制造尤为重要。由于这些部件在核岛内的位置、作用和工况不同,故材料的使用要求和环境也不尽相同,不同程度地存在辐照或酸腐蚀等。因此,不仅要考虑常规的一些要求(如强度、韧性、焊接性能和冷热加工性能),而且要考虑辐照带来的组织、性能、尺寸等变化,如晶间腐蚀、应力腐蚀、低应力脆断、材料间的相容性、与介质的相容性以及经济可行性等。因此,与常

规压力容器相比核电材料具有以下主要特点:

①核电关键设备通常在高温、高压、强腐蚀和强辐照的工况条件下工作,对材料的要求极高,通常要满足核性能、力学性能、化学性能、物理性能、辐照性能、工艺性能、经济性等各种性能的要求。

②核电设备制造过程中应对各流程进行记录和监察,其过程要求具有可追溯性。做到凡事有章可循,凡事有据可查,凡事有人负责,凡事有人监督。

③化学成分要求更严格。受压元件的 S、P 的质量分数一般都要求在 $1.5 \times 10^{-4}\%$ 以下。某些特定残余元素严格规定,如对奥氏体不锈钢硼的质量分数不得超过 $0.18 \times 10^{-4}\%$;与堆内冷却剂接触的所有零件(一般采用不锈钢或合金制造),其钴、铌和钽质量分数严格限定为 $Co \leqslant 0.20\%$,$Nb+Ta \leqslant 0.15\%$。某些接触辐照的承压容器,要求限制材料的铜、磷含量。

④力学性能试验项目多,指标要求严格,并对取样位置也有严格要求。

⑤无损检测要求更严格。超声波探伤的验收要求比常规压力容器高得多,对于所有受压部件都有严格的表面质量要求,需经过 VT 和 PT 探伤,精密超声波、涡流探伤,制造难度极大。

⑥核电用材的规格大、单重重、甚至有表面光洁度要求。核电设备用钢板厚度达到 300 mm,最大锻件重达 300 t 以上。

核电常用的关键材料大体可以分为碳钢、不锈钢和特殊合金,若进一步细分,则有碳(锰)钢、低合金钢、不锈钢、锆合金、钛铝合金和镍基合金等,按品种则有锻铸件、板、管、圆钢、焊材等。

压水堆零部件用金属材料如下。

(1)包壳材料。包壳是指装载燃料芯体的密封外壳。其作用是防止裂变产物逸出和避免燃料受冷却剂的腐蚀以及有效地导出热能,在长期运行的条件下不使放射性裂变物逸出。

适宜作为包壳的材料主要有:铝及铝合金、镁合金、锆合金和奥氏体不锈钢以及高密度热解碳。包壳材料应有以下性能:热中子吸收截面小、感生放射性小、半衰期短、强度高、塑韧性好、抗腐蚀性强、对晶间应力腐蚀和吸氢不敏感;热强性能、热稳定性和抗辐照性能好;导热率高、热膨胀系数小,与燃料和冷却剂相容性好;易于加工、便于焊接和成本低。

在压水堆中,主要采用了锆合金。这是因为其热中子吸收截面小、导热率高、力学性能好,具有优良的加工性能以及与二氧化铀有较好的相容性,尤其对高温水及水蒸气也有较好的抗腐蚀性和热强性。

(2)堆内构件。堆内构件如压紧板、导向筒、吊篮围板、流量分配板、上下栅格组件等。工作环境:面向活性区,受到冷却剂冲刷和高温、高压作用。性能要求:堆内构件用材应具有强度高、塑韧性好、高温性能好、中子吸收截面和中子俘获截面以及感生放射性小;抗腐蚀性、抗辐照性能好并与冷却剂相容好;导热率高、热膨胀系数小,易于焊接、便于加工和成本低。可采用奥氏体不锈钢,12Cr2MoIR 钢板及部分镍基合金。

(3)反应堆回路材料。压水反应堆的回路管道是维持和约束冷却剂循环流动的通道。其作用为封闭高温、高压和带强辐射性的冷却剂,保障反应堆安全和正常运行。回路管道材料应具备以下功能:抗应力腐蚀、晶间腐蚀、均匀腐蚀的能力强,基体组织稳定、夹杂物少、具有足够强度、韧性和热强性能;铸锻造和焊接性能好、生产工艺成熟、成本低、有类似的使用经验、Co 含量尽量低。适合于压水堆回路管道的主要材料为奥氏体不锈钢。

(4)反应堆压力容器材料。反应堆压力容器是装载堆芯、支撑堆内所有构件和容纳回路冷却剂并维持其压力堆本体承压壳体。对反应堆压力容器用材要求:强度高、塑韧性好、抗辐照性能和抗腐蚀性能强、与冷却剂相容性好;纯净度高,偏析和夹杂物少、晶粒细小、组织稳定;易于进行冷热加工(包括焊接和淬透性好);成本低,高温高压下使用经验丰富。反应堆压力容器,目前国内外广泛采用的 A508Ⅲ(Gr.3C1.1)16MND5、18MND5 和内壁堆焊不锈钢。目前我国核电材料标准体系并未完全建立(正逐渐建立之中),主要采用了引进技术中所列的一些国外牌号材料,如表 11.27 中所列的 RCC-M、ASME 等体系材料。

表 11.27　各主要核电国家压水堆用材体系

国家\部件与系统	反应堆压力容器	反应堆冷却剂系统的其他部件	RPV 堆内构件	核辅助和外围系统	蒸汽发生器用管	安全壳	水-蒸汽循环	耐磨部件和表面硬化
德国	20MnMoNi55 22NiMoCr37 奥氏体堆焊层 X6CrNiNb1810		X6CrNiNb1810 G-X5 CrNiNb189 Alloy 718 Alloy X750		Alloy800	15MnNi63 19MnAl6V	15MnNi63	硬质合金、无 Co 的替代物
法国	16MnD5 18MnD5 奥氏体堆焊层 3080/3091		Z3CN20.09M Z2CN19.10 Z2CND18.12		Alloy600 Alloy690	混凝土	TU42C TU48C	硬质合金
美国	SA-533Gr.BCl.I SA508Gr.2 SA-508Gr-3		AISI 304L AISI 316NG AISI 316L		Alloy600 Alloy690		SA-350Gr.LF.2 SA-516Gr.70 SA-333Gr.6 SA-352Gr.LCB	硬质合金、无 Co 的替代物
日本	SFV	SUS304L SUS316L	SUS304L SUS316L	Alloy600 Alloy690	JIS SGV 49	M41 SPC H2	硬质合金、无 Co 的替代物
	Q1A	SFV Q1A	SCS16/SCS19					

我国核电事业蓬勃发展。至 2011 年,我国完成所有核电的科研工作,且具备工程建设的条件。2015 年底,"中核集团"的海上浮动核电已纳入国家"十三五"规划,这将大大促进我国海上核应用领域的发展,从而加强了我国海洋开发建设能力。截至 2010 年,我国核电装机容量突破 1 000 万 kW,预计到 2020 年我国核电达到近 8 000 万 kW。当前发展反应堆核电站,中期发展热中子反应堆核电站,远期发展裂变堆核电站,从而基本上解决能源的需求矛盾。

参考文献

［1］崔崑.钢铁材料及有色金属材料［M］.北京:机械工业出版社,1981.

［2］王笑天.金属材料学［M］.北京:机械工业出版社,1987.

［3］师昌绪,李恒德,周廉.材料科学与工程手册(上、下)［M］.北京:化学工业出版社,2004.

［4］唐定骧,刘余九,张洪杰.稀土金属材料学［M］.北京:冶金工业出版社,2011.

［5］师昌绪,钟群鹏,李成功.中国材料工程大典(第1卷)［M］.北京:化学工业出版社,2006.

［6］黄伯云,李成功,石力开,等.中国材料工程大典(第4卷)［M］.北京:化学工业出版社,2006.

［7］谢志鹏.结构陶瓷［M］.北京:清华大学出版社,2011.

［8］贾德昌.无机非金属材料性能［M］.北京:科学出版社,2008.

［9］陈大明.先进陶瓷材料的注凝技术与应用［M］.北京:国防工业出版社,2011.

［10］刘维良.先进陶瓷工艺学［M］.武汉:武汉理工大学出版社,2004.

［11］IOAN D. MARINESCU.先进陶瓷加工导论［M］.田欣利,张保国,吴志远,译.北京:国防工业出版社,2010.

［12］HUANG L J, GENG L, PENG H X. Microstructurally Inhomogeneous Composites: Is a homogeneous reinforcement distribution optimal［J］. Progress in Materials Science, 2015,71:93-168.

［13］TJONG S C. Recent progress in the development and properties of novel metal matrix nanocomposites reinforced with carbon nanotubes and graphene nanosheets［J］. Materials Science and Engineering: R,2013,74(10):281-350.

［14］TJONG S C, MA Z Y. Microstructural and mechanical characteristics of in-situ metal matrix composites［J］. Materials Science and Engineering: R,2000,29: 49-113.

［15］TJONG S C, MAI Y W. Processing-structure-property aspects of particulate-and whisker-reinforced titanium matrix composites［J］. Composite Science and Technology, 2008; 68(3): 583-601.

［16］WANG X J, HU X S, WU K, et al. Evolutions of microstructure and mechanical properties for SiCp/AZ91 composites with different particle contents during extrusion［J］. Materials Science and Engineering: A,2015,636(11):138-147.

［17］MEI Hui, CHENG Laifei, ZHANG Litong, et al. Behavior of two-dimensional C/SiC composites subjected thermal cycling in controlled environments［J］. Carbon, 2006, (44):121-127.

[18] HIRAO K, WATARI K, HAYASHI H, et al. High thermal conductivity silicon nitride ceramic[J]. MRS Bulletin, 2001,26(6):451-455.

[19] KOH Y H, KIM H W, KIM H E. Mechanical properties of fibrous monolithic Si_3N_4/BN ceramics with different cell boundary thicknesses [J]. J. Euro Ceram Soc. , 2003, 24(4): 699-703.

[20] JONES M I, HYUGA H, HIRAO K. Optical and mechanical properties of α/β composite SiAlONs[J]. J. Am. Ceram. Soc. , 2003, 86(3): 520-522.

[21] XIONG Y, FU Z Y, WANG Y C. Fabrication of transparent AlN ceramics[J]. J. Mater. Sci. , 2006, 41: 2537-2539.